动物病原微生物检测技术

(修订版)

舒黛廉 著

黄河水利出版社
·郑州·

内 容 提 要

本书系统介绍了动物病原微生物检测技术,全书共分4篇13章。第一篇实验室建设,主要介绍畜禽疫病实验室设计、规章制度,仪器、器材的使用及维护。第二篇动物疫病实验室检验基础知识,主要介绍细菌学、病毒学、真菌学、血清学、分子生物学检验基本技术,检验病料的采集、处理、保存及送检、显微检验技术。第三篇兽医实验室检测技术,着重叙述细菌对药物的敏感试验、抗体检测技术。第四篇畜禽疫病实验室检测技术,重点介绍家禽、猪、牛、羊、犬、兔的细菌性、病毒性、真菌性疫病的实验室检测技术,为畜禽疫病的诊断提供帮助。本书在编写的过程中,注重内容的系统性、科学性和先进性,并配置了大量的图片,力求实用和直观。

本书既可作为广大基层临床兽医及兽医化验室的工作人员、畜禽养殖场技术人员、检疫员的参考书,又可作为大专院校、科研单位畜禽疫病防治工作人员的参考书。

图书在版编目(CIP)数据

动物病原微生物检测技术/舒黛廉著.—郑州:黄河水利出版社,2014.7　(2023.7　修订版重印)
ISBN 978-7-5509-0832-1

Ⅰ.①动…　Ⅱ.①舒…Ⅲ.①动物疾病-病原微生物-微生物检定　Ⅳ.①S852.6

中国版本图书馆 CIP 数据核字(2014)第152799号

组稿编辑:王路平　电话:0371-66022212　E-mail:hhslwlp@126.com

出 版 社:黄河水利出版社
地址:河南省郑州市顺河路黄委会综合楼14层　邮政编码:450003
发行单位:黄河水利出版社
发行部电话:0371-66026940、66020550、66028024、66022620(传真)
E-mail:hhslcbs@126.com
承印单位:河南育翼鑫印务有限公司
开本:787 mm×1 092 mm　1/16
印张:22
字数:510千字　印数:2 001—2 600
版次:2014年7月第1版　印次:2023年7月第3次印刷
2023年7月修订版

定价:60.00元

前 言

近年来,畜禽疫病非典型性、混合感染病例日益增多,给临床诊断带来了较多的困难,随着科学技术的发展,畜禽疫病检测实验室建设及病原微生物的检测技术都取得了很大的发展,为畜禽疫病的诊断、检测提供了科学结果及依据。

本书系统介绍了动物病原微生物的检测技术,并配置了大量的图谱,力求实用和直观。全书共分4篇13章。第一篇实验室建设,主要介绍畜禽疫病实验室设计与规程、规章制度,仪器、器材的选购、使用及维护。第二篇动物疫病实验室检验基础知识,主要介绍细菌学、病毒学、真菌学、血清学、分子生物学检验基本技术,检验病料的采集、处理、保存及送检、显微检验技术。第三篇兽医实验室检测技术,着重叙述细菌对药物的敏感试验、抗体检测技术。第四篇畜禽疫病实验室检测技术,重点介绍家禽、猪、牛、羊、犬、兔的细菌性、病毒性、真菌性疫病的实验室检测时的病料采集及处理、病原分离鉴定、实验检验方法、血清学检测方法,为畜禽疫病的诊断提供科学的诊断依据。

为了不断提高教材质量,编者于2023年7月,根据近年来国家及行业最新颁布的标准、规范等,以及在教学实践中发现的问题和错误,对全书进行了全面修订、完善。

本书既可作为广大基层临床兽医及兽医化验室的工作人员、畜禽养殖场技术人员、检疫员的参考书,又可作为大专院校、科研单位畜禽疫病防治工作人员的参考书。

由于作者水平有限,书中难免会有遗漏和错误,欢迎各位专家、同仁和广大读者给予批评、指正。

作 者

2023年7月

目　录

前　言

第一篇　实验室建设

第一章　实验室设计与规程 …… (1)
第一节　实验室设计布局 …… (1)
第二节　无菌室 …… (2)
第三节　实验室的管理规程 …… (3)
第四节　实验室生物安全知识 …… (6)
第二章　仪器及器材 …… (8)
第一节　仪　器 …… (8)
第二节　器　材 …… (30)
第三节　玻璃仪器 …… (31)

第二篇　动物疫病实验室检验基础知识

第三章　细菌学检验基本技术 …… (36)
第一节　细菌的形态与结构 …… (36)
第二节　形态学检查技术 …… (40)
第三节　细菌的分离培养技术 …… (49)
第四节　生物化学特性检查法 …… (71)
第五节　细菌的抗原特性检查 …… (79)
第六节　动物实验检查法 …… (81)
第四章　病毒学检验基本技术 …… (87)
第一节　病毒的形态结构和化学组成 …… (87)
第二节　动物感染实验检查法 …… (90)
第三节　禽胚培养检查法 …… (93)
第四节　组织细胞培养检查法 …… (98)
第五节　病毒的分离鉴定技术 …… (103)
第六节　病毒提纯技术 …… (113)
第五章　真菌学检验基本技术 …… (119)
第一节　形态学检查 …… (119)
第二节　真菌培养 …… (119)
第三节　真菌毒素检测技术 …… (121)

第六章　血清学检验技术 …… (124)
　第一节　凝集反应试验 …… (124)
　第二节　沉淀反应试验 …… (128)
　第三节　补体结合试验 …… (131)
　第四节　中和试验 …… (134)
　第五节　免疫标记技术 …… (137)
第七章　分子生物学及分析生物学检验技术 …… (148)
　第一节　病原微生物 DNA 中 G + C mol% 含量的测定 …… (148)
　第二节　PCR 技术 …… (150)
　第三节　核酸探针技术 …… (157)
第八章　病料标本的采集、处理、保存和送检 …… (169)
　第一节　血液标本 …… (169)
　第二节　实质脏器标本 …… (170)
　第三节　呼吸系统标本 …… (171)
　第四节　粪便标本 …… (172)
　第五节　其　他 …… (172)

第三篇　兽医实验室检测技术

第九章　细菌对药物敏感试验 …… (175)
　第一节　概　述 …… (175)
　第二节　体外抗菌药物敏感试验 …… (175)
　第三节　抗菌素的联合药敏试验 …… (178)
第十章　抗体检测技术 …… (182)
　第一节　猪瘟抗体检测 …… (182)
　第二节　猪伪狂犬病抗体检测 …… (184)
　第三节　猪口蹄疫抗体检测 …… (188)
　第四节　猪传染性萎缩性鼻炎抗体检测 …… (193)
　第五节　猪乙型脑炎抗体检测 …… (194)
　第六节　猪传染性胸膜炎抗体检测 …… (196)
　第七节　猪喘气病抗体检测 …… (197)
　第八节　新城疫抗体检测 …… (199)
　第九节　鸡法氏囊病抗体检测 …… (201)
　第十节　禽流感抗体检测 …… (202)
　第十一节　鸡支原体抗体检测 …… (206)

第四篇　畜禽疫病实验室检测技术

第十一章　禽病实验室检测技术 …… (208)
　第一节　病毒性疾病 …… (208)

第二节　细菌性疾病 …………………………………………………（244）
第三节　真菌性疾病 …………………………………………………（257）
第十二章　猪病实验室检测技术 ……………………………………（261）
第一节　病毒性传染病 ………………………………………………（261）
第二节　细菌性疾病 …………………………………………………（285）
第三节　霉菌毒素中毒 ………………………………………………（318）
第十三章　其他动物疫病实验室诊断技术 …………………………（321）
第一节　牛疫病实验室诊断技术 ……………………………………（321）
第二节　羊、兔、犬疫病实验室诊断技术 ……………………………（333）
参考文献 ………………………………………………………………（341）

第一篇　实验室建设

第一章　实验室设计与规程

第一节　实验室设计布局

畜禽疫病诊断实验室是专门从事与动物及其产品有关的动物传染病、中毒病等的血清学、病原学、生物化学、免疫学和分子生物学诊断的专业场所。实验室有贵重的精密仪器和各种化学药品、试剂以及各种各样的病原微生物。这些病原微生物不仅可使畜禽致病,同时还可感染人,如果控制不严可引起扩散,不仅污染实验室,导致检验结果的失败或误差,还可能污染周围环境,引起畜禽疫病的流行与暴发。易燃及腐蚀性的化学试剂,以及在操作中产生的有害气体或蒸气,对实验操作者及仪器设备会产生一定损害。因此,对畜禽疫病诊断实验室的房室结构、环境、布局、室内设施等有特殊要求,在筹建新的或改建原有的实验室时都应考虑这些因素。

畜禽疫病诊断实验室可分为精密仪器室、实验操作室、无菌室、畜禽病理解剖室、辅助室(样品室、洗涤消毒室、办公室、动物房)等。更专业的诊断室根据其工作领域不同,可详分为病理学诊断室、血清学诊断室、病原学诊断室、毒理学实验室、分子生物学诊断室等。

一、实验室地理位置

要求远离灰尘、烟雾、噪声和震动源环境。因此,实验室不应建在交通要道、锅炉房、机房的附近。为了保持良好的通风及采光条件,一般应为南北方向。

二、精密仪器室设计要求

精密仪器室要求具有防火、防震、防潮、防尘、防腐蚀、防有害气体侵入的功能,室温尽可能保持恒定。为保持一般仪器良好的使用性能,温度应控制在 15 ~ 30 ℃,有条件的最好控制在 18 ~ 25 ℃,湿度在 70% 以下。需要恒温的仪器室,可装双层门窗及空调装置。仪器室可用水磨石或防静电地板。

大型精密仪器的仪器室应设计有专用地线,接地板电阻小于 4 Ω。放仪器用的实验台与墙距离 50 cm,以便于操作与维修。

计算机与计算机控制的精密仪器，对供电电压和频率有一定要求。为防止电压瞬变、瞬时停电、电压不足等影响仪器的工作，可根据需要选用不间断电源(UPS)。

三、实验操作室设计及布局

在疫病诊断监测工作中，常使用一些电器设备及各种试剂，如操作不慎，也具有一定的危险性。针对这些使用特点，在实验操作室设计上应注意以下要求。

(一)建筑要求

实验室的建筑应耐火或用不易燃烧的材料建成，隔断和顶棚也要考虑到防火性能。可采用水磨石地面，窗户要防尘，室内采光要好。门应向外开，实验室应设两个出口，以便于发生意外时人员的撤离。

(二)供水和排水

供水要保证必需的水压，水质和水量应满足仪器设备正常运行的需要。室内总阀门应设在易操作的显著位置。下水道应采用耐酸碱腐蚀的材料，地面应有地漏。排出的污水应有污水处理设施，以防止病原微生物的扩散。

(三)通风设施

诊断监测中常产生有毒或易燃的气体。因此，化验室应有良好的通风条件，通风设施一般有以下几种：

(1)全室通风：采用排风扇或通风竖井，换气次数一般为每小时5次。

(2)局部排气罩：一般安装在大型仪器发生有害气体部位的上方，设置局部排气罩，以减少室内空气的污染。

(3)通风柜：又称毒气柜，是实验室常用的一种局部排风设备。内有加热源、照明等装置。可采用防火防爆的金属材料制作通风柜，内涂防腐涂料，通风管道要能耐酸碱气体腐蚀。风机可以安装在顶层机房内，并且有减少震动和噪声的装置，排气管应高于屋顶2 m以上。一台排风机连接一个通风柜较好，不同房间共用一个风机和通风管道易产生交叉污染。通风柜在室内应放在空气流动较小的地方，不要靠近门窗。

(四)实验台

实验台主要由台面、台下支架和器皿柜组成。为方便操作，台上可设置试剂架，台的两端可安装水槽。实验台面一般宽75~150 cm，长根据房间大小可为160~320 cm，高可为80~90 cm。台面常用水磨石预制板、木材等制成。理想的台面应平整，不易碎裂，耐酸碱及溶剂腐蚀，耐热，不易碰碎玻璃仪器等。加热设备可置于砖砌底座的水泥台面上，高度为50~70 cm。

(五)供电

化验室的电源可分为照明用电和设备用电。照明最好采用日光灯。设备用电中，24 h运行的电器如冰箱单独供电，其余设备均由总开关控制，烘箱、电炉等电热设备应有专用插座、开关和熔电器。

第二节　无菌室

无菌室又名净化实验室，是进行无菌操作的实验室，常用于细胞培养和病毒分离等工作。其作用主要是避免培养物的污染。

无菌室应设置在实验室的最里面,防止空气流动引起污染。无菌室包括操作室、缓冲间和更衣室。操作室不宜过大或过小。缓冲间主要目的是保护操作室的无菌环境,避免因空气对流使外界空气直接进入操作室。同时,还可以放置恒温培养箱、显微镜和离心机等实验仪器,使实验在相对无菌条件下完成,而不必携出室外。更衣室主要是隔离衣的着装处。无菌操作室内密闭不透风,温、湿度和二氧化碳浓度较高,易滋生细菌,损害工作人员的身体健康,应安装过滤空气的恒温恒湿调节器,操作室内空气粉尘指数应达百级净化。

设计无菌操作室时应注意以下几点:

(1)为防止室内温度增高,要选择阳光不能直接照射到的位置,最好设在阴面;

(2)天花板高度不要超过2 m,以保证紫外灯的有效消毒效果;

(3)室内要防止空气流动,宜安装横拉门和双层密闭毛玻璃窗;

(4)天花板、地板和四周墙壁要光滑无死角,宜镶瓷砖或涂油漆,以便于清洁和消毒;

(5)恒温恒湿调节器应采用空气室内回流和补充少量过滤新鲜空气系统。

第三节　实验室的管理规程

为加强实验室的科学化、系统化、标准化管理,应制定兽医诊断实验室的有关管理规定。

一、进入实验室的规定

(1)实验室设更衣室,工作人员进入实验室必须更换工作服,必要时需戴工作帽、防护面罩、防护手套,穿防护鞋。

(2)工作人员穿的工作服等防护性用品至少每周洗涤、灭菌一次。

(3)非工作人员进入实验室需经有关领导批准,并遵守实验室的有关规定。

(4)实验室内禁止大声喧哗、吸烟和饮食等。

(5)实验室工作人员需经实验技能考核,合格后方可上岗。

二、安全操作规定

为了保证实验室工作人员的身体健康,增强安全保护意识,特制定本规定。

(1)成立实验室安全工作委员会,负责实验室安全工作的布置、安排和检查。对实验室工作人员例行体检及预防免疫注射。对实验室人员进行各种危险物品的性质、使用要求和各种仪器设备的安全使用培训及中毒、受伤急救措施的培训,做好个人防护。

(2)实验室应保持实验台面、地面、各种仪器设备的干净、整洁。禁止在实验室内大声喧哗、吸烟、饮食。实验操作时须穿戴工作衣、帽、手套。非工作人员未经许可不得入内。

(3)无菌室、无菌罩、超净工作台应保持清洁,定期做熏蒸消毒处理。每次使用前用紫外灯照射30 min,使用后用70%的酒精消毒台面,对实验废弃的物品进行消毒、高压灭菌处理。

(4)常规试验用过的培养基、试剂、试管、平皿、吸管等试验用品须经有效的消毒处理后方可丢弃或清洗。

(5)由专人负责菌种、毒种的保存、繁殖、传代,按照“菌种、毒种的管理规定”做好各项工作。

(6)每日上班后检查温箱、冰箱的工作情况,并建档记录温度升降情况。下班前检查水、电、气、门、窗,确保安全。发现隐患,及时处理。

(7)在存放、操作菌种、毒种的设备上和存在对工作人员健康危害的地方加贴危害标记和安全提示语。

(8)易燃、易爆、剧毒物品应严格按照“诊断试剂管理规定”的各项要求去做。

(9)实验室应备有适用于各种火灾的小型灭火器,所有实验室人员都应学会灭火器的使用方法,发现火灾及时报警。

三、仪器管理规定

为加强实验室仪器设备的管理,规范贵重仪器的使用操作和合理利用,特制定本规定。

(1)建立《仪器设备保养登记卡》,其内容包括设备名称、制造商、型号、产品编号、售价、购买日期、保修截止日期、提供零部件和维修保养单位、电话、传真、要求维护项目、使用地点、仪器管理人员等。每物一卡,长期保存。

(2)仪器设备的使用和保管要实行“三定制度”,即定位(固定放置位置)、定人(固定管理人员)、定操作规范。

(3)使用、保管有关仪器设备的人员,须熟练掌握有关仪器设备的操作程序和保养要求,按照规定的操作程序进行操作。

(4)设立贵重仪器的使用登记簿。每次用毕,使用人员须登记仪器使用情况。

(5)各种仪器设备须定期维护、校正。

(6)外单位工作人员因工作需要使用本单位的贵重仪器时,凭单位介绍信和本人工作证接洽,经领导同意后方可使用,并在贵重仪器使用登记簿上登记,酌情收取使用费。

(7)仪器设备故障时应由专业人员维修,并填写《设备维修单》。

(8)仪器设备需作报废处理的,提出书面申请,经有关部门核实后,按规定办理报废手续。

四、毒种、菌种管理规定

为了满足动物疫病检测、诊断、鉴定和科研需要,保证毒种、菌种合理安全使用,防止其扩散成为污染源,特制定本规定。

(一)毒种、菌种的管理

(1)保存毒种、菌种的实验室要有严格的安全管理措施、专门的管理人员和安全的存放条件。

(2)新引进毒种要求未被其他微生物污染并进行毒价测定,新引进的菌种要进行纯化和生化鉴定。

(3)毒种、菌种的调出和使用需经主管领导批准。

(二)毒种、菌种的保存

(1)建立《毒种、菌种保存登记卡》,其内容包括名称、来源、取出存入数量、使用繁殖日期、毒价、繁殖细胞或动物、保管实验室、保管人、剩余量、最小库存量。每个毒种(菌种)一卡,长期保存。

(2)根据病毒的特性选择适宜的保存方式和温度,保藏要用小剂量密封瓶并作好标记。

(3)根据毒种情况,定期进行毒价测试,对毒价下降的应及时复壮。

(4)室温下,在 TSA 斜面上保存的菌种,每两周传代一次。

(5)软琼脂 4 ℃保存的菌种,每半年传代一次。

(6)冻干保存的菌种,每年做一次活性检查,必要时重新繁殖冻干。

(7)每次使用、繁殖病毒或细菌都要在《毒种、菌种保存登记卡》上记录。剩余最小库存量时必须进行繁殖,发现毒种、菌种变异或退化时应及时报告,并查明原因。

五、诊断试剂管理规定

为加强实验室诊断用试剂的管理,规范其使用和保存管理方法,特制定本管理规定。

(1)本规定所指诊断试剂为实验室在诊断检测过程中使用的所有生物和化学试剂。

(2)实验室购进的诊断试剂须为有关部门注册、批准生产的产品。

(3)所有购进、取出的试剂须登记注册,填写《诊断试剂库存使用卡》,其内容包括名称(化学名、商品名、英文名及分子式)、规格、数(重)量、质量等级、有效期、购买人、存放地点、供货单位名称、电话等。

(4)所有试剂必须妥善保存。化学试剂应保存于干燥、避光、阴凉处并远离火源。生物制剂按其特定要求存放。易燃易爆药品、氧化剂、腐蚀性药品须分别存放,并配备必要的防护用品及灭火器。

①危险物品的管理:易燃、易爆、腐蚀性、放射性药(物)品及剧毒药品均属危险物品,必须由专人专库专账保管,经批准方可出入库。

②危险物品必须贴有完整清晰的警示标志,严防误用。

③危险物品的存放保管要按其理化性质采取相应的安全措施,严密封固。

④危险物品的领用,须填领用单,经诊断室主任批准后限额如数领取;领取后未用或用后剩余的危险物品应及时注明数量退回库房,使用后的有毒残液应进行无害化处理。

(5)试剂须由专人保管。保管人员要定期核查,对过期、潮解、变质试剂及时清理并进行无害化处理的同时,呈报试剂购置计划。

(6)对贴有有毒有害标记的各种化学和生物试剂,在搬运和使用过程中要配备防护用品,做好个人防护。

六、实验室卫生制度

(1)讲究个人卫生,在实验室内禁止会客、吸烟、饮食、随地吐痰等。

(2)禁止非工作人员随便进入实验室,禁止将与诊断检测无关的物品带入,在实验室内禁止做与检测无关的事情。

(3)进入实验室的工作人员一律穿着工作制服,进入无菌工作间的人员须重新更换工作衣、帽、鞋等。

(4)每日早上清扫,周末大扫除,保持实验室清洁卫生。

(5)实验室仪器设备、玻璃器材、药品等应摆设整齐,布置合理,保持洁净;经常清理培养箱、冰箱等,并及时消毒处理使用过的培养基、试管及其他物品,防止腐败发臭。

(6)每次试验完成后及时消毒处理使用过的实验用品,将其清洗、包装、消毒后备用。

第四节 实验室生物安全知识

一、生物安全的原则

"防护"一词是描述在有感染病原体存在的实验室环境中,处理感染病原体的安全方法。防护的目的是减少或消除实验室工作人员和其他人员受到感染的可能性,以及外环境受到潜在的有害病原体的危害。

一级防护是指对暴露于传染性微生物的人员和实验室内环境的防护,由良好的微生物学操作技术和适当的安全设备提供。使用疫苗可以提高个人防护水平。二级防护是指实验室外环境对传染性微生物的防护,由安全设备的设计和操作规范的结合来提供。所以,防护的三个要素包括实验室操作技术、安全设备和实验室设计,在从事某一特定病原体工作时,其危险性高低将决定这些要素的配备要求。

二、实验室操作技术

防护的最重要因素是严格遵守标准的微生物操作规程。从事感染性微生物或可能有感染性材料的工作人员必须意识到潜在的危害,并接受培训和熟练掌握安全处理这些材料的操作技术。实验室主任或负责人有责任安排工作人员的培训。

每个实验室应该制定一系列规章制度或一套生物安全操作手册,明确可能遇到的危害,并说明减少或消除这些危害的操作程序。应使工作人员了解危害性,要求他们阅读和遵守有关操作程序。要由在实验室技术、安全操作程序和处理感染性病原体危害方面受过训练的专家全面指导实验室工作。

当标准的实验室操作不能充分控制与特殊病原体或实验室安全程度相关的危害时,额外的措施是必需的。

三、安全设备(一级屏障)

安全设备包括系列生物安全柜、各种密闭容器和其他为了消除或减少暴露于有害生物材料所设计的工程控制设施。生物安全柜是主要的设备,用于许多微生物学操作过程中产生的感染性溅出物或气溶胶的防护。在具有良好的微生物操作技术时,前开门式Ⅰ级和Ⅱ级生物安全柜是为实验室工作人员和环境提供良好保护的一级屏障。Ⅱ级生物安全柜还可以防止放置在生物安全柜中的材料（细胞培养、微生物贮存菌种等）的外污染。Ⅲ级气密型生物安全柜可以对工作人员和环境提供最高水平的保护。其他一些一级屏障还有安全离心机罩以及为防止在离心过程中气溶胶被释放出而设计的密闭容器。为了减少这种危险，在处理可以通过气溶胶途径传播的感染性微生物时必须使用生物安全柜或离心机罩。安全设备还包括个人保护用品，例如手套、外套、长服、鞋套、长筒靴、口罩、面罩、安全眼镜或防风镜等。使用生物安全柜和其他设备进行病原体、动物或其他材料的研究时，通常与个人防护设备联合使用。某些情况下不能在生物安全柜里进行操作时，个人防护设备可以在工作人员和感染性材料之间形成一级屏障。例如某些动物实验、动物尸体解剖、致病微生物生产过程以及有关设施的维护、服务或实验室设备供应等相关的活动。

四、实验室建筑设计（二级屏障）

为了对在同一建筑物中实验室内外工作的工作人员提供保护屏障，以及防止社会上的人员或动物接触从实验室偶然释放出来的感染性微生物，建筑物的设计是非常重要的。实验室管理部门负责提供与实验室功能相适应的设施和为所从事的致病病原体应采用何等级的生物水平提出建议。提出的二级屏障取决于特殊致病微生物传播的危害性。例如，在一级和二级生物安全水平设施里的大多数实验室工作的暴露危险是直接接触致病病原体，或由于疏忽接触污染的工作环境。在这些实验室中，二级屏障包括实验室工作区和公共通道的分开，使用消毒设备（如高压灭菌器）和洗手装置。随着气溶胶传播危险的增加，为防止感染性微生物溢出进入环境，较高水平的一级防护和多级的二级屏障是必要的。它们的设计性能包括：保证定向气流的特殊通风系统，从排出的气体中消除或除去致病因子的空气处理系统，可控制的通过区，单独建筑物或利用把实验室分开的缓冲间。

第二章 仪器及器材

第一节 仪 器

一、显微镜

(一)普通光学显微镜

1. 显微镜的构造

普通光学显微镜的构造可分为两大部分:一为机械装置,一为光学系统。这两部分很好的配合,才能发挥显微镜的作用。

1)显微镜的机械装置

显微镜的机械装置包括镜座、镜筒、物镜转换器、载物台、推动器、粗动螺旋、微动螺旋等部件。

2)显微镜的光学系统

显微镜的光学系统由反光镜、聚光器、接物镜、接目镜等组成,光学系统使物体放大,形成物体放大像 。

2. 显微镜的使用方法

显微镜结构精密,使用时必须细心,要按下述操作步骤进行。

1)观察前的准备

(1)显微镜从显微镜柜或镜箱内拿出时,要用右手紧握镜臂,左手托住镜座,平稳地将显微镜搬运到实验桌上。将显微镜放在自己身体的左前方,离桌子边缘约 10 cm,右侧可放记录本或绘图纸。

(2)调节光照。将 10 × 物镜转入光孔,将聚光器上的虹彩光圈打开到最大位置,用左眼观察目镜中视野的亮度,转动反光镜,使视野的光照达到最明亮、最均匀为止。光线较强时,用平面反光镜;光线较弱时,用凹面反光镜。自带光源的显微镜,可通过调节电流旋钮来调节光照强弱。

(3)调节光轴中心。显微镜在观察时,其光学系统中的光源、聚光器、物镜和目镜的光轴及光阑的中心必须跟显微镜的光轴同在一直线上。带视场光阑的显微镜,先将光阑缩小,用 10 × 物镜观察,在视场内可见到视场光束圆球多边形的轮廓像,如此像不在视场中央,可利用聚光器外侧的两个调整旋钮将其调到中央,然后缓慢地将视场光阑打开,能看到光束向视场周缘均匀展开,直至视场光阑的轮廓像完全与视场边缘内接,说明光线已经合轴。

2)低倍镜观察

镜检任何标本都要养成必须先用低倍镜观察的习惯。因为低倍镜视野较大,易于发现目标和确定检查的位置。

将标本片放置在载物台上，用标本夹夹住，移动推动器，使被观察的标本处在物镜正下方，转动粗调节旋钮，使物镜调至接近标本处，用目镜观察并同时用粗调节旋钮慢慢升起镜筒（或下降载物台），直至物像出现，再用细调节旋钮使物像清晰为止。用推动器移动标本片，找到合适的目的像并将它移到视野中央进行观察。

3）高倍镜观察

在低倍物镜观察的基础上转换高倍物镜。较好的显微镜，低倍、高倍镜头是同焦的，在正常情况下，高倍物镜的转换不应碰到载玻片或其上的盖玻片。若使用不同型号的物镜，在转换物镜时要从侧面观察，避免镜头与玻片相撞。然后从目镜观察，调节光照，使亮度适中，缓慢调节粗调节旋钮，使载物台上升（或镜筒下降），直至物像出现，再用细调节旋钮调至物像清晰为止，找到需观察的部位，并移至视野中央进行观察。

4）油镜观察

检查微生物常用油镜。油镜的标志是：油镜头下缘有一圈黑线或两圈红线和放大100×的标志；有“oil”字样长度大于低倍镜和高倍镜。油浸物镜的工作距离（指物镜前透镜的表面到被检物体之间的距离）很短，一般在0.2 mm以内，避免由于“调焦”不慎而压碎标本片并使物镜受损。

使用油镜按下列步骤操作：

（1）先用粗调节旋钮将镜筒提升（或将载物台下降）约2 cm，并将高倍镜转出。

（2）在玻片标本的镜检部位滴上一滴香柏油。

（3）从侧面注视，用粗调节旋钮将载物台缓缓地上升（或镜筒下降），使油浸物镜浸入香柏油中，使镜头几乎与标本接触。

（4）从接目镜内观察，放大视场光阑及聚光镜上的虹彩光圈（带视场光阑油镜开大视场光阑），上调聚光器，使光线充分照明。用粗调节旋钮将载物台徐徐下降（或镜筒上升），当出现物像一闪后改用细调节旋钮调至最清晰为止。如油镜已离开油面而仍未见到物像，必须再从侧面观察，重复上述操作。

（5）观察完毕，下降载物台，将油镜头转出，先用擦镜纸擦去镜头上的油，再用擦镜纸蘸少许二甲苯，擦去镜头上残留油迹，最后再用擦镜纸擦拭2～3下即可（注意向一个方向擦拭）。

（6）将各部分还原，转动物镜转换器，使物镜头不与载物台通光孔相对，而是成八字形位置，再将镜筒下降至最低，降下聚光器，反光镜与聚光器垂直，用一个干净手帕将接目镜罩好，以免目镜头沾污灰尘。最后用柔软纱布清洁载物台等机械部分，然后将显微镜放回柜内或镜箱中。

3. 维护及保养

（1）整体保养：生物显微镜要放置在干燥、阴凉、无尘、无腐蚀的地方。使用后，要立即擦拭干净，用防尘透气罩罩好或放在箱子内。

（2）机械系统的维护保养：使用后，用干净细布擦净，定期在滑动部位涂些中性润滑脂。如有严重污染，可先用汽油洗净后再擦干。但切忌用酒精或乙醚清洗，因为这些试剂会腐蚀机械和油漆，造成损坏。

(3)光学系统的维护保养:使用后,用干净柔软的绸布轻轻擦拭目镜和物镜的镜片。有擦不掉的污迹时,可用长纤维脱脂棉或干净的细棉布蘸少许二甲苯或镜头清洗液(3份无水乙醇:2份乙醚)擦拭。然后用干净细软的绸布擦干或用吹风球吹干即可。要注意的是清洗液千万不能渗入到物镜镜片内部,否则会损坏物镜镜片。聚光镜和反光镜用后只要擦干净就可以了。

4. 用途

普通光学显微镜用于细菌形态和构造的观察,使用油镜放大1 000倍,一般细菌均能清楚看到。

(二)倒置显微镜

1. 构造

组成和普通显微镜一样,只不过物镜与照明系统颠倒,前者在载物台之下,后者在载物台之上,用于观察培养的活细胞。

2. 使用方法

以 OLYMPUS 倒置显微镜 IMT-2 为例。

(1)观察准备:打开电源开关,调节电压至适中。

(2)聚光器对中:把聚光器转盘放到"O"位置。在10×物镜下聚焦。观察视场光束调节聚光镜高度直至光阑的像能够清楚地看到。转动对中螺杆将视场光束像调到视场中心,重新打开视场光阑,实际用时轻开视场光束使视野变圆。

(3)灯泡对中:打开全部光路对中卤素灯泡。将放大旋钮转至"CT"位置。转聚焦旋钮,在10×物镜下聚焦。打开毛玻璃,使灯丝的影子可以看到。松开灯丝卡紧螺丝,使灯室沿轴向运动,直到灯丝聚焦清楚。用灯室聚中旋钮将灯丝的影子移到中心,重新关上毛玻璃滤片。

(4)光环对中:IMT-2 显微镜采用每一个像环的单独对中系统,光环和物镜的放大率相匹配。对中过程由低倍到高倍引进,当培养瓶底不平时,需要重新引进光环对中。找到所需要的物镜,聚焦使标本清楚。转变放大率变化盘到"CT"位置。用聚焦环聚焦在像环上。压光环对中旋钮转动直到两环重叠,然后缓慢放回对中旋钮,转放大变化盘到"1×"位置,观察和选择标本相差效果。

(5)滤光片选择:滤光片的最佳使用能够有效地提高观察和显微镜片的质量。

3. 显微照相系统操作

(1)照相控制盒上选定底片尺寸。

(2)安装胶卷。

(3)选定胶卷的感光度。一般为 ASA100。

(4)转动取景目镜筒上圆环,使取景框中的双十字线达到最清晰的程度。

(5)光片和灯泡电压的调节。将所需要的标本组织调在视场的中心位置。按下快门钮,曝光完毕以后,细听一下底片转过去的声音。

4. 用途

主要用于观察培养的活细胞。

（三）荧光显微镜

1. 原理及构造

荧光显微镜（见图2-1）利用标本发出的荧光来观察物体，荧光显微镜是免疫荧光细胞化学的基本工具。它是由光源、滤色系统和光学系统等主要部件组成的。是利用一定波长的光激发标本发射荧光，通过物镜和目镜系统放大以观察标本的荧光图像（见图2-2）。

图2-1　尼康E800荧光DIC显微镜

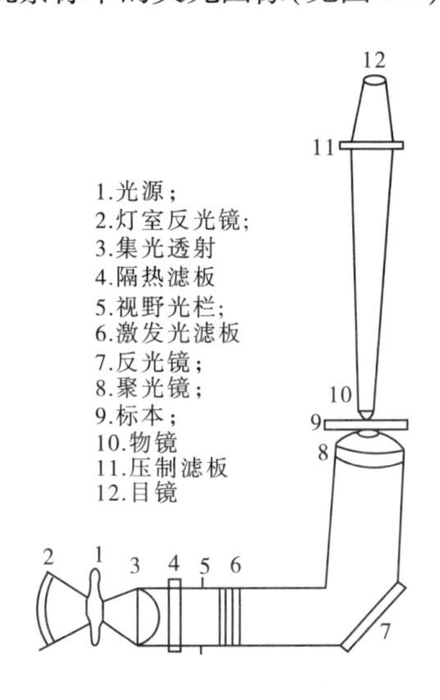

图2-2　荧光显微镜的结构和主要部件

1）光源

现在多采用200 W的超高压汞灯作光源，它发射很强的紫外和蓝紫光，足以激发各类荧光物质，因此为荧光显微镜普遍采用。超高压汞灯也散发大量热能，因此灯室必须有良好的散热条件，工作环境温度不宜太高。

新型超高压汞灯在使用初期不需高电压即可引燃，使用一些时间后，则需要高压启动（约为15 000 V），启动后，维持工作电压一般为50～60 V，工作电流约4 A。200 W超高压汞灯的平均寿命，在每次使用2 h的情况下约为200 h，开动一次工作时间愈短，则寿命愈短，如开一次只工作20 min，则寿命降低50%。因此，使用时尽量减少启动次数。灯泡在使用过程中，其光效是逐渐降低的。灯熄灭后要等待冷却才能重新启动。点燃灯泡后不可立即关闭，以免水银蒸发不完全而损坏电极，一般需要等15 min。由于超高压汞灯压力很高，紫外线强烈，因此灯泡必须置于灯室中方可点燃，以免伤害眼睛和发生爆炸时造成损伤。

2）滤色系统

滤色系统是荧光显微镜的重要部位，由激发滤板和压制滤板组成。滤板型号，各厂家名称常不统一。滤板一般都以基本色调命名，前面字母代表色调，后面字母代表玻璃，数字代表型号特点。如德国产品（Schott）BG12，就是种蓝色玻璃，B是蓝色的第一个字母。G是玻璃的第一个字母。我国产品的名称已统一用拼音字母表示，如相当于BG12的蓝色滤板名为QB24，Q是青色（蓝色）拼音的第一个字母，B是玻璃拼音的第一个字母。不过有的滤板也可以透光分界滤长命名，如K530，就是表示压制滤长530 nm以下的光而透过 530 nm 以上的光。还有的厂家的滤板完全以数字命名。

(1)激发滤板。

根据光源和荧光色素的特点,可选用以下三类激发滤板,提供一定波长范围的激发光。

①紫外光激发滤板:此滤板可使 400 nm 以下的紫外光透过,阻挡 400 nm 以上的可见光通过。常用型号为 UG－1 或 UG－5,外加一块 BG－38,以除去红色尾波。

②紫外蓝光激发滤板:此滤板可使 300～450 nm 范围内的光通过。常用型号为 ZB－2或 ZB－3,外加 BG－38。

③紫蓝光激发滤板:它可使 350～490 nm 的光通过。常用型号为 QB24(BG12)。

最大吸收峰在 500 nm 以上者的荧光素(如罗达明色素)可用蓝绿滤板激发。

激发滤板分薄、厚两种,一般暗视野选用薄滤板,亮视野荧光显微镜可选用厚一些的滤板。基本要求是以获得最明亮的荧光和最好的背景为准。

(2)压制滤板。

压制滤板的作用是完全阻挡激发光通过,提供相应波长范围的荧光。与激发滤板相对应,常用以下 3 种压制滤板。

①紫外光压制滤板:可通过可见光、阻挡紫外光通过。能与 UG－1 或 UG－5 组合。常用 GG－3K430 或 GG－6K460。

②紫蓝光压制滤板:能通过 510 nm 以上波长的荧光(绿到红),能与 BG－12 组合。通常用 OG－4K510 或 OG－1K530。

③紫外紫光压制滤板:能通过 460 nm 以上波长的荧光(蓝到红),可与 BG－3 组合,常用 OG－11K470AK 490,K510。

3)反光镜

反光镜的反光层一般是镀铝的,因为铝对紫外光和可见光的蓝紫区吸收少,反射达 90% 以上,而银的反射只有 70%;常使用平面反光镜。

4)聚光镜

专为荧光显微镜设计制作的聚光器是用石英玻璃或其他透紫外光的玻璃制成的。分明视野聚光器、暗视野聚光器和相差荧光聚光器。

(1)明视野聚光器。

在一般荧光显微镜上多用明视野聚光器,它具有聚光力强、使用方便的特点,特别适于低、中倍放大的标本观察。

(2)暗视野聚光器。

暗视野聚光器在荧光显微镜中的应用日益广泛。因为激发光不直接进入物镜,而除散射光外,激发光也不进入目镜。可以使用薄的激发滤板,增强激发光的强度。因此,紫外光激发时,可用无色滤板(不透过紫外光)而仍然产生黑暗的背景,增强荧光图像的亮度和反衬度,提高图像的质量,观察舒适,可能发现亮视野难以分辨的细微荧光颗粒。

(3)相差荧光聚光器。

相差聚光器与相差物镜配合使用,可同时进行相差和荧光联合观察,既能看到荧光图像,又能看到相差图像,有助于荧光的定位准确。一般荧光观察很少需要这种聚光器。

5)物镜

各种物镜均可应用,但最好用消色差的物镜,因其自体荧光极微且透光性能(波长范围)适合于荧光。对荧光不够强的标本,为了提高荧光图像的亮度,应使用镜口率大的物镜,配合以尽可能低的目镜(4×,5×,6.3×等)。

6)目镜

在荧光显微镜中多用低倍目镜,如5×和6.3×。目前研究型荧光显微镜多用双筒目镜,观察很方便。

7)落射光装置

新型的落射光装置是从光源来的光射到干涉分光滤镜后,波长短的部分(紫外和紫蓝)由于滤镜上镀膜的性质而反射,当滤镜对向光源呈45°倾斜时,则垂直射向物镜,经物镜射向标本,使标本受到激发,这时物镜直接起聚光器的作用。同时,波长长的部分(绿、黄、红等),对滤镜是可透的,因此不向物镜方向反射,滤镜起了激发滤板作用。由于标本的荧光处在可见光长波区,可透过滤镜而到达目镜观察,荧光图像的亮度随着放大倍数增大而提高,在高放大时比透射光源强。它除具有透射式光源的功能外,更适用于不透明及半透明标本,如厚片、滤膜、菌落、组织培养标本等的直接观察。近年研制的新型荧光显微镜多采用落射光装置,称之为落射荧光显微镜。

2. 使用方法

1)准备工作

(1)高压卤灯的对中, 打开开关。

(2)指示灯亮后,按下启动按钮2~3 s后点燃卤灯(注意:一般灯亮2~3 min后,即能进行显微镜观察工作,但卤灯光源至完全稳定约需15 min)。

(3)除下物镜转换器上的一个物镜,并在这个位置上装上对中工具,使对中工具进入光路。

(4)旋松灯室固定螺杆,沿主体前后移动,至灯丝的像聚焦在对中工具窗上,旋紧固定螺杆。

(5)松开灯座套凸顶螺杆,转动灯横向对中螺杆和纵向对中环,使灯丝像投掷窗口中心。

(6)均匀松开纵向对中环,使灯丝像偏离中心,旋转后镜导杆,使反射出来的灯丝像聚焦在工具的对中窗上。

(7)转动后镜对中螺杆,使灯丝的反射像对称。

(8)转动灯丝纵向对中环,使灯丝像和灯丝反射像叠合在对中工具窗上。

2)操作步骤

(1)在反射荧光装置主机的滤色块装入口中,插入适合所采用激发方式的滤色块。

(2)推进激发方式转换钮,以使滤色块进入光路。

(3)点亮灯。

(4)检查照明是否正确。

(5)将标本放上载物台,并将10×物镜放入观察位置,对标本调整焦距。

(6)调整目镜眼幅间距和视力。

(7)将需要的物镜转入位置再一次对标本调焦。

(8)调节视场光阑。

注意:把左右两个激发方式转换钮都拉出,可进行常规观察。用非常荧光性的载玻片和盖玻片。盖玻片厚度为 0.17 mm。不直接使用香柏油,最好用纯檀香油,另外液体石蜡和纯甘油(加 10% 磷酸盐缓冲液)是比较好的代用品。

3)荧光显微摄影术

显微观察的基本操作也是显微摄影的基本要点,除此之外还应注意:

(1)选用高感光度胶卷。如 ASA200、ASA400、ASA800。

(2)适当地组合光学系统以获得较亮的视场,为获得较亮的视场,建议采用高倍数 CF 物镜(具有较大数值孔径的高倍物镜)。

(3)调整激发光:激发光太强造成褪色过快,将 ND 滤色片放入光路以调正亮度。

3. 维护及保养

(1)严格按照荧光显微镜出厂说明书要求进行操作,不要随意改变程序。

(2)应在暗室中进行检查。进入暗室后,接上电源,点燃超高压汞灯 5 ~ 15 min,待光源发出强光稳定后,眼睛完全适应暗室,再开始观察标本。

(3)防止紫外线对眼睛的损害,在调整光源时应戴上防护眼镜。

(4)检查时间每次以 1 ~ 2 h 为宜,超过 90 min,超高压汞灯发光强度逐渐下降,荧光减弱;标本受紫外线照射 3 ~ 5 min 后,荧光也明显减弱。所以,最多不得超过 2 ~ 3 h。

(5)荧光显微镜光源寿命有限,标本应集中检查,以节省时间,保护光源。天热时,应加电扇散热降温,新换灯泡应从开始就记录使用时间。灯熄灭后欲再用时,须待灯泡充分冷却后才能点燃。一天中应避免数次点燃光源。

(6)标本染色后立即观察,因时间久了荧光会逐渐减弱。若将标本放在聚乙烯塑料袋中 4 ℃保存,可延缓荧光减弱时间,防止封裱剂蒸发。

(7)荧光亮度的判断标准:一般分为四级,即“ - ”无或可见微弱荧光,“ + ”仅能见明确可见的荧光,“ + + ”可见有明亮的荧光,“ + + + ”可见耀眼的荧光。

4. 用途

(1)用已知抗体检测待检样品的抗原。

(2)检测抗体:用已知抗原检测待检样品的抗体。

(3)显微摄影:对观察物进行显微照相。

二、高压蒸汽灭菌器

(一)原理及用途

压力蒸汽灭菌法是在专门灭菌器中利用压力蒸汽加热以对物品进行灭菌的一种方法。压力蒸汽达到的温度高,灭菌效果可靠,为医疗卫生工作使用最广泛的一种灭菌方法。

(二)类型及操作

1. 手提式、立式压力蒸汽灭菌器

1)构造

手提式压力蒸汽灭菌锅为金属圆筒,隔层内盛水,有盖,可以旋紧,加热后产生蒸汽。

锅外有压力表,当蒸汽压力升高时,温度也随之相应升高。该灭菌器体积小,可自发蒸汽,便于携带,适用于少量实验物品、器材的灭菌。

2)操作方法

在灭菌器中加水至覆盖底部电热管,将拟灭菌的物品随同盛装的桶放入灭菌器内;将盖子上的排气软管插于铝桶内壁的方管中;盖好盖子,拧紧螺丝,勿使漏气;加热,打开排气阀门,放出冷空气,关闭排气阀门,使压力逐渐上升至设定值,维持至预定时间,停止加热,待压力降至常压时,排气后即可取出锅内物品。立式高压蒸汽灭菌器由双层钢板圆桶构成,两层之间盛水,盖上有安全阀和压力表,内有消毒桶,桶下部有排气阀,一侧装有加水管道和放水龙头;消毒桶容积有60 L、48 L、25 L等不同规格,使用方法同手提式高压灭菌器。目前,全自动高压蒸汽灭菌器的使用已日益普及。

2. 卧式压力蒸汽灭菌器

1)构造

卧式压力蒸汽灭菌器(见图2-3)适用于处理大量待消毒灭菌物品。使用时物品的取放较方便,多使用外源性蒸汽,消毒后物品不易被浸湿。分单扉和双扉两种,柜壁为双层,内、外锅各有压力表,柜内上部有进气管,下部有排气管。

图2-3　卧式压力蒸汽灭菌器

2)使用方法

待消毒灭菌物品放入后,关闭柜门;将蒸汽控制阀移至“关闭”位置,此时关闭了蒸汽进入消毒室的通道;打开进气阀,使蒸汽进入外套夹层内,将夹层中的冷空气及冷凝水经夹层的排气管排出;待夹层压力表的压力显示为所需压力时,将蒸汽控制阀移至“消毒”位置,使蒸汽进入柜室,柜室内的冷空气及冷凝水可由柜室排气管排出,待柜室的压力上升至所需压力时,转动压力调节阀,使压力与温度保持恒定,且维持一定时间;将蒸汽控制阀移至“排气”位置,排气毕,灭菌物品如需干燥,排气完毕后将蒸汽控制阀移至“干燥”位置,使柜室内被抽成负压,抽气约20 min即可达干燥要求;物品干燥后,将蒸汽控制阀移至“关闭”位置,待压力指针到“0”位时,即可打开柜门,取出物品。目前,全自动式卧式压力蒸汽灭菌器的使用也较普遍。

(三)高压蒸汽灭菌器维护及保养

(1)每次使用前,应检查主体内有足量水,使水位超过电热管。

(2)开始加热时,将放气阀打开,使灭菌器内的冷空气随加热逸出,否则影响灭菌效果。

(3)消毒液体时,液体在耐热玻璃瓶中应不超过3/4体积,瓶口用棉塞塞好。切勿使用未打孔的橡胶塞或软木塞。最好将玻璃瓶置于容积稍大的搪瓷或金属盘中,以防爆裂时液体流失和损及消毒器内壁。应特别注意,消毒终了时,切勿立即释放蒸汽,以免发生事故。

(4)对不同类型不同消毒要求的物品，如敷料和液体等，切勿一起消毒，以免顾此失彼，造成损失。

(5)消毒终了时，若压力表指针复零位，而不易开启时，则将放气阀打开，真空消除后，即可开启。压力表使用日久不能复位，应及时检修或换新表。

(6)消毒器内加入的新水，最好煮沸，可减少水中化学成分在灭菌时析出，沉积于灭菌器底部和电热管表面，影响电热管正常工作。

(7)橡胶密封圈使用久了会老化，应定期更换。

(8)平时应将设备保持清洁和干燥，可延长使用年限。

三、干热空气灭菌器(见图2-4)

图2-4　干热空气灭菌器

(一)使用方法

将待消毒物品放于柜内格架上，物品间不要过挤，不要重叠，便于冷、热空气对流。关上门后即可通电，使温度逐渐上升至一定值后，维持一定时间。通常160 ℃处理2 h即可达到灭菌的目的。切断电源，待温度降至70～80 ℃时，即可开门取物。虽然干热灭菌也可在较低温度下进行，但低温所需时间较长，不适合实际使用。

(二)注意事项与维护

(1)器械应洗净后再干烤，以防止表面附着的污物炭化。

(2)玻璃器皿洗净后，必须完全干燥，放置时应与烤箱的底及壁保持一定的距离，灭菌后应待温度降至80 ℃以下，再打开烤箱。

(3)物品包装不宜过大，包装外皮须薄，便于热空气穿透。

(4)安放的消毒物品不宜重叠，勿超过烤箱高的2/3，物品间应保持一定的空隙，便于干热空气对流和扩散；粉剂和油脂不宜太厚，一般不宜超过1.3 cm，以利于热的穿透。

(5)导热性差的物品或安放过密时，应适当延长维持时间。

(6)纸包或布包的消毒物品不要与箱壁接触，温度一般不要超过160 ℃，特殊情况可以高达170 ℃，否则会引起燃烧、变黑或烤焦。

(7)金属、陶瓷和玻璃制品可适当提高温度，从而缩短维持时间；棉织品、合成纤维、塑料制品、橡胶制品、导热性差的物品及其他在高温下易损坏的物品，不可用干烤灭菌。

(8)有机物品消毒、灭菌的温度不宜太高，因为超过170 ℃时就会炭化。

(9)灭菌过程中不得中途打开烤箱放入新的物品，有机物品灭菌过程中超过120 ℃打开烤箱，易发生燃烧。

(10)维持时间应从烤箱内温度达到灭菌的温度要求时算起。

(三)用途

适用于在高温下不变质、不蒸发、不被破坏的物品的灭菌，如金属、玻璃、陶瓷等制品。

四、恒温培养箱(见图2-5)

图2-5　恒温培养箱

(一)使用方法

(1)通电前,先检查培养箱的电气性能,并应注意是否有断路或漏电现象。

(2)电热培养箱准备就绪,可放入试品,关上箱门,适当调节排气阀。

(3)合上电源开关,至开处,按动仪表下方的按键。设置好所需要的温度,仪表的绿色指示灯亮,开始加热,随着温度的上升,仪表窗口显示测量温度值,到达设定值时,仪表红灯亮,停止加热。当温度低于设定值时,仪表又转至绿灯亮,重新升温,周而复始,可使温度保持在设定值附近。

(4)温度恒温时,其温度往往会继续上升,这是余热影响,此现象约90 min后趋于稳定。

(5)物品放置箱内不宜过挤,以便冷热空气对流不受阻塞,以保持箱内温度均匀。

(二)维护及保养

(1)箱体内必须有可靠的接地线,以确保安全。通电时切忌打开箱体,左侧门内有电器线路,防止触电,切勿用湿布揩抹,更不能用水冲洗。

(2)打开大门擦拭时,不能将水点溅在玻璃上,以防玻璃受骤冷而爆裂。

(3)移动箱体必须先切断电源,将箱内的物品取出,防止触电和碰损。

(4)易燃物品不宜放入箱内作烘焙试验,如需作烘焙试验,事先应测得各物品的燃烧温度,以防燃烧。

(5)经常保持箱体及电器线路清洁,如果发生故障应停止使用,送有关单位修理。

(三)用途

主要用于生产、科学研究实验、医疗等单位作细菌培养、育种、发酵及温度不高于60℃恒温试验。

五、CO_2 培养箱

图2-6　CO_2 培养箱

CO_2 培养箱(见图2-6)是供培养组织、细胞等的培养箱,根据需要可调节 CO_2 的使用浓度,一般为5%,这种培养箱有 CO_2 供给装置控制系统和 CO_2 气体瓶。

(一)构造

CO_2 培养箱主要由箱体结构件、温度控制系统和 CO_2 浓度控制系统三部分组成。箱体结构件由外壳、保温材料和不锈钢水套组成。温度控制系统采用三路检测、三级控制的电路,而且还有防止温度过度的电路。CO_2 浓度控制系统采用超声波传感器,具有性能稳定、检测速度快、能适应潮湿的箱内环境、寿命长、不易损坏、线性好等优点。

(二)使用方法

CO_2 培养箱的型号很多,由于各种型号的 CO_2 培养箱操作程序和功能均完全相同,因此使用前一定要仔细阅读该型号 CO_2 培养箱的使用说明书。其一般的操作程序如下:

(1)打开电源开关;

(2)设置 CO_2 培养箱所需的培养温度、湿度及 CO_2 浓度;

(3)打开 CO_2 供气系统开关,使 CO_2 进入培养箱中;

(4)待所需的温度、湿度及 CO_2 浓度均达到设置的条件后,打开 CO_2 培养箱内外门,将培养瓶等放入,关好内外门即可。

(三)注意事项

(1)除一般的电器使用要求外,特别注意 CO_2 供给系统和控制器是否符合要求;

(2)气体要高纯度,气体瓶要清洁;

(3)防止霉菌污染,要定期消毒清洗;

(4)保持一定的湿度,盛水盆要清洁,水要灭菌后加入;

(5)避免开关门次数太频繁,否则既会影响箱内温度和气体浓度,又会造成气体控制系统发生故障。

(四)用途

主要用于组织培养、细胞培养和一些特殊微生物的培养。

六、天平

实验室中常用的天平有普通天平、分析天平等。通常普通天平的感量(称量的精确度)为0.1 g,分析天平感量为0.000 1 g。

(一)普通天平

1.使用方法

1)普通天平的构造

普通天平主要由标尺、指针、刻度尺、游码、托盘、立柱、平衡螺旋、砝码、玛瑙刀、平衡杆等构成。

2)普通天平的使用

使用普通天平进行称量前,应先调节天平的零点。即在天平不载重的情况下,向左或向右调节天平托盘下的平衡螺丝。如果平衡,则指针摆动时所指示的标尺上的左右格数应相等;当指针静止时,则恰好停在标尺中间的位置上。称量时,将要称量的物品放在天平左边的托盘里,而在天平右边的托盘里添加砝码。先放大的砝码于托盘中间,后放小的砝码于大砝码四周。10 g以下的质量可以移动刻度尺上的游码来称量。当砝码加到使天平两边平衡,指针停在标尺中间位置上时,则砝码的质量就代表称量物的质量。

2.注意事项

(1)称量前后应检查天平是否完好,并保持天平清洁,如在天平内撒落药品应立即清理干净,并将两侧托盘叠放于一侧。

(2)不能使天平超载,即所称物品质量低于天平最大称量值。

(3)普通天平要存放于干燥、通风处,不要与酸碱类或有腐蚀性、挥发性的药品放在一起。

(4)不要把热的或过冷的物体放到天平上称量,应根据称量物性状,将其放在纸上、表面皿上或称量瓶等容器中,然后放在天平的托盘上(左右托盘均放大小相同、质量相仿的纸、表面皿或称量瓶,以便于调节平衡)进行称量。

(5)天平砝码表面应保持清洁,使用时用骨质或塑料镊子按照由大到小的顺序夹取。称量完毕,要及时将其放回砝码盒内。砝码如有跌落碰损,出现氧化污痕及砝码松动等情况,应立即进行定检。

3. 用途

普通天平用于感量大于0.1 g的物品的称量。

(二)分析天平

1. 类型

从分析天平(见图2-7)的构造原理分类,可分为机械分析天平(杠杆天平)和电子分析天平两大类。杠杆天平可以分为等臂双盘天平和不等臂双刀单盘天平。等臂双盘电光天平目前实验室用的最多,按加码器加码范围,可分为部分机械加码和全机械加码两种。不等臂双刀单盘天平采用全量机械减码,具有感量恒定、无等臂性误差、操作简便等特点,有逐步替代双盘天平之势。电子分析天平其实是常量天平、半微量天平、微量天平、超微量天平的总称。现以等臂双盘电光天平为例介绍天平的原理、使用方法及注意事项等。

图2-7　分析天平

2. 称量原理

等臂电光天平属于机械分析天平,是根据杠杆原理制成的一种衡量仪器,当杠杆平衡时,两力对支点所形成的力矩相等,即力×力=重力×重臂。因此,可以在杠杆上通过比较被称物品的质量和已知物体——砝码的质量来进行称量。

3. 称量方法

1)使用方法

(1)检查及调整水平。检查天平的水准器是否指示水平,如不水平,调整天平底板下两个前脚螺丝使底板处于水平状态。检查天平盘是否清洁,如有灰尘应用软毛刷刷净。

(2)测定零点。接通电源,旋动升降旋钮,开启天平,投影屏上可以看到移动的标尺投影。稳定后,标尺的"0"与刻线重合,即零点为"0、0"。如二者不重合,可拨动升降旋钮旁的调零杆,如果偏差较大调不到,可用天平梁上的平衡铊调节。

(3)加减砝码和环码。加减砝码及环码要从大到小用插入法加减,即加上的砝码约为前一次质量的一半。为减少误差,所用砝码个数应为最少。

先估计或用普通天平粗称物品质量,然后在分析天平关闭的情况下,打开天平门,将称量物放在左盘中央。用镊子夹取相应砝码于右边盘上,轻轻转动升降旋钮,若投影屏上标尺迅速向负向移动,表示砝码太重;若标尺向正向移动,表明砝码太轻,根据标尺移动的方向加减砝码。然后关上侧门,按同样的方法加减砝码至接近平衡,记下读数。

2)称量

(1)直接称量法:如称取小烧杯、坩埚或表面皿时,将其放在天平左盘上,加砝码使之平衡,读出质量数值。

(2)固定质量称量法:用于称量不易吸水、在空气中稳定的试剂,如金属、矿石等。先称好放试样的器皿或称量纸;然后加上固定质量的砝码,用小药勺逐渐加入试样,试样接近固定量时,以食指轻弹勺柄,让试样慢慢地抖入器皿或称量纸上,达到称量值为止。

(3)减量称量法:此法用于称取吸水、易氧化或易与二氧化碳反应的物质。将适量试样装入称量瓶中,置于天平盘上,称得质量为 m_1,取出称量瓶,举在接受器的上方,使之倾斜,用称量瓶盖轻敲瓶口上部,使试样慢慢落入接受器中。当倾出的试样接近所要称取的质量时,将称量瓶慢慢立起,放回天平盘上,再次称的质量为 m_2,则 $m_1 - m_2$ 即为试样的质量。按同样的方法连续递减,可称取多份样品。

4. 使用注意事项

(1)同一实验应使用同一台天平和砝码。

(2)称量前后应检查天平是否完好,并保持天平清洁,如在天平内撒落药品,应立即清理干净,以免腐蚀天平。

(3)天平载重不得超过最大负荷,被称物应放在干燥清洁的器皿中称量,挥发性、腐蚀性物体必须放在密封加盖的容器中称量。

(4)不要把热的或过冷的物体放到天平上称量。应在物体和天平室温度一致后进行称量。

(5)被称物体应放在秤盘中央,开门、取放物体时必须休止天平,转动天平停动手钮要缓慢均匀。

(6)称量完毕应及时取出所称样品,指数盘转到0位,关好天平各门,拔下电源插头,罩上防尘罩。

(7)搬动天平时应卸下秤盘、吊耳、横梁等部件。

(8)搬动或拆装天平后应检查天平性能。

5. 称量误差的减免

(1)加快称量速度,以防被称物表面吸附水分,或者试样本身具有挥发性。

(2)天平砝码定期进行计量检定,通常每年检定一次。

(3)天平应置于恒温、恒湿、密闭环境中。

(4)操作者应认真、负责、细心。

6. 分析天平的用途

分析天平一般用于电子元件、标准件的点数,贵重药材、保健品称重,贵重稀有金属称重,实验室分析等。

七、离心机

离心机可分为三大类:①水平转头式或吊桶式;②固定角转头式或角转头式;③超离心式。这三大类中尚有许多型号,如有着地式、台式、冷冻及非冷冻等型号。

水平转头式将离心管放在转头的吊桶中离心时离心管与转头同在一个平面上,停止转动时则离心管呈现垂直方向。溶液中的沉淀颗粒在离心过程中，沿离心机轴直角方向移动，因此沉淀就均匀地沉于管底。静止后沉淀表面平滑，弃上清液，可用吸管吸取或倒出而分离。

固定角转头式离心机与转轴垂直方向以25°～40°角转动。沉淀颗粒沿离心机轴的直角方向下沉。在离心机的管壁上与转轴平行形成一个沉淀的平面。当离心机停止转动后，离心管中沉淀可受重力影响而从管壁松散下来而造成混浊，因此分离效果比水平转头式差。

按空气动力学原理设计的固定角式转头因受空气阻力及其摩擦产热比水平转头式少，所以前者的转速比后者较高，小颗粒下沉快。水平转头式离心机在低速离心条件下大颗粒也易下沉，故已能满足分离血浆和血细胞以及分离蛋白质与上清液的需要。

超速离心机是一种转速达$(30\sim100)\times10^3$ r/min的离心机，它通常采用固定式转头。分离时间多需数小时乃至数天，故高速产热，所以超速离心机必备有冷冻装置。超速离心机有制备型和分析型两种型号，某些台式型号是一种小型气涡轮机制成，其离心力可达165 000 g。

（一）低速离心机

低速离心机（见图2-8）有多种类型，常见有低速台式离心机、低速大容量离心机、低速冷冻离心机等。低速离心机的转速一般为$(4\sim6)\times10^3$ r/min。

图2-8　低速离心机

1. 使用方法

（1）将样品等量放置在离心管内，并将其对称放入转头；

（2）盖好盖门，将仪器插上电源后，打开仪器的电源开关；

（3）设置运行参数（运转时间和运转速度）；

（4）按启动键启动仪器；

（5）仪器停止转动时打开盖门，取出离心管后关电源。

2. 注意事项

（1）仪器必须放置在坚固水平的台面上，盖门上不得放置任何物品，样品必须对称放置；

（2）应经常检查转头及试验用的离心管是否有裂纹、老化等现象，如有应及时更换；

（3）试验完毕后，需将仪器擦拭干净，以防腐蚀；

（4）运转速度不能超过该仪器的最高转速；

（5）在离心机未停稳的情况下不能打开盖门；

（6）试验结束后，应关闭电源开关，拔掉电源插头。

3. 用途

用于离心沉降血球、细菌、澄清液体和提取免疫球蛋白等。

（二）高速离心机

高速离心机一般有台式和角式两种，其转速可达$(10\sim20)\times10^3$ r/min。

1. 构造

高速离心机由机体、转头、传动部分、减震及控制系统等组成。

2. 使用方法

(1)打开离心机电源开关,进入待机状态。

(2)选择合适的转头。

(3)将样品等量放置在离心管内,并将其对称放入转头。

(4)选择离心参数。

①按速度设置按钮,可在 RPM/RCF 设置挡之间切换,用数字键设置离心速度,回车确定。

②按转头设置按钮,再用数字键设置转头型号,回车确定。

③按时间设置按钮,再用数字键设置离心时间,回车确定。

(5)将平衡好的离心管对称放入转头内。盖好转头盖子,拧紧螺丝。

(6)按下离心机盖门,按 START 键,开始离心。

(7)仪器停止转动时打开盖门,取出离心管。

3. 注意事项

(1)转换转头时应注意使离心机转轴和转头的卡口卡牢。

(2)离心时离心管所盛液体不能超过总容量的 2/3,否则液体易于溢出。

(3)设置运转速度不能超过该仪器的最高转速。

(4)使用前后应注意转头内有无漏出液体残余,应使之保持干燥。

(5)离心机一定要盖牢,如盖门未盖牢,离心机将不能启动。

离心开始后应等离心速度达到所设的速度时才能离开,一旦发现离心机有异常(如不平衡而导致机器明显震动,或噪声很大),应立即按 STOP 键,必要时直接按电源开关切断电源,停止继续离心,并找出原因。

(6)机器如发现故障,请及时与有关人员联系。

(7)使用结束后请清洁转头和离心机腔,不要关闭离心机盖,利于湿气蒸发。

(8)使用结束后必须登记,注明使用情况。

4. 用途

病毒核酸的提取、样品分析和含菌、含毒材料的沉淀、澄清等。

(三)高速低温离心机

1. 使用方法

高速低温离心机(见图 2-9)的使用方法与高速离心机大部分相似,唯一不同的是设置运行参数时需设定离心温度。

2. 注意事项

设置运转温度不能低于该离心机的最低温度,其余注意事项与高速离心机相同。

3. 用途

病毒核酸的提取、样品分析和含菌、含毒材料的沉淀、澄清,感受态细胞的制备等。在遗传基因、蛋白质核酸的研究中应用更广。

八、酶标仪

（一）构造

酶标仪（见图2-10）由分光光度计和微处理机构成。分光光度计包括光源、不同波长的滤光片、放置微孔板的读板室和接受器等；微处理机由微电脑和键盘组成。许多酶标仪还带有打印机或与打印机连用。

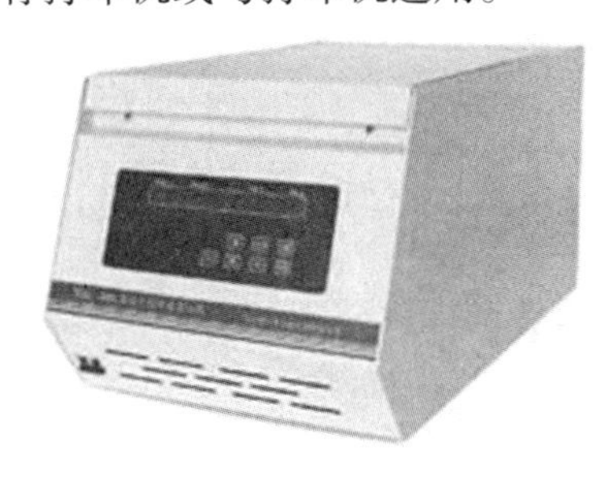

图2-9　高速低温离心机

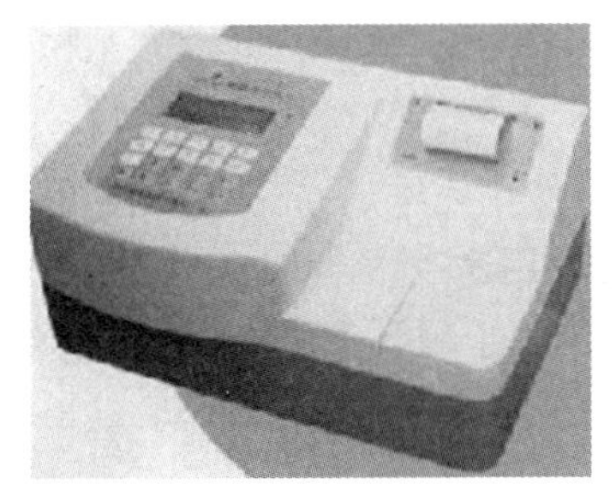

图2-10　酶标仪

（二）原理

酶标仪主要是根据朗伯－比耳定理设计的。其基本原理是当一束平行单色光通过溶液时，由于溶液吸收光能量会导致光强度降低。并且某一单色光通过溶液时，吸光度与被测溶液的浓度成线性关系。测定某一溶液浓度的变化，可通过测定其吸光度的变化来实现，即测定溶液的吸光度，就可以得到其相应溶液浓度的数值。

（三）使用方法

酶标仪的型号很多，由于各种型号的酶标仪操作程序和功能均不相同，因此使用前一定要仔细阅读该型号酶标仪的使用说明书。其具体操作程序如下：

（1）开机前准备。

①检查是否有热敏纸。

②选择所需波长干涉滤光片，插入测试头的右侧孔内。

③将96孔微孔样品盘放在样品架内，并将位置放置正确。因样品架内有孔位识别传感器，框架倒置或与面板水平指示线不平行，都将不能很好识别孔位。

④对于标准40孔或55孔微孔样品盘，都应将A－1孔放在专用样品架上的左上角（96孔A－1位置），然后再利用仪器所附的挡板将微孔样品盘固定。

⑤接通电源。

（2）开机。

（3）按模式键（MODE），选择所需要的模式，如双波长、单波长等。

（4）按下报告键（REPORT），选择所需要的模式，如原始数据或光吸收值，选择空白测量、单孔空白测量或多孔空白测量。

（5）按下输入键（ENTRE）。

（6）将所需测量的微孔板放在读板架上，关门。

（7）按下开始键（START），此时显示屏就显示读数的进程，读数完成后，可自行把数据打印出来。

(8)取出测量的微孔板,整理干净,最后关机,拔掉电源。

(四)注意事项

(1)仪器要放在干净、平整的台上,仪器上盖要保持清洁和干燥,否则将影响孔位自动识别。

(2)必须使用符合仪器需要的电压,电压不稳定需使用稳压器。

(3)面板中央的石英窗一定要经常检查,保持洁净,否则将影响测试的灵敏度。

(4)干涉滤片应保持洁净,不用时应保存在干燥器内。

(5)试验前要开机使仪器进行 15 min 的预热。

(6)使用完毕后,先关掉仪器的开关,仪器会自检,自检完成后,才拔掉电源。

(五)用途

主要用于酶联免疫吸附试验(ELISA)中比色测定、数据计算及结果输出。

九、PCR 仪

(一)构造

由于 PCR 仪(见图 2-11)类型很多,不同类型的 PCR 仪构造有所不同。最早的 PCR 仪是水浴式 PCR 仪,它主要由三个不同温度的水浴槽和机械臂组成。而气流式 PCR 仪则主要由对流恒温箱(机壳)、热气源、冷气源、控制器组成。目前,常用的 PCR 仪是金属模块式 PCR 仪,其构造主要由铝或不锈钢加热块、机壳构成,铝或不锈钢加热块上分布有数量不等的样品管孔。

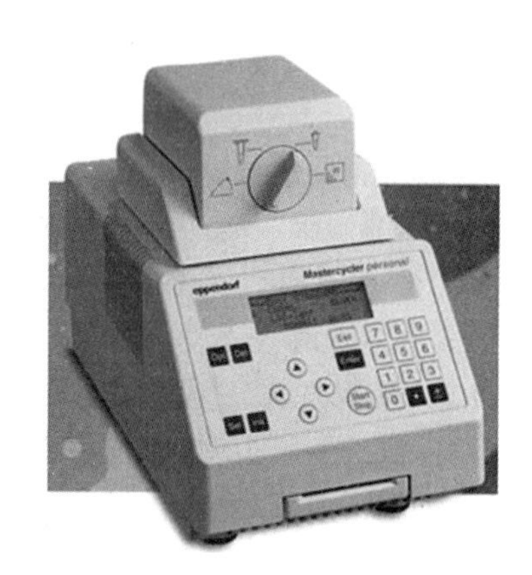

图 2-11　PCR 仪

(二)原理

各种型号的 PCR 仪工作原理不完全相同。但基本原理均是按照 DNA 变性、复性和延伸来设计的。水浴式 PCR 仪是将样品管分别放入三个水浴槽中完成变性、复性和延伸过程,反应管在每个槽中停留的时间和槽间移动是通过微电脑及其控制的机械臂完成的。而流式 PCR 仪是将样品置于对流恒温箱中,由控制器控制的热空气枪、热辐射源和大功率风扇来提供冷热空气,以变换反应管的温度。金属模块式 PCR 仪采用电阻加热、压缩机制冷、半导体调制温度或电子调制温度来完成变性、复性和延伸过程。

(三)使用方法

PCR 仪型号和厂家不同,其使用方法不尽相同。使用时参照仪器的使用说明书即可。现以目前常用的金属模块式 PCR 仪为例,简要介绍其使用方法:

(1)插上电源插头,打开 PCR 仪电源开关;

(2)将加好样品的 PCR 管放入加热块上的样品管孔中;

(3)拧紧 PCR 仪盖;

(4)设置扩增程序,如变性温度、复性温度、延伸时间等;

(5)按下开始键,PCR 仪就自动进行整个扩增过程;

(6)扩增完成后,先按下停止键后打开盖子,取出样品管;

(7)关闭仪器电源,最后拔掉电源插头。

(四)注意事项

(1)PCR 仪应放在单独的一个空间;

(2)样品管盖一定要盖紧,放置样品管时最好平衡对称放置;

(3)进行 PCR 扩增时,PCR 仪盖必须拧紧;

(4)运行完毕先停止运行,再打开 PCR 仪盖;

(5)扩增完毕要及时取出样品,不要让 PCR 仪长期处于空工作状态。

(五)用途

PCR 仪主要用于基因的扩增。

十、冷藏设备

(一)冰箱

冰箱(见图 2-12)使用时应注意以下事项:

图 2-12　冰箱

(1)电冰箱放置离墙不应小于 100 mm,以保证冷凝器对流效率高。

(2)冰箱额定电源电压为 220 V,当地电源如不符合要求时,须另装稳压器稳压。

(3)通电检查,打开箱门观察照明灯是否亮,机器是否运转。

(4)调节温度时不可一次调得过低,以免冻坏箱内物品。一次调节后,须等待自动控制器自停、自开多次箱内温度稳定,若仍不能达到需要的温度,再作第二次、第三次调整。

(5)蒸发器结有冰霜较厚时,需要化霜,按化霜按钮即可。当霜化完控制器会自动接通电源,机器继续开启运行。对没有自动化霜装置的冰箱,可让冰箱停电一段时间,使霜自行融化,切忌用金属刀器去刨刮,以防损坏蒸发器。化完霜,擦干水后即可通电继续工作。

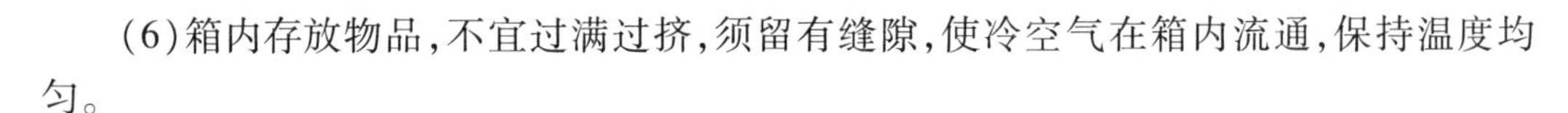

(6)箱内存放物品,不宜过满过挤,须留有缝隙,使冷空气在箱内流通,保持温度均匀。

(7)在使用中尽量减少开门次数,且不要放入热水和热的物品,以保箱内温度稳定。尤其在蒸发器内绝对不可放入热水和热物。

(8)强酸强碱及腐蚀性物品,必须密封后放入。有强烈气味的物品须用塑料薄膜包裹后放入,以防污染。因箱内有电接触点,可能形成电火花,所以严禁放置易燃溶剂,以免箱内充满其蒸气达到爆炸极限,引起爆炸及火灾。搬动冰箱时,倾斜度不许超过 45°,更不可倒放。

(9)电冰箱若长期停用,应将里外擦净,箱门略留缝隙,放置在清洁、干燥通风良好的室内。避免日光直接照射,并远离热源。

(二)低温冰柜

各厂出的型号不同,一般的低温冰箱使用时应注意以下事项:

(1)购入冰箱时应注意冰箱所需要的电压是否与所供应的一致,应根据低温冰箱的要求调整电压,并注意供电线路上的负荷及保险丝的种类是否符合低温冰箱的要求。

(2)低温冰箱宜放置在室内,四周至少离壁50 cm,并尽量远离发热体,空气流通,不受日光照射,环境温度宜低于35 ℃。

(3)新购入低温冰箱试机时或因停电温度回升过高时,为了避免机器一次工作时间过长,应控制温度调节器,使其逐渐下降。

(4)冷凝器鳞片间易受空气尘埃堵塞,影响冷凝效果,应经常注意清理。

(5)用电接点温度表时,温度表中黑色指针为温度指示针,其他两个白色指针为控制温度上、下限之用。例如,要求冰箱内温度在-35~-38 ℃,即把上限指针位置拨在-35 ℃,下限指针位置拨至-38 ℃,这样工作室温度达到-38 ℃时即自行停机,待工作室温度回升至-35 ℃时,又自行开机。

(6)整个制冷系统都是气密的,使用时不可随意紧松连接管子上的接头及压缩机上的螺钉,如有怀疑漏气的情况,可以用浓肥皂水检查,如确有漏气,接头处应拧紧。

(7)在环境温度与冰箱需要温度差距大时,尽量缩短开启时间,一般使用情况下,每年要进行一次维修。

十一、紫外分光光度计

(一)原理

分光光度计是光谱分析中不可缺少的仪器,其工作原理是当光线穿过某种化学溶液时,总要被吸收一部分,即射出光总要少于入射光,二者之间的比值称作吸收值。就某一溶液来说,虽然对各种波长的都有所吸收,但其吸收值是不一样的。有其特征的吸峰值,即对某一个(或几个)波段的光吸收特别强烈。并且其吸收率与溶液中该成分的浓度有一定的关系。因此,根据溶液在全波段光扫描中的特征峰,可以判断溶液中某些组分,达到定性的目的,或者用某一特定波段的光穿透样品,根据样品对光的吸收程度,确定该组分的浓度,达到定量的目的。

(二)使用方法(以752型紫外可见分光光度计为例)

752型紫外可见分光光度计(见图2-13)采用光栅作为分光元件,它的优点是全波段范围色散均匀,光谱带宽小(尤其是在红光及近红外、红外区域),成为751型棱镜分光光度计的换代产品。在波长200~350 nm内,使用氘灯为光源;在波长350~800 nm内,使用钨灯为光源。

图2-13　752型紫外可见分光光度计

由于玻璃不能透过紫外光,因此在200~350 nm内应使用石英吸收池,在350~800 nm内可使用玻璃吸收池。

使用方法如下:

(1)插上电源插头,开启电源开关。

(2)将灵敏度倍率开关置于“1”挡,测量选择开关置于“T”。

(3)将氘灯、钨灯转换开关置于钨灯位置,预热20 min。

(4)调节波长手轮至测试波长。选择所需光源灯，点亮，预热3～5 min。

(5)打开试样室盖，调节“0”旋钮，使数显为“00.0”。

(6)盖上试样室盖，将参比溶液推入光路，调节“100%”旋钮，使数显为“100.0”。如数显达不到“100.0”，调节高一挡灵敏度挡，重复调“0”和“100”。

(7)将试样溶液推入光路，读数即为透射比。

(8)吸光度 A 的测量。首先应进行吸光度精度的调整(详见(10))。重复(5)和(6)操作后，当 T 为100%时，将选择开关置于“A”，此时数字显示应为“.000”，否则应调节“Abs.0”旋钮，使数显为“.000”。将样品池推入光路，显示值即为A值。

(9)浓度 C 的测量。重复(5)和(6)操作后，选择开关旋至“C”，将经标定浓度的药品推入光路，调节浓度旋钮，使数显值为标准溶液的浓度值。将样品池推入光路，数显即为样品的浓度值。

(10)吸光度精度的调整。根据 $A=\lg 1/T$，当 $A=0$ 时 $T=100\%$，$A=1$ 时 $T=10\%$。当 $T=100\%$ 时，吸光度若不等于0，应调整吸光度调“0”旋钮，用改变波长的方法使 $T=10\%$(可配合调100%旋钮)，再将选择开关旋至“A”挡，数显应显示“1.000”，若有误差可用改锥调整吸光度斜率电位器。

(11)读完读数后应打开样品室盖。

(12)测量完毕，取出吸收池，各旋钮置于原来位置，关闭电源开关，切断电源。

(三)注意事项

(1)分光光度计应安装在室温15～28 ℃、相对湿度45%～65%、防尘、防震、防腐蚀和防电磁干扰的房间内。

(2)在不使用时不要开光源灯。如灯泡发黑(钨灯)、亮度明显减弱或不稳定，应及时更换新灯。更换后要调节好灯丝位置。不要用手直接接触窗口或灯泡，避免油污沾附，若不小心接触过，要用无水乙醇擦拭。

(3)单色器是仪器的核心部分，装在密封的盒内，一般不宜拆开。要经常更换单色器盒的干燥剂，防止色散元件受潮生霉。仪器停用期间，应在样品室和塑料仪器罩内放置数袋防潮硅胶，以免灯室受潮，反射镜面有霉点及沾污。

(4)吸收池在使用后应立即清洗，为防止其光学窗面被擦伤，必须用擦镜纸或柔软的绵纸物擦去水分。生物样品、胶体或其他在池窗上形成薄膜的物质要用适当的溶剂洗涤。有色物质污染，可用3 mol/L HCl和等体积乙醇的混合液洗涤。

(5)光电器件应避免强光照射或混合液洗涤。

(6)仪器的工作电源一般允许220 V±10%的电压波动。为保持光源灯和检测系统的稳定性，在电源电压波动较大的实验室最好配备稳压器。

(四)用途

分光光度计广泛应用于食品、制药、医学及兽医学等领域。

十二、电泳仪

(一)原理

电泳仪(见图2-14)是为电泳技术提供电源的装置，电泳是指混悬于溶液中的样品

(有机的或无机的,有生命的或无生命的)电荷粒子,在电场影响下向着带相反电荷的电极移动的现象。由于电荷粒子的多少不等以及具有相同电荷的分子有大有小,所以在不同的介质中,在电场影响下,它们移动的速度也不相同。人们利用这种特性,用电泳的方法对某些物质进行定性及定量分析,或者将一定的混合物分离成各个组分以及作少量电泳制备。

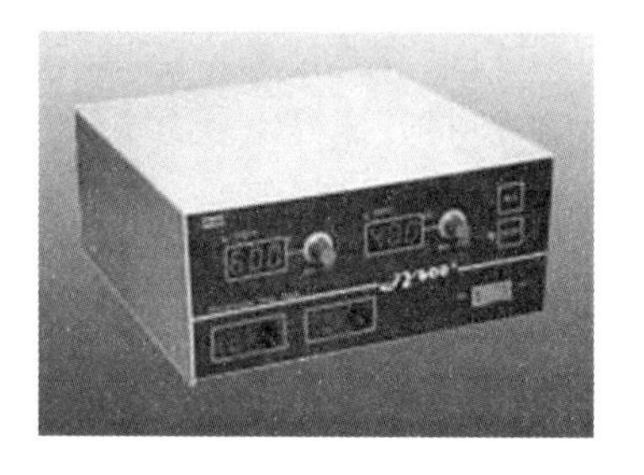

图 2-14　电泳仪

(二)方法

(1)选择工作状态,如"稳压"、"稳流"等。

(2)选择工作量程,如"电压 0～100 V"或"100～200 V"等。

(3)接通电源,观察电流是否有指示,否则应检查是否是接触不良。

(4)观察电流或电压是否达到设定值。

(三)注意事项

(1)电泳仪应该放置在干燥、通风的地方,以免受潮,引起短路或失灵。

(2)电泳仪工作时,不能接触缓冲液,以免造成危险。

(3)电泳时,正负极必须接正确,否则电泳区带会朝相反的方向迁移。

(4)在做转移电泳时,应注意电泳仪的通风散热,否则由于时间过长造成某些部件烧坏。可用电风扇进行散热(有的电泳仪配有电风扇)。

(5)电泳时应该经常检查电压和电流是否稳定,否则将影响试验结果。同时检查电泳槽的缓冲液是否有泄漏现象,如发现应及时加补缓冲液。

(6)电泳仪为一种较精密的试验仪器,应注意防尘,以免影响精确度,一般不用时应加盖防尘罩。

(四)用途

电泳仪是血清学诊断和分子生物学诊断技术不可少的设备,被广泛应用于基础理论研究、农业科学、医药卫生、工业生产、国防科研、法医学和商检等许多领域。

十三、超声波仪

(一)使用方法

超声波仪(见图 2-15)型号很多,不同厂家的仪器使用方法不尽相同。使用时请按仪器的说明书进行操作,其一般使用方法如下:

(1)打开超声波仪电源开关;

(2)将超声波探头插入所需超声裂解的溶液中;

图 2-15　超声波仪

(3)设置运行参数(如工作时间、间歇时间、工作功率、超声次数);

(4)按开始键进行裂解;

(5)工作完成后按停止键,取出裂解的物质,将探头擦干净,关闭电源开关。

（二）用途

超声波在实验室中主要用于破碎细胞，分离提取细胞成分，制备微生物抗原成分等，也可用于试验器材清洗。

（三）注意事项

（1）根据不同的目的，选择使用频率与时间。

（2）高频超声波对人有害，要防止泄漏。

（3）不同细菌对超声波敏感性不同。超声波不用于灭菌。

十四、振荡器

振荡器如图2-16所示。

（一）使用方法

将振荡器放在平稳的桌面上，取出托盘下面的衬纸，将混合微量反应板平放在托盘上，接通电源，打开台面上的电源开关，调整所需的振荡频率，即“转速旋钮”，使之达到所需要的工作频率。

（二）用途

振荡器为医院、科研单位、大专院校、卫生防疫站等单位开展免疫学、病毒学、细菌学、流行病学以及生化检验必不可少的器材，用于微量样品的振荡混合。

十五、组织捣碎机

（一）类型

组织捣碎机（见图2-17）分高速匀浆机、高速组织捣碎机和固体样品粉碎机等。

图2-16　振荡器

图2-17　组织捣碎机

（二）使用方法

（1）将刀对准机轴，按下连轴节弹性元件至尺槽内，使之居中容器盖圆孔，方可启动电机。

（2）物料须缓缓倒入容器内，先开慢速“1”，后开快速“2”。但慢速只能作起步用，不宜长用。

（3）由于电机高速运转，所以不能长时间使用，必须每使用3 min休息5 min，方可连续使用。

（三）用途

组织捣碎机广泛适用于科学研究、医学治疗、化工制药、生物制品、食品加工等捣碎生物、化学、植物、营养物质等实验。实验室常用于病料组织悬液的制备。

十六、超净工作台

（一）类型

图 2-18　超净工作台

超净工作台（见图 2-18）又称净化工作台或洁净工作台，是为实验室提供无菌操作环境的设施，可保护实验免受外部环境的影响，同时为外部环境提供某些程度的保护，以防污染并保护操作者。目前我国使用的超净工作台有双开门侧向通风型、双开门垂直通风型、双人单开门垂直通风型、垂直通风负压型（生物安全柜）等。

（二）工作原理和构造

超净工作台的洁净环境是在特定的空间内，洁净空气（过滤空气）按设定的方向流动而形成的。以气流方向来分，现有的超净工作台可分为垂直式、由内向外式。从操作质量和对环境的影响来考虑，以垂直式较优越。由供气滤板提供的洁净空气以一个特定的速度下降通过操作区，大约在操作区的中间分开，由前端空气吸入孔和后吸气窗吸走。在操作区下部，前后部吸入的空气混合在一起，由鼓风机泵入后正压区，在机器的上部，30% 的气体通过排气滤板顶部排出，70% 的气体通过供气滤板重新进入操作区。为补充排气口排出的空气，同体积的空气通过操作口从房间空气中得到补充。这些空气不会进入操作区，只是形成一个空气屏障。工作区的上方装有紫外线杀菌灯，可对工作台表面和空气消毒。有的进口工作台内还设有电源插座和气体喷嘴，控制系统装有空气压力表和报警装置。

（三）使用方法

超净工作台应置于一间有空气消毒设施的无菌室，如果条件不具备，就应将机器安放于人员走动少、较洁净的房间中。使用前应用紫外线杀菌灯照射 30 ~ 40 min，并检查操作区周围各种可开启的门窗处于工作时位置。杀菌灯关闭 20 min 后进行工作，工作时打开照明日光灯及风机。

（四）用途

超净工作台广泛适用于医药卫生、生物制药、食品、医学科学实验、无菌室实验、无菌检验等需局部洁净无菌工作环境的科研和生产部门。

第二节　器　材

实验室检验最常用的器材为移液器。

一、类型

移液器（见图 2-19）的类型多种多样，不同公司有不同的型号。既有手动移液器又有电动移液器。手动和电动移液器均有单道移液器和多道移液器之分。单道移液器又可有不同的型号，常见的有 0.1～2.5 μl、0.5～10 μl、2～20 μl、5～50 μl、10～100 μl、20～200 μl、50～200 μl、100～1 000 μl、200～1 000 μl、1～5 ml 等；多道移液器常见类型有 4 道、8 道、12 道移液器。而 4 道移液器有 5～50 μl、50～250 μl；8 道、12 道移液器均有 0.5～10 μl、5～50 μl、50～250 μl、50～300 μl。

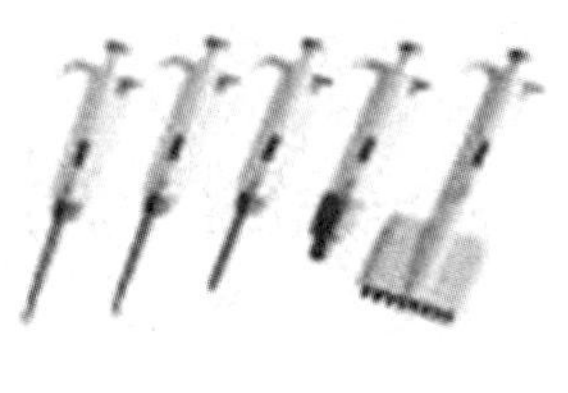

图 2-19　移液器

二、使用方法

(1)选择所需类型和型号的移液器，将移液器设置到所需的容积。

(2)将吸头插进移液器前的锥尖上。

(3)用手握住移液器的柄，大拇指按在推动按钮上，用力轻轻按下推动按钮，再轻轻放开。

(4)大拇指用力按下推动按钮，打出所吸的液体。

(5)最后用大拇指按下吸头排除器，去掉移液器上的吸头。

三、注意事项

(1)调整所吸液体容积时不能超过移液器的最大和最小刻度；

(2)在吸取液体时，按下推动按钮不能超过第二停止刻度，以免造成所吸液体体积不准；

(3)在使用时，要轻轻吸取液体，不能用力过猛，以免液体进入移液器里，损坏移液器。

四、用途

主要用于各种试验中小容量的移液。

第三节　玻璃仪器

玻璃仪器是实验室检验最基本的仪器，按照不同的用途和要求，分别由软质、硬质和特硬质玻璃制成。软质玻璃的耐温性、硬度及耐腐蚀性较差，但透明度较好，多用于不加热的器皿，如容量瓶、量筒、量杯、试剂瓶、漏斗、干燥器、培养皿等。硬质玻璃具有较好的化学与热稳定性及机械强度，适合于制成烧杯、烧瓶等容器和蒸馏器、冷凝管、试管等耐热玻璃器皿。特硬质玻璃除具有良好的化学稳定性、热稳定性、机械强度和较小热膨胀系数外，可耐较大的温差(一般在 300 ℃左右)。

一、玻璃仪器的类型

实验室检验常用的玻璃仪器通常可分为容器类、量器类、管类、其他玻璃仪器及标准磨口的组合仪器等。

(一)容器

容器类玻璃仪器主要有烧杯、烧瓶、锥形瓶等。

1. 烧杯

用硬质玻璃制成的，分为普通烧杯和高型烧杯，有的还带有容积刻度。烧杯供配制试剂加热用，其规格一般为 20 ~ 1 000 ml。

2. 锥形瓶

锥形瓶又称三角瓶，是用硬质玻璃制成的。大多用于滴定操作及加热溶液时可避免迅速挥发，其规格一般和烧杯相同。为防止液体蒸发和固体升华的损失（如碘量法测定操作），常采用具有磨口塞的锥形瓶或碘量瓶。

3. 烧瓶

烧瓶有圆底、平底和凯氏烧瓶之分。圆底烧瓶又分长颈和短颈两种，多用于制备反应、蒸馏中用作加热容器。常见的规格为 50 ~ 1 000 ml。

（二）量器

量器类玻璃仪器主要有量筒、量杯等，是由软质玻璃制成的，不宜在火上直接加热。量筒常见的规格为 10 ~ 500 ml，量杯的规格一般为 100 ~ 500 ml。

（三）管类玻璃

管类玻璃主要是试管。试管主要用于盛装样品和进行反应试验，还可大量用作微生物接种、培养和保存菌种。试管分为有刻度和无刻度两种，可直接在火上加热管内的液体。试管的规格是按能容纳的液体体积表示为 5、10、20、30 ml；也可按试管的直径与长度来区分，如 ϕ 12 × 100 mm、ϕ 10 × 80 mm 等。

（四）其他

其他的玻璃仪器有培养皿、细胞培养瓶、冷凝管、漏斗等。

1. 培养皿

培养皿是由软质玻璃制成的，主要用于微生物的培养，也可用于琼脂扩散试验等。常见的规格有 ϕ 90 × 25 mm、ϕ 150 × 15 mm、ϕ 90 × 15 mm、ϕ 70 × 15 mm、ϕ 65 × 15 mm、ϕ55 × 15 mm、ϕ35 × 15 mm 等。

2. 细胞培养瓶

细胞培养瓶是由软质玻璃制成的，主要用于细胞的培养。细胞培养瓶有直口和斜口之分。常见的规格有 25 cm^2、75 cm^2、150 cm^2、175 cm^2 和 225 cm^2。

3. 冷凝管

用来与其他仪器组装配套，在蒸馏或回流中做冷凝器使用。冷凝管的规格按有效冷凝管长度区分，常见的规格有 300 mm 和 400 mm 两种，其形式可分为球形、蛇形和直形三种。蛇形冷凝管的冷凝面积最大，适用于将沸点较低的物质由蒸气冷凝成液体；直形的冷凝管冷凝面积最小，适用于冷凝沸点较高的物质；球形的则两种情况都可使用，经常用于回流的实验操作。此外，空气冷凝管是一支单层的 K 形玻璃管，用于冷凝沸点在 150 ℃以上液体的蒸汽。冷凝管所用冷却水的走向应从低处向高处，如把进水口和出水口安装颠倒易因空间和管子发热不均而引起内外管脱落或炸裂等。长期使用冷凝管夹层中积有黄色铁锈时，可用 10% 的稀盐酸或草酸洗去。

4. 漏斗

漏斗分为普通漏斗和分液漏斗。普通漏斗主要作过滤介质的支持，用于分离固相和液相物质。按其不同的用途分为短颈漏斗、长颈漏斗和砂芯漏斗。短颈漏斗用于一般过滤操作;长颈漏斗颈管可插入滤液中,形成的连续柱可提高过滤速度;使用折成皱形滤纸可加大过滤面积,加快过滤速度;常用于处理重结晶的热溶液等。砂芯漏斗不用滤纸而代之以烧结玻璃料制成的砂芯滤板,可以过滤酸液和用于酸类处理,也称为耐酸漏斗。根据孔径的大小,砂芯滤板可分为 G_1 ~ G_6六种,可按实验需要选择使用(见表 2-1)。另外,也可根据滤板的直径分为 40 mm、60 mm、80 mm、100 mm、150 mm 等规格,还可按漏斗的容积分成 100 ~ 1 000 ml 等七种不同的规格。G_5、G_6 号砂芯漏斗用于过滤细菌等微生物,通常又称为细菌漏斗。

表 2-1　砂芯漏斗规格和用途

滤板代号	孔径(μm)	一般用途
G_1	20 ~ 30	滤除较大沉淀物及胶状沉淀物
G_2	10 ~ 15	滤除较大沉淀物
G_3	4.5 ~ 9	滤除细小沉淀物
G_4	3 ~ 4	滤除细小沉淀物或极细沉淀物
G_5	1.5 ~ 2.5	滤除较大的杆状细菌和酵母
G_6	<1.5	滤除 0.6 ~ 1.5 μm 的病菌

二、玻璃仪器的准备

玻璃仪器的处理程序见图 2-20。

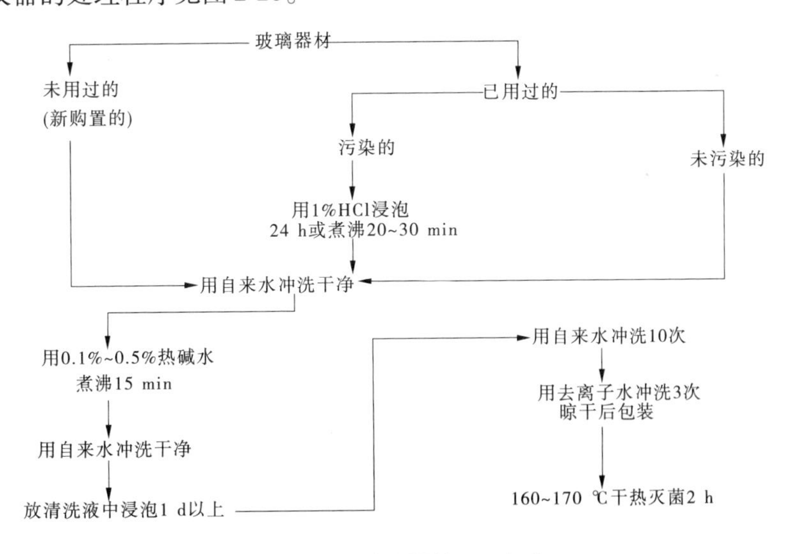

图 2-20　玻璃仪器的处理程序

(一)处理

对于未使用过的玻璃仪器,不需进行特殊处理。而使用过的玻璃仪器又可分为污染的和未污染的两种。对于污染的玻璃仪器,先要放入1% HCl 中浸泡 24 h 或煮沸 30 min,再进行洗涤。未污染的玻璃仪器可直接进行洗涤。

（二）洗涤

玻璃仪器的清洁与否直接影响实验结果的准确度与精密度，因此必须十分重视玻璃仪器的清洗工作。

实验室中常用肥皂、洗涤剂、洗衣粉、去污粉、洗液和有机溶剂等清洁剂洗涤玻璃仪器。肥皂、洗涤剂等用于清洗简单、能用刷子直接刷洗的玻璃仪器，如烧杯、试剂瓶、锥形瓶等；洗液主要用于清洗不易或不能直接刷下的污垢，也可用洗液来洗，利用洗液与污物起化学反应，氧化破坏有机物而除去污垢。常用的洗液有以下几种。

1. 强酸性氧化剂洗液

强酸性氧化剂洗液由重铬酸钾和硫酸配制而成。重铬酸钾在酸性溶液中形成多重铬酸钾，有很强的氧化能力。此洗液对玻璃仪器侵蚀作用小，洗涤效果好，但能污染水质，应注意废液的处理。

2. 铬酸洗液

称取工业重铬酸钾 20 g 加入 40 ml 水中，加热溶解，冷却，缓慢加入工业浓硫酸 360 ml（不能将重铬酸钾溶液加入浓硫酸中），边加边用玻璃棒搅拌。冷却后装入有盖的玻璃瓶中备用。

新配的洗液呈暗红色，氧化力很强，应随时盖紧玻璃瓶的盖子，以免洗液吸收空气中水分而逐渐析出三氧化铬，降低洗涤能力。使用温热的洗液可提高洗涤效果，但失效速度也加快。洗液经长期使用或吸收过多水分时变成黑绿色，表明已失效，不宜再使用。

3. 酸性高锰酸钾洗液

酸性高锰酸钾洗液作用缓慢温和，可洗涤有污染的器皿。其具体配制：将高锰酸钾 4 g溶于少量水中，然后加入 2.5 mol/L NaOH 至 100 ml。另一配法：高锰酸钾 4 g 溶于 80 ml 水中，再加 12.5 mol/L NaOH 至 100 ml。后一种更有利于高锰酸钾的迅速溶解。如使用本洗液后，玻璃器皿上沾有褐色氧化锰，可用盐酸或草酸洗液洗涤。所洗的器皿不应在酸性高锰酸钾洗液中长时间浸泡。

4. 纯酸洗液

根据污垢的性质，如水垢，可直接用 1∶1（水∶盐酸）盐酸或 1∶1（水∶硫酸）硫酸、10% 以下浓度的硝酸，1∶1（水∶硝酸）硝酸浸泡器皿，可加热，但加热的温度不宜太高，以免浓酸挥发或分解。

5. 有机溶剂

沾有很多油脂性污物的玻璃仪器，尤其是难以使用毛刷洗刷的小件和形状复杂的玻璃器皿，如活塞内孔、吸管和滴定管的尖头、滴管可用汽油、甲苯、二甲苯、丙酮、乙醇、三氯甲烷等有机溶剂浸泡或擦洗。

（三）干燥

清洗好的玻璃仪器要干燥后才能进行包装。干燥的方法有很多种，如晾干、烘干、吹干、烤干等。

1. 晾干

将洗净的玻璃仪器（其壁内上应被水均匀浸润，即不挂水珠），倒置在滴水架上或专用晾干。

2. 烘干

将洗净的玻璃仪器置于 110 ~ 120 ℃的清洗烘箱内烘烤 1 h 以上。烘干的玻璃仪器一般都在空气中冷却。但称量瓶等用于精确称量的玻璃仪器应在干燥器中干燥保存，任何量器均不得用烘干法干燥。

3. 吹干

急需使用干燥的玻璃仪器而不便烘干时，可使用电吹风机快速吹干玻璃仪器。电吹风机可吹冷风和热风，供选择使用。各比色管、离心管、试管、三角瓶、烧杯等均可用此法迅速吹干。如玻璃仪器大量带水，先用丙酮、乙醇、乙醚等有机溶剂冲洗一下，吹干时更为快速。

4. 烤干

在缺乏电吹风机的情况下，也可用酒精灯或红外线加热烤干。烤干时从玻璃仪器底部烤起，逐渐将水赶到出口处挥发掉。注意防止仪器中的水滴到烤热的底部引起炸裂。反复上述动作 2 ~ 3 次即可烤干。烤干法只适用于硬质玻璃仪器，有些玻璃仪器如比色皿、比色管、称量瓶等不得用烤干法干燥。

（四）包装

将洁净干燥的玻璃仪器用牛皮纸或报纸按要求包装好。有的玻璃仪器如量筒、量杯、烧杯、烧瓶等不用包装。

（五）灭菌

包装好的玻璃仪器可进行 160 ~ 170 ℃干热灭菌 2 h 或在 121.3 ℃、101.3 kPa 条件下高压蒸汽灭菌 30 min。

第二篇　动物疫病实验室检验基础知识

第三章　细菌学检验基本技术

第一节　细菌的形态与结构

细菌(bacterium)是一类原核细胞型(prokaryotic cell type)微生物,其体积微小,结构简单,无典型的细胞核(无核膜和核仁),无内质网、高尔基体等细胞器,具有细胞壁,不进行有丝分裂。广义的细菌亦包括放线菌、螺旋体、立克次体、支原体和衣原体等微生物。

一、细菌的形态

(一)细菌的基本形态

细菌呈球菌、杆菌和螺形菌三种基本形态(见图3-1)。

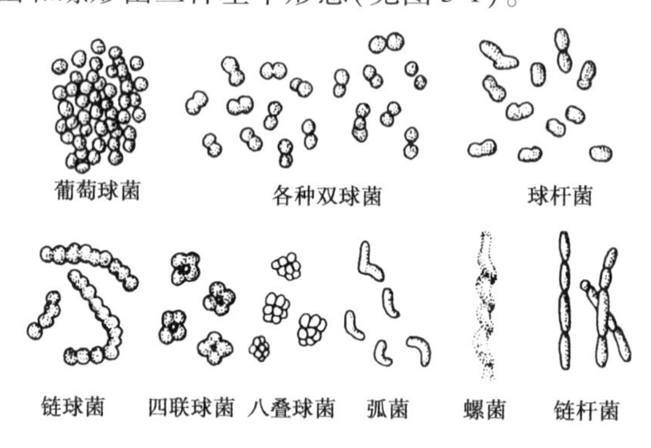

图3-1　细菌的基本形态

1. 球菌(coccus)

外形呈圆球形或近似球形。按其分裂繁殖时细胞分裂的平面不同、菌体的分离是否完全,以及分裂后菌体之间相互黏附的松紧程度不同,可形成不同的排列方式。

(1)双球菌(diplococcus)。在一个平面上分裂,分裂后两个细菌成对排列。

(2)链球菌(streptococcus)。在一个平面上分裂,分裂后多个细菌相连成链状。

(3)四联球菌(tetrads)。在两个互相垂直的平面上分裂,分裂后四个菌体排列在一起呈正方形。

(4)八叠球菌(sarcina)。在三个互相垂直的平面上分裂,分裂后八个菌体排在一起呈立方形。

(5)葡萄球菌(staphylococcus)。在多个不规则的平面上分裂,分裂后排列不规则,许多菌体堆积如葡萄状。

2. 杆菌(bacillus)

一般为直杆状,亦可呈棒状或弯曲成弧状。各种杆菌的大小、长短、粗细不一致。其排列方式可为分枝状、成双或链杆状。

3. 螺形菌(Spirilla bacterium)

菌体弯曲,可分为螺旋体和螺菌两类:

(1)螺旋体(spirochetes)。菌体细小、柔软,呈螺旋状。

(2)螺菌(spirllum)。菌体呈螺形或类弧形,包括弯曲菌属(Campylobacter)和螺杆菌属(Helicobacter)。

(二)细菌的大小

细菌个体很小,通常用微米(μm)作为测量其大小的计量单位。不同种细菌大小不一,同种细菌也可因菌龄和环境因素的影响,大小有所差异。大多数球菌直径约1.0 μm,杆菌(0.5~1.0 μm)×(2~3 μm)。

二、细菌的基本结构及组成

细菌的基本结构包括细胞壁、细胞膜、细胞质、核质及胞质颗粒等。

(一)细胞壁

细胞壁(cell wall)是细菌最外层的结构,与细胞膜紧密相连。一般光学显微镜下不易看到,用胞质分离法和特殊染色法或电子显微镜观察。

(1)革兰阳性细菌细胞壁:细胞壁较厚(20~80 nm),其主要成分为肽聚糖、磷壁酸和少量表面蛋白质(见图3-2)。

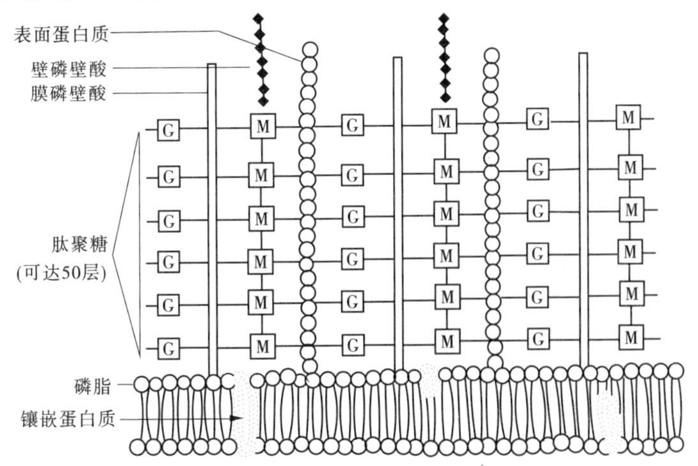

图3-2　革兰阳性细菌细胞壁结构模式图

(2)革兰阴性细菌细胞壁:细胞壁较薄(10~15 nm),结构较复杂,肽聚糖含量少,肽聚糖外层含有由脂蛋白、外膜（磷脂）和脂多糖组成的多层结构（见图 3-3）。

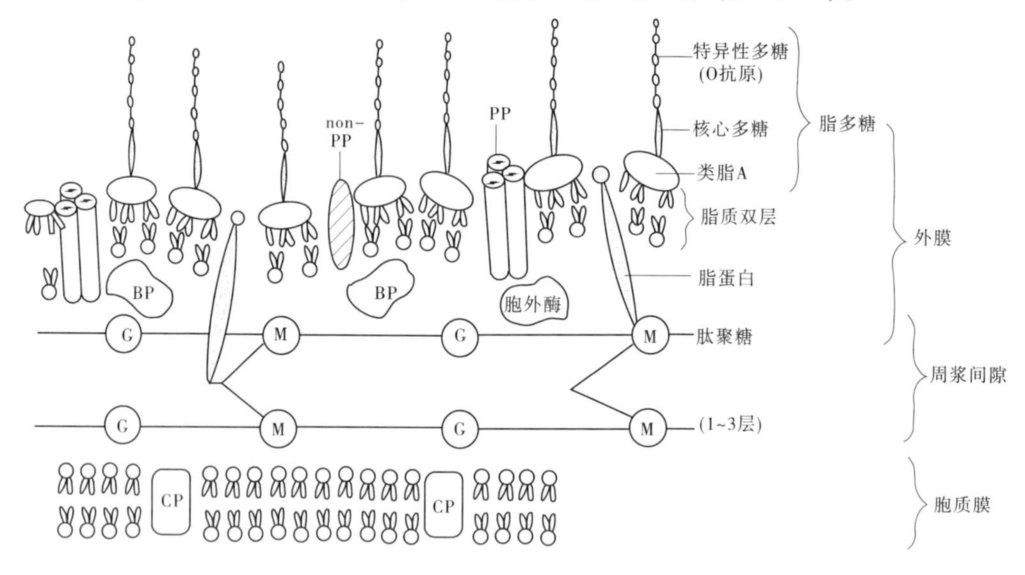

CP：载体蛋白；BP：营养结合蛋白；PP：微孔蛋白；non-PP：非微孔蛋白（表面蛋白）

图 3-3　革兰阴性细菌细胞壁结构模式图

（二）细胞膜

细胞膜（cytoplasmic membrane）位于细胞壁内侧，紧包着细胞质，厚约 7.5 nm。基本结构是细胞脂质双层（主要为磷脂），其间镶嵌有多种蛋白质（见图 3-4）。

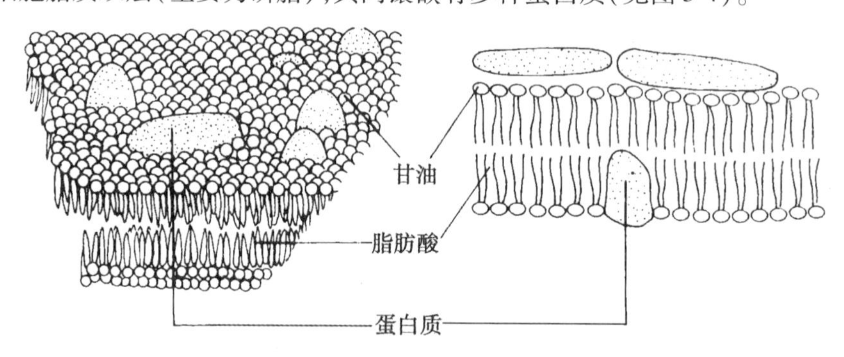

图 3-4　细菌细胞膜结构模式图

（三）细胞质

细胞质（cytoplasm）为细胞膜所包绕的胶状物质，基本成分为水、无机盐、核酸、蛋白质和脂类等。胞质内还包含有多种重要结构。

（1）核蛋白体（ribosome）：游离存在于胞质中的小颗粒，其直径为 18 nm，沉降系数为 70S，由 50S 与 30S 大小两个亚基组成，其化学成分由 RNA（70%）和蛋白质（30%）组成，是细菌合成蛋白质的场所。每个菌体内约含数万个核蛋白体。

（2）质粒（plasmid）：是染色体外的遗传物质，为环状闭合的双股 DNA。兽医学上重要的质粒有 F 因子、R 因子、Col 因子等。

（3）胞质颗粒（cytoplasmic granules）：大多数为营养贮藏物，包括多糖、脂类、磷酸盐等。较常见的细菌胞质颗粒为异染颗粒(metachromatic granules)。

(四)核质

细菌没有完整的细胞核,其遗传物质仅由裸露的双股DNA盘绕而成,无核膜包绕,称作核质(nuclear material)。因细菌细胞质中含有大量RNA,用碱性染料时着色很深,将核质掩盖,不易显露。若先用酸或RNA酶处理,使RNA分解,再用Feulgen法染色,便可在光学显微镜下呈现球状、棒状或哑铃状核质。

三、细菌的特殊结构及组成

细菌的特殊结构包括荚膜、鞭毛、菌毛、芽胞。

(一)荚膜

某些细菌细胞壁外围包绕一层界限分明且不被洗脱的黏液性物质,其厚度≥0.2 μm,称为荚膜(capsule);厚度<0.2 μm者,称为微荚膜。荚膜对碱性染料的亲和性低,不易着色,普通染色只能看到菌体周围有一圈未着色的透明带;如用墨汁作负染色,则荚膜显现更为清楚。

(二)鞭毛

所有的弧菌、螺菌,大多数的杆菌,以及极少数球菌,在菌体上附着有细长呈波状弯曲的丝状物,是细菌的运动器官,称为鞭毛(flagella)。鞭毛纤细,长3~2 μm,直径仅10~20 μm,不能直接在光学显微镜下观察到。给特殊的鞭毛染色使鞭毛增粗并着色后,才能在光学显微镜下看到,也可直接用电子显微镜观察。

按鞭毛的数目及其排列,可将有鞭毛的细菌分为四类:单毛菌(monotrichatc)、双毛菌(amphitrichatc)、丛毛菌(lophotrichatc)和周毛菌(pcritrichatc)。

(三)菌毛

菌毛分为普通菌毛(commonpili)和性菌毛(sex pili)两种。普通菌毛数量较多(可多至数百根),均匀分布于菌体表面,作为一种黏附结构,帮助细菌黏附于宿主细胞的受体上,构成细菌的一种侵袭力;性菌毛仅见于少数革兰阴性菌,比普通菌毛长而粗,但数量少(1~4根),并随机分布于菌体两侧。带有性菌毛的细菌具有致育性,称F^+菌。当细菌间由性菌毛结合时,F^+菌可将毒力质粒、耐药质粒和核质等遗传物质通过管状的性菌毛输入F^-菌,从而使F^-菌也获得F^+菌的某些特征。此外,性菌毛也是某些噬菌体吸附于细菌表面的受体。

(四)芽胞

某些细菌在一定的条件下胞质脱水浓缩,在菌体内形成有多层膜包裹的圆形或卵圆形小体,称作芽胞(sporc)。芽胞带有成套的核质、酶和合成菌体成分的结构,能保持细菌的全部生命活性。芽胞形成后,菌体即成空壳;在适当的条件下,芽胞又可以发芽而形成新的菌体。产生芽胞的细菌都是革兰阳性细菌,与兽医学有关的是需氧芽胞杆菌和厌氧芽胞梭菌。芽胞折光性强,壁厚,不易着色,需经媒染和加热染色,在光学显微镜下可见。芽胞的大小、形态及在菌体中的位置随菌种不同而异。成熟的芽胞具有多层厚膜结构。芽胞核心是芽胞的原生质,含有细菌原有的核质和蛋白质(主要是核蛋白体和酶类)。核心外层依次为内膜、芽胞膜、皮质层、外膜、芽胞壳和芽外壁,形成坚实的球状体。

第二节　形态学检查技术

形态学检查是鉴定细菌的重要手段，有助于细菌的初步鉴别，也是决定采用何种生化鉴定的重要提示。有时通过形态学检查可得到初步诊断。

细菌体积微小，需借助显微镜放大至 1 000 倍左右才可识别；由于细菌无色透明，直接镜检只能观察到细菌动力，对菌体形态、大小、排列、染色特性及特殊结构的判断，必须固定、染色后镜检。研究细菌的超微结构，则需用电子显微镜观察。

一、不染色标本的检查

不染色标本的检查法主要用于检查细菌的动力及运动状况。有鞭毛的细菌，在显微镜下呈现活泼的运动。

（一）湿片法

湿片法又称压片法。用接种环取细菌培养液 2 环，置于清洁载玻片中央，轻轻覆上盖玻片，于油镜下观察（见图 3-5）。制片时菌液要适量，不可有气泡，不可外溢。

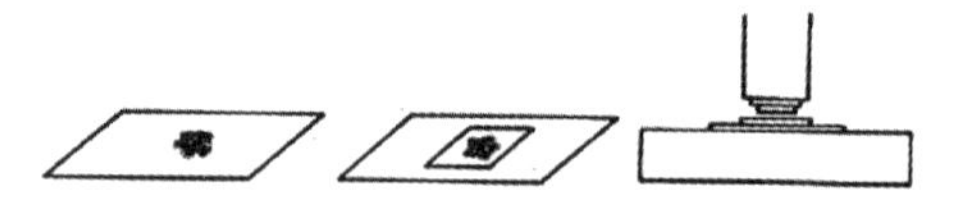

图 3-5　湿片法（压片法）观察细菌动力

（二）悬滴法

取洁净的凹窝载玻片、盖玻片各一块，将凹孔四周的平面上涂薄薄一层凡士林，取 1 接种环菌液置盖玻片中央，将凹窝载玻片的凹面向下，对准于盖玻片的液滴上，然后迅速翻转玻片，用小镊子轻轻压，使盖玻片与凹孔边缘粘紧，使凡士林密封其周缘，菌液不致挥发变干（见图 3-6）。

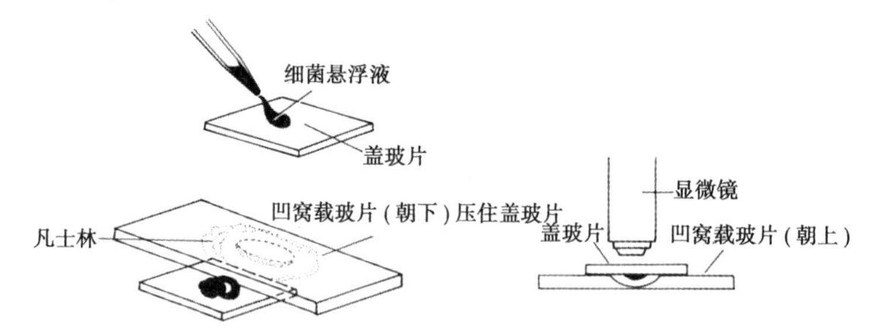

图 3-6　悬滴法镜检操作步骤

镜下观察时，先用低倍镜，调成暗光，对准焦距以高倍镜观察，不可压碎盖玻片。有动力的细菌可见细菌从一处移到另一处，无动力的细菌呈布朗运动而无位置的改变。螺旋体由于菌体纤细、透明，需用暗视野或位相显微镜观察其形态、活动。

（三）负染色法

于玻片上加一滴苯胺黑（或印度墨汁，此色素不能着染于细胞上），用灭菌的接种环取待检材料少许，混于苯胺黑中，并立即将其涂开，使成薄的涂片，干后用油镜检查，可在黑色的背景上，看到不着色的细胞。

二、染色标本的检查

通过对标本的涂片及染色，能观察细菌的形态、大小、排列、染色特性，以及荚膜、鞭毛、芽胞、异染颗粒等结构，有助于细菌的初步识别或诊断。

（一）染色标本片制备

1. 培养物染色标本片的制备

1）涂片

以接种环（或滴管）取水一滴放在玻片上，再用灭菌的接种环取培养物少许混合于水滴中，固体材料不宜过多，见水滴微浊即可，然后，将接种环及其多余材料在火焰上焚化。如为液体材料可不必事先加水，最后，用接种环将材料抹成均匀的薄膜，即为涂片或抹片，取材料不宜过多，否则，涂片上细菌重叠，不利于染色和观察。

2）干燥

一般是放空气中自然干燥。

3）固定

固定的目的是将涂片中的细菌凝固在玻片上，不致在以后的染色过程中被冲掉，便于染色。另外，可将绝大多数细菌杀死，免于扩散。一般固定的方法是将涂有材料的一面向上，在火焰上缓缓来回通过数次。也可用甲醇化学药品固定。

4）染色

将染色液滴于涂片上，经一定时间后，用水冲去染色液，将玻片直接干燥或用吸水纸吸干、镜检。根据待检材料与检查目的的不同，可采用不同染色方法。

2. 血液染色片（血片）的制备

取玻片一张，在其一端放一滴血，以左手的大拇指和食指、中指夹持玻片的两端固定之，以右手另取一张边缘平整光滑的玻片作推移片，将推移片的一端置于血滴前方，使它与带有血滴的玻片成45°角，待血液布满推移片的边缘时，以均匀的速度向另一端推移，使血片做的越薄越好。制好血片，应立即自然干燥，否则血球收缩。血片的固定，依染色法不同而异。

3. 组织染色片的制备

取病料组织一小块，将其切面放在玻片表面轻轻接触几次，然后，任其自然干燥，即成组织触片（或称印片），触片的固定，可根据不同染色法而进行。

（二）染色与染色法

用于细菌染色的染料大多为碱性的，常用有亚甲蓝（美蓝）、复红、结晶紫、龙胆紫、沙黄和孔雀绿等。酸性染料有伊红、酸性复红和胭脂红等。实验室中染料一般都制成饱和溶液，贮存于棕色瓶中，以便随时配制。

1. 吕氏（Loeffler′s）碱性美蓝染色法

1）染液配制

美蓝0.3 g，95%乙醇30 ml，0.01%氢氧化钾溶液100 ml。将美蓝溶解于乙醇中，然后与氢氧化钾溶液混合。

2）染色法

（1）抹片在火焰上固定后，加染液于片上，染色 3 ~ 5 min。

（2）水洗，吸干，镜检。

3）用途

（1）用以检查细菌形态的特征。如组织抹片中棒状杆菌的着色情况和组织染色片中巴氏杆菌的两极性。

（2）将配好的吕氏美蓝染色液倾入大瓶中，松松地加以棉塞，每日振荡数分钟，时常以蒸馏水补足失去的水分，经过长时间的保存，即可获得多色性美蓝液。该染色液可染出细菌的荚膜，染色后荚膜呈红色，菌体呈蓝色。不过染色的时间须稍长，一般需 3 ~ 5 min（或更长）。

2. 瑞氏（Wright）染色法

1）染液配制

瑞氏染色剂粉 0.1 g，甘油 1.0 ml，中性甲醇 60.0 ml。置染料于一个干净的乳钵中，加甘油后研磨至完全细末，再加入甲醇使其溶解，溶解后盛于棕色瓶中，经一星期，过滤于中性的棕色瓶中，保存于暗处，该染色剂保存时间愈久，染色的色泽愈鲜。

2）染色法

（1）涂片任其自然干燥。

（2）加染色液约 1 ml 于涂片上，染色 1 min，使标本被染液中的甲醇所固定。

（3）再加上与染液等量的磷酸盐缓冲液或蒸馏水（或自来水），用口吹气，使染液与蒸馏水充分混合，并防止染料的沉淀，经 5 min 左右，使表面显金属的闪光。

（4）冲洗，吸干，镜检。

3）用途

（1）为血液涂片的良好染色剂。

（2）染组织涂片，观察巴氏杆菌、嗜血杆菌、胸膜肺炎放线杆菌、鸭疫里氏杆菌的两极着色性。

3. 姬姆萨氏（Giemsa）染色法

1）染液配制

取姬姆萨氏染色剂粉末 0.6 g，加入甘油 50 ml，置于 55 ~ 60 ℃温度中 1.5 ~ 2 h 后，加入甲醇 50 ml，静置 1 d 以上，过滤后即可应用。

2）染色法

（1）加姬姆萨氏染色液 10 滴于 10 ml 蒸馏水中，配成稀释的溶液，所用蒸馏水必须为中性或微碱性（必要时可加 1% 碳酸钠液一滴于水中，使其变为微碱性）。

（2）抹片任其自然干燥，浸于盛有甲醇的玻缸中或滴加甲醇数滴于玻片上固定 3 ~ 5 min。

（3）干后将玻片浸入盛有染液的染色缸中，染色半小时至数小时，过夜亦可。

（4）水洗，吸干，镜检。

3）用途

（1）本法是血液涂片的良好染色法，对血液内寄生虫的检验以及白细胞的分类检验的结果均佳。

(2)对检查细菌形态特征效果很好。

4. 革兰氏(Gram)染色法

1)染液的配制

(1)结晶紫染液。

甲液:结晶紫2.0 g,95%乙醇20 ml。

乙液:草酸铵0.8 g,蒸馏水80 ml。

用时将甲液稀释5倍,即加20 ml甲液于80 ml乙液中,混合即成,此液可储存较久。

(2)革兰氏碘溶液。

碘片1 g,碘化钾2 g,蒸馏水300 ml。

先将碘化钾加入3～5 ml的蒸馏水中,溶解后再加碘片,用力摇匀,使碘片完全溶解后,再加蒸馏水至足量。如不按上述手续配制,直接将碘片与碘化钾加入300 ml的蒸馏水中,则碘片不能溶解,应加注意。革兰氏碘溶液不能久藏,一次不宜配制过多。

(3)95%的酒精:用作脱色剂。

(4)复染剂。

①番红(沙黄)复染液:2.5%番红纯酒精溶液10 ml,蒸馏水90 ml,混合即成。

②碱性复红复染液:碱性复红0.1 g,蒸馏水100 ml,混合即成。

2)染色法

(1)抹片、干燥并在火焰上固定。

(2)初染。用结晶紫染色液染色1～2 min,水洗。

(3)媒染。加碘溶液于抹片上,助染1～2 min,水洗。

(4)脱色。将碘溶液倾去,水洗后,用95%酒精脱色约半分钟。应将玻片不时摇动,至无色素脱下为止,脱色时间的长短与涂片厚薄有关,水洗。

(5)复染。水洗后,以番红复染液或碱性复红复染液复染0.5～1 min,水洗。

(6)吸干,镜检。

3)用途

为细菌检验中重要而常用的染色方法,可将所有细菌区分为革兰氏阳性(染成紫色,即不被酒精脱色)或革兰氏阴性(即可被酒精脱色,复染成红色)两种。

4)注意事项

(1)在染色过程中,掌握酒精的脱色时间极为重要,如脱色时间过长,则若干革兰氏阳性的细菌被脱色而误染成阴性;反之,如脱色时间不足,则原为阴性的细菌可因脱色不足而误认为阳性。脱色的时间长短,与涂片的厚薄、脱色时玻片摇动的快慢和滴加酒精的多少有关系。

(2)正确的染色结果,除与染色技术的熟练程度有关外,培养物的老幼亦可影响染色结果。如培养过久的老龄革兰氏阳性细菌,或已死亡的革兰氏阳性细菌常能呈革兰氏阴性反应。

5. 齐－尼二氏(ZiehI－Neelsen)抗酸染色法

1)染液配制

(1)石炭酸复红染色液。碱性复红饱和酒精溶液(每100 ml的95%酒精中加3 g碱性复红)10 ml,5% 石炭酸水溶液(溶化的石炭酸 5 ml 加入 95 ml 蒸馏水中)90 ml,将上述两种溶液混合后过滤即成。

(2)酸性酒精溶液。浓盐酸 3 ml,95% 酒精 97 ml。

(3)吕氏美蓝染色液。见前:吕氏碱性美蓝染色法。

2)染色法

(1)涂片在火焰上固定。

(2)初染。滴加石炭酸复红染色液于玻片上,以滴满为度。将玻片置火焰上加热至发生蒸气,但不能产生气泡,约经 5 min(如染色液即将干涸,须再加染液以补足),水洗。

(3)脱色。用酸性酒精脱色,至无色素脱下为止,水洗。

(4)复染。以吕氏美蓝染色液复染 1 min。

(5)水洗, 吸干,镜检。

3)用途

(1)抗酸性细菌不被酸性酒精脱色而染成红色,其他细菌和动物细胞被酸性酒精脱色,故均染成复染液的蓝色。

(2)结核杆菌与副结核杆菌均为抗酸性细菌,故可利用此染色法与其他细菌相区别。

4)注意事项

(1)每一玻片只能涂一份标本,禁止将两份或两份以上的标本涂在同一张载玻片上,以免染色过程中因冲洗使菌体脱落,造成阴性、阳性结果混淆。

(2)为防止交叉感染,标本应先高压灭菌后再涂片染色。

(3)脱色时间需根据涂片厚薄而定,厚片可适当延长,以无红色为止。

6. 荚膜染色法

1)克利特氏(Klett)荚膜染色法

a. 染液配制

(1)美蓝溶液。美蓝 1 g,95% 酒精 10 ml,蒸馏水 100 ml。将美蓝溶于酒精内,再加蒸馏水混合。

(2)碱性复红溶液。碱性复红 0. 03 g,95% 酒精 1 ml,蒸馏水 99 ml。将碱性复红溶于酒精内,再加蒸馏水混合即成。

b. 染色法

(1)涂片经火焰固定后,滴加美蓝溶液,将玻片放至火焰上面加热至发生蒸气为度。

(2)水洗后,以碱性复红溶液复染 15 ~ 30 s。

(3)水洗,吸干,镜检。

(4)染色后,菌体呈蓝色,荚膜呈红色。

2)结晶紫福尔马林荚膜染色法

a. 染液配制

(1)结晶紫福尔马林染色液。结晶紫 10 g,福尔马林 100 ml。混合后使其完全溶解,隔夜过滤。

(2)碱性复红溶液。见前:克利特氏荚膜染色法。

b. 染色法

(1)涂片用结晶紫福尔马林染色液染色0.5～1 min。

(2)水洗后,以碱性复红溶液复染15～30 s。

(3)水洗,吸干,镜检。

(4)染色后,菌体呈深紫色,荚膜呈淡红色。

3)番红染色液荚膜染色法

a. 染液配制

番红(沙黄)0.7 g,95%酒精20 ml,蒸馏水15 ml。将番红溶解于酒精内,再加蒸馏水混合即成。

b. 染色法

(1)涂片滴加番红染色液,将玻片置火焰上加热至发生蒸气约经5 min(如所加染液将干涸时,须再加染液补足之)。

(2)水洗,吸干,镜检。

(3)染色后,菌体呈暗红色,荚膜呈淡黄色。

4)赫斯氏(Hiss)荚膜染色法

a. 染液配制

(1)龙胆紫酒精溶液。龙胆紫酒精饱和液5 ml,蒸馏水95 ml。

(2)硫酸铜水溶液。硫酸铜(结晶)20 g,蒸馏水100 ml。

b. 染色法

(1)涂片加热固定,将龙胆紫酒精溶液滴加于玻片上。将玻片置火焰上微加热至见蒸气,并保持蒸气约20 s。

(2)用硫酸铜液代水冲洗染液,用吸水纸吸干,镜检。

(3)染色后,菌体呈深紫色,荚膜呈浅蓝色。

7. 芽胞染色法

1)复红美蓝芽胞染色法

a. 染液配制

(1)齐－尼二氏石炭酸复红染色液。

(2)吕氏美蓝染色液。

b. 染色法

(1)涂片经火焰固定后,滴加石炭酸复红染液于玻片上,加热至发生蒸气,约经5 min(如染液将干涸,再滴加染液补充之)。

(2)水洗后,用95%酒精脱色2 min。

(3)水洗后,以吕氏美蓝染色液复染0.5～1 min。

(4)水洗,吸干,镜检。

(5)染色后,菌体呈蓝色,芽胞呈红色。

2)孔雀绿番红芽胞染色法

a. 染液配制

(1)5%孔雀绿水溶液。

(2)0.5%番红水溶液。

b. 染色法

(1)涂片经火焰固定后,滴加孔雀绿水溶液于玻片上,加热至发生蒸气,经3 ~5 min。

(2)水洗后,再加番红水溶液复染0.5 ~1 min。

(3)水洗,吸干,镜检。

(4)染色后,菌体呈红色,芽胞呈绿色。

8. 李富逊氏(Leifson)鞭毛染色法

1)染液配制

5%钾明矾水溶液10 ml,20%鞣酸水溶液10 ml,1%碱性复红酒精溶液10 ml。将这三种溶液依次混合配成,如发生沉淀,用其上清液,本染液保存1周。复染液可用下列染液:美蓝0.1 g,硼砂0.5 g,蒸馏水100 ml。

2)染色法

(1)所用的载玻片必须十分清洁,无油脂、无划痕。可将玻片先浸于重铬酸钾清洁液中数天,用镊子取出后以清水冲洗干净(冲洗时勿用手指取捏玻片),然后斜插于木架上,置37 ℃温箱中任其干燥后备用。

(2)菌液最好用10 ~16 h的幼年肉汤培养物。若取自琼脂培养基上的菌落,则用接种环挑取少许,置蒸馏水中制成轻度混浊的细菌悬液,切忌用接种环多作搅动,以免损伤鞭毛。

(3)挑取肉汤培养物或细菌悬液一环,轻置于玻片一端,玻片作倾斜放置,使菌液沿玻片面顺向下流,自成一薄菌膜,置37 ℃恒温箱内干燥(不宜用火焰加热固定)。

(4)将上述染液滴加于涂片上,染10 ~15 min,染色的时间长短随室温的高低而不同,如在冬季,可置于37 ℃温箱内染色。

(5)轻轻地水洗1 ~2 min。

(6)在室温或37 ℃温箱内任其干燥后作镜检,细菌菌体及鞭毛均呈红色。

(7)如需复染时,则用上述美蓝硼砂复染液在水洗后,染色10 min,用水冲洗,干燥后作镜检。菌体呈蓝色,鞭毛呈红色。

(8)良好的鞭毛染色涂片,应在显微镜的视野中见到大部分细菌菌体均附有鞭毛。

9. 螺旋体染色法

1)印度墨汁螺旋体染色法

a. 染液配制

印度墨汁(India ink)5 ml,蒸馏水20 ml,振荡混合即成。

b. 染色法

(1)在洁净载玻片上的一端,滴加染液一接种环,取标本少许与染液混合。

(2)另取一载玻片,其边缘与上述混合液接触并成45°角,向前推成一薄膜。与推制血液涂片相同。

(3)干燥,镜检。

(4)染色后,螺旋体呈白色,背景呈黑色。

2）黑氏素螺旋体染色法

a. 染液配制

黑色素（Nigrosin）5 g，蒸馏水 50 ml。混合，加热使其溶解，在溶液中加 1% 福尔马林作防腐剂，临用前过滤。

b. 染色法

（1）在洁净的载玻片上，滴加螺旋体的标本和染液各一滴，混合涂成一薄膜。

（2）干燥，镜检。

（3）染色后，在黑色的背景下，可见到未染色的光亮螺旋体。

3）刚果红螺旋体染色法

a. 染液配制

2% 刚果红（Congo red）水溶液，1% ~2% 盐酸酒精。

b. 染色法

（1）在洁净的载玻片上，滴加螺旋体的标本和染液各一滴，混合涂成一薄膜。

（2）干燥，在涂片上加几滴盐酸酒精，刚果红则从红变蓝，不必用水冲洗。镜检可在蓝色背景下，有透明未染色的螺旋体。

4）方登纳氏（Fontana）螺旋体染色法

a. 染液配制

（1）固定液。冰醋酸 1 ml，福尔马林（化学纯 38%）2 ml，蒸馏水 100 ml。

（2）鞣酸媒染剂。石炭酸 1 g，鞣酸 5 g，蒸馏水 100 ml。

（3）染色液。硝酸银 0.25 g，蒸馏水 100 ml。临用前取 0.25% 硝酸银水溶液 20 ml，缓缓滴加 10% 氨液，至所产生的褐色沉淀轻轻摇动后恰能完全溶解为止。然后再滴加硝酸银溶液数滴，以溶液于摇匀后仍显轻度混浊为度。经氨液处理的硝酸银溶液不能久存，每次染色应以新鲜配制的为佳。

b. 染色法

（1）标本制成薄层涂片、干燥（不可用火焰固定）。

（2）用固定液固定 1 ~2 min。

（3）用无水酒精洗去固定液。如涂片系由动物的组织材料制备的，还应再用乙醚洗，以除去脂肪，再用酒精洗除乙醚。

（4）滴加鞣酸媒染剂，并加热使发生蒸气，染 30 s。

（5）用水冲洗后，滴加经氨液处理的硝酸银溶液，并加热使发生蒸气，染 30 s。

（6）水洗，干燥，在涂膜上加盖玻片，用加拿大树胶固封、镜检（如不加盖玻片镜检，有些香柏油能使螺旋体脱色）。

（7）染色后，螺旋体成褐黑色，背景则为淡褐色。

三、细菌形态检查的要点

将细菌制成不染色或染色标本后，进行形态与染色性的检查。不论何种细菌，在进行形态学检查时，都必须首先用革兰氏染色法进行染色，是否用其他染色法可视需要情况而定。对于天然病理材料制成的涂片，除用革兰氏染色外，尚须用瑞氏染色或姬姆萨氏染色。当细菌材料制成染色片进行镜检时,除应注意细菌的形状、排列、结构、大小和染色性等,还应用培养物制成湿片,检查其运动性。

(一)形状与排列

细菌的形状有三类,即球状、杆状和螺旋状。

1. 球状细菌

球状细菌有圆形、椭圆形、肾形或矛头状,根据排列不同又可区分为双球菌、链球菌、四联球菌、八叠球菌和葡萄球菌。

2. 杆菌

杆状细菌有球杆状、杆状、棒状等。杆菌的两端有平截的、钝圆的。有的杆菌微弯曲,有的一端粗而另一端较细,有的呈长丝或有分枝。杆菌的排列有单个、散在、成双、成栅状或链状。

3. 螺旋菌

菌体弯曲或螺旋状,两端圆或尖,其菌体坚硬。

(二)结构

某些细菌具有特殊的结构,如芽胞、荚膜、鞭毛等,这些结构是细菌种的特征。因此,在鉴定上有意义,是分类的根据之一。

1. 芽胞

某些细菌在其生长发育的条件不利时,可在菌体内形成一个内生的孢子,称为芽胞。它对外界不良理化环境条件有较强的抵抗力。观察时应确定芽胞的形状(圆形或卵圆形)大小(芽胞直径与菌体的宽度之比)和位置(即在菌体的中央,一端或次偏端位)。

2. 荚膜

荚膜是菌细胞壁外,包围整个菌体的一种黏液样的物质,它与病菌的毒力有关。有些细菌能形成荚膜,但必须用荚膜染色方能看到,荚膜的产生与否,是细菌种的特征,因此有鉴别意义。

3. 鞭毛

鞭毛是细菌的运动器官,鞭毛有规律地收缩,引起细菌运动。细菌的鞭毛很细,需用特殊染色,方能看到。因此,除用染色直接看到鞭毛外,还可通过运动力的检查间接测定有无鞭毛,细菌的鞭毛是种的特征,也是分类的依据之一。

(三)染色性

所有的细菌经革兰氏染色后,可分为革兰氏阳性和革兰氏阴性两类。这一点也有鉴别意义,也是分类的依据之一。此外,也有的细菌其菌体着色不均或两极着色,在鉴定细菌上有重要作用。

(四)大小

细菌很小,常用微米(μm)来表示,为此,须用测微尺来测量。

测微尺有两种,即目镜测微尺和物镜测微尺,测定时先将目镜测微尺装入目镜横隔上,将物镜测微尺放在载物台上,按平常观察标本的方法先找到物镜测微尺的划线,再移动目镜测微尺与物镜测微尺,使两者的左边第一条线相重合,然后再往右找两者又相重合的线,计算出重叠的物镜测微尺的小格数与目镜测微尺的小格数,目镜测微尺每格大小不定,它的长度随所用显微镜的放大倍数而变,但物镜测微尺却有一定的长度,全长为1.0 ml,共分100个小格,故每小格为1/100 ml,即10 μm。根据目镜测微尺的格数相当于物镜测微尺的格数,即可求出目镜测微尺每格的长度。

例如,物镜测微尺的4个小格正好同目测微计的10个小格重合,已知物镜测微尺每小格为10 μm,则目镜测微尺每一小格应为$4\times10/10=4(\mu m)$。

当测定细菌大小时,将目镜测微尺放入适当的目镜中,然后将细菌片放在镜台上,找到细菌后,就可移动涂片和转动接目镜,使目镜测微尺中的格线与菌体密切叠合,并数出小格数,然后根据事先测定的目测微尺每格的微米数,求出细菌的大小,球菌测菌体直径,杆菌测长和宽,螺菌还要测螺旋宽度和深度。

(五)运动力

检测细菌运动力时,须用幼龄细菌,立即检查,效果较好。细菌的运动,必须有位置和距离的改变,并注意与分子运动或水流动相区别。

第三节　细菌的分离培养技术

不论是应用细菌学方法诊断传染病,还是利用细菌材料进行有关的试验研究,都必须首先获得纯种细菌的培养物。因此,细菌的分离培养技术是畜禽疫病诊断实验室人员必须掌握的一项最重要的基本操作。

一、培养基

(一)类型

按其性状分为固体、半固体和液体培养基;按其用途分为基础、增菌、选择、鉴别和厌氧培养基。

(1)基础培养基:只有基础培养成分,有液体、半固体及固体之分。可在此培养基上添加某些成分而制成其他培养基,为制备多种培养基的基础。

(2)增菌培养基:一般为液体培养基,主要目的:由于某些标本中含病原菌较少,直接接种琼脂平板阳性率低,为了提高检出率,先在增菌培养基中进行增菌培养,以增加病原菌的数目,然后再转种培养。

(3)选择培养基:在培养基中加入选择性抑制物质,有利于目的菌的检出和识别,而抑制其他非目的菌。例如,麦康凯琼脂平板可以抑制球菌及革兰阳性杆菌生长,有利于肠道菌生长,称弱选择性培养基;SS琼脂平板除有上述作用外,还可抑制肠道非致病菌的生长,故称强选择性培养基。

(4)鉴别培养基:培养基中加入某些特定成分(如糖、醇类和指示剂等)用于观察细菌各种生化反应,以鉴别和鉴定细菌。

(5)厌氧培养基:用于分离、培养厌氧菌。营养成分较佳,通常含血清、维生素K_1和氧化血红素及抗生素等成分。

(二)制作的一般要求

培养基是用人工方法将多种物质按照各类微生物生长的需要而合成的一种混合营养

（微生物生长和繁殖的基地），尽管培养基的种类不同，但在制作培养基时应掌握如下要求：

（1）培养基内必须含有细菌生长所需要的营养物质；否则，细菌就不能生长。

（2）因为细菌主要靠液体的扩散和渗透而摄取营养，所以培养基应有适当的湿度，否则会影响细菌的生长繁殖。

（3）培养基的酸碱度应该符合细菌的生长要求，多数细菌生长适宜的 pH（酸碱度）范围是弱碱性（pH 7.2 ~ 7.6），过酸或过碱均抑制细菌的生长。

（4）培养基的材料中和盛培养基的容器，不应有抑制细菌生长的物质。因此，制作培养基时多用玻璃制品，而不用铁、铜、铝等制品。

（5）为了便于观察细菌生长性状及其代谢活动所产生的变化，培养基应是透明的。

（6）制备好的培养基必须彻底灭菌，不得含有任何活的细菌。

（三）制备的步骤和方法

1. 称量

称取原料根据不同细菌生长要求，准确地称量培养基的各种原料，置于三角瓶或烧杯中，加入规定量的蒸馏水混合。

2. 加热溶解

将盛有原料和水的三角瓶或烧杯，放在水浴锅中加热溶解。

3. 校正 pH 值

（1）比色管法在培养基溶解后，根据细菌的生长要求来校正培养基的 pH 值。

（2）若没有标准比色管，可用 pH 试纸法。此方法操作简单，方便易行。将培养基调整到适宜的酸碱度后，再加热煮沸 10 ~ 20 min。

4. 过滤

液体培养基可直接用滤纸过滤。固体培养基可用纱布棉花和漏斗过滤，为防止培养基凝固可使用市售的保温漏斗，在漏斗的套层内加上热水。

5. 分装

用漏斗过滤时，可直接将滤出的培养基分装于试管或玻璃瓶中。分装时勿使培养基沾到管口上，以免棉塞沾上培养基，造成污染。肉汤或斜面琼脂培养基，每管 3 ~ 5 ml，深层琼脂培养基每管 10 ml 左右（约为试管的 1/2），分装后加上棉塞，并用牛皮纸或 3 ~ 4 层报纸将棉塞处包扎。

6. 灭菌

分装并包扎好的培养基，根据培养基成分的耐热性，分别进行高压（0.1 MPa）、低压（0.06 MPa）和流通蒸气灭菌，以使培养基内无任何活的细菌。

灭菌好的培养基，如果是斜面琼脂，趁热斜放在木棒上，使呈适宜的斜度，凝固后即可使用。如果是深层琼脂、筋胶或半固体培养基，灭菌后，使其立在试管架上即成。如为平板用琼脂，待冷至 60 ℃左右，以右手持试管或瓶，用左手小指与手掌拔去棉塞，管口立即在火焰上灭菌，然后用左手打开灭菌平皿的盖（开盖大小以能容管口为度），右手将琼脂培养基倾入平皿底内，其量为 15 ~ 18 ml，合上盖，待琼脂凝固后，将平板翻转（盖在上面，底在下面），放 37 ℃温箱中，培养 24 h，若无细菌污染即可应用或放入 4 ℃保存备用。

二、培养基的制备

（一）液体培养基

1. 肉水

1）成分

瘦牛肉 500 g（牛肉膏 3～5 g），常水 1 000 ml。

2）制法

（1）取新鲜瘦牛肉，除去脂肪、腱膜，切成小块，用绞肉机绞碎。

（2）称量。加倍量水，混合浸泡，放置冰箱内过夜，次日取出，煮沸 20 min，加水补足失去的水分。如无冰箱，可直接加热煮沸 1 h。

（3）过滤。用纱布棉花过滤。

（4）分装在瓶内，于 0.1 MPa 压力下，灭菌 20～30 min，放冰箱中保存。

3）用途

为制备各种培养基的基础液。

2. 营养肉汤培养基

1）成分

肉水 1 000 ml，蛋白胨 10 g，氯化钠 5 g。

2）制法

取上述成分混合加热溶解，校正 pH 为 7.6，再加热 10 min，若无沉渣即可过滤，如在液体中悬浮很多小颗粒，加热时间需加长，等全部沉下，过滤，分装于试管、三角瓶内，包装灭菌，0.1 MPa 压力 30 min。

3）用途

肉汤为基础培养基，可做其他固体、鉴别及特殊培养基的原料。除少数病菌外，一般细菌均可在此培养基内生长。

注：①可用市售牛肉浸膏代替牛肉汤；牛肉膏 3～5 g，蛋白胨 10 g，氯化钠 5 g，蒸馏水 1 000 ml。②可用市售营养肉汤培养基制作。

3. 马丁氏蛋白胨液

1）成分

猪胃数个，纯盐酸 15 ml，过滤水 150 ml。

2）制法

将猪胃去掉筋膜、脂肪，用绞肉机绞碎，每 300 g 猪胃用纯盐酸 15 ml，过滤水 150 ml，于 50 ℃下消化 24 h，取出热至 80 ℃，使其停止消化并用碱中和，然后用棉花过滤，分装于瓶内，0.1 MPa 压力灭菌 15 min，然后放在冰箱中备用。

3）用途

供一些营养要求较高的细菌用，也可代替肉汤等基础培养基。

4. 四硫磺酸盐肉汤

1）成分

基础液：多价胨　或胨 5 g，胆盐 1 g，碳酸钙 10 g，硫代硫酸钠 30 g，水 1 000 ml。

碘液：碘 6 g，碘化钾 5 g，水 20 ml。

2）制法

将基础液各成分混合，加热溶解，分装试管，每管 10 ml，分装时注意振荡，使碳酸钙均匀地分装在试管内，在 0.1 MPa 压力下，灭菌 20 min。临用前每管加碘液 0.2 ml。

3）用途

沙门氏菌增菌培养用。

注：可用市售四硫磺酸盐培养基制作。

5. 四硫磺酸钠煌绿增菌液（TTB）

1）基础培养基

多价胨或脲胨 5 g，胆盐 1 g，碳酸钙 10 g，硫代硫酸钠 30 g，蒸馏水 1 000 ml。

2）碘溶液

碘片 6 g，碘化钾 5 g，蒸馏水 20 ml。

将基础培养基的各成分加入蒸馏水中，加热溶解，分装每瓶 100 ml，装时应随时振摇，使其中的碳酸钙混匀。121 ℃高压灭菌 15 min 备用。先将碘化钾加于 10 ml 的蒸馏水中，溶解后再加碘片，用力摇匀，使碘片完全溶解后再加蒸馏水至足量，临用时每 100 ml 基础液加入碘溶液 2 ml，0.1% 煌绿溶液 1 ml。

6. 煌绿增菌培养基

1）成分

含 0.5% 氯化钠和 1% 蛋白胨的蛋白胨液（pH 为 7.0 灭菌待用），1∶10 000 煌绿水溶液（先配成 1% 水溶液，灭菌待用，应用时可取出 0.1 ml 加入 9.9 ml 灭菌蒸馏水中）。

2）制法

取灭菌试管 3 支，以灭菌吸管吸取 1% 蛋白胨液加入各管中，每管 10 ml，再分别加入不同量（0.25 ml、0.4 ml 及 0.7 ml）的 1∶10 000 煌绿水溶液。

3）用途

分离肠道中的沙门氏菌。

注：将粪便用灭菌生理盐水做成浓悬液（如为液状粪便或保存在缓冲液中的粪便不需要做悬液），取 2～3 铂耳（接种环）粪便悬液接种在上述各管中，在 37 ℃温箱内培养 12～18 h 后，即接种在选择培养基如伊红美蓝琼脂平板上。在煌绿培养基中，沙门氏菌生长较大肠杆菌快，有时可获得前者的纯培养。这种培养基主要依靠适当浓度的煌绿对大肠杆菌有选择性的抑制作用，上述量一般对大肠杆菌的生长有抑制作用，也能抑制志贺氏菌，对沙门氏菌的生长则无影响，但偶而有个别对煌绿有抵抗力的大肠杆菌生长。

7. 氯化镁孔雀绿增菌液（MM）

1）成分

甲液：胰蛋白胨 5 g，氯化钠 8 g，磷酸二氢钾 1.6 g，蒸馏水 1 000 ml。

乙液：氯化镁 40 g，蒸馏水 100 ml。

丙液：0.4% 孔雀绿水溶液。

2）制法

分别按上述成分配好后，0.1 MPa 压力下灭菌 20 min，备用。用时以无菌操作取甲液

100 ml、乙液 20 ml 和丙液 3 ml 混合后，分装试管，每管 5 ml。

3)用途

沙门氏菌增菌用。

注：沙门氏菌增菌效果可用下述方法检查：先培养大肠杆菌和沙门氏菌 24 h 培养物各一管备用。取一环沙门氏菌接种在 5 ml 肉汤中，混合后，取一环接种在第二管肉汤中，混合。然后在两种稀释液中各取一环分别接种于两支增菌肉汤中，并各加 0.1 ml 大肠杆菌培养物，置 37 ℃温箱中培养过夜，各取一环在麦康凯琼脂上分离培养，如效果良好，应均有沙门氏菌的菌落出现。

8. 乳糖胆盐发酵管

1)成分

蛋白胨 20 g，乳糖 10 g，猪胆盐(或牛、羊胆盐)5 g，0.04% 溴甲酚紫溶液 25 ml，蒸馏水1 000 ml。

2)制法

将蛋白胨、乳糖和胆盐加入蒸馏水中，加热溶解，校正 pH 为 7.4，加入溴甲酚紫水溶液，分装试管，每管 10 ml，放入一个小倒管，0.06 MPa 磅压力下灭菌 15 min。

3)用途

大肠菌群乳糖发酵试验用。

注：①双料乳糖胆盐发酵管除蒸馏水外，其他成分加倍。②可用市售乳糖胆盐培养基制作。

9. 乳糖发酵管

1)成分

蛋白胨 20 g，乳糖 10 g，0.04% 溴甲酚紫水溶液 25 ml，蒸馏水 1 000 ml。

2)制法

将蛋白胨及乳糖加入蒸馏水中加热溶解，校正 pH 为 7.4，加入溴甲酚水溶液根据需要量分装试管，放入一个小倒管，0.06 MPa 压力下灭菌 15 min。

3)用途

大肠菌群证实试验用。

注：①双料乳糖发酵管除蒸馏水外，其他成分加倍。②可用市售乳糖发酵培养基制作。

10. 血清肉汤

1)成分

灭菌营养肉汤 100 ml，无菌血清(马、牛或羊)10 ml。

2)制法

取已制备好的营养肉汤，待冷却后，以无菌操作，加入无菌血清混匀后，分装试管。

3)用途

用于营养要求较高的细菌培养。

(二)固体培养基

1. 营养琼脂培养基(普通琼脂)

1)成分

肉水 1 000 ml,蛋白胨 10 g,氯化钠 5 g,琼脂 20 ~ 30 g。

2)制法

取肉水 1 000 ml,加入蛋白胨、氯化钠和琼脂,混合加热,使其完全溶化,校正 pH 为 7.4 ~ 7.6,再加热约 30 min。使用保温漏斗过滤或待沉淀凝固后切去底部沉渣。分装于试管或三角瓶中,0.1 MPa 压力下,灭菌 30 min。

3)用途

一般细菌的分离培养,保存菌种,也可作特殊培养基的基础。

注:可用市售营养琼脂培养基制作。

2. 半固体培养基

1)成分

肉汤培养基 100 ml,琼脂 0.3 g。

2)制法

将琼脂加入肉汤培养基中,加热溶化,校正 pH 为 7.6,加热 10 ~ 20 min,沉淀。用保温漏斗过滤或待沉淀凝固后,切去底部沉渣。分装深层或 U 形管,0.1 MPa 压力下,灭菌 30 min。

3)用途

菌种保存,观察细菌运动力。

3. 血液琼脂培养基

1)成分

营养琼脂培养基 100 ml,无菌脱纤绵羊血液 10 ml。

2)制法

取灭菌营养琼脂培养基 100 ml,加热溶化,待冷至 50 ℃时,以无菌手续加入脱纤血 10 ml,轻轻摇匀,倾注于灭菌平皿中或分装试管内放置成斜面。经无菌检查后,即可放入冰箱中保存备用。

注意:琼脂温度以 50 ℃左右为宜,若温度过高,血液变成暗褐色,温度过低,琼脂易凝固成块。此外,加入血液后,要轻轻摇匀,防止产生气泡。

3)用途

血液内含有丰富的营养物质,对细菌的生长繁殖有促进作用,故可用于营养要求较高的细菌培养。此外,尚可观察细菌的溶血现象。

4. 巧克力琼脂培养基

1)成分

普通琼脂培养基 100 ml,无菌脱纤绵羊血液 10 ml。

2)制法

取已制备好的普通琼脂,加热溶化,待冷至 55 ℃左右,以无菌操作加入脱纤血液,混匀后,逐渐加温到 85 ℃,使红血球破坏,培养基变成巧克力色(暗褐色),制斜面或平板,凝固后，放置于37 ℃温箱中，经无菌检查后放入冰箱中，保存备用。

3）用途

此培养基中含有X和V因子，用于嗜血杆菌属放线杆菌属细菌的培养。

5. 血清琼脂

1）成分

灭菌普通琼脂100 ml，无菌血清（马、牛或羊）10 ml。

2）制法

取已制备好的普通琼脂加热溶化，待冷至50 ℃，加入无菌血清，混匀，倾入灭菌的平皿或试管，试管放置成斜面，凝固后，放入温箱培养24 h，无细菌生长者即可应用。

3）用途

用于营养要求较高的细菌培养和菌落性状检查。

6. 肝汤琼脂

1）成分

肝浸出液500 ml，蛋白胨10 g，氯化钠5 g，蒸馏水500 ml，琼脂20 g。

2）制法

将上述成分混合加热溶化，校正pH为6.8～7.2，再加热10 min，如无沉渣悬在培养基中即可用纱布棉花过滤，分装试管或瓶内，以0.1 MPa 20 min灭菌备用。

3）用途

作血清（血液）肝汤琼脂的基础培养基或培养其他细菌用。

7. 血清肝汤琼脂

1）成分

灭菌肝汤琼脂100 ml，无菌血清10 ml。

2）制法

将灭菌肝汤琼脂加热溶化，加入无菌血清混匀制成平板或斜面。若制作血液肝汤琼脂，可用无菌脱纤血代替血清。

3）用途

培养李氏杆菌用。

8. 马丁氏琼脂

1）成分

马丁氏蛋白胨液100 ml，琼脂2 g。

2）制法

将上述成分混合，加热溶解，校正pH为7.6，再加热片刻，如有沉渣，必须沉淀好，再用纱布棉花过滤，分装于试管或三角瓶内，0.1 MPa压力下灭菌20 min，备用。

3）用途

供营养要求较高的细菌培养用。

9. 麦康凯琼脂

1）成分

蛋白胨20 g，氯化钠5 g，乳糖10 g，胆盐5 g，琼脂20～25 g，蒸馏水1 000 ml，1%中性

红水溶液 5 ml。

2)制法

蛋白胨、氯化钠、胆盐及乳糖加入 500 ml 蒸馏水中加热溶解。将琼脂加入余下的 500 ml 水中,加热溶解。然后,将上述二液趁热混合,调整 pH 为 7.4,以纱布棉花过滤,按每瓶 100 ml 分装,0.06 MPa 压力下灭菌 20 min。待冷至 50 ~ 60 ℃时,每 100 ml 培养基中加入经煮沸灭菌的 1% 中性红水溶液 0.5 ml,混合后倾注平板。

3)用途

供分离肠道杆菌用。

注:胆盐(或牛胆酸钠 4 g 和去氧胆酸钠 1 g)能抑制部分非病原菌及革氏阳性细菌生长,但能促进某些革兰氏阴性病原菌的生长。因含乳糖和中性红示剂,故分解乳糖的细菌(如大肠杆菌)菌落呈红色,不分解乳糖的细菌,菌落不呈红色。可用市售麦康凯琼脂制作。

10. 沙门氏菌志贺氏菌琼脂(简称 SS 琼脂)

1)成分

际胨 5 g,乳糖 10 g,胆盐 8.5 ~ 10 g,柠檬酸钠 8.5 ~ 13 g,硫代硫酸钠 8.5 ~ 10 g,柠檬酸铁 0.5 g,牛肉膏 5 g,琼脂 20 g,0.5% 中性红水溶液 4.5 ml,0.1% 煌绿溶液 0.33 ml,蒸馏水 1 000 ml。

2)制法

将肉膏、蛋白胨蒸馏水和琼脂混合加热溶解,然后加入胆盐、糖、柠檬酸钠和柠檬酸铁,以酚红为指示剂校正 pH 为 7.0,用脱脂棉过滤,按定量分装(50 ml,100 ml,…)加热 100 ℃,20 min 灭菌后,保存备用。使用前加热溶解,按比例加入灭菌的硫代硫酸钠、中性红、煌绿水溶液,冷却到 60 ℃左右即可倾入平板,凝固后,保存于冰箱中备用。

注:此平板不能当时用,用前倒置温箱中约 1 h,使表面水分干燥,以便划线分离。也可用市售 SS 琼脂制作。

沙门氏菌属和志贺氏菌属的细菌能在 SS 琼脂平板上生长,对大肠杆菌有一定抑制能力,生长的大肠杆菌呈深红色。煌绿溶液配制后,应在 10 d 内使用,过久不宜使用。本培养基切勿高压灭菌或加热时间过长。

11. 伊红美蓝琼脂

1)成分

营养琼脂(pH 7.4)100 ml,乳糖 1g,2% 伊红水溶液 2 ml(灭菌),0.5% 美蓝水溶液 1 ml(灭菌)。

2)制法

先将琼脂和乳糖混合,加热溶解,待冷至 60 ℃左右,加入伊红和美蓝溶液,混匀后,倾注平板,凝固后备用。

3)用途

分离肠道菌。

注:伊红和美蓝在培养基中起指示剂作用,如大肠杆菌分解乳糖产酸使 pH 降低致使伊红和美蓝相结合成紫黑色或紫红色的化合物,故菌落呈紫黑色或紫红色,且有金属光

泽。在碱性环境中,伊红和美蓝不能结合,故不分解乳糖的细菌菌落为无色。伊红和美蓝有抑制革兰氏阳性菌生长的作用,但粪链球菌仍能生长。伊红和美蓝溶液须在 0.06 MPa 磅压力下灭菌 15 min 后备用。可用市售伊红美蓝琼脂制作本培养基。

12. 煌绿琼脂

1) 成分

酵母浸膏 3 g,脲胨 10 g,氯化钠 5 g,乳糖 10 g,蔗糖 10 g,酚红 0.08 g,煌绿0.012 5 g,琼脂 20 g,蒸馏水 1 000 ml。

2) 制法

将上述各成分混合,加热溶解,0.1 MPa 压力下灭菌 15 min,待冷却至 50 ℃左右,倾注平板。

3) 用途

从粪便中分离沙门氏菌用。

注:本培养基是分离沙门氏菌的高度选择性培养基,这个浓度的煌绿,基本上抑制所有的非肠道细菌和除沙门氏菌外的许多肠道菌如大肠杆菌、克雷伯氏杆菌、肠杆菌和某些变形杆菌等,如果它们生长,将发酵一种或两种糖产酸,由于酚红酸化,培养基变为黄色。能在此培养基上生长,而不能发酵糖的细菌如沙门氏菌,将产生粉红色菌落。

13. DHL 琼脂

1) 成分

蛋白胨 20 g,牛肉膏 3 g,乳糖 10 g,蔗糖 10 g,去氧胆酸钠 1 g,硫代硫酸钠 2.3 g,柠檬酸钠 1 g,柠檬酸铁铵 1 g,中性红 0.03 g,琼脂 18 ~ 20 g,蒸馏水 1 000 ml。

2) 制法

将上述除中性红和琼脂以外的成分溶解于 400 ml 蒸馏水中,校正 pH 为 7.3,再将琼脂加入 600 ml 蒸馏水中,加热溶解,两液合并,并加入 0.5% 中性红水溶液 6 ml,待冷至 50 ~ 55 ℃倾注平板。

14. 三糖铁琼脂

1) 成分

肉膏 3 g,酵母膏 3 g,蛋白胨 15 g,胰际 6 g,乳糖 10 g,蔗糖 10 g,葡萄糖 1 g,硫酸亚铁 0.2 g,氯化钠 5 g,硫代硫酸钠 0.3 g,琼脂 12 g,蒸馏水 1 000 ml,0.4% 酚红水溶液 5 ml。

2) 制法

将上述成分混合,加热溶解,校正 pH 为 7.3,分装试管 5 ~ 7 ml,0.06 MPa 压力下灭菌 20 min,趁热制成使底层成柱状,上层斜面,凝固后使用。

3) 用途

用于初步筛选肠道菌。

注:①底层穿刺,斜面涂抹接种。只底层产酸(变黄)表示葡萄糖发酵,斜面和柱层产酸(变黄)表示乳糖或蔗糖发酵,穿刺线变黑表示有硫化氢产生,在琼脂深层产生气体时,出现有气泡或使琼脂崩裂。②应在 24 h 内检查三糖铁斜面的反应,培养时间过长可使酸性反应回复到碱性,在一定程度上是由于发酵的碳水化合物消耗尽,蛋白质分解后产氨,氨使培养基变为碱性,也可能葡萄糖发酵在斜面上产生的酸被迅速地氧化,回复到碱性,

在根部低氧压力下,酸性反应是由于保留的葡萄糖。

15. 卵黄琼脂

1)成分

肉浸液 1 000 ml,蛋白胨 15 g,氯化钠 5 g,琼脂 25 ~ 30 g,50% 葡萄糖溶液 20 ml,50% 卵黄盐水悬液 100 ~ 150 ml。

2)制法

将前四种成分混合,加热溶解,校正 pH 为 7.5,分装每瓶 100 ml,0.1 MPa 压力下,灭菌 15 min,临用时加热溶化琼脂,冷至 50 ℃,每瓶内加 2.50% 葡萄糖水溶液 2 ml 50% 卵黄盐水悬液 10 ~ 15 ml,摇匀,倾注平板。

3)用途

分离魏氏梭菌用。

16. 葡萄糖血液琼脂

1)成分

灭菌葡萄糖琼脂 100 ml,脱纤无菌鲜血 10 ml。

2)制法

先将灭菌葡萄糖琼脂溶化并冷至 55 ℃,以无菌操作加入血液,混匀,制成斜面或倾入灭菌平皿内制成平板,置 37 ℃温箱内,培养 18 ~ 24 h,无菌检查后,备用。

3)用途

培养厌氧菌或营养要求较高的细菌用。

17. 沙氏培养基

1)成分

蛋白胨 2 g,蔗糖(或麦芽糖)4 g,琼脂 2 g,蒸馏水 100 ml。

2)制法

将上述成分混合加热溶解,校正 pH 为 5.5,再加热 10 min,分装瓶内或试管中,0.06 MPa 压力下,灭菌 20 min,备用。此培养基一般不校正 pH。

3)用途

主要用于真菌的分离培养。

18. 查别克氏培养基

1)成分

葡萄糖 30 g,硝酸钠 2 g,磷酸二氢钾 1 g,硫酸镁 0.5 g,氯化钾 0.5 g,硫酸铁 0.01 g,琼脂 20 g,蒸馏水 1 000 ml。

2)制法

先取 700 ml 蒸馏水与琼脂混合加热溶解。另外用 300 ml 蒸馏水将上述盐、糖等溶解,然后将二液混合,校正 pH 为 4.0 ~ 5.5,再加热 10 min 后,用纱布棉花过滤,分装试管或瓶内,0.06 MPa 压力下灭菌 20 min,制成斜面或平板。

3)用途

可用于真菌的分离培养。

19. 高盐察氏培养基

1）成分

硝酸钠 2 g，磷酸二氢钾 1 g，硫酸镁（$MgSO_4 \cdot 7H_2O$）0.5 g，氯化钾 0.5 g，硫酸亚铁 0.01 g，氯化钠 60 g，蔗糖 30 g，琼脂 20 g，蒸馏水 1 000 ml。

2）制法

将上述成分混合，加热溶解，分装后，115 ℃高压灭菌 30 min，必要时，可酌量增加琼脂。

3）用途

分离霉菌用。

20. 鸡支原体培养基

1）成分

牛心冷浸出液 1 000 ml，蛋白胨 10 g，氯化钠 5 g，酵母膏 5 g，琼脂 20 g。

2）制法

将上述成分混合，加热溶解，校正 pH 为 7.8，加热 10 min，待出沉淀过滤，每瓶装 100 ml，0.1 MPa 压力下灭菌 20 min，冷至 50 ℃时，加入 10 ~ 20 ml 马血清，醋酸铊 0.125 g/L，青霉素 200 单位/ml，混合后倾入平皿或试管，经无菌检查后备用。

3）用途

培养鸡支原体用。

注：也可将此培养基内的琼脂去掉，另外加葡萄糖 10 g 和适量酚红指示剂，成液体培养基，分离支原体用。

21. 疱肉培养基（熟肉培养基）

1）成分

牛肉渣或肝块，肉块适量。肉汤或肉膏汤（pH 7.4）。

2）制法

取肉浸液剩余的牛肉渣装入试管中，高约 3 cm，如肉块、肝块 2 ~ 3 g，并加入肉汤约 5 ml 或比肉渣高 1 倍，每管液面上加入液体石蜡高 0.5 cm，0.1 MPa 压力下灭菌 30 min，备用。

3）用途

分离厌氧菌用。

注：使用时应将疱肉培养基先置于水浴中煮沸 10 min，以驱除管内存留的氧气。

22. 脱脂牛乳培养基

1）制法

取新鲜牛乳于水浴锅或流通蒸气灭菌器中灭菌 30 min，待冷却后，放入冰箱。第二天以虹吸法吸取乳汁，以脱脂棉过滤，分装于试管内，0.06 MPa 压力下灭菌 10 min，备用。

2）用途

此培养基可用于培养乳酸菌或作菌种（毒种）冻干保存的保护剂。

（三）生化用培养基

1. 糖发酵培养基

1）成分

蛋白胨 1 g，氯化钠 0.5 g，蒸馏水 100 ml。所需糖、醇或苷类物质 0.5 ~ 1 g，1.6% 溴甲酚紫酒精溶液 0.1 ml。

2）制法

将蛋白胨、氯化钠混合于蒸馏水中，加热溶解，校正 pH 为 7.4～7.6，加入糖、醇或苷类物质 0.5～1g，加热溶解后；再加入 1.6% 溴甲酚紫酒精溶液 0.1 ml。混匀分装在 5 ml 小试管内，管内并装有倒置的发酵管，试管内液体要高于发酵管，0.06 MPa 压力下灭菌 20 min，备用。

3）用途

观察细菌对糖、醇或苷发酵能力，用来鉴定细菌。

注：如无发酵小管，可用半固体糖发酵培养基。即在上述成分中加入 0.3 g 琼脂（冬季）或 0.5 g 琼脂（夏季），分装在 10×1.1 小试管内，0.06 MPa 压力下灭菌 20 min，凝固后备用。

2. 蛋白胨水

1）成分

蛋白胨 1 g，氯化钠 0.5 g，蒸馏水 100 ml。

2）制法

将上述成分混合于蒸馏水中加热溶解，校正 pH 为 7.4～7.6，分装在 5 ml 小试管中，每管 1.5 ml 左右，0.06 MPa 力下灭菌 20 min，备用。

3）用途

供吲哚试验或代替无糖肉汤用。

3. 葡萄糖蛋白胨液

1）成分

蛋白胨 0.5 g，氯化钠 0.5 g，葡萄糖 0.5 g，磷酸氢二钾 0.5 g，蒸馏水 100 ml。

2）制法

将上述成分混于蒸馏水中，加热溶解，校正 pH 为 7.2，以过滤纸过滤，分装在 5 ml 小试管中，每管约 1.5 ml，0.06 MPa 压力下灭菌 20 min，备用。

3）用途

供甲基红和 V—P（维泼二氏）试验用。

4. 西蒙氏柠檬酸盐琼脂

1）成分

氯化钠 5 g，硫酸镁（$MgSO_4 \cdot 7H_2O$）0.2 g，磷酸二氢铵 1 g，磷酸二氢钾 1 g，柠檬酸钠 5 g，琼脂 20 g，蒸馏水 1 000 ml，0.2% 溴麝香草酚蓝酒精溶液 40 ml。

2）制法

先将盐类溶解于水内，校正 pH 为 6.8，再加入琼脂，加热溶化，用纱布棉花过滤，再加入溴麝香草酚蓝酒精溶液分装试管，0.1 MPa 压力下灭菌 20 min，取出放成斜面，凝固后备用。

3）用途

鉴定细菌对柠檬酸盐和无机铵的利用。

注：可用市售西蒙氏柠檬酸琼脂制作。

5. 尿素培养基

1) 成分

蛋白胨 1 g,葡萄糖 1 g,氯化钠 5 g,磷酸二氢钾 2 g,蒸馏水 1 000 ml,0.4% 酚红溶液 3 ml,20% 尿素 100 ml。

2) 制法

除指示剂和尿素外,其他各种物质混于水中,加热溶解,校正 pH 为 7.2,再加入酚红指示剂,混匀后用滤纸过滤,分装在小三角瓶中,每瓶 50 ml,0.06 MPa 磅压力下灭菌 20 min,备用。

以无菌操作每瓶加入已用灭菌滤器除菌的尿素溶液 5 ml。

3) 用途

鉴定细菌分解尿素用。

6. 尿素琼脂

1) 成分

蛋白胨 1 g,葡萄糖 1 g,氯化钠 5 g,磷酸二氢钾 2 g,蒸馏水 1 000 ml,琼脂 20 g,0.4% 酚红溶液 3 ml,20% 尿素 100 ml。

2) 制法

将尿素和琼脂以外的各成分溶解于水中,校正 pH 为 7.2,加入琼脂,加热溶化,分装在三角瓶中,0.1 MPa 压力下灭菌 15 min,冷至 50 ~ 55 ℃,加入已用灭菌滤器除菌的尿素溶液,尿素的最终浓度为 2%,最终 pH 为 7.2 ±0.1,分装于灭菌试管内,放成斜面备用。

注:挑取琼脂培养物接种,37 ℃培养 24 h,尿素酶阳性者由于产碱而使培养基变为红色。

7. 明胶培养基

1) 成分

蛋白胨 5 g,牛肉膏 3 g,明胶 120 g,蒸馏水 1 000 ml。

2) 制法

将上述成分混合,加热溶解,校正 pH 为 7.2,然后分装于小试管内,在 0.06 MPa 压力下灭菌 20 min,取出后迅速冷却,使其凝固。备用。

3) 用途

明胶液化试验用。

注:明胶加热的温度不可过高,时间不宜过长,以免破坏明胶的凝固能力。

8. 硝酸盐培养基

1) 成分

蛋白胨 1 g,硝酸钾 0.1 g,蒸馏水 100 ml。

2) 制法

将上述成分混合,加热溶解,校正 pH 为 7.4 ~ 7.6,用滤纸过滤,分装于试管内,0.1 MPa 压力下灭菌 20 min,备用。

3) 用途

硝酸盐还原试验用。

9. 苯丙氨酸培养基

1)成分

DL－苯丙氨酸2 g(或L－苯丙氨酸1 g),酵母浸膏3 g,磷酸氢二钠(无水)1 g,氯化钠5 g,琼脂12 g,蒸馏水1 000 ml。

2)制法

将上述成分混合,加热溶解,校正pH为7.4,再加热10 min,用纱布棉花过滤,分装于试管内,0.06 MPa压力下灭菌20 min,趁热制成斜面,凝固后放入冰箱、备用。

3)用途

供苯丙氨酸脱氨试验用。

10. 氨基酸脱羧酶培养基

1)成分

氨基酸0.5～1 g,蛋白胨0.5 g,牛肉膏0.5 g,葡萄糖0.05 g,吡多醛0.05 g,蒸馏水1 000 ml,0.2%溴甲酚紫溶液0.5 ml,0.2%甲酚红溶液0.25 ml。

2)制法

将蛋白胨、肉膏、葡萄糖、吡多醛加水溶解后,校正pH为6.0,加入氨基酸后,再校正pH为6.0,加溴甲酚紫和甲酚红混匀,分装于含有一薄层(约5 mm)液体石蜡的小试管中,每管1 ml,0.06 MPa压力下灭菌20 min,放入冰箱内备用。

3)用途

氨基酸脱羧酶试验用。

注:用于细菌脱羧酶试验的氨基酸有赖氨酸、精氨酸、鸟氨酸,如为DL型者其用量为1%,L型者为0.5%,此外,在做这个试验时,可同时做一个没有氨基酸的培养基对照,以便观察结果。

11. ONPG培养基

1)成分

邻硝基酚－D－半乳糖0.6 g,0.01 mol/L,pH7.5磷酸钠缓冲液100 ml,pH7.5的1%蛋白胨水300 ml。

2)制法

将前两种成分混合溶解,以滤器过滤,以无菌操作与蛋白胨水混合,分装于灭菌试管内,每管2～3 ml,无菌检查后,备用。

3)用途

用于β－半乳糖苷酶试验。

12. 氰化钾培养基

1)成分

蛋白胨0.3 g,氯化钠0.5 g,磷酸二氢钾0.023 g,磷酸氢二钠0.56 g,0.5%氰化钾灭菌水溶液1.5 ml,蒸馏水100 ml。

2)制法

将上述成分(氰化钾除外)加热溶解,校正pH为7.6,再煮10 min,以滤纸过滤,分装每瓶100 ml,0.1 MPa压力下灭菌15 min。待冷后,以无菌操作,每瓶中加入灭菌的0.5%

氰化钾水溶液 1.5 ml,管口换上煮沸石蜡浸透的软木塞封固,保存于冰箱中备用,一般可在冰箱内保存一个月。

3)用途

供氰化钾生长试验、鉴别肠杆菌用。

注:培养基中含有一定量的氰化钾,被抑制的细菌有沙门氏菌、志贺氏菌、大肠杆菌。有的细菌不被抑制如哈夫尼亚杆菌,产气杆菌使培养基变浑。

13. 醋酸铅琼脂

1)成分

普通琼脂培养基 100 ml,硫代硫酸钠 0.25 g,10% 醋酸铅水溶液 1.0 ml。

2)制法

将普通琼脂加热溶化后,冷至 60 ℃时,加入硫代硫酸钠,混合后,校正 pH 为 7.2,分装于试管或三角瓶内,0.06 MPa 压力下灭菌 15 min,取出待冷至 60 ℃时,加入 10% 醋酸铅水溶液,使其最终浓度为 1‰,混匀后,试管直立,如瓶装则立刻倾入试管内,直立待其凝固即成。

3)用途

观察细菌产生硫化氢用。

注:穿刺接种细菌一般 24 ~ 48 h 出现结果,当硫化氢量少时,为了便于观察结果,在穿刺接种时,应沿培养基试管壁进行。

14. 硫酸亚铁琼脂

1)成分

牛肉膏 3 g,酵母浸膏 3 g,蛋白胨 10 g,硫酸亚铁 0.2 g,硫代硫酸钠 0.3 g,氯化钠 5 g,琼脂 12 g,蒸馏水 1 000 ml。

2)制法

将上述成分混合,加热溶解,校正 pH 为 7.4,分装于试管内,0.06 MPa 压力下灭菌 15 min,取出直立,待其凝固即成。

3)用途

测定肠杆菌科细菌产生硫化氢用,也可用三糖铁琼脂。

注:挑取琼脂培养物,沿管壁穿刺,37 ℃培养 24 ~ 48 h,观察结果,产硫化氢者使培养基变为黑色。

15. 葡萄糖铵培养基

1)成分

氯化钠 5 g,硫酸镁($MgSO_4 \cdot 7H_2O$)0.2 g,磷酸二氢铵 1 g,葡萄糖 2 g,磷酸氢二钾 1 g,琼脂 20 g,水 1 000 ml,0.2% BTB 40 ml。

2)制法

先将盐类和糖溶解水,加琼脂,加热溶解,校正 pH 为 6.8,加指示剂后分装于试管内,0.06MPa 压力下灭菌 20 min,趁热放成斜面。

3)用途

鉴别大肠杆菌属和志贺氏菌属用。

注:此培养基所用器皿,要求化学的清洁和灭菌。

16. 七叶苷培养基

1)成分

胰蛋白胨 1.5 g,胆汁 2.5 ml,柠檬酸铁 0.2 g,七叶苷 0.1 g,琼脂 2 g,蒸馏水 100 ml。

2)制法

将上述成分混合,加热溶解,校正 pH 为 7.0,过滤,分装于试管内,每管 1 ~3 ml,0.06 MPa 压力下灭菌 20 min,趁热放成斜面,待凝固后,贮存在冰箱内,备用。

不加琼脂,制成液体培养基,如没有胆汁,也可不加,胆汁能使肺炎球菌溶解。

3)用途

七叶苷水解试验用。

17. 石蕊牛乳培养基

1)成分

新鲜牛乳 1 000 ml,2% 石蕊水溶液 1 ml,或 1.6% 溴甲酚紫酒精溶液 1 ml。

2)制法

将牛乳置于三角瓶中,用流通蒸气加热 30 min,待冷后置于 4 ℃冰箱内 2 h,取出用虹吸法吸取乳汁,注入另一三角瓶中,弃去上层乳脂,即为脱脂乳。每 1 000 ml 脱脂牛乳中加入石蕊(或溴甲酚紫液)1 ml,混合,分装于试管内,每管 7 ~8 ml,用流通蒸气间歇灭菌三次或 0.06 MPa 压力下灭菌 20 min,置于 37 ℃温箱内培养 24 h,若无菌生长,即可冷藏备用。

3)用途

观察细菌对牛乳的生化反应。

注:溴甲酚紫与石蕊指示剂作用相同,指示剂用量以使牛乳呈淡紫色(中性)即可。在碱性时呈紫色,酸性时呈黄色。某些细菌分解牛乳中的糖后使紫色变黄,若产酸量较多(pH4.5 以下)时,使牛乳中酪蛋白凝固,若产气可以直接看到有气泡存在。有的细菌可以将不溶性的酪蛋白分解成可溶性的物质,而使牛乳清朗,称为胨化。培养基在灭菌前加入凡士林或液体石蜡,可观察厌氧菌对牛乳的作用。

18. 马尿酸钠培养基

1)成分

肉汤 100 ml,马尿酸钠 1 g。

2)制法

取上述成分混合,加热溶解,分装于试管内,0.1 MPa 压力下灭菌 20 min,备用。

3)用途

此培养基用于检查细菌能否分解马尿酸钠产生安息香酸,用于鉴定链球菌。

19. 淀粉培养基

1)成分

普通琼脂 100 ml,可溶性淀粉 0.2 g。

2)制法

先将琼脂加热溶解。再取 5 ~6 ml 无菌水与淀粉混合,煮沸灭菌 15 ~20 min,以无菌操作加入琼脂内。混匀,倾入无菌平皿内。备用。

3)用途

可供淀粉分解酶试验用。

二、细菌的分离培养

(一)分离培养的注意事项

1. 严格的无菌操作

为了得到正确的分离培养结果,无论是采集待检材料,还是进行培养基接种,都必须严格遵守无菌操作的要求,以防止外界的其他微生物污染试验材料。因此,凡有大量杂菌污染的材料,一般不适于作分离培养之用。分离培养时的无菌操作包括两个方面:

(1)采集待检材料时的无菌操作。不论任何待检材料(包括动物的组织、体液,分泌物、渗出物、排泄物,环境,设备,饲料或饮水等)必须在无菌操作下,用灭菌的器械采取,样品放入灭菌的容器中待检。

(2)接种培养基时的无菌操作。接种用的器械如接种环、棉棒或其他用具,在取材料接种之前必须予以灭菌,接种培养基时,要尽一切可能防止外界微生物的进入。

2. 创造适合细菌生长繁殖的条件

应根据待检材料中分离的细菌的特性或者根据推测在待检材料中可能存在的细菌的特性来考虑和准备细菌生长发育需要的条件。

(1)选择适宜的培养基。如果培养基选用的不当,则材料中的细菌就可能分离不出来,为此,在从待检材料中进行性质不明的细菌初次分离培养时,一般尽可能地多用几种培养基,包括普通培养基和特殊培养基(如含有特殊营养物质的培养基,适于厌氧菌生长的培养基等)。

(2)要考虑细菌所需的大气条件。对于性质不明的细菌材料最好多接种几份培养基,分别放在普通大气、无氧环境内或含有5%~10%二氧化碳的容器中培养。

(3)要考虑培养温度和时间。一般病原菌在37 ℃温度培养即可,经24~72 h培养后大多数病原菌都可以生长出来,少数须培养较长时间(1~2~4周)后,可见其生长,但要注意防止培养基变干。

(二)待检材料的处理

待检材料一般不必处理,可直接用来作细菌分离,当待检材料有较严重的污染而又不得不利用时,可根据材料污染的程度及其中可能存在的病原的性质,而采用不同方法加以处理,然后将处理过的材料接种于培养基上,进行细菌的分离培养。

1. 加热处理

通过革兰氏染色镜检,当怀疑病料中存在有芽胞的病原菌时,可将待检组织加入灭菌生理盐水中磨碎(如为液体材料可以不必磨)做成1:5~1:10的稀释液,放在50~75 ℃水浴中加热20~30 min,以便在这样的温度下,将抵抗力弱的微生物杀死,而有芽胞的细菌仍存活,然后,将这种材料接种到适当培养基上,即可能得到纯培养。

2. 通过敏感试验动物处理

在待检材料中存在有某种可疑的病原菌时,可感染对该种病原菌最易感动物,待试验动物发病或死亡后，取它的血液或组织器官材料接种到培养基上，利用这种方法，一方面可以由混有腐生杂菌的材料中分离病菌；另一方面可以确定病原菌的病原性或毒力。

3. 化学药品处理

有些药品对于某些细菌有极强的抑制力，而对另一些细菌则没有。因此，可将其加入到培养基中分离某些细菌。

（三）细菌的分离方法

材料中细菌的分离最常用的方法是固体培养基分离法，即取少许待检材料，在固体培养基表面，逐渐稀释分散，使成单个细菌细胞经培养后，形成单个菌落，从而得到细菌的纯培养，具体操作有很多种，其中平板划线法、稀释平板法和菌落分纯法较为多用。

1. 平板划线法

1）“Z”字形划线法

此法又称连续划线法，一般用于接种材料含菌数量相对较少的标本或培养物。

（1）右手持接种环，通过火焰灭菌，冷却后，挑取标本或培养物少许。

（2）左手持起培养基平板，先将标本或培养物涂于琼脂平板的一角，然后用接种环自标本涂布部位开始，向左向右并逐渐向下移动，连续划成若干条分散的平行线。

2）分区划线法

此法多用于粪便等含菌量较多的标本（见图3-7）。

（1）用接种环先将标本涂布在平板第一区并作数次划线，再在二、三……区依次用接种环划线。

（2）每划一个区域，应将接种环烧灼一次，待冷却后再划下一区域。每一区域的划线应接触上一区域的接种线2～3次，使菌量逐渐减少，以形成单个菌落。

（3）划线完毕，将平板加盖，倒置（琼脂平板的底部向上），置35 ℃孵育。

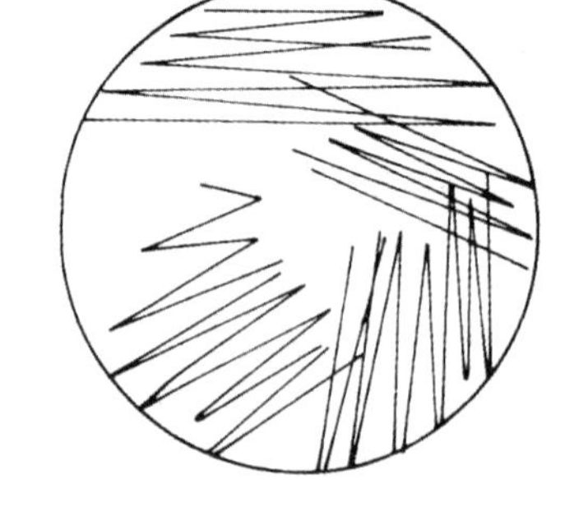

图3-7　分区划线法

2. 稀释平板法

此法不仅用于分离培养，而且可用作材料中的活菌的计数（见图3-8）。

（1）将灭菌生理盐水适量稀释（通常作10^{-1}～10^{-5}稀释）的标本1 ml，置于灭菌平皿内，注入已熔化并冷却至50 ℃左右的培养基15 ml，混匀，待冷却后，倒置。

（2）于35～37 ℃孵育箱中培养24 h后，计数培养基内菌落数，乘以稀释倍数，即可计算出每毫升被检物的细菌数。

3. 菌落分纯接种法

主要用于分离琼脂平板上的混合菌（见图3-9）。

（1）用接种针垂直挑取所需分纯细菌的单个菌落，点在另一个固体琼脂平板上的第一区，用接种环划线、涂布。

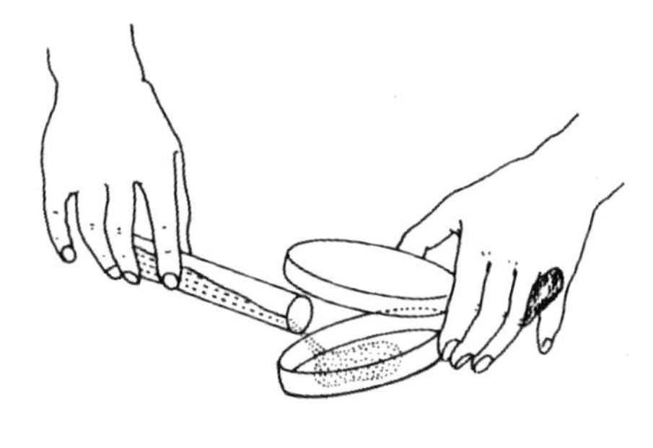

图 3-8　稀释平板法

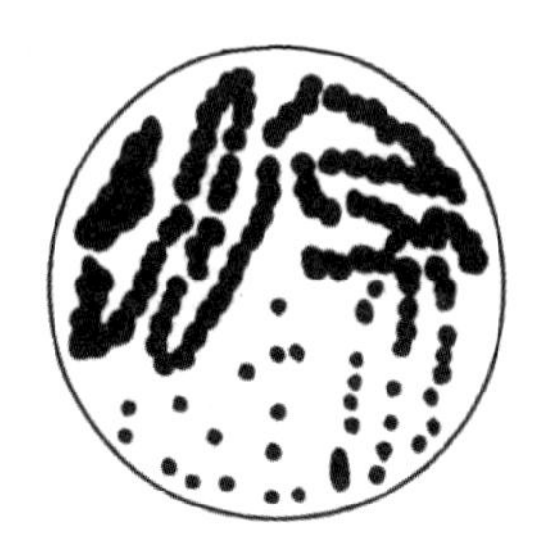

图 3-9　菌落分纯接种法

(2)第一区接种后烧红接种环,再划第二区,依次接种至第四区。

(四)细菌的培养方法

据待检材料与培养目的不同,采用不同的培养方法。

1. 需氧培养法

将已接种分离好的平板,斜面直接置于 37 ℃温箱中培养 18 ~24 h。一般用于需氧菌、兼性厌氧菌的培养,但难于生长的细菌需培养较长时间。

2. 厌氧培养法

厌氧菌生长不需要氧气,当游离氧存在时,能使其死亡,培养厌氧菌时,应将培养环境或培养基中氧气除去,厌氧培养方法很多,常用的有以下几种。

1)低亚硫酸钠法

每 1 000 ml 空间用 30 g 低亚硫酸钠和等量的碳酸钠化合时,可将容器中的氧气吸收,反应式如下:

$$Na_2S_2O_4 + Na_2CO_3 + O_2 \rightarrow CO_2 + Na_2SO_4 + Na_2SO_3$$

具体操作:将已划线接种好的琼脂平板培养基,放在 1 000 ml 容积的磨口标本缸或干燥器内,分别称取低亚硫酸钠和碳酸钠各 30 g,放在一个空平皿内,搅拌均匀,滴加少量水后,迅速放入缸内,盖好缸盖和缸口,四周用胶泥密封,置于 37 ℃温箱中培养 2 ~4 d 后观察结果。本法简单,易分得单个菌落。

2)焦性没食子酸法

焦性没食子酸与氢氧化钠溶液作用后,迅速吸收环境中的氧气,造成缺氧环境。每 1 000 ml 空间需要焦性没食子酸 10 g,10% 氢氧化钠 100 ml。

具体操作:如果培养物接种于试管中,可将此试管放入一个大试管中(大试管底部放入碎玻璃少许),在大试管中加入一定量的焦性没食子酸,然后加入氢氧化钠溶液,立即塞上橡皮塞,放 37 ℃温箱中培养 2 ~4 d。如果培养物接种于平板上,取焦性没食子酸 1 g,夹在两层灭菌棉花或纱布中,置于灭菌的玻璃板上,加工 10% 氢氧化钠 10 ml 于棉花或纱布上,迅速将接种的平皿底层覆盖在(扣在)玻璃板上,平皿周围用熔化好的石蜡凡士林混合物涂封,使内外空气隔绝,放 37 ℃温箱中培养 2 ~4 d。

3)疱肉培养基法

疱肉培养基中的肉渣含有不饱和脂肪酸,能吸收环境中的氧气,肉渣中含有谷胱甘肽,可发生氧化还原反应,使环境中氧化势能降低,加之培养基的液面用凡士林或液体石蜡封闭与空气隔绝而造成缺氧环境。

利用疱肉培养基进行培养时,应在接种前,将培养基加热煮沸 15 ~ 30 min。取出即放冷水内,以驱除残存于培养基中的氧气。

4)烛缸法

将接种好的琼脂平板放入磨口标本缸或干燥器内,缸盖及缸口涂以凡士林,取蜡烛一支放在缸内点燃,烛火需距缸口 10 cm(勿靠近缸壁,以免烤热缸壁而炸裂),盖上缸盖密封,当缸内氧气减少,蜡烛熄灭,此时缸内含有 5% ~ 10% 的二氧化碳,最后连同容器一并置于 37 ℃温箱中培养。

5)二氧化碳培养箱

有条件的可使用二氧化碳培养箱。

3. 含二氧化碳条件下细菌的培养方法

有些细菌特别是初次分离培养,在含有 5% ~ 10% 二氧化碳环境中生长良好。

1)化学法

每 0.84 g 碳酸氢钠与 10 ml 3.3% 硫酸混合后,能产生 224 ml 的二氧化碳。根据容器的大小,按此比例,将化学药品放入容器内反应,使培养缸内二氧化碳浓度达 10%,方法同烛缸法。

为了测定缸内二氧化碳含量,在硫酸与碳酸氢钠混合之前,缸内放 1 支盛有 1 ml 指示剂的小试管(指示剂的配制为碳酸氢钠 0.1 g,0.5% 溴麝香草酚蓝 2 ml,蒸馏水 100 ml),当二氧化碳产生后 1 h 左右观察结果,缸内无二氧化碳为蓝色,5% 二氧化碳为蓝绿色,10% 二氧化碳为绿色,15% 二氧化碳为黄绿色,20% 二氧化碳为黄色。

2)二氧化碳培养箱

可按需调节箱中二氧化碳的浓度。

(五)纯培养菌的挑选方法

待检材料中的细菌经上述方法分离培养后,取出加以检查。先用肉眼观察有无细菌菌落生长,如有,须进一步观察长出的菌落是单一的,还是混杂的。当进行病料中的病原菌分离时,在多数情况下,凡培养基中沿涂布划线处长出较多的一种菌落,是材料中的病原菌的可能性较大,少数零散的菌落多为在操作过程中由外界进入的杂菌。为慎重,可将长出的各种菌落各选一二个,用蜡笔在平皿底加以标记,置低倍显微镜下观察菌落的结构,然后用灭菌的接种环将每种菌落钩取一部分,分别制成革兰氏染色片,置镜下检查,如片中的细菌的形态和染色性统一,则用灭菌接种环仔细挑取该菌落的剩余部分,接种在适当培养基上,置于温箱中培养,待菌落长出后,再经肉眼及染色片的镜检证明统一后,即成为该菌的纯培养,可作进一步的试验研究之用。如不纯,则须再作分离培养,直至纯化为止。

(六)纯培养菌的移植接种法

将纯培养物接种到其他培养基中,接种方法随所用的培养基和接种物的性质而异。

1. 移植于固体平板培养基

方法同平板划线分离培养法。

2. 移植于斜面培养基中（见图 3-10）

（1）用左手握住菌种管和斜面培养管底部，右手持接种针（环）。

（2）用右手小指与手掌，小指与无名指分别拔出两管的棉塞，将管口通过火焰灭菌。

（3）用接种针（环）伸入菌种管内挑取移种之菌落。

（4）伸入斜面培养管内，从斜面底部到顶端直接自下而上地“Z”字形划线。

（5）将接种针垂直插入半固体培养基的中央，穿刺至培养基底部，然后沿原穿刺线退出接种针。

（6）接种完，火焰灭菌管口，塞上棉塞，置于 35 ℃培养。

3. 移植于半固体培养基中（见图 3-11）

（1）以接种针挑取细菌培养物，插入半固体培养基的中央，穿刺至培养基底部，然后沿原穿刺线退出接种针。

（2）其他操作与斜面接种类似。

4. 移植于液体培养基

（1）用灭菌接种环挑取菌落或标本。

（2）在试管内壁与液面交界处轻轻研磨，使细菌混匀在液体培养基中（见图 3-12）。

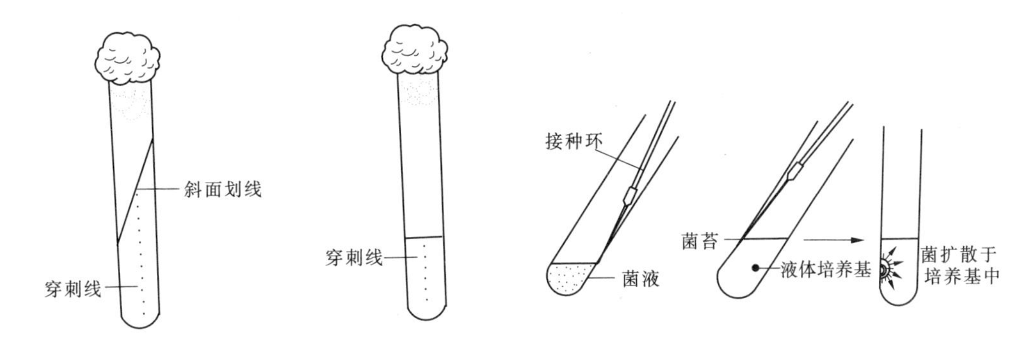

图 3-10 斜面接种法　　图 3-11 穿刺培养法　　图 3-12 液体培养基接种法

5. 移植于疱肉培养基

接种时将疱肉培养基表面凡士林加热熔化，斜持试管片刻，使凡士林黏附于管壁一侧，然后以接种环取培养物或用灭菌毛细管取液体培养物种入凡士林层下面的培养基内，再将凡士林块稍加热熔化，覆盖于培养基表面，置于 37 ℃培养后，观察结果。

三、细菌的培养特性检查法

（一）营养物质

将培养菌接种在含有不同营养成分的培养基中，经培养后，根据细菌生长发育的快慢，细菌细胞繁殖的多少以及某些代谢产物的形成情况等。确定该菌生长繁殖时是否需要特殊物质。为了进行这项工作，往往需要对培养基的组成成分进行精细的化学分析。

（二）大气的关系

将纯培养菌接种在适当培养基上以后，分别置于普通大气环境中、少氧环境中及无氧环境中培养，观察它们在那种环境中生长良好、不良好或完全不生长。从而，确定它们是需氧菌、微需氧菌、厌氧菌还是兼性厌氧菌。

（三）生长温度

将纯培养菌放在不同温度中进行培养，以确定其最适宜、最高与最低的生长温度，一般致病性的细菌，其最适生长温度大致都是 37 ℃，而真菌一般以 25 ℃的温度最适于生长。

（四）生长酸碱度（pH）

将最适于某种菌生长的培养基，调整为具有不同的酸碱度，观察细菌生长发育的情况，以确定该细菌生长的酸碱度范围与最适酸碱度。

四、细菌生长表现的检查法

将纯培养菌接种在一系列培养基上，病原性细菌放于 37 ℃温箱中，培养 24 ~ 48 h 或更长一些时间，病原性真菌放于 25 ℃中，培养 4 ~ 5 d 或更长一些时间。然后观察纯培养菌在各种培养基上的生长表现。在常规检查中，一般进行以下几方面的检查。

（一）琼脂平板表面上菌落特征

通常将纯培养物划线接种于普通琼脂平板或含有特殊营养成分的琼脂平板上，在一定温度下，经一定时间培养后，取出培养物检查，先以肉眼观察有无单独菌落形成，进而观察菌落的形状大小（用尺子在平皿底上测量）、颜色、湿润度、隆起度（微揭开平皿盖，将平皿放在同检查者视线同一水平面的位置观察）及透明度（将平皿竖立对光观察），并用接种环轻轻触及菌落，以检查其质度。挑出培养物少许，置于玻片上的水滴中研涂，检查其乳化性，然后将平皿（皿底向上）置于显微镜低倍镜下观察菌落的表现、构造及边缘，同时用以光源成 45°角折射而来的光线观察菌落的荧光性。

菌落特征的描述可参考用以下术语：

（1）形状：圆形、针尖状（直径在 1.0 mm 以内者）、不规则根状。

（2）大小：以毫米（mm）计算。

（3）隆起度：扁平、高起、隆起，圆顶状。

（4）表面：光滑、粗糙、同心圆状、放射状、乳突形、脐形。

（5）构造：颗粒状（细、中、粗）、丝状、卷曲状等。

（6）边缘：整齐、波状、锯齿状、卷发状等。

（7）颜色：无色、灰白色及产生各种色素。

（8）透明度：透明、半透明、不透明。

（9）质度：奶油状、黏性、质脆等。

（10）乳化性：易、难。

（二）液体培养基中的生长表现

将纯培养菌接种于普通或含有特殊营养物质的肉汤或其他液体培养基中，经培养后，以肉眼观察细菌的生长量、培养物的混浊度、表面生长情况、有无沉淀物等。然后，用手指轻轻弹动或拨动试管底部，使沉淀物缓缓浮起，以检查沉淀物的性状，拔去试管棉塞，置管口于鼻孔近处，闻其有无气味。

液体培养物特征的描述可参考以下术语：

(1)生长量：无生长、贫瘠、中等、丰盛。

(2)混浊度：是否混浊，轻度、中等或强度混浊，混浊情况为全管均匀一致还是混有颗粒、絮片或丝状生长物。

(3)表面生长：培养基表面是否形成菌膜，菌膜的厚度(薄膜、厚膜)，菌膜表面的情况(光滑、粗糙，颗粒状)。

(4)沉淀：有无、多少(少、中、多等)，沉淀物性状(粉末状、颗粒状)，振荡后是否完全或部分碎散。

(5)气味：有无，似……气味(注意：病原菌不进行此项)。

(三)鲜血琼脂平板上的生长表现

将纯培养菌划线接种在鲜血琼脂平板表面，经培养 24～48 h 后，用肉眼进行观察，主要检查细菌的溶血作用。

1. 溶血作用有无

甲型(α 型)溶血(在菌落周围有一绿色的不完全溶血区)，乙型(β 型)溶血(在菌落周围有一透明的完全溶血区)。描述结果时，应注明制造培养基使用何种动物的血液。

2. 菌落特征

同琼脂平板表面上菌落特征检查法。

(四)疱肉液体培养基中的生长表现

此项检查只适于厌氧菌，肉眼观察培养物的混浊度、沉淀物与疱肉碎块的颜色变化。

(五)筋胶穿刺培养基中的生长表现

以接种针挑取纯培养菌，于筋胶培养基表面的中心垂直地穿刺到培养基的底部，然后顺着穿刺路径取出接种针，在 20 ℃以下温度中培养，逐日着重观察有无生长(一般观察 7 d)，如有生长，是上下一致生长，还是上部或下部生长好，生长物是线状、串珠状或分枝状，培养基是否由固体变为液体状态，如果液化，应注意液化的形状及液化作用开始发生的时间。

第四节　生物化学特性检查法

细菌在培养基中生长时，由于它的分解代谢和合成代谢作用，可使培养基中的某些物质转化为其他物质，由于细菌的种类不同，它们的代谢产物也不同。细菌的代谢活动是受细菌本身所具有的酶控制的，细菌的种类不同，它们所具有的酶也不同。这些代谢产物和酶，可以利用化学方法检查出来，这种方法称为细菌的生物化学特性检查法(或称生化试验)。生化试验在鉴定细菌种类上具有十分重要的作用。

一、碳水化合物的代谢试验

(一)糖(醇、苷)类发酵试验

1. 原理

不同细菌含有发酵不同糖类的酶，分解糖的能力各不相同，产生的代谢产物也随细菌种类而异。观察细菌能否分解各类单糖（葡萄糖等）、双糖（乳糖等）、多糖（淀粉等）和醇类（甘露醇）、糖苷（水杨苷等），是否产酸或产气。

2. 方法

将纯培养的细菌接种至各种单糖培养管中，置于一定条件下孵育后取出，观察结果。

3. 结果判断

若细菌能分解此种糖类产酸，则指示剂呈酸性变化；不分解此种糖类，则培养基无变化（见图 3-13）。产气可使液体培养基中倒置的小管内出现气泡，或在半固体培养基内出现气泡或裂隙。

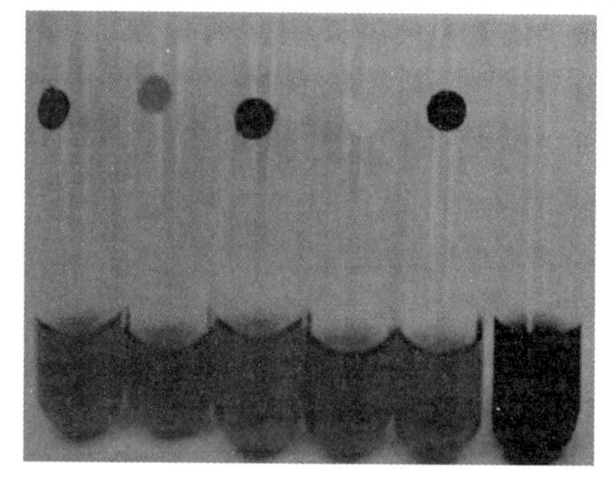

左起第 1 ~ 5 管分别为葡萄糖、乳糖、麦芽糖、甘露醇、蔗糖阳性（黄色），第 6 管为阴性对照（紫色）

图 3-13 单糖分解反应

（二）葡萄糖代谢类型鉴别试验

1. 原理

葡萄糖代谢类型鉴别试验又称氧化/发酵（O/F）试验，观察细菌对葡萄糖分解过程中是利用分子氧（氧化型），还是无氧降解（发酵型），或不分解葡萄糖（产碱型）。

2. 方法

从平板上或斜面培养基上挑取少量培养物，同时穿刺接种于两支 O/F 试验管，其中一支用滴加熔化的无菌凡士林（或液体石蜡），覆盖培养基液面 0.3 ~ 0.5 cm 高度。经 37 ℃培养 48 h 后，观察结果。

3. 结果判断

仅开放管产酸为氧化反应，两管都产酸为发酵反应，两管均不变为产碱型（见图 3-14）。

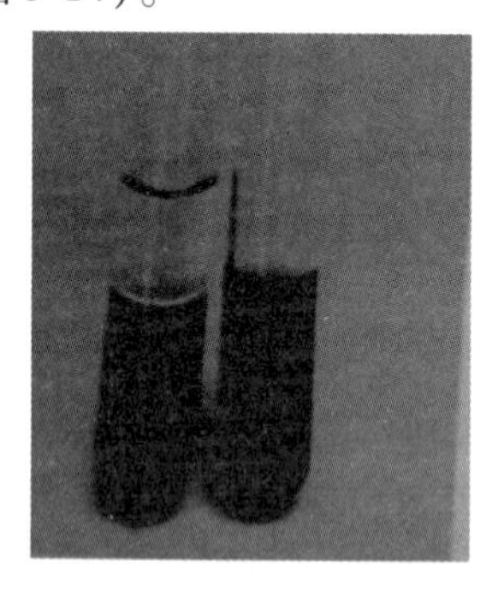

（a）发酵型，两管均分解葡萄糖产酸，变黄色

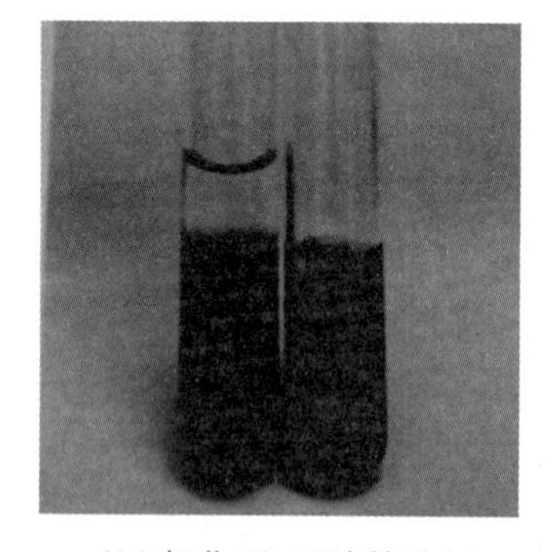

（b）氧化型，开放管分解葡萄糖产酸，变黄色

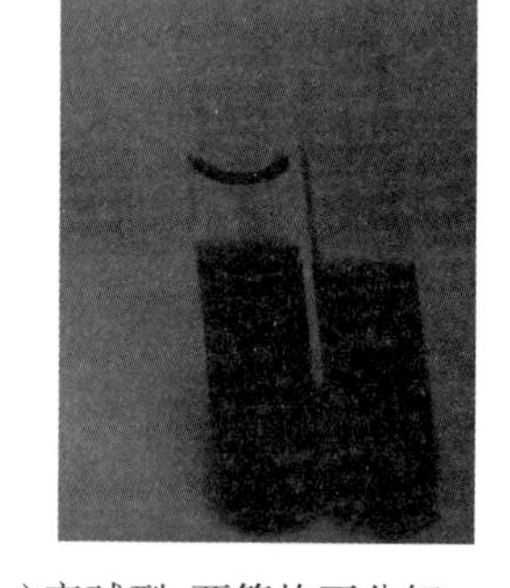

（c）产碱型，两管均不分解葡萄糖，呈紫色

图 3-14 葡萄糖 O/F 反应结果

（三）β 半乳糖苷酶试验（ONPG 试验）

1. 原理

某些细菌具有 β 半乳糖苷酶，可分解邻－硝基 β 半乳苷（ONPG），生成黄色的邻－硝基酚。用于测定不发酵或迟缓发酵乳糖的细菌是否产生此酶，亦可用于迟发酵乳糖细菌

的快速鉴定。

2. 方法

取纯菌落用无菌盐水制成浓的菌悬液，加入 ONPG 溶液 0.25 ml，置于 35 ℃水浴中，于 20 min 和 3 h 观察结果。

3. 结果判断

通常在 20～30 min 内显色。出现黄色为阳性反应（见图 3-15）。

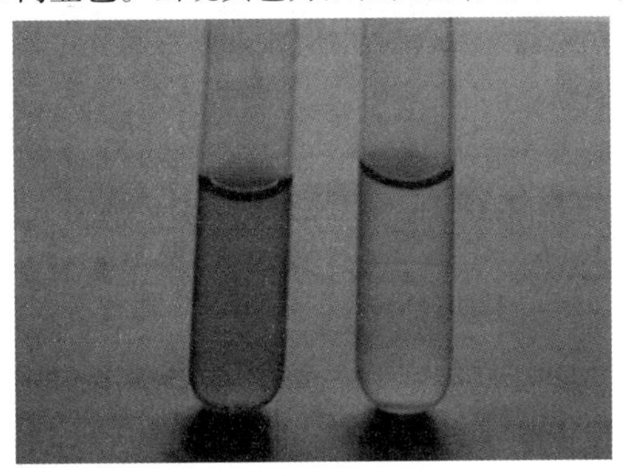

左侧为阳性（黄色），右侧为阴性对照

图 3-15　β 半乳糖苷酶试验（ONPG 试验）结果

（四）三糖铁试验

1. 原理

三糖铁琼脂（TSI）用于观察细菌对糖的发酵能力，以及是否产生硫化氢（H_2S），可初步鉴定细菌的种属。如大肠杆菌能发酵葡萄糖和乳糖产酸产气，使 TSI 的斜面和底层均呈黄色，并有气泡产生；伤寒沙门菌、痢疾志贺菌只能发酵葡萄糖，不发酵乳糖，使斜面呈红色（发酵葡萄糖产生的少量酸因接触空气而氧化），而底层呈黄色；有些细菌能分解培养基中含硫氨基酸（如半胱氨酸和胱氨酸），生成 H_2S，H_2S 遇铅或铁离子形成黑色的硫色铅或硫化铁沉淀物。

2. 方法

挑取纯菌落接种于三糖铁琼脂上，35 ℃孵育 1～7 d。

3. 结果判断

出现黑色沉淀物为 H_2S 阳性（见图 3-16）。

（五）甲基红试验

1. 原理

某些细菌能分解葡萄糖产生丙酮酸，丙酮酸进一步代谢为乳酸、甲酸、乙酸，使培养基的 pH 下降到 4.5 以下，加入甲基红指示剂即显红色（甲基红变红的范围为 pH4.4～6.0）；某些细菌虽能分解葡萄糖，但产酸量少，培养基的 pH 在 6.2 以上，加入甲基指示剂呈黄色。

2. 方法

将待检菌接种至葡萄糖蛋白胨水培养基中，35 ℃孵育 1～2 d，加入甲基红试剂 2 滴，立即观察结果。

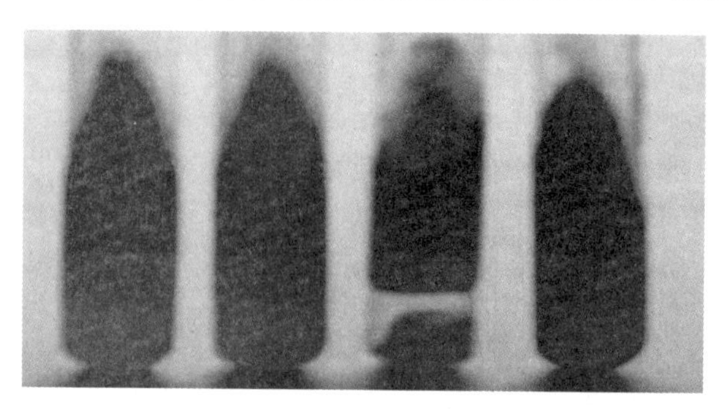

左起第 1 管底层葡萄糖阳性，上层乳糖阴性；第 2 层底层葡萄糖阳性，上层乳糖阴性，H_2S 阳性；第 3 管底层葡萄糖阳性，产气，上层乳糖阳性；第 4 管底层尿素酶阳性，H_2S 强阳性

图 3-16 TSI 反应结果

3. 结果判断

红色者为阳性，黄色者为阴性（见图 3-17）。

（六）V－P（Voges－Proskaurer）试验

1. 原理

某些细菌能分解葡萄糖产生丙酮酸，并进一步将丙酮酸脱羧成为乙酰甲基甲醇，后者在碱性环境中被空气中的氧氧化成为二乙酰，进而与培养基中的精氨酸等所含的胍基结合，形成红色的化合物，即 V－P 试验阳性。

2. 方法

将待检菌接种至葡萄糖蛋白胨水培养基中，35 ℃孵育 1～2 d，加入等量的 V－P 试剂（0.1% 硫酸铜溶液），混匀后 35 ℃孵育 30 min，观察结果。

3. 结果判断

呈红色者为阳性（见图 3-18）。

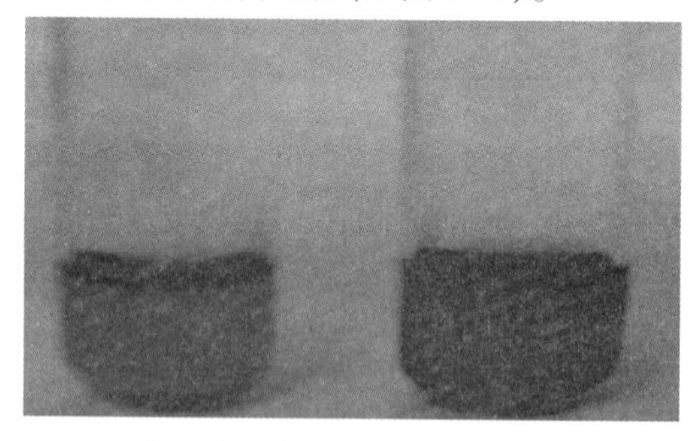

左侧为阳性（红色），右侧为阴性对照

图 3-17 甲基红试验

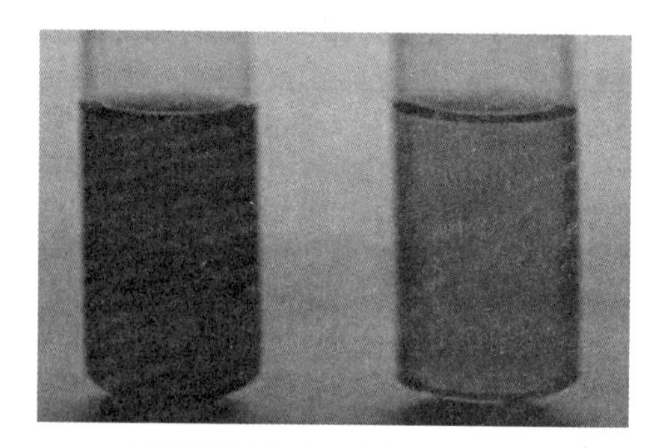

左侧为阳性（红色），右侧为阴性对照

图 3-18 V－P 试验

二、蛋白质、氨基酸分解试验

（一）吲哚试验

1. 原理

有些细菌具有色氨酸酶，能分解培养基中的色氨酸，生成吲哚，吲哚与试剂对二甲氨

基苯甲醛作用，形成玫瑰吲哚而呈红色。

2. 方法

将待检菌接种至蛋白胨水培养基中，35 ℃孵育 1～2 d，沿管壁徐徐加入柯凡克(Kovac)试剂 0.5 ml，即刻观察结果。

3. 结果判断

两液面交界处呈红色者为阳性(见图 3-19)，无红色者为阴性。

(二)尿素酶试验

1. 原理

某些细菌能产生尿素酶，分解尿素形成氨，使培养基变碱，酚红指示剂随之变红色。

2. 方法

将待检菌接种于含尿素的培养基中，35 ℃孵育 1～4 d，观察是否产生红色。

3. 结果判断

呈红色者为尿素酶试验阳性(见图 3-20)。

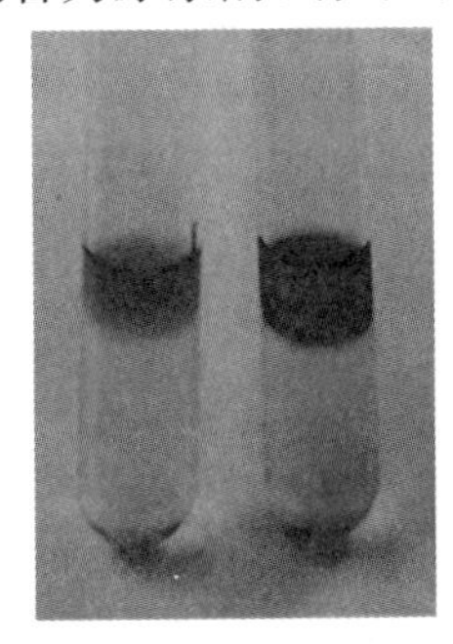

右侧为阳性(上层液面呈红色)，左侧为阴性对照

图 3-19　吲哚试验

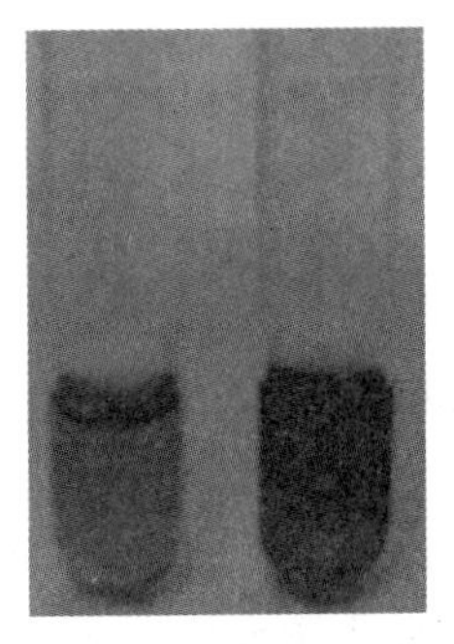

右侧为阳性(红色)，左侧为阴性对照

图 3-20　尿素酶试验

(三)氨基酸脱羧酶试验

1. 原理

有些细菌能产生某种氨基酸脱羧酶，使该种氨基酸脱去羧基，生成胺(如赖氨酸→尸胺，鸟氨酸→腐胺，精氨酸→粘胺)，从而使培养基变碱性，指示剂变色。

2. 方法

挑取纯菌落接种于含某种氨基酸(赖氨酸、鸟氨酸或精氨酸)的培养基及不含氨基酸的对照培养基中，加无菌石蜡油覆盖，35 ℃孵育 4 d，每日观察结果。

3. 结果判断

若仅发酵葡萄糖显黄色为阴性，由黄色变为紫色为阳性。对照管(无氨基酸)为黄色(见图 3-21)。

(四)苯丙氨酸脱氨酶试验

1. 原理

有些细菌能产生苯丙氨酸脱氨酶，使苯丙氨酸脱去氨基产生苯丙酮酸，与三氯化铁作用形成绿色化合物。

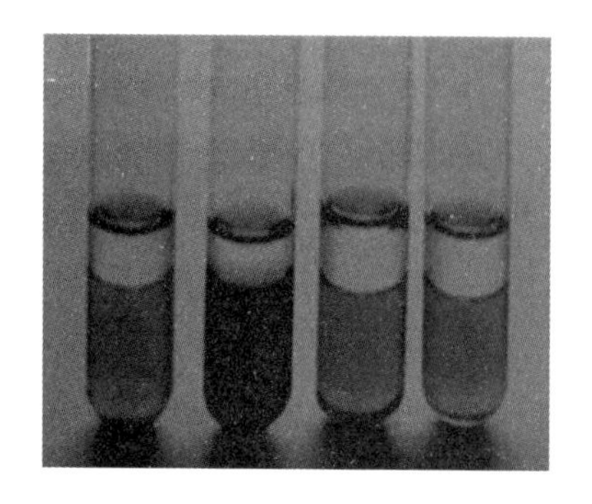
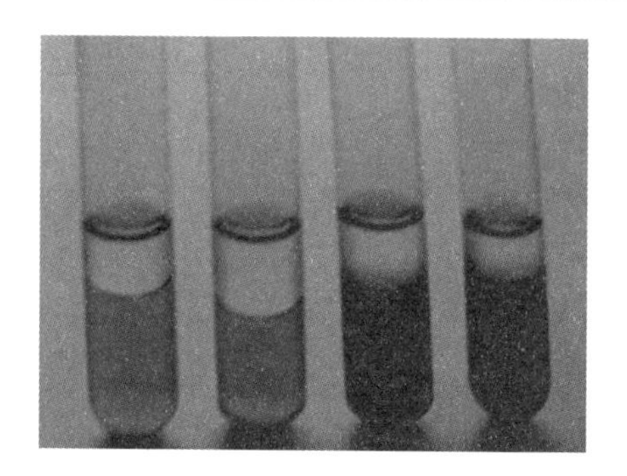

左图左起第1、3、4管(对照、鸟氨酸、精氨酸)阴性;第2管赖氨酸阳性(紫色);
右图左起第1、2管(对照、赖氨酸)阴性;第3、4管(鸟氨酸、精氨酸)阳性(紫色)

图3-21　氨基酸脱羧酶试验

2. 方法

将待检菌接种于苯丙氨酸琼脂斜面,35 ℃孵育18～24 h,在生长的菌苔上滴加三氯化铁试剂,立即观察结果。

3. 结果判断

斜面呈绿色者为阳性(见图3-22)。

三、碳源利用试验

(一)枸橼酸盐利用试验

1. 原理

在枸橼酸盐培养基中,细菌能利用的碳源只有枸橼酸盐。当某种细菌能利用枸橼酸盐时,可将其分解为碳酸钠,使培养基变碱性,pH指示剂溴麝香酚蓝由淡绿色变为深蓝色。

2. 方法

将待检菌接种于枸橼酸盐培养基斜面,35 ℃孵育1～7 d,观察斜面的颜色变化。

3. 结果判断

培养基由淡绿色变为深蓝色者为阳性(见图3-23)。

(二)丙二酸盐利用试验

1. 原理

在丙二酸盐培养基中,细菌能利用的碳源只有丙二酸盐。当某种细菌能利用丙二酸盐时,可将其分解为碳酸钠,使培养基变碱性,使指示剂由绿色变为蓝色。

2. 方法

将待检菌接种在丙二酸盐培养基上,35 ℃孵育1～2 d,观察培养基的颜色变化。

3. 结果判断

培养基由绿色变为蓝色者为阳性(见图3-24)。

四、酶类试验

(一)触酶试验

1. 原理

具有触酶(过氧化氢酶)的细菌,能催化过氧化氢,放出新生态氧,继而形成分子氧,出现气泡。

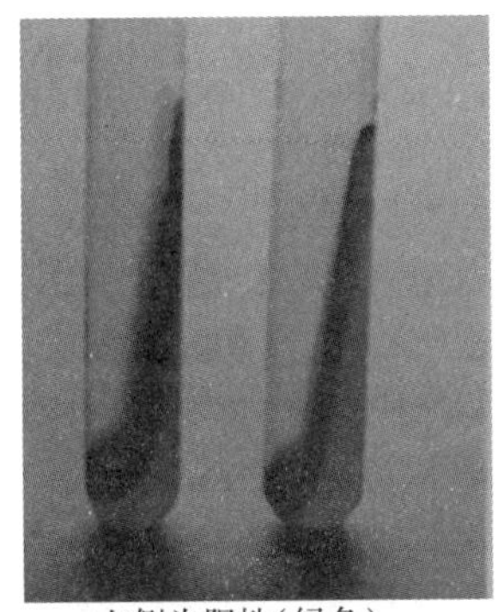
左侧为阳性(绿色),
右侧为阴性对照

图 3-22　苯丙氨酸脱氨酶试验

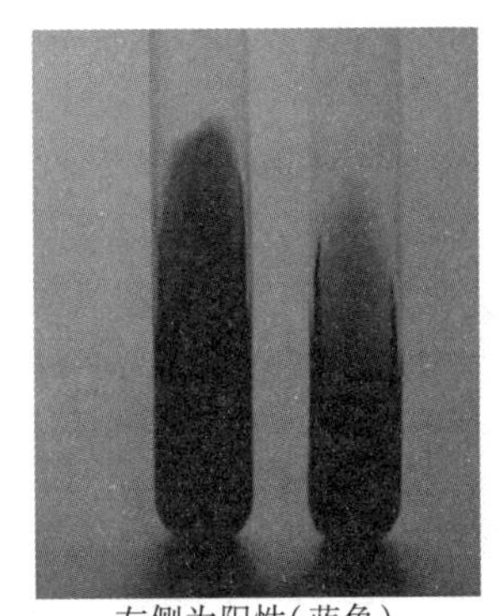
左侧为阳性(蓝色),
右侧为阴性对照

图 3-23　枸橼酸盐利用试验

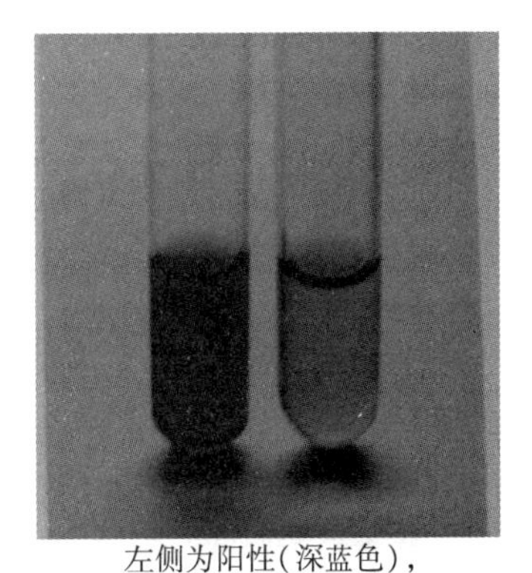
左侧为阳性(深蓝色),
右侧为阴性对照

图 3-24　丙二酸盐利用试验

2. 方法

取 3% 过氧化氢溶液 0.5 ml,滴加于不含血液的细菌琼脂培养物上,或取 1 ~ 3 ml 滴加入盐水菌悬液中。

3. 结果判断

培养物出现气泡者为阳性(见图 3-25)。

4. 注意事项

(1)细菌要求新鲜。

(2)因红细胞内含有触酶,可能出现假阳性,故不宜用琼脂平板上的菌落作触酶试验。

(3)需用已知阳性菌和阴性菌作对照。

(二)氧化酶试验

1. 原理

氧化酶(细胞色素氧化酶)是细胞色素呼吸酶系统的酶。具有氧化酶的细菌,首先使细胞色素 C 氧化,再由氧化型细胞色素 C 使对苯二胺氧化,生成有色的醌类化合物。

2. 方法

取洁净的滤纸一小块,涂抹菌苔少许,加 1 滴 10 g/L 对苯二胺溶液于菌落上,观察颜色变化。

3. 结果判断

立即呈粉红色并迅速转为紫红色者为阳性(见图 3-26)。

4. 注意事项

(1)未加抗坏血酸的试剂需每星期新鲜配制(试剂在空气中易发生氧化)。

(2)避免接触含铁物质。

(3)不宜采用含葡萄糖的培养基上的菌落(葡萄糖发酵可抑制氧化酶活性)。

(三)靛酚氧化酶试验

1. 原理

具有氧化酶的细菌,首先使细胞色素 C 氧化,再由氧化型细胞色素 C 使盐酸对二甲氨基苯胺氧化,并与 α 萘酚结合,生成靛酚蓝而呈蓝色。

2. 方法

取靛酚氧化酶试纸条，用无菌盐水浸湿后，直接蘸取细菌培养物，立即观察结果。

3. 结果判断

试纸条在 10 s 内变成蓝色者为阳性（见图 3-27）。

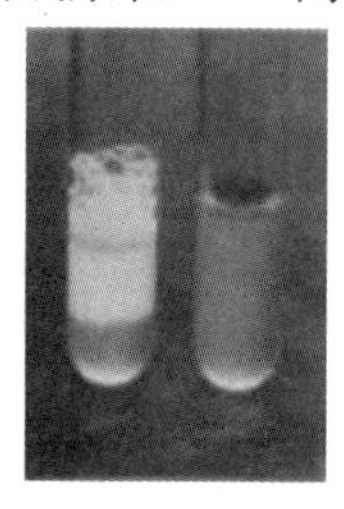

左侧为阳性（产气泡），右侧为阴性对照

图 3-25　触酶试验

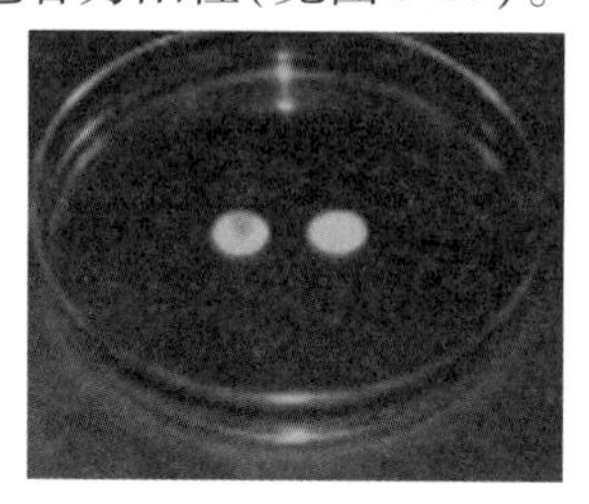

左侧为阳性（紫红色），右侧为阴性对照

图 3-26　氧化酶试验

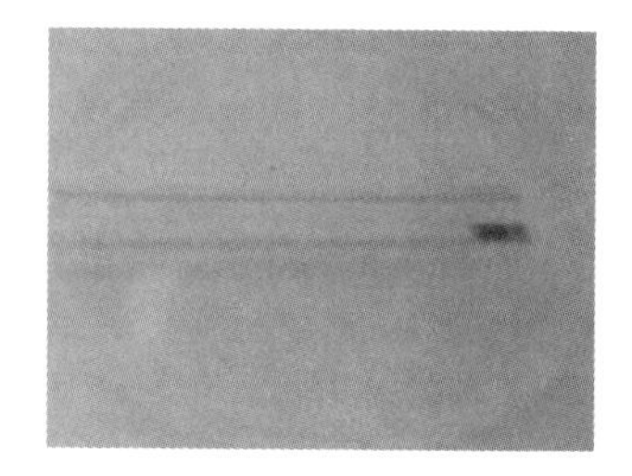

阳性（蓝色）

图 3-27　靛酚氧化酶试验

（四）凝固酶试验

1. 原理

金黄色葡萄球菌可产生两种凝固酶。一种是结合凝固酶，结合在细胞壁上，使血浆中的纤维蛋白原变成纤维蛋白而附着于细菌表面，发生凝集，可用玻片法测出。另一种是菌体生成后释放于培养基中的游离凝固酶，能使凝血酶原变成凝血酶类物质，从而使血浆凝固，可用试管法测出。

2. 玻片法

取兔或混合人血浆和盐水各 1 滴分别置于清洁载玻片上，挑取待检菌菌落分别与血浆及盐水混合。如血浆中有明显的颗粒出现而盐水中无自凝现象者为阳性（见图 3-28）。

3. 试管法

取试管 2 支，分别加入 0.5 ml 的血浆（经生理盐水 1∶4稀释），挑取菌落数个加入测定管充分研磨混匀，用已知阳性菌株加入对照管，置于 37 ℃水浴中 3 ~ 4 h。血浆凝固者为阳性（见图 3-29）。

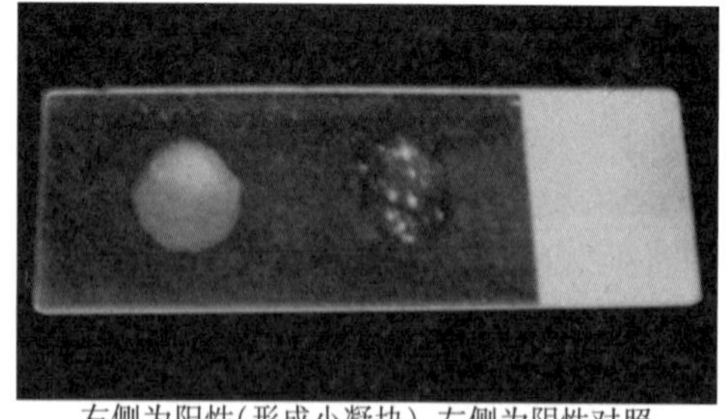

右侧为阳性（形成小凝块），左侧为阴性对照

3-28　金黄色葡萄球菌凝固酶试验（玻片法）

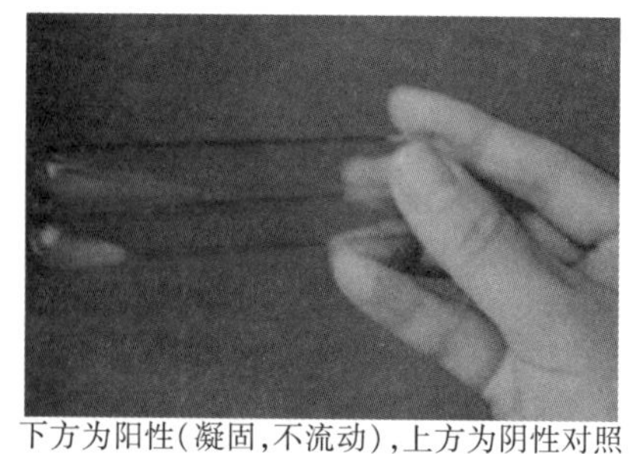

下方为阳性（凝固，不流动），上方为阴性对照

图 3-29　金黄色葡萄球菌凝固酶试验（试管法）

（五）DNA 酶试验

1. 原理

某些细菌可产生细胞外 DNA 酶。DNA 酶可水解 DNA 长链，形成数个单核苷酸组成的寡核苷酸链。长链 DNA 可被酸沉淀，而水解后形成的寡核苷酸则可溶于酸，当在菌落

平板上加入酸后，若在菌落周围出现透明环，表示该菌具有 DNA 酶。

2. 方法

将待检菌点状接种于 DNA 琼脂平板上，35 ℃培养 18 ~ 24 h，在细菌生长物上加一层 1 mol/L 盐酸（使菌落浸没）。

3. 结果判断

菌落周围出现透明环为阳性（见图 3-30），无透明环为阴性。

4. 注意事项

肠杆菌科中的沙雷菌和变形杆菌可产生 DNA 酶，革兰阳性球菌中，只有金黄色葡萄球菌产生 DNA 酶，因此可资鉴别。

（六）硝酸盐还原试验

1. 原理

硝酸盐培养基中的硝酸盐可被某些细菌还原为亚硝酸盐，后者与乙酸作用生成亚硝酸。亚硝酸与对氨基苯磺酸作用，形成偶氮苯磺酸，再与 α - 萘氨结合成红色的 N - α - 苯氨偶氮苯磺酸。

2. 方法

将待检菌株接种于硝酸盐培养基，35 ℃孵育 1 ~ 2 d，加入试剂甲液（对氨基苯磺酸和乙酸）和乙液（α - 萘氨和乙酸）各 2 滴，立即观察结果。

3. 结果判断

呈红色者为阳性（见图 3-31）。若不呈红色，再加入少许锌粉，如仍不变为红色者为阴性，表示硝酸盐未被细菌还原，红色反应是锌粉的还原所致。

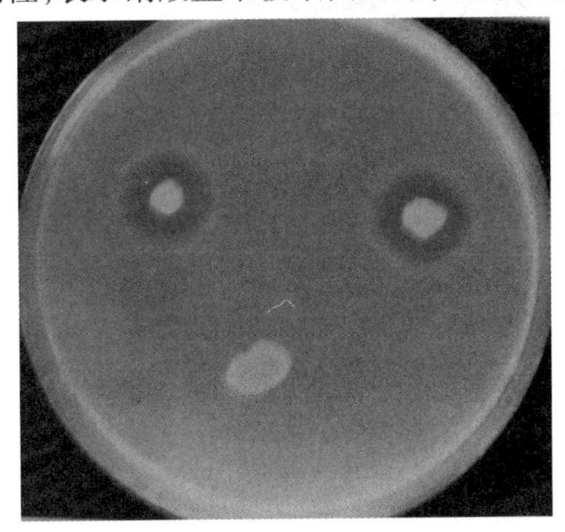

菌落周围有透明环为阳性

图 3-30　金黄色葡萄球菌 DNA 酶试验

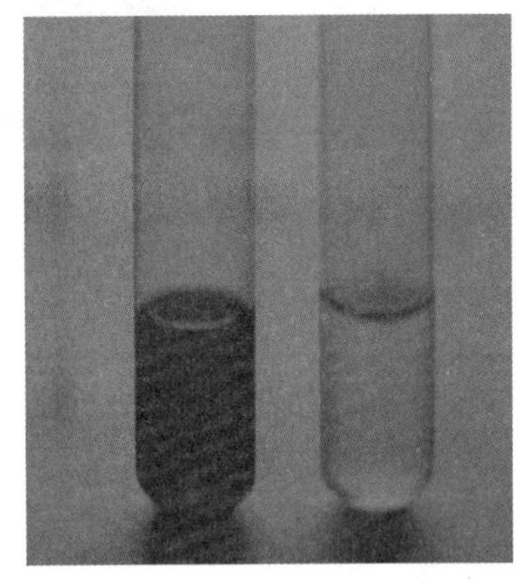

左侧为阳性（红色），右侧为阴性对照

图 3-31　硝酸盐还原试验

第五节　细菌的抗原特性检查

血清学试验是抗原抗体在体外出现可见反应的总称，故又称抗原抗体反应。它可以用已知抗体（细菌抗血清）检测未知抗原（待检细菌）；也可用已知抗原（已知病原菌）检测发病动物血清中的相应细菌抗体及其效价，是临床诊断、实验室研究和细菌学鉴定的重要手段之一。

一、凝集试验

（一）玻片法

常用于鉴定菌种及菌型，如葡萄球菌、链球菌、沙门菌属等鉴定。

1. 原理

用已知的诊断血清或血浆在玻片上与待检菌及生理盐水混合，若出现肉眼可见的特异性凝集块，表示该菌即为相应的细菌。

2. 方法

取一洁净载玻片，用接种环取待检菌培养物，分别与诊断血清及生理盐水混匀，上下摇动玻片数次，1 ~ 3 min 后观察结果。

3. 结果判断

阳性——待检菌明显凝集，对照菌均匀混浊（见图 3-32）。阴性——待检菌及对照菌均匀混浊。自凝——测定菌、对照菌均凝集。

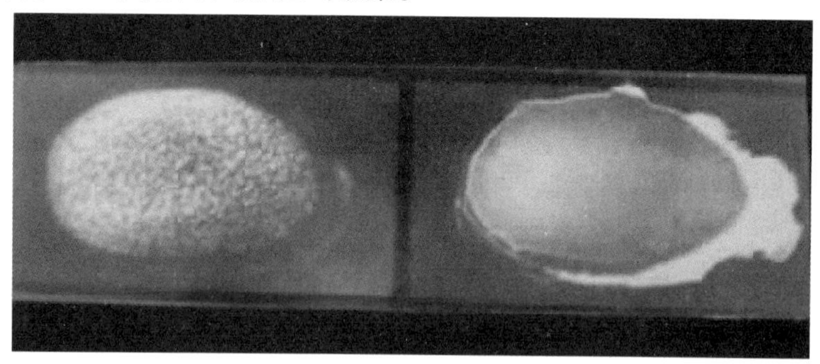

左侧为阴性，右侧为阴性对照

图 3-32　沙门菌血清凝集试验（玻片法）

4. 注意事项

某些细菌菌体表面常有一层表面抗原，如伤寒沙门菌的 Vi 抗原及志贺菌属的 K 抗原等。它能阻抑菌体抗原与抗血清的凝集，从而导致假阴性结果。此时应将菌悬液于 100 ℃中煮沸 1 h，以破坏其表面抗原，然后再作试验。

（二）试管法

此法可排除玻片法凝集试验的非特异性凝集，是一种半定量凝集试验。

1. 方法

取小试管 10 支，第 1 管加入生理盐水 0.45 ml，再加入 0.05 ml 诊断血清混匀，其余各管均加生理盐水 0.25 ml，然后从第 1 管吸出 0.25 ml 加入第 2 管中，混匀后再吸出 0.25 ml 加入第 3 管，依次类推直至第 9 管，从第 9 管吸出 0.25 ml 弃去，第 10 管不加抗血清为对照管。每管加待检菌菌液（10×10^9 个细胞/ml）0.25 ml，充分振荡混匀后，置于 37 ℃水浴中 4 h，再置于 4 ℃中过夜。

2. 结果判断

以血清最高稀释度达到(++)凝集者(管内液体澄清,部分凝集块沉于管底)为该菌的凝集效价。若此效价所用原诊断血清效价一半以上者为阳性。

(三)荚膜肿胀试验

常用于链球菌、嗜血杆菌和炭疽芽胞杆菌等细菌的检测和荚膜分型。

1. 原理

特异抗血清和相应荚膜细菌相互作用,使细菌的荚膜明显增大,细菌的周围有较宽的环状带。

2. 方法

取洁净玻片两侧各加待检菌1~2接种环,一侧加抗细菌荚膜血清,另一侧加正常血清各1~2接种环,混匀,两侧各加1%亚甲蓝(美蓝)水溶液1接种环,混匀,分别加盖玻片,放置于湿盒中5~10 min,镜检。

3. 结果判断

阳性——镜下观察在蓝色细菌周围可见厚薄不等、边界清晰的无色环状物,而在对照侧则无此现象。阴性——试验和对照侧均不产生无色环状物。

第六节 动物实验检查法

动物实验的用途很广,在临床细菌学检验中,主要用以分离和鉴定病原菌,检测细菌毒力,制备免疫血清以及自身菌苗等生物制品的安全、毒性试验等。微生物通过在易感动物和不易感动物体内传代,其侵袭力、毒性、免疫性等都可能发生变化。常用的实验动物有小白鼠、豚鼠、家兔、绵羊和鸡等。

一、被检材料的处理

用作病原微生物感染的材料须根据病料的不同加以不同的调制,实质脏器组织须先加无菌的生理盐水研磨,血液和渗出液等可直接应用,还应根据病料中可能存在的微生物种类不同,决定是否再作进一步处理。

如怀疑有病原菌时,病料不须特殊处理,如怀疑有病毒,同时病料中有细菌污染时,应首先除去细菌,再感染动物。

使用何种动物,通过何种途径感染,应根据检查目的和预测在待检材料中可能存在的微生物种类而决定。

二、实验动物的选择

选用合适的实验动物对保证实验结果的可靠性是十分重要的,主要包括对实验微生物感染的敏感性、动物的遗传种系特征、动物体内和体表微生物群鉴定,以及实验动物的体重、年龄、性别和数量等。

(一)易感动物的选择

由于实验动物的种类很多,其生理特点各不相同,因此在动物实验时不能随意选择一种动物来作科学实验，否则由于选择动物不当，常使实验得不出正确的结论。一般情况下，经典微生物实验动物模型有小白鼠腹腔接种的肺炎链球菌感染、豚鼠的结核分枝杆菌感染、幼猫测定金黄色葡萄球菌肠毒素等。

（二）等级动物的选择

根据试验性质和要求不同可选择健康、纯系动物、突变动物、无菌动物、已知指定菌群动物及无特定病原动物等。

三、动物接种及观察

根据实验的要求和目的，选择注射或接种部位。

（一）鸡的接种

使用的注射器和针头必须干热灭菌，如用高压蒸气灭菌，必须烘干，吸取接种材料的量应比使用量稍多些，在针头上包一块灭菌棉花球，使注射器针头朝上，慢慢排出注射器内的气泡，方可注射实验动物，接触病料的棉花球应投入消毒液内，或予以焚烧。注射器用过后，首先在消毒液内冲洗数次，然后用镊子取下针头，拔出针筒芯，全部放入煮沸消毒器内进行煮沸消毒，被芽胞污染的材料和器械要在 0.1 MPa 压力下灭菌 20 ~ 30 min 后再作洗涤。

剪去或拔去接种部位的羽毛，然后用碘酒和 75% 酒精涂擦消毒后，再进行注射。

1. 皮下注射

将待检材料注射到鸡的颈部皮下，注射完毕后，用棉花压住刺针处，再拔出针头，防止病料外溢造成污染，使用过的棉球应放到消毒液中或焚化。

2. 肌肉注射

肌肉注射的部位有翼根内侧肌肉、胸部肌肉及腿部外侧肌肉。常用的注射部位是胸部肌肉。禽类胸部肌肉呈三角形，前部和中部的肌肉较厚，故注射时，应在胸肌的中部（龙骨的近旁），针头刺入不宜太深，否则刺入肝脏和体腔造成鸡只死亡。

3. 静脉注射

将鸡仰卧，拉开一翅，在翅膀中部羽毛较少的凹陷处（称为肱窝），有一条静脉经过，注射前先将肱窝消毒，再用左手压住静脉根部，使血管充血增粗，然后将盛有病料的注射器上的针头刺入静脉内，见有血回流，即放开左手，将病料缓缓注入。

4. 鼻接种

将鸡头部固定，用手指将其一侧鼻孔堵住，用滴管吸取病料滴入另一侧鼻孔中，病料被吸入后，抬起手指使其呼吸，如此反复进行，直至接种完全部病料。

5. 消化道接种

用左手姆指和食指抓住冠和头部皮肤，头向后仰，当喙张开时，用右手将病料滴入，使其咽下，反复进行，直至接种完全部病料。

此外，还有脑内注射、腹腔内注射等。

（二）其他实验动物接种法

1. 皮内注射

常选择动物的背部或腹部皮肤，去毛，以 75% 乙醇（酒精）消毒，用 4 号小针头刺入真皮层内注射,注射局部应有小圆隆起,注射量 0.1 ~0.2 ml。

2. 皮下注射

常选择动物的背部或腿的部位,去毛消毒后,轻轻捏起皮肤,在皮褶下注射 0.5 ~1 ml,注射部位应出现扁平隆起(见图 3-33),避免注入腹腔。

3. 肌内注射

一般选用臀部和大腿部,局部消毒后将接种物注入肌肉;注射量视动物大小而定,一般为 0.2 ~1.0 ml。

4. 腹腔注射

1)家兔

在耻骨上缘约 4 cm 处沿腹中线处去毛消毒后,使头部朝下,肠向横膈聚集,避免刺伤内脏及横膈。局部消毒后用针头刺入腹腔,注入接种物,注入量一般为 5 ml。

2)小白鼠

用左手拇指和食指捏住小白鼠的两个耳朵及头部皮肤,再用无名指和小指将尾巴固定在手掌上,使其头部略有下垂,腹部局部消毒后,右手持注射器刺入腹腔,注射 0.5 ~1 ml 接种物(见图 3-34)。

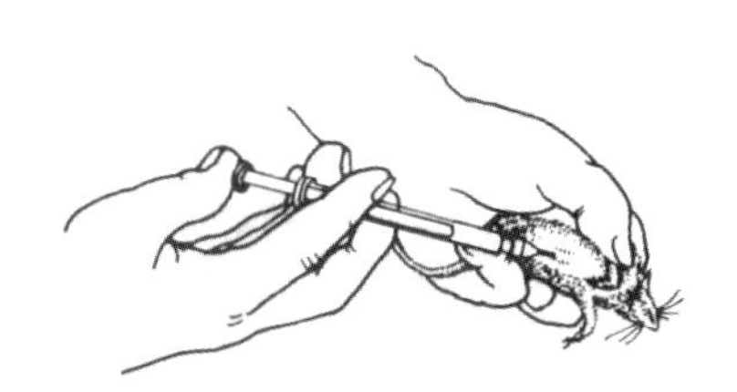

图 3-33　小鼠皮下注射示意图

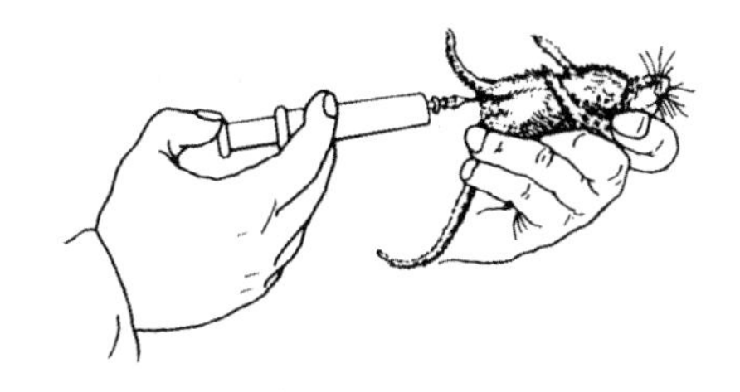

图 3-34　小鼠腹腔注射示意图

3)豚鼠

将豚鼠仰卧固定,头下垂而腹部向上,注射时将腹壁提起,使腹内壁相贴,不要使肠管夹于其间,消毒后用注射针将接种物注入腹腔。

5. 静脉注射

1)小鼠、大鼠尾静脉注射

将小鼠或大鼠置于静脉注射固定架内,露出鼠尾,用 75% 乙醇棉球擦拭,消毒,可见两侧尾静脉,针头从尾尖端开始,顺血管方向刺入。

2)兔耳缘静脉注射

将兔置于固定架内,用 75% 乙醇棉球擦拭耳部外缘,静脉即明显可见。由耳尖部开始,顺血管方向刺入(见图 3-35)。

6. 脑内接种

在动物外耳道至眼上角的直线 1/2 处,消毒后用针头刺入颅内,缓缓注入接种物,注射量因动物而定,一般为 0.03 ml(见图 3-36)。

(三)接种后观察

动物接种后应每日观察 1 ~2 次,根据实验要求作详细实验记录,注意动物的食欲、精神状态及接种部位的变化,同时注意体温、呼吸、脉搏等生理体征的变化。如死亡,应立即解剖或冷藏后迅速解剖，以防尸体腐败变质，影响实验结果。

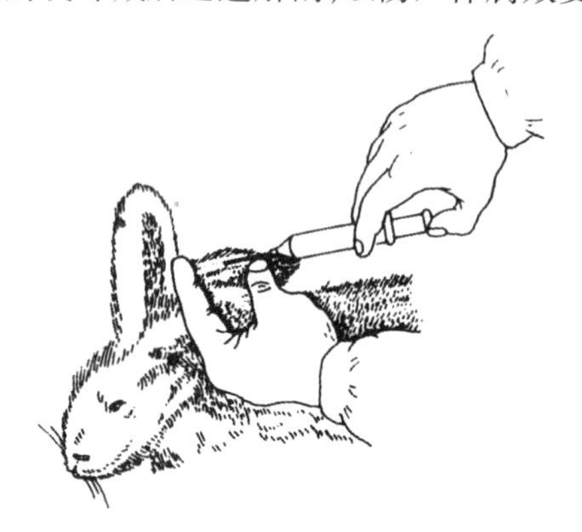

图 3-35　家兔耳缘静脉注射示意图

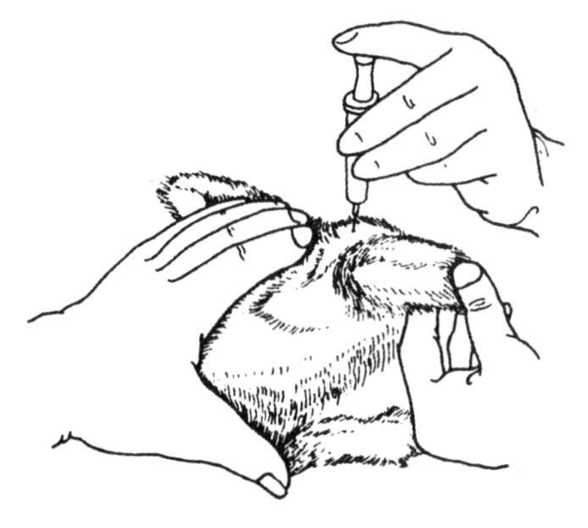

图 3-36　家兔脑内注射示意图

（四）动物解剖病料采集及检验

实验动物死亡或处死后，解剖方法通常按下述步骤进行（见图 3-37）。

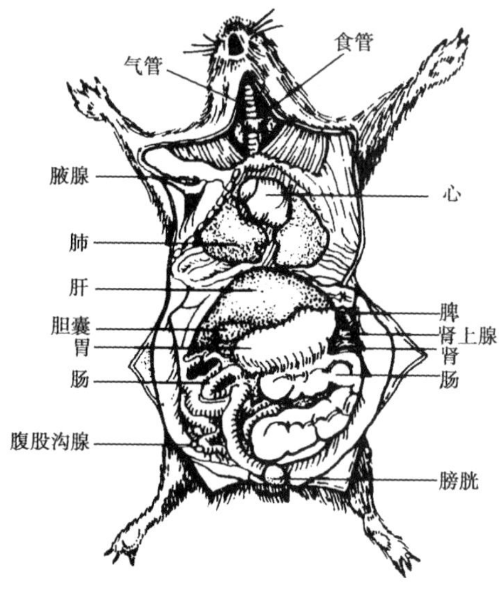

图 3-37　豚鼠尸体解剖图

（1）将动物尸体仰面固定于解剖台上或盘上，小白鼠可用大头针固定，家兔和豚鼠可用钢针固定于解剖台上。

（2）检查接种部位有无炎症、脓肿等表现。然后用无菌镊子和剪刀，将动物自耻骨至颈部的皮肤作纵行剪开，再用刀背使皮肤与皮下组织剥离。检查皮下组织和腋下、腹股沟淋巴结有无病变。必要时，作涂片及培养检查。

（3）自耻骨至横膈剪开腹肌（注意避免损伤肠管、膀胱等腹部脏器），检查腹腔内有无渗出液，以及肝、脾、肾等脏器有无病变，必要时作涂片及培养检查。

（4）撕开胸膛，用剪刀将胸部两侧肋骨作一个“∧”形撕开，掀开胸骨，检查胸腔内有无渗出液及心、肺有无病变。取心血、心肺组织进行涂片及培养。

（5）解剖后的动物尸体，应用厚纸包好焚毁或高压消毒后掩埋。解剖器材用后应严格灭菌处理。

四、动物采血

动物采血方式可因动物种类、采血量及采血要求的不同而异。一般临床细菌学、血清学实验室常用的采血方式为心脏采血和静脉采血。

（一）豚鼠、家兔心脏采血

心脏采血常用于家兔和豚鼠。将动物仰面固定，局部用碘酊、酒精消毒后，用手指触到心跳最明显部位（胸部左侧约第 3、4 肋间），刺入心脏后血液当即涌出，抽至所需血量

（见图 3-38）。一般 2 000 g 左右体重的家兔一次可采血 20 ml，豚鼠可采血 5～10 ml。隔 2～3 星期可重复采血，不致死亡。

（二）静脉采血

常用于家兔、绵羊的采血。找出家兔耳内侧的静脉，用手指轻弹静脉，或用二甲苯涂擦局部使静脉充血、扩张，碘酊、酒精消毒后，由外侧向内侧插入注射器针头，抽取静脉血（见图 3-39）。

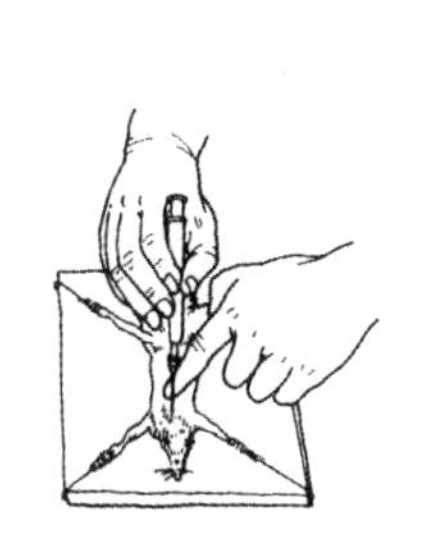
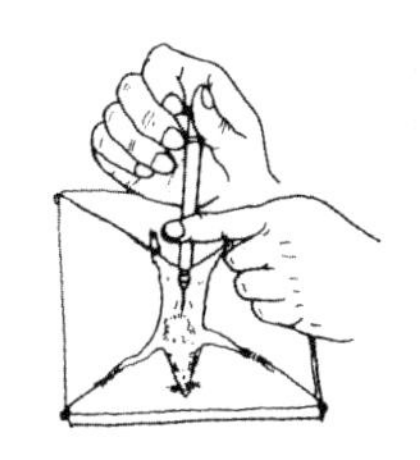

图 3-38　豚鼠心脏采血图

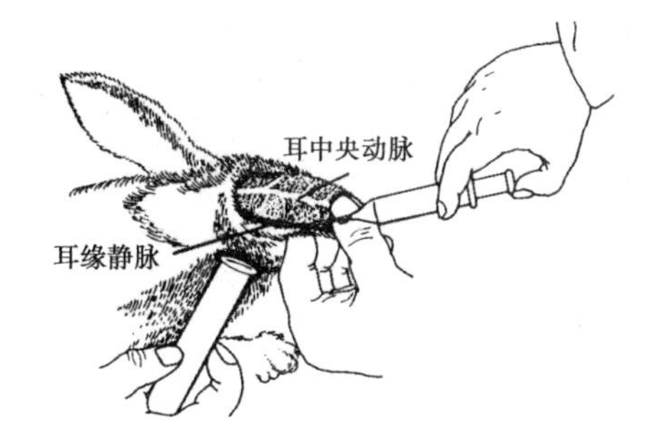

图 3-39　家兔耳缘静脉采血

（三）鸡的采血液

从事血清学试验和作血液、血清培养基，均须采集鸡的血液，鸡的采血法是畜禽诊断必须掌握的技术。

1. 血样的种类

（1）抗凝血。每 10 份血液中加入 5% 灭菌的柠檬酸钠 1 份作为抗凝剂，振动 2～3 min 使二者混合均匀。

（2）脱纤血。可将血液注入含有玻璃珠的灭菌容器中，顺一个方向摇动 5～10 min，脱去血液中的纤维蛋白。

（3）血浆。将采集的血液（非凝固血液），置于离心机中离心，可分离到血浆（上层）和血球（下层）。

（4）血清。将血液注入到试管中（不加抗凝剂，也不用脱纤），将管内血液摆成斜面使其凝固，放 37 ℃温箱中 1 h，再置于冰箱或冷处过夜，次日即有血清分离出来，吸出血清备用，或待血液凝固后，置于离心机中离心，分得血清。

2. 采血方法

1）静脉采血

采取少量血液时，可由翅下静脉采取，固定鸡后，展开翅膀，在翅膀下有一条粗大静脉，用碘酒和酒精消毒，以指压迫静脉的回端，使静脉怒张，然后用 7 号针头刺入血管，发现血液回流时，用注射器抽取血液，一般可取 5～10 ml。也可用内径 2 mm 的塑料管，当针头刺破静脉血液流出时，用塑料管接取血液，借毛细管的吸收作用，血液流入管内，静置使血液凝固，然后，在酒精灯火焰上烧熔塑料管一端，用镊子压紧密封，置于离心机中离心，分离血清。

2）心脏采血

（1）从胸腔进口采血：使鸡仰卧，胸骨朝上，用手指将嗉囊及其内容物压离局部，暴露出胸前口，将针头放在沿着腹角的位置上，顺着体中线水平方向刺入，直至穿进心脏，若针头在心脏中，抽拉注射器管芯可将血液吸入针管中，若未见血液吸入针管中可前后移动注射器和针头，至刺入心脏为止。

（2）胸侧面采血：由一人将鸡固定，握住两腿和翅膀，使鸡横卧，头向左方，以水浸湿左胸部，找到胸骨走向肩胛部的大静脉，心脏约在该静脉分枝下侧，以碘酒和酒精消毒后，用20 ml注射器及16号针头，由选定部位垂直刺入，如触及胸骨可稍拔出，使针头向右边偏，避开胸骨，再将针头刺入，当感到心跳时，将针头刺入心脏。注意勿使针头刺入过深，以免刺穿心脏。若针头在心脏内，血液很顺利流入注射器中，每只鸡可取血30 ml，不致死亡。

第四章　病毒学检验基本技术

第一节　病毒的形态结构和化学组成

病毒(virus)是无细胞结构、只含一种核酸(或 DNA 或 RNA)、只能在活细胞内存活的寄生物。病毒在活细胞外以病毒粒子的形式存在,单独不能进行代谢和繁殖,不具有生命特征,但一旦进入宿主细胞就具有生命特征。

一、病毒的形态大小

(一)病毒的形态

病毒一般呈球形或杆形,也有呈卵圆形、砖形、弹状、丝状和蝌蚪状。动物病毒多呈球形、卵圆形或砖形,如腺病毒为球状,痘病毒为砖形;植物病毒多呈杆形或丝状,少数为球状。如烟草花叶病毒为丝状,苜蓿花叶病毒为杆状,花椰菜花叶病毒为球状。细菌病毒即噬菌体多为蝌蚪状,也有为球状和丝状,如大肠杆菌偶数 T 噬菌体系列为蝌蚪状,大肠杆菌噬菌体为丝状(见图 4-1)。

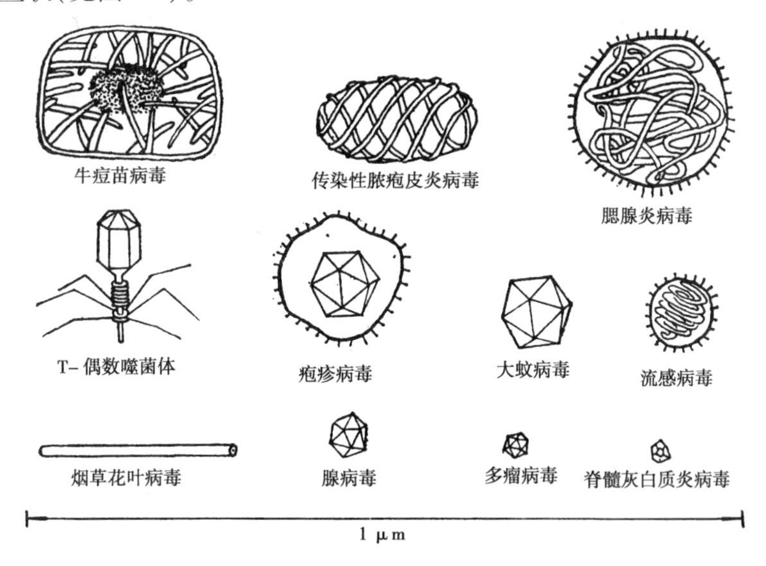

图 4-1　病毒的形态

(二)病毒的大小

病毒非常微小,以 nm 表示。较大的痘病毒直径约为 300 nm,较小的口蹄疫病毒颗粒直径为 10 ~ 22 nm。

二、病毒的结构和化学组成及其功能

病毒粒子（virion）是指一个结构和功能完整的病毒颗粒。病毒粒子主要由核酸和蛋白质组成。核酸位于病毒粒子的中心，构成了它的核心或基因组（genome），蛋白质包围在核心周围，构成了病毒粒子的壳体（capsid）。核酸和壳体合称为核壳体（nucleocapsid）（见图4-2）。最简单的病毒就是裸露的核壳体。病毒形状往往是由于组成外壳蛋白的亚单位种类不同而致。此外，某些病毒的核壳体外，还有一层囊膜（envelope）结构。

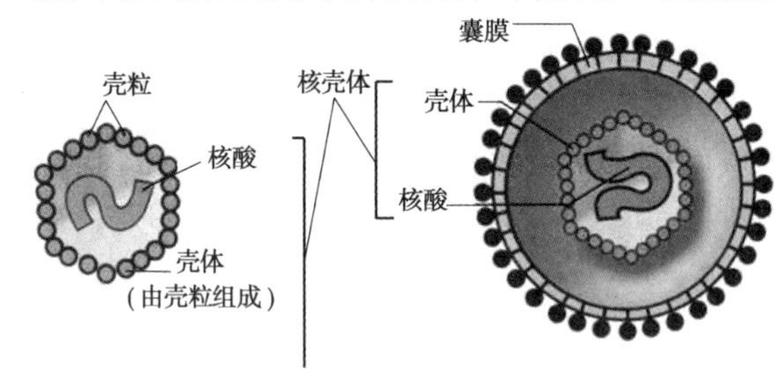

图4-2　病毒模式图

（一）核酸

核酸组成各种病毒的核心。一种病毒只含有一种类型的核酸，DNA或RNA。核酸可以是单股的，也可能是双股的；可以是线状的，也可以是环状的。大多数病毒粒子中只含有一个核酸分子。少数RNA病毒含两个或两个以上的核酸分子，而且各个分子担负着不同的遗传功能，它们一起构成病毒的基因组，所以这些DNA病毒为双组分基因组、三组分基因组或多组分基因组。

病毒核酸（基因组）储存着病毒的遗传信息，控制着其遗传变异、增殖和对宿主的感染性等。病毒核酸可借助理化方法加以分离，这种分离的核酸因缺乏壳体的保护，较为脆弱，但仍具有感染性，称为感染性核酸，其感染范围比完整的病毒粒子更广，但感染力较低。

（二）壳体

壳体是指围绕病毒核酸并与之紧密相连的蛋白质外壳，它由许多壳粒（capsomere）组成。壳粒是指在电子显微镜下可以辨认的组成壳体的亚单位，由一个或多个多肽分子组成。组成壳体的壳粒基本上有三种对称排列。一种是二十面体，壳粒沿着三根互相垂直的轴形成对称体。腺病毒的衣壳就是一个典型的二十面体（见图4-3（a））。另一种呈螺旋状，壳粒和核酸呈螺旋对称形排列成直杆状（见图4-3（b））。其病毒粒子呈杆状或线状，蛋白质壳体由壳粒一个紧挨一个地螺旋排列而成，病毒RNA位于壳体内侧螺旋沟中。病毒粒子全长300 nm，直径15 nm，由2 130个壳粒组成130个螺旋。另外，有些噬菌体同时具有两种对称性，称为复合性对称（见图4-3（c））。有些病毒不具有任何对称性。

病毒蛋白质的作用主要是构成病毒粒子外壳，保护病毒核酸；决定病毒感染的特异性，与易感染细胞表面存在的受体有特异亲和力；还具有抗原性，能刺激机体产生相应抗体。

（三）包膜（envelope）

包膜也称封套或囊膜。指包被在病毒核壳体外的一层包膜，主要成分为磷脂，此外还

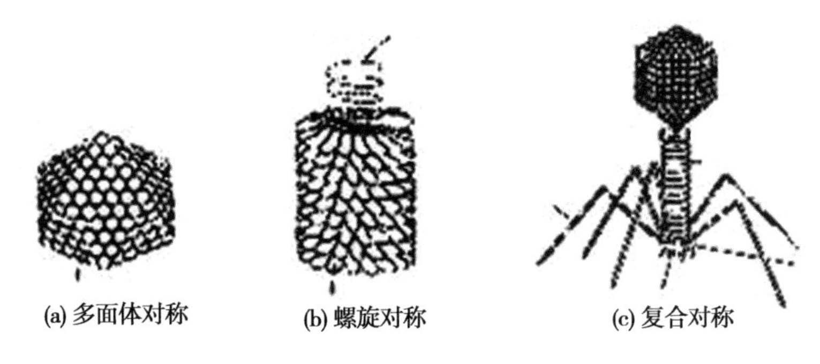

图 4-3　病毒外壳结构的对称性

有糖脂、中性脂肪、脂肪酸、脂肪醛、胆固醇。囊膜一般为脂质双层膜，与这些膜相联的是病毒特异性蛋白。这些病毒特异性蛋白在病毒感染和复制过程中发挥作用。囊膜表面往往具有突起物，称刺突(spike)或包膜子粒(peplomer)。囊膜对一些脂溶剂如乙醚、氯仿和胆盐等敏感。有囊膜的病毒有利于其吸附寄主细胞，破坏宿主细胞表面受体，使病毒易于侵入细胞。

三、宿主细胞的病毒包涵体

宿主细胞被病毒感染后，常在细胞内形成一种光学显微镜下可见的小体，称为包涵体(见图 4-4)。包涵体多为圆形、卵圆形或不定形，性质上属于蛋白质。不同病毒在细胞中呈现的包涵体的大小、数目并不一样。大多数病毒在宿主细胞中形成的包涵体是由完整的病毒颗粒或尚未装配的亚单位聚集而成的小体，少数包涵体是宿主细胞对病毒感染的反应产物。一般包涵体中含有一个或多个病毒粒子，亦有不含病毒粒子的。病毒包涵体在细胞中的部位不一，有的见于细胞质中，有的位于细胞核中，也有的则在细胞核、细胞质内均有。由于不同病毒包涵体的大小、形态、组成以及在宿主细胞中的部位不同，故可用于病毒的快速鉴别，有的可作为某些病毒病的辅助诊断依据。有的包涵体还有特殊名称，如 d 花病毒包涵体叫顾氏(Guarnier)小体，狂犬病毒包涵体叫内基氏(Negri)小体，烟草花叶病毒包涵体被称为 X 体。包涵体可以从细胞中移出，再接种到其他细胞时仍可引起感染。

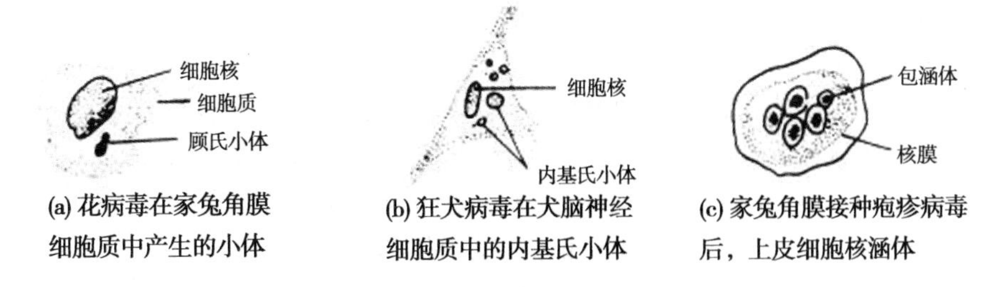

图 4-4　病毒在一些宿主细胞中产生的包涵体

第二节　动物感染实验检查法

实验动物在病毒学研究上主要用于分离和鉴定病毒、抗原及免疫血清的制备，以及病毒致病性、免疫性、发病机制、药物效果的研究等。此外，实验动物还可供给组织培养需要的材料，如组织、血清以及血清学试验需要的补体和各种动物的红细胞，如鸡、羊红细胞等。

一、实验动物的选择

选择实验动物首要条件是对所研究病毒的易感性要高，动物要健康，在可能条件下，尽量使用纯种动物。用于试验的动物，试验前就进行仔细检查，以免误用有病的动物。健康小白鼠一般表现为毛光滑、反应灵活、有精神。同一实验应选用大小一致的动物，通常以年龄或体重为标准。在正常发育情况下，动物的体重和年龄有相对平行的关系。某些实验最好选用同一性别，特别是免疫的动物和需要观察较长时间的实验动物。有些实验要求使用纯系动物。

二、动物实验的麻醉

在动物实验中，有时要对实验动物进行麻醉，以便于实验操作。动物是否需要麻醉，主要取决于接种途径，一般鼻腔接种（包括小鼠、大白鼠、地鼠、豚鼠等）及脑内接种（包括大白鼠、豚鼠、猴等）和家兔角膜接种需要麻醉。

三、实验动物接种

（一）接种前的准备

1. 病毒分离

发病初期或急性期采取标本，易于分离出病毒。根据不同病毒感染采取病毒可能存在的标本，如上呼吸道感染取鼻咽分泌物，肺部感染取痰液，神经系统感染取脑脊液，肠道感染取粪便，病毒血症期取血液等。病毒在室温中很易灭活，故采得标本后应立即送往病毒实验室；否则应将标本放在 4 ℃冰箱或液氮中保存。

2. 标本的处理

1）除菌处理

采集标本应尽可能无菌操作，但有些标本，如粪便、鼻咽拭子等，本身常杂有大量的细菌，必须除菌。一般使用抗生素处理。抗生素的浓度及作用时间，视标本而定。如大便，一般加青霉素、链霉素，使最终浓度为 1 000 μg/ml，4 ℃过夜，也可以 10 000 r/min 离心 20 min，大部分细菌和杂质可以去除；如鼻咽拭子加抗生素最终浓度为 2 000 μg/ml，4 ℃作用 4 h，2 000 r/min 离心 20 min 即可。对乙醚有抵抗的病毒如肠道病毒、鼻病毒、呼肠孤病毒、腺病毒、痘类病毒，可以加等量乙醚 4 ℃过夜除菌。

2）研磨和稀释

用脑、脊髓等组织作分离病毒标本时，为了游离细胞内病毒，应在研磨器或乳钵中充分研磨。稀释液常用 pH7.2～7.6 的肉汤，10% 脱脂奶生理盐水，0.5% 水解乳蛋白Hank′s

液。将组织制成10%悬液。中性甘油保存的标本,如须做脑内注射,应以生理盐水洗2~3次再研磨,磨好的标本2 000 r/min离心20 min,用上清液接种动物。如怀疑有细菌污染,应再除菌。

3. 实验前动物的准备

实验动物一定要选择对该病毒易感的健康动物,如发现有病或表现反常动物,应从实验动物中剔除。接种实验材料前用酒精棉球消毒皮肤,接种后,再用同法进行消毒。

(二)接种途径与方法

根据实验研究的目的,不同的病毒选择不同接种途径,如分离侵犯神经系统的病毒常采用脑内接种,而分离侵犯呼吸系统的病毒常采用鼻腔接种。

常用接种方法如下。

1. 脑内接种法

小白鼠脑内接种时用左手大拇指与食指固定鼠头部,用碘酒消毒动物左侧眼、耳之间上部注射部位,然后于眼后角、耳前缘及颅中线所构成三角形的中间进行注射,进针2~3 mm。乳鼠注射量为0.02 ml,成年鼠为0.03 ml。

豚鼠与家兔:注射部位可选颅中线旁约5 mm平行线与经动物瞳孔横线交叉处。先拔去颅顶部毛,用碘酒消毒注射部位皮肤,用手固定注射部位皮肤,用锥子刺穿颅骨,拔钻时不要移动固定皮肤,用25~26号针头注射,进针深度4~10 mm,注射量为0.1~0.25 ml。一般在麻醉下进行。

2. 皮下注射法

注射部位选皮肤松弛处,如腹部和大腿内侧腹股沟处。注射小白鼠时用左手拇指和食指捏住动物颈部皮肤使腹部向上,将鼠尾与后脚夹于小指与无名指之间,用碘酒消毒皮肤后,右手持带有23号针头的注射器,用针头水平方向挑起皮肤,刺入3~5 mm处注入液体。注射量一般0.1~0.2 ml,豚鼠或家兔注射量为0.5~1.0 ml。

3. 皮内接种法

注射部位可选背部或腹部,用左手拇指、食指提起注射部位皮肤,用26号针头平行刺入皮肤2~3 mm处注入液体,注射量0.1~0.2 ml,此法一般用于较大动物(如豚鼠、家兔等)的接种。

4. 腹腔接种法

在腹股沟处平行刺入皮下少许,然后向下斜行,通过腹部肌肉进入腹腔即可注射。小白鼠腹腔注射量为0.3 ml;豚鼠及家兔注射量为0.5~5.0 ml。

5. 静脉接种法

小白鼠及大白鼠的静脉接种一般采用尾静脉注射,可先将尾部置于50~55 ℃水浴中浸泡0.5~1 min以使静脉扩张。注射时将动物放入特制的固定器内,或用鼠缸倒置将鼠扣住在桌沿使其尾部露出,用左手中指与拇指将尾拉直,食指托住尾部,右手持带26号针头的注射器,选适当部位平行刺入,开始注射要慢,如推动针筒时溶液容易进入即在静脉内,如果有阻力则不在静脉内。注射前应将针筒内空气泡排尽,如不慎将空气注入静脉,动物会立即死亡。注射量:小白鼠为0.2~1.0 ml,大白鼠为0.5~2.0 ml。

鸡静脉注射一般采用翅下肱静脉注射;豚鼠、猴、狗、猪则采用外隐静脉注射。

6. 鼻腔接种法

动物须先用乙醚麻醉，大动物可用麻醉口罩，小动物可用有盖的玻璃缸，缸内放一块浸乙醚的脱脂棉，将小鼠放入缸内使之轻度麻醉。左手拇指、中指及食指持小鼠并将其头部仰起，右手持注射器将接种物滴入鼻腔，接种量小白鼠为 0.03 ~ 0.05 ml，大白鼠为 0.05 ~ 0.1 ml。

7. 家兔角膜注射

用乙醚或 5% 可卡因作局部麻醉，用细针尖轻轻在角膜上划痕三道，其方向与眼裂平行，滴溶液 2 ~ 3 滴，接种后 48 ~ 72 h 观察结果。

8. 小鼠经口接种

左手持小鼠并将其头部仰起，用自制的具有钝端的注射针头放入小鼠口腔，稍触其上颚后部引起动物吞咽反射，然后接种。一般可接种 0.2 ~ 0.5 ml。

四、动物采血法

（一）心脏采血法

一般用于较大动物，如家兔、豚鼠、鸡等。用 19 ~ 20 号针头由预定部位刺入心脏，微微抽移针筒即抽得血液。

（二）颈动物采血法

动物仰卧固定，纵向切开前颈部皮肤 4 ~ 5 cm，剥离皮下组织，静脉在上，动脉在下，用刀柄分离出明显搏动的颈动脉。将颈动脉与迷走神经剥离 2 ~ 3 cm 长，在远心端将动脉结扎，近心端用止血钳夹位，于中央剪一小孔，插入玻璃弯管，用丝线结扎紧，然后放松止血钳，使血液经玻璃弯管流入消毒容器内，此法可用于家兔、豚鼠等的采血。

（三）静脉采血法

鸡、鸽等少量取血可由翅下肱静脉采血。将动物以仰卧姿势固定，用手指压迫静脉上部使血管充血，用 23 号针头刺入静脉内，抽拉针筒即可。

家兔如小量取血，可采用耳静脉取血法，剃去耳缘毛，用浸二甲苯的棉球擦拭耳边静脉使其扩张，然后涂以无菌凡士林油，防止血液流经耳缘皮肤时凝固。然后用刀片尖端纵向切开静脉，将耳保持水平，使其侧缘朝下，用消毒试管接流出的血液。

小白鼠可采用左前肢腋窝下放血，其方法是将小鼠仰卧固定，左胸部皮肤剪开，剥离皮肤与肌肉向左前肢展开成袋状，用剪刀将左前肢下静脉剪开，用消毒毛细吸管吸取流出的血液。

（四）眼眶采血法

用左手将小鼠固定在桌上，稍用力把头部往下压，使眼球往外突出，右手拿一毛细吸管，从眼球边上插入眼球底部，血液即可流入毛细吸管内；或者右手持一眼科镊子将眼球摘出，用试管接滴下的血液。

五、感染动物的观察及病毒鉴定

（一）感染动物的观察

接种后，每日观察动物发病情况，如动物死亡，则取病变组织制成悬液，继续接种动物进行传代，以使病毒大量增殖。如动物不发病，也应盲传2～3次，若仍不发病，才能判断为分离培养阴性。

动物接种后主要观察有无发病症状，以小白鼠为例，应注意有无皮毛粗糙、活动减少（或增加）、不正常行动、震颤、绕圈、尾巴强直或麻痹症状，做回旋试验时（手提尾巴，将鼠倒悬、旋转）则症状加重，有转圈和抽搐等现象，严重的可以抽搐至死。脑内接种一般观察2周，皮下或其他途径接种观察3周。

（1）首先注意感染动物的饮食、活动能力及粪便情况。

（2）有些试验需要测量动物的体重及体温。体重及体温应于每天同一时间测定。为便于比较，确定感染后的真实变化，在感染前就进行3 d的体重及体温测量。

（3）注意局部反应及全身反应情况。神经系统病毒感染可出现震颤、毛松、软弱、弓背、不安、抽搐以至死亡等全身症状；呼吸系统病毒感染，如流感病毒鼠适应株感染后，小白鼠可出现咳嗽、呼吸加快、食少、不活动等症状。

（二）病毒的鉴定

经动物接种分离到能稳定传代的病毒，如能确证无细菌污染，或经除菌过滤（玻璃滤器C－5）仍无碍其繁殖力与致病力，就可以认为已分离出病毒，但究竟是属于哪一种，须进行鉴定。

（1）根据临床症状、流行病学特点、分离病毒的材料，可以初步推断是哪一种病毒。

动物发病的潜伏期，在初步鉴定上也是很重要的。如乙脑病毒小白鼠脑内注射的潜伏期一般是4 d，如感染量小，潜伏期可以延长，但感染量再大，潜伏期也不能短于3.5～4 d，如2 d死亡，可以肯定不是乙脑。

（2）病毒的理化性质也是鉴定病毒的重要方法，如病毒核酸型试验、乙醚敏感试验、耐酸性试验等。

（3）将分离到的病毒与已知病毒的标准血清做中和试验、补体结合试验或血凝抑制试验进行鉴定。

（4）免疫荧光、免疫过氧化物酶试验检测病毒的抗原。

（5）病毒基因组限制性内切酶的分析鉴定，核酸杂交，聚合酶链反应（PCR）检测病毒核酸进行鉴定。

（6）含有高浓度病毒粒（10^7个/ml）的样品，可直接用电镜进行观察，这是诊断病毒感染最快速的方法。如果病毒颗粒浓度低，则需要浓缩后再观察。利用病毒特异性抗体结合的免疫电镜可以提高鉴定病毒的敏感性。

第三节　禽胚培养检查法

一、禽胚培养技术的应用

许多人和动物的病毒，特别是禽类的病毒都能在禽胚上生长繁殖，因此禽胚培养是常用的病毒分离培养方法之一。用于这些病毒的分离、鉴定、制备抗原、疫苗生产以及研究病毒性质等方面。此外，衣原体、立克次氏体也可用禽胚进行分离培养。

鸡胚构造如图 4-5 所示。禽胚培养法有不少优点，主要是其易感病毒谱较广，所有禽类病毒均有适宜生长的禽胚；组织分化程度低，可选择适当途径接种，病毒易于繁殖，感染病毒的禽胚和液体中含有大量病毒；禽胚通常无菌，对接种的病毒也不产生抗体；来源充足，价格低廉；操作简单，无需特殊设备或条件等。

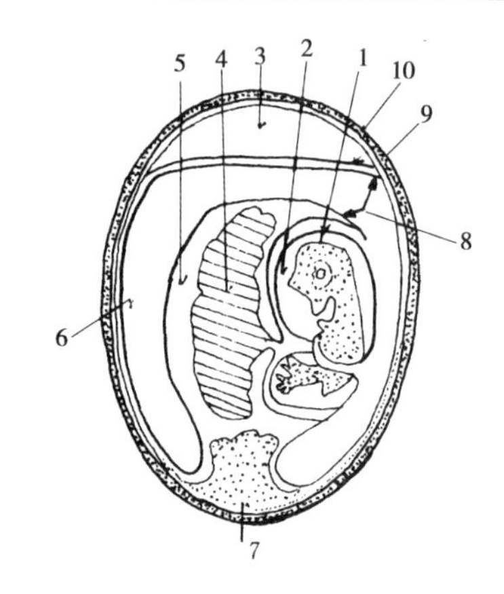

1—羊膜；2—羊膜腔；3—气室；4—卵黄囊；5—胚外腔；6—绒毛尿囊腔；7—卵白；8—绒毛尿囊膜；9—壳膜；10—卵壳

图 4-5　9～11 日龄鸡胚结构示意

二、器材准备

（一）孵卵箱

孵卵箱用于给受精卵提供发育的条件和培育接种病毒后的禽胚。要求恒温恒湿，并进行气体交换和翻卵。市售有自动调节温度、湿度、气流及翻卵的专用孵化箱，也可用普通的恒温培养箱代替，然后于恒温培养箱最低处放置一盛有水的瓷盘或浅盆来保持湿度，并进行人工翻蛋。

（二）检卵器

检卵器用于观察禽胚的生长情况及接种病毒后禽胚的变化。有市售专用检卵器。也可自制，一种是制一铁制（或木制）的小暗室，暗室内安装一灯泡，侧面开一透光圆口，周围护以棉布或橡皮之类以防碰破卵，在暗室中将卵置于圆口处即可观察；另一种是用木板制一稍大的木盒（约 35 cm × 25 cm × 20 cm），木盒中间有一隔板，隔板中部开一卵圆形孔，周围同样护以棉布等以防碰破卵，隔板的下半层装一灯泡，上半层为一暗室，暗室的上方开一小孔，以便用眼检视禽胚，暗室的两侧各开有一口可供手伸入暗室转动禽胚和进行标记。检卵时，手从暗室两侧的口将卵置于隔板的孔上，打开隔板下层的灯泡，即可从暗室上方的小孔观察。

（三）开卵钻

开卵钻用于卵壳钻孔或除去小片卵壳。实验室小量时一般是用钢锥轻击卵壳或钢锉锉磨卵壳来进行钻孔或除去小片卵壳。但这样速度慢，效率低，可用小马达上装上砂轮针或砂轮片来完成。生物制品大量开钻禽胚是用特制的环形电烙。

（四）卵盘

卵盘为接种前后和接种时放置禽胚所用；市售专用的孵卵箱内配有孵育禽胚时盛放禽胚的卵盘。自制孵育和接种时放置禽胚的卵盘一般是上有圆形或卵圆形凹孔数行的正方形或长方形木板。

（五）无菌室或超净工作台

为避免污染，接种和收获禽胚一般需在无菌室或超净工作台内进行，无菌室或超净工作台内装有紫外灯，以便于接种前后消毒。

（六）其他

注射器及针头：1～10 ml 注射器和 6～8 号针头若干；消毒剂：2.5% 碘酒、75% 酒精、2% 来苏儿等；解剖器：中号镊子、眼科剪和镊，备收获时镊取、分割、解剖胚胎用；毛细吸管:备收获尿液、羊水用;酒精灯、试管架、橡皮乳头、橡皮塞、洗耳球等;无菌的平皿、试管、吸管、三角瓶;烧杯、研磨器及乳钵等;胶布或玻璃胶纸、蜡,封孔用等。

三、禽胚的选择及孵育(以鸡胚为例)

(一)鸡卵的选择

应选择健康、无母源抗体并已受精的白色鸡卵;于产后 10 d 内(5 d 内更好)入孵;孵育前的鸡卵不宜高温保存,需保存于 4 ~20 ℃(以 10 ℃条件下最好);孵育时如卵壳干净则不必擦洗,因擦洗能去掉受精鸡卵外壳上的胶状覆盖物的保护,反而容易导致细菌污染,如有粪便污染而非洗不可时,可清水冲洗干净后用 3% 来苏儿或 0.1% 新洁尔灭浸泡消毒 10 ~15 min。

(二)孵育

鸡胚发育的最适温度为 38 ~39 ℃,相对湿度为 40% ~70%,最好要有空气流通,孵育 3 d 后每天翻卵 1 ~2 次,主要是保证气体交换均匀、使鸡胚发育齐全、避免鸡胚膜黏连和半边发育现象。现有孵卵专用的孵卵箱,可恒温、恒湿、自动进行气体交换和翻蛋,使用方便。如实验室少量孵育,无专用孵卵箱,也可用普通的恒温培养箱孵育,并于恒温培养箱最低处放置一盛有水的瓷盘或浅盆来保持湿度,且每天进行人工翻蛋。

(三)检卵

孵育 4 ~5 d 后即可于检卵灯上检查鸡胚受精与否及发育情况。未受精卵 4 d 后仅见模糊卵黄黑影,无鸡胚迹象。活的鸡胚 4 日后即可见清晰的蜘蛛网状血管分布,并有刚刚发育的胚胎,随着日龄的增大,可清楚看到胚胎的自主活动和绒毛尿囊膜上的血管。

鸡胚的死活可根据胎动、血管清晰度和绒毛尿囊膜发育之界限三方面综合判断。

1. 胎动

活胚于检卵灯上可见明显的自然运动,死胚不能运动。但注意胚龄较大的鸡胚(14、15 日龄后)胎动不明显,甚至无胎动。

2. 血管

活胚可见明显的血管,卵壳较薄者可见血管搏动;死胚血管模糊昏暗或折断沉落。

3. 绒毛尿囊膜发育之界限

活胚可见密布血管的绒毛尿囊膜,且与鸡胚胎的另一面形成较明显的界限;死胚绒毛尿囊膜界限模糊,其上的血管变细色浅,有时看到一条红色带,这是血管出血之故。

四、禽胚的接种和收获

(一)禽胚的接种方法

禽胚的接种方法有绒毛尿囊膜接种、绒毛尿囊腔接种、卵黄囊接种、羊膜腔接种、脑内接种、静脉接种、去鸡胚卵接种。收获在原则上是接种什么部位,则收获该部位材料。至于选用何种接种方法,应考虑所接种病毒的最适感染部位、最佳接种胚龄和获得最大的病毒滴度等。在禽胚的所有接种方法中,最常用的接种方法是绒毛尿囊腔接种,其次是绒毛尿囊膜接种、卵黄囊接种和羊膜腔接种。下面以鸡胚为例,就各种接种方法加以介绍。

1. 尿囊腔接种

1）接种方法

取9～11日龄发育良好鸡胚，照蛋画出气室及胚胎头部，将鸡胚气室向上直立于卵盘上，用碘酒和酒精棉球消毒气室部卵壳后，用火焰消毒过的钢锥在气室顶端蛋壳消毒处钻一小孔（注意用力要稳，恰好使蛋壳打破而不伤及壳膜），针头从小孔处插入约半寸深，估计已穿过壳膜和绒毛尿囊膜但距胚胎还有半指距离即可注射，注射量0.05～0.2 ml。进针孔也可开在气室部距气室边缘3 mm左右处，并避开头部和血管，垂直刺入1～1.5 cm即可。注射完毕，用熔好的石蜡或消毒胶布封口，气室向上直立于33～37 ℃（据病毒种类而定）温箱中孵育（见图4-6）。

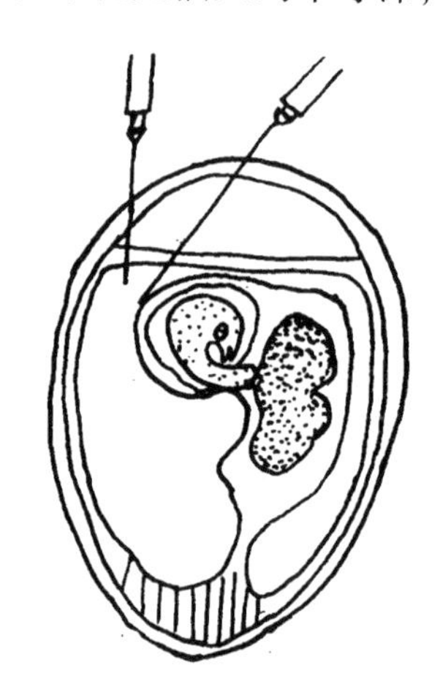

图4-6　尿囊腔接种

2）收获方法

接种后每天最少检查两次（每6 h一次更好），接种后24 h以内死亡的鸡胚，一般认为是鸡胚受损（如机械损伤、细菌或霉菌污染等）所致，不是病毒引起的死亡，应弃去。将24 h以后死亡的鸡胚和48～72 h的活胚（不引起鸡胚死亡的病毒应弃去死胚）置4 ℃冰箱中数小时或过夜（使血管收缩，避免收获时出血，急于收获也可置－20 ℃冰箱30 min至1 h）即可收获。

将鸡胚气室向上直立于卵盘上，气室部卵壳用碘酒和酒精棉球消毒后用无菌镊子除去该部卵壳及壳膜，换无菌镊子将绒毛尿囊膜撕破而不破羊膜，左手持镊子轻轻按住胚胎，右手持无菌毛细吸管或吸管或消毒注射器吸取绒毛尿囊液置于无菌容器中，一般可收获5～8 ml，置冰箱中保存备用（一般是低温冰箱冻结保存）。吸取时，吸管尖位于胚胎对面，管尖放在镊子两头之间，如管尖不放到两个镊子中间，游离的膜便会挡住管尖吸不出液体。如需同时收集很多时，可将吸管用橡胶管连接抽滤瓶吸取。收集的液体应清亮，混浊则往往表示有细菌污染。同时作无菌检查，不合格者废弃。

2. 卵黄囊接种

1）接种方法

取5～8日龄的鸡胚，画出气室和头部位置。可从气室顶部中央接种（针头插入3～4 cm），接种量0.1～0.5 ml，接种时的钻孔及封闭同绒毛尿囊腔接种法。也可在气室边缘上面5 mm处消毒打孔，将针头呈60°角刺入30～35 mm（大约鸡胚的1/2长径处）接种（见图4-7）。

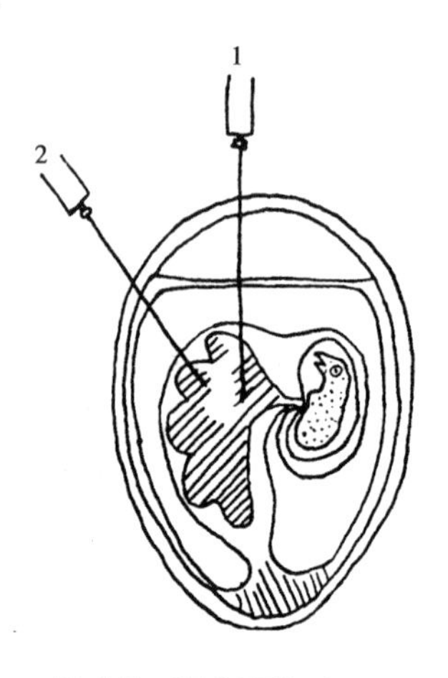

图4-7　卵黄囊接种法

2）收获方法

接种后的孵育和检卵同上。将鸡胚气室向上直立于卵盘上，气室部卵壳用碘酒和酒精棉球消毒后用无菌镊子除去该部卵壳及壳膜，换无菌镊子将绒毛尿囊膜和羊膜撕破，提起鸡胚，夹住卵黄带，分离绒毛尿囊膜，置鸡胚与卵黄囊于无菌平皿内，用无菌生理盐水冲去卵黄，分别将鸡胚（除去眼、爪、嘴）和卵黄囊置于无菌容器中，低温冰箱保存备用。必要时可收集胚液。

3. 尿囊膜接种

1）接种方法

尿囊膜接种的操作方法很多，这里重点介绍最传统的方法：人工气室法。取9～13日龄发育良好鸡胚，照蛋画出气室及接种部位（注意避开头部和大血管），用碘酒和酒精棉球消毒气室部和接种部位后，将鸡胚接种部位向上横放于卵盘上，无菌操作用钢锉将接种部位蛋壳锉开成一每边5～10 mm的三角形或四边形口，以针头小心挑破壳膜，但不伤及壳膜下的绒毛尿囊膜（注意区别：壳膜白色、韧、无血管，而绒毛尿囊膜薄而透明，上有丰富血管），同时在气室部钻一小孔，以橡皮乳头紧靠小孔，轻轻一吸，接种部位露出的绒毛尿囊膜即陷下成一小凹（人工气室），将孔内的白色壳膜剪去，接种病毒材料0.05～0.2 ml于绒毛尿囊膜上，用石蜡滴在孔边四周，取一无菌盖玻片，在火焰上加微热后置于石蜡上以封闭开口，气室孔也用石蜡封闭。接种部位向上横放于33～37 ℃温箱中孵育。也可不锯开三角形或四边形的口，而是用钝头锥或磨平了尖的螺丝钉在接种部位轻轻用力钻一小孔（刚刚钻破蛋壳而不伤及壳膜），再用消毒针头小心只划破壳膜而不伤及绒毛尿囊膜，再如上做人工气室、接种和封口（见图4-8）。

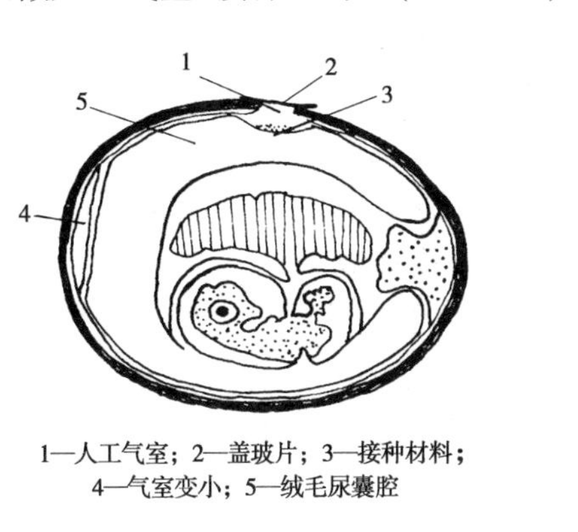

(a) 绒毛尿囊膜接种法一

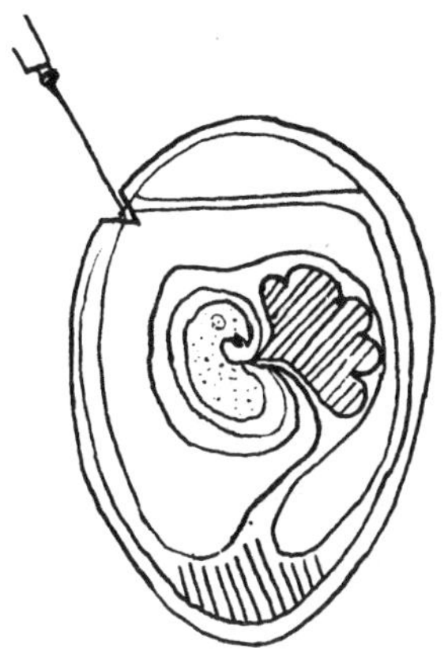

(b) 绒毛尿囊膜接种法二

图4-8　绒毛尿囊膜接种法

也可不制造人工气室，而是避开头部和血管直接在气室边缘附近开一如上的小口后，左手持鸡胚并使开口面向术者，右手持注射器将气室边缘的壳膜挑起一小孔，缓缓注入病毒液，即可渗入壳膜与绒毛尿囊膜间，封口后直立孵育。还可将鸡胚气室向上立于卵盘上，气室消毒并于其中央打孔，将针头刺入卵壳约0.5 cm，滴加病毒液0.05～0.2 ml到空室内，然后针头继续刺入1～1.5 cm（刺破壳膜和绒毛尿囊膜），拔出针头，病毒液即慢慢渗透到绒毛尿囊膜上，用石蜡封口。

2）收获方法

接种后的孵育和检卵同上。用碘酒和酒精棉球消毒气室或人工气室后，用无菌镊子除去该部卵壳及壳膜，换另一无菌镊子将绒毛尿囊膜轻轻夹起并用无菌小剪剪下该部的绒毛尿囊膜,收获,然后,将鸡胚及卵黄倒入平皿,剪断卵带,再将贴附在卵壳上的绒毛尿囊膜撕下,收获保存。必要时可收获鸡胚液和鸡胚。

4. 羊膜腔接种

该法技术较困难,因此应用较少,主要用于某些病毒(如黏病毒、披膜病毒)的初次分离。

1)接种方法

有开窗法和盲刺法,前者注射可靠,但操作复杂,易发生污染;后者操作简单,但成功率低。两种方法均用8～13日龄的鸡胚,并最好于接种前晚将鸡胚大头向上垂直放置,使胚胎位置靠近气室,便于操作。

开窗法:照蛋标出气室和胚胎位置后将鸡胚气室向上立于卵盘上,用碘酒和酒精棉球消毒气室后在其顶端并靠近胚胎侧无菌开一直径8～10 mm的小口,滴入一滴灭菌的液体石蜡(注意:液体石蜡覆盖面积不宜超过1/4,否则会影响鸡胚呼吸而使鸡胚死亡。生理盐水也可,且对鸡胚无影响,但透明度差)于胚胎位置,膜即变透明,可看到胚胎。左手用眼科镊子避开血管穿过绒毛尿囊膜夹住羊膜,将其向上提起,右手持注射器刺过羊膜将接种物注入羊膜腔,接种量0.05～0.2 ml。注射毕,用消毒胶布封口(见图4-9)。

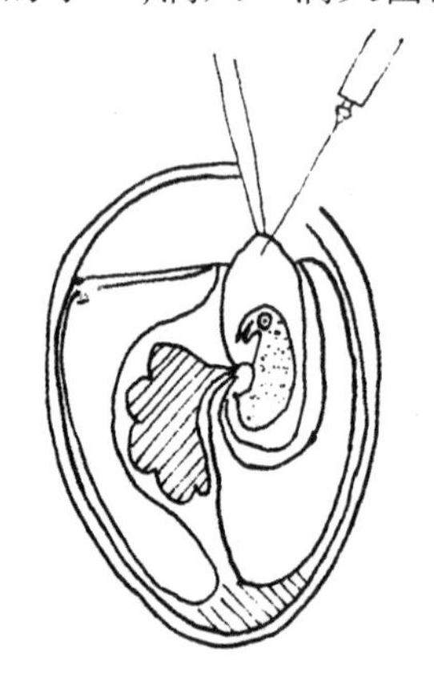

图4-9 羊膜腔接种法

盲刺法:照蛋标出气室和胚胎位置后将鸡胚气室向上放在灯光向上照射的卵架上,在与胚胎同一平面的气室顶部到边缘一半处消毒并打孔,针头垂直刺入3 cm以上,当能使针头拨动胚胎时,表明已刺入羊膜腔,可注入接种液,若针头左右拨动时胚胎随着移动,表明针头刺入胚胎,应将针头稍提起后再注射。进针孔也可打在与胚胎同一平面接近气室边缘处,并在进针孔与胚胎间连一直线,注射时,左手固定卵,右手持注射器,沿着胚胎与气室的直线刺入一定深度后将接种液注入,拔出针头后,用消毒胶布封口。

2)收获方法

接种后的孵育、检卵、鸡胚冰箱冷冻同绒毛尿囊腔接种法。且同绒毛尿囊腔接种法一样把绒毛尿囊液收获后,左手持小镊夹起羊膜成伞状,右手用毛细吸管插入羊膜腔吸取羊水,置于灭菌容器中低温保存备用。一般可收获0.5～1 ml羊水,若羊水过少,可用少量无菌生理盐水冲洗羊膜腔吸取洗液。

第四节 组织细胞培养检查法

组织培养就是将具有生命的组织或细胞,用人工培养的方法,使其能在体外生长繁殖。这种方法广泛应用于病毒的培养,通过病毒在组织细胞上引起的不同病变来诊断某种传染病。

组织培养有器官培养、组织块培养和细胞培养,其中以细胞培养应用较广,常用于病毒性传染病的诊断和疫苗制造。细胞培养的方法很多,大体分为细胞培养法、悬浮细胞培养法和混合细胞及融合细胞培养法。一般分离病毒多采用病毒的原宿主(本动物)原代上皮细胞,特别是肾和睾丸上皮细胞较为敏感。如猪瘟病毒在猪源细胞培养物中才能旺盛地繁殖。但经过驯化,也能在牛睾丸上皮细胞内繁殖。

一、准备工作

(一)器材准备

(1)清洁液的配制:清洁液的配方甚多,作为细胞培养的清洁液,要求去污能力强,洗涤效果好。

(2)细胞培养瓶:根据培养细胞的数量,可选择50、100、250、500、1 000 ml培养瓶,少量培养也可以用青霉素瓶代替,要求瓶壁平滑、内壁不应有气泡和凸凹不平现象。目前广泛使用的聚苯乙烯微量培养板。

(3)采血瓶:用于分离和盛装血清的采血瓶要求口要小,易于消毒和灭菌。少量培养可选择200 ml细口瓶或500~1 000 ml细口瓶。大量培养可选用500~1 000 ml中性蒸馏水瓶。

(4)离心管:可选用50、100、200、400 ml细口离心管,要求瓶口能装胶塞,离心时不易破碎。250 ml浓糖、浓盐水瓶,也可代替离心管用。

(5)吸管:可选用1、2、10 ml粗细不等的玻璃吸管,带有橡皮吸球的大口吸管特别适用。

(6)三角瓶及玻璃球:可选用250、500、1 000 ml不同规格的三角瓶作组织消化用。

上述玻璃器皿用前必须充分刷洗,如为新购置者,需先用自来水冲洗干净,然后置氢氧化钠溶液中浸泡24 h以上,取出用自来水冲洗干净,再放入硫酸洗涤液(清洁液)内浸泡24 h以上,取出用自来水冲洗8~10次,再用蒸馏水冲洗2~3次,再用无离子水冲洗3~5次,干后用包裹置160 ℃干热灭菌1 h或150 ℃干热灭菌2 h备用。

若为使用过的玻璃器皿,应先将用过的玻璃器皿用自来水洗净(接毒的培养瓶需去塞灭菌刷洗),浸在皂片水(或洗衣粉、碱面水)中煮沸约0.5 h,及时用刷子将瓶壁充分洗净,然后用自来水充分冲洗,甩去水分,置清洁液内浸泡24 h以上,取出用自来水冲洗8~10次,再用蒸馏水冲洗2~3次和无离子水冲洗3~5次,干后包裹于160 ℃干热灭菌1 h或150 ℃干热灭菌2 h备用。

(7)胶塞、胶管:若为新购置的或使用较久的胶塞、胶管等,先用自来水初步冲洗后,再放入氢氧化钠溶液中煮沸0.5 h,取出用自来水将剩余的氢氧化钠液冲净,再于盐酸溶液中煮沸0.5 h,然后用自来水冲洗至无盐酸存在,最后用无离子水煮沸0.5 h,取出晾干。

刚使用过不久的胶塞、胶管,使用后用自来水冲净,再放入无离子水中煮沸30 min,取出晾干即可。

将处理好的胶塞、胶管用不带油污的纸包裹后放入铝盆内,经120 ℃30 min高压灭菌备用,采血胶管装上采血针头一并灭菌。

(8)包裹培养瓶、离心管口的油光纸(或蜡纸)应装入铝盒内经120 ℃30 min高压灭菌后放入温箱或烤箱烘干备用。

(9)工作中使用的塑料薄膜、橡皮筋等应放入千分之一新洁尔灭溶液中浸泡备用。

（二）无离子水（可用三蒸馏水代替）

细胞培养的成败，与所用无离子水的质量关系极大，刷洗玻璃器皿的无离子水纯度至少需要 50 万 Ω/cm^2；配制各种溶液的无离子水纯度，至少需 150 万 Ω/cm^2 才能使用。

（三）溶液配制

配制溶液所用药品均为分析纯。

1. 汉克氏（Hank's）液

1）Hank's 原液

（1）甲液：氯化钠（NaCl）160 g，氯化钾（KCl）8 g，硫酸镁（$MgSO_4 \cdot 7H_2O$）2 g，氯化镁（$MgCl_2 \cdot 6H_2O$）2 g，顺序溶解于 800 ml 三蒸馏水中。

氯化钙（$CaCl_2$）2.8 g，加温单独溶于 100 ml 三蒸馏水中。

上述两液混合，加三蒸馏水至 1 000 ml，过滤，加 2 ml 氯仿。

（2）乙液：磷酸氢二钠（$Na_2HPO_4 \cdot 12H_2O$）3.04 g，磷酸二氢钾（KH_2PO_4）1.20 g，溶于 100 ml 三蒸馏水中。

酚红 0.4 g 溶于上液（煮沸）；葡萄糖 20 g，溶于 800 ml 三蒸馏水中。

上述两液混合，加三蒸馏水中至 100 ml，过滤，加氯仿 2 ml。

以上甲、乙两液分别于 4 ℃保存备用。

2）Hank's 使用液

甲液 1 份，乙液 1 份，无离子水 18 份混合均匀，分装，115 ℃20 min 灭菌，保存备用。

2. 0.5% 水解乳蛋白汉克氏溶液

称取水解乳蛋白 5 g，溶于 1 000 ml 汉克氏液中，最好置 50 ~ 60 ℃温水溶解，然后用滤纸过滤，分装，115 ℃20 min 灭菌备用。特别要强调水解乳蛋白的质量，如果质量不高，将不利于细胞生长。

3. 1% 胰蛋白酶

称取胰蛋白酶 1 g，溶于 100 ml 汉克氏液中，置 4 ℃冰箱 24 ~ 36 h，使之溶解（中间摇动 2 ~ 3 次），用 6G 玻璃滤器（或蔡氏 EK 板）滤过除菌后，冻结保存备用。临用时用汉克氏（Hank's）液稀释成 0.2% ~ 0.25% 浓度。

4. 胰蛋白酶 - 乙二胺四乙酸二钠混合液（EDTA 胰酶溶液）（传代细胞消化液）

上述胰蛋白溶液 1.5 ml 加 0.02% 乙二胺四乙酸二钠盐 0.5 ml。

上述溶液也可用 0.25% 胰蛋白酶代替。

5. 5.6% 碳酸氢钠溶液（水质偏酸时可配成 7% 浓度）

碳酸氢钠（$NaHCO_3$）5.6 g；无离子水 100 ml，溶解，115 ℃20 min 灭菌。分装于小瓶，置 4 ℃冰箱备用。

6. 青、链霉素液（双抗液）

结晶青霉素钠盐 100 万单位：链霉素 100 万单位，无离子水 100 ml（每毫升含 1 万单位）。

先用少量灭菌无离子水将青、链霉素分别溶解，然后混合于全量灭菌无离子水中，混合均匀，分装于小瓶内，置 -20 ℃低温保存。所用剂量按每毫升培养液加入青、链霉素后各含 100 单位。

7. 牛血清

经 56 ~ 58 ℃水浴 30 min 灭活的多头混合牛血清(犊牛血清或胎牛血清最好)4 ℃冰箱保存备用。

8. 0.02% EDTA 溶液

乙二胺四乙酸二钠盐(EDTA)0.05 g,氯化钠(NaCl)2 g,氯化钾(KCl)0.05 g,磷酸氢二钠(Na_2HPO4)0.288 g,磷酸二氢钾(KH_2PO_4)0.55 g,三蒸馏水 250 ml,115 ℃20 min 灭菌,冷却后置 4 ℃冰箱保存。

9. 营养液的配制与滴定

1)细胞生长液

因培养细胞不同而生长液各异,鸡胚细胞常用的生长液为:0.5% 水解乳蛋白液 97 ml,犊牛血清 2 ~ 5 ml,青、链霉素溶液 1 ml,用 5.6% 碳酸氢钠溶液调整 pH 至 7.2 ~ 7.4。

2)细胞维持液

牛血清 2% ~ 10%,DMEM 液 98% ~ 90%,营养液的 pH 对细胞生长影响极大,pH 过高或过低,都会影响细胞生长,如果营养液偏酸(pH4.0 ~ 5.5)或偏碱(pH9.0 以上),细胞将难以贴壁和生长。细胞培养要求营养液的酸碱度在 pH7.2 ~ 7.4 较为合适。在测定酸碱度时,必须使用精密 pH 比色器或酸度计,决不可图省事而用 pH 试纸测定。因为在配制营养液时已加入酚红指示剂,再用 pH 试纸进行比色,两种指示剂将发生干扰。

3)娇嫩细胞(继代细胞或细胞株)营养液配方

人工综合营养溶液或 DMEM 45%,0.5% 水解乳蛋白 45%,犊牛血清 10%,青、链霉素溶液 1%,用 5.6% 碳酸氢钠液调 pH 至 7.0 ~ 7.2。

二、猪肾原代细胞培养

(1)剖腹取胎:无菌取胚胎或仔猪肾。

(2)切开肾脏,去肾被膜,切开肾为两半,剪去肾盂及髓质部。

(3)洗涤:用含双抗的汉克氏液冲洗组织块 2 ~ 3 次,洗去血球,用剪刀剪成小米粒大的小块。移入灭菌三角瓶中,再用汉克氏液洗 2 ~ 3 次,至洗液清亮为止。

(4)消化:移入灭菌三角瓶中,加入组织体积 3 ~ 4 倍的 37 ℃胰酶液,在 37 ℃电磁搅拌器中搅拌消化(如无电磁搅拌器,可置 40 ℃水浴锅中,内加无菌玻璃珠摇动),搅拌(或摇振)时发生旋涡而不起泡沫为度,至液体明显混浊时(约 10 min)再用吸管吹打数次,待组织块沉淀后,将上层被消化的细胞吸出,再加入消化液,将余下组织块同样消化于 40 ℃水浴中 10 ~ 20 min,反复吹打,分散细胞,将两次消化液混为一起,经 4 层纱布过滤,收集滤液,离心(1 500 r/min)10 min 弃上清液,加入适量营养液(每克组织加入 30 ~ 50 ml 营养液),用粗口径吸管反复打,分装培养瓶,置 37 ℃温箱培养。

(5)建立原代细胞和传代细胞,分装于培养瓶内的细胞悬液,置 37 ℃培养 24 h,即可用低倍镜观察细胞贴壁情况,发现在贴壁细胞中梭形细胞增多,胞核圆大,胞质发亮,即可很快形成单层。如果发现梭形贴壁细胞较少,在 48 h 可换一次生长液继续培养。如果发现贴壁细胞显得又圆又小,细胞发暗无伪足,这种细胞很难生长,最终将导致培养的失败。

发育良好的细胞,通常在 3 ~ 5 d 可见有梭形扁平细胞形成单层,此即原代细胞培养成功。已经形成的原代细胞，如果不进行继代，细胞将陆续从瓶壁上脱落下来，因此应及时进行继代。其继代方法：将长成单层的细胞瓶，弃去旧培养液，加入适量预热至 37 ℃的无钙镁的磷酸盐缓冲液洗细胞层（也可用汉克氏液代替），弃去洗液，再加预热 37 ℃的胰蛋白酶－EDTA 分散液（加入量为原培养液量的 1/7～1/10），37 ℃条件下消化 5～7 min，并不断摇动促使细胞脱落到分散液中，当细胞完全从瓶壁脱到消化液内时，于瓶内加少量营养液反复吹打，使细胞分散，再加入原营养液 2～4 倍的营养液，混合均匀，重新分装于 2～4 个新培养瓶中继续培养。

（6）接毒试验：细胞长成单层或接近单层时，可倾去旧培养液，换成含 5%～10% 牛血清的维持液，同时接种病毒液（接种量为培养液量的 2%～5%），一般接毒后 5 d 内可见细胞病变，7 d 可见部分细胞脱落，10 d 左右可见大部分细胞脱落，即可收毒，测效价。

（7）在微量培养板内培养单层细胞：可先按照上述制备细胞悬液的方法，用营养液配成每毫升含细胞 30 万～40 万个，随后以滴管向微量培养板内每孔滴加 2 滴细胞悬液，加盖后置含 5%～10% 二氧化碳培养箱内培养，24～48 h 用倒置显微镜观察细胞生长情况，如已长成或接近长成单层时，即可换液接毒。如无二氧化碳培养箱，可在滴加细胞悬液后，立即用透明胶带密封整个培养板的表面，防止孔中营养液蒸发、变碱和污染，进行如上培养。

三、细胞培养物的运送、复苏、培养及保存

在需长途运送细胞培养物时，例如，用火车或飞机送往远处时，可选择刚刚长成单层的细胞培养物，弃去营养液，加入维持液至满瓶，勿使培养瓶内存留空气。随后用橡皮塞紧塞瓶口中，并作适当的包扎。运输途中的温度应保持在 15～20 ℃。到达目的地后，将培养瓶内的维持液倒出或吸出，仅存留正常的维持液量。并置 37 ℃温箱内培养 1～2 d，即可进行传代培养。

营养液配方：人工综合营养溶液或 E－MEM 45%，0.5% 水解乳蛋白 45%，犊牛血清 10%。

如果传代培养时，将培养温度由 37 ℃降至 32 ℃甚至 30 ℃，则细胞生长缓慢，老化也迟，可以每隔 15～30 d 传代一次。培养时可先将其置 37 ℃培养，待其生长增殖而形成单层时，再行移植于 30～32 ℃培养，这样可以较长时间保存细胞培养物。

四、毒价滴定

在病毒学和其他致病微生物的研究中，常需进行毒力或毒价的测定。衡量毒力或毒价的单位过去多用最小致死量（MLD），即经规定的途径，用不同的剂量接种试验动物，在一定的时间内能致全组实验动物死亡的最小剂量。此法比较简单，但由于实验动物的个体差异，同一样品用 MLD 法测定毒价时，往往差异很大，试验的可重复性差。现在多改用实验动物半数致死量（LD_{50}）、鸡胚半数致死量（ELD_{50}）及组织培养半数感染量（$TCID_{50}$）表示。现以 $TCID_{50}$ 测定法为例，介绍毒价滴定方法如下：

测定 TCID，可用 Reed－Muench 两氏法或 Karber 氏法。

将病毒液在灭菌小试管内作连续的 10 倍递增稀释，即用 1 ml 吸管吸取 0.2 ml 病毒

液,加入装有1.8 ml的汉克氏(Hank's)液或伊尔斯氏(Earles)液的第一支小试管内,将混合液充分振荡,并另换1支新的1 ml吸管,吹打混合后,吸取0.2 ml移于第二管1.8 ml的Hank's液管中,更换吸管,如上充分振荡和吹打混匀后,再吸取0.2 ml加入第三管。连续如此操作,即可作为不同的10倍稀释液。吸取每一稀释度的病毒液0.1 ml,加入已长成单层的敏感细胞培养物小试管中,每个稀释度的病毒液接种4~10个细胞管,于37 ℃温箱中培养,逐日观察(一般需7~10 d),直至终点,以出现CPE(细胞病变)为计算依据。

第五节　病毒的分离鉴定技术

一、病毒的分离

成功分离病毒的关键在于正确采集和处理标本,不同病毒所需的标本也不同。

(一)标本的收集

标本来源的选择主要是根据细胞对病毒的敏感性而定,能引起病变的细胞往往取自该病毒的自然宿主,特别是宿主的某些脏器组织。尽可能在疾病发生时收集标本是诊断病毒感染的最重要的因素之一。在症状开始出现时,体内病毒滴度较高,几天后迅速下降。因此,标本采集的时间早,分离成功的可能性就高。取材部位也是决定分离成功与否的关键。呼吸道感染最重要的取材部位是咽部,用棉花拭子在鼻咽部擦拭或取鼻咽分泌物。肠道感染通常取粪便标本。全身性感染一般取全血,疾病早期也是病毒血症期,白细胞内通常可查出病毒。其他标本(如分泌物、脑脊液、活检组织)也是病毒分离的理想材料。

(二)标本的保存

由于病毒对热不稳定,收集的标本通常应放在冷的环境及加用保护剂(如Hank's液、牛血清白蛋白等)以防病毒失活。无菌操作是非常重要的,盛放标本的容器及保护剂应当是灭菌的,以防其他微生物污染。标本的运送一般在4 ℃左右条件下进行。

实验室收到标本后应立即处理,反复冻融标本会降低病毒的分离率。如果标本在24 h以内接种,一般保存在4 ℃;如果需要延搁较长时间,应将初步处理的标本放-20 ℃或-70 ℃冰箱贮藏为好。当标本接种细胞或组织时,应预留部分标本,以备再次接种或进一步检查用。

(三)安全问题

病毒诊断实验室的安全问题也是非常重要的。级别不同的实验室只能进行同类病原的检查。注意安全的目的主要有两点:一是避免工作人员实验室感染,二是防止病毒从实验室扩散。最安全的办法是实验室工作人员头脑里必须保持这样一个概念,即认为任何标本都具有传染性而养成良好的工作习惯。溢出物要用次氯酸钠、过乙酸或戊二醛消毒;禁止口吸操作;必须穿上工作服,必要时应该加戴手套。

(四)标本的接种培养

标本接种于哪一种动物、鸡胚或细胞,以及选择哪一种途径,主要决定于病毒的嗜性。

一般嗜神经性病毒主要是动物脑内接种；嗜呼吸道病毒接种动物鼻腔及鸡胚羊膜腔；嗜皮肤性病毒接种动物皮内、皮下或鸡胚绒毛尿囊膜；嗜内脏病毒可接种于动物的腹腔、静脉、肌肉。

可能含有病毒的标本应尽快地接种到合适的宿主细胞是成功分离病毒的关键。基于病毒必须在活细胞内增殖这一原理，选择合适的细胞进行病毒分离可对疾病作出诊断。

细胞的选择与病毒的种类有关，病毒对细胞的选择是特异性的，不是任何病毒都可在任何细胞内生长繁殖。为了获得较高的病毒分离率，一般每份标本应接种一株原代细胞、一株二倍体细胞和一株肿瘤细胞。此外，每份标本至少应接种三管以上的细胞，以增加实验的可靠性。

无论接种标本与否，培养细胞一般应放在 37 ℃、pH7.4 下生长。维持合适的温度和 pH 是保持病毒和细胞生长的最佳条件。大多数病毒分离是通过细胞培养进行的。

二、病毒的鉴定

对病毒的鉴定以至将其归类是诊断病毒学的基本要求之一。完整地鉴定一株新分离到的病毒包括病毒的形态、大小、宿主范围及其在宿主内的生物行为、对理化因素的抵抗能力、流行病学特征、血清学性质、核酸类型等内容。

（一）形态学鉴定——电镜技术

自 20 世纪 30 年代电子显微镜问世以来，电镜技术在病毒研究中的地位是功不可没的。人们利用电镜才有可能研究病毒的形态，因为大多数病毒超过了光学显微镜的分辨能力（200 nm），只能在电镜下放大几万至几百万倍才能观察到。负染技术的发展又促进了人们对病毒超微结构的认识。

1. 标本制备

用电镜观察病毒颗粒必须是标本中含有大量的病毒才能进行。因此，浓缩标本是必要的，主要包括四种方法：①超速离心制备样本，离心的时间和速度取决于病毒颗粒的大小和离心机转头的半径，一般是 0.5 ~ 3 h，沉淀的样本用灭菌蒸馏水洗后再放到铜网上；②超过滤法用于浓缩病毒也是有效的，选用的分子筛的相对分子质量为 10 000；③将标本接种细胞增殖病毒也是增加病毒产量的有效途径，然后快速包埋切片；④如果有特异的抗血清，并且病毒是已知的，用免疫凝集的方法也可浓缩病毒。

常用于观察病毒的方法有两种：

(1) 超薄切片法，也称正染法，将细胞用戊二醛固定，然后经过脱水、包埋、切片、染色，观察病毒颗粒。本法操作复杂、费时，但标本可长期保存，可观察病毒形态与形态发生过程。

(2) 负染法，直接将病毒悬液（也可用细胞）滴在铜网上，用重金属（通常用磷钨酸）进行染色，观察病毒颗粒，10 ~ 20 min 可出结果。负染技术基于负性染料不渗入病毒颗粒，而是将病毒颗粒包绕，由于负性染料含重金属（如磷钨酸的钨），不穿透电子束，使病毒颗粒具有亮度，在周围暗背景上显示亮区。这种方法较正染法显示的图像清晰，可显示病毒的结构。缺点是敏感性低。

为了提高电镜技术的敏感性与特异性，在负染的基础上，又发展了免疫电镜技术。它基于抗原抗体结合形成免疫复合物的原理，用特异性的抗体与样品结合，观察凝集的病毒颗粒，这种技术可提高敏感性 10～100 倍，同时病毒也较易识别。此外，还有胶体金标记技术，它也是在免疫酶技术上发展起来的新技术。

2. 病毒的识别

病毒分为两种：裸露的和有包膜的，属于前者如腺病毒、乳多空病毒等，后者如疱疹病毒、布尼亚病毒等。大小也是鉴定病毒的标准之一，如小 RNA 病毒 20～40 nm，痘病毒 200～400 nm。电镜下病毒形态可分为规则形（圆形、子弹形、杆形）和不规则的多边形，如肠道病毒、登革病毒为圆形，狂犬病毒为子弹形，呼肠病毒为六角形，疱疹病毒为圆形或多边形。有的病毒表面有刺突，如麻疹病毒、水疱性口炎病毒；而另一些病毒表面是光滑的，如疱疹病毒、巨细胞病毒。RNA 病毒通常在胞浆成熟，DNA 病毒在胞核成熟，痘病毒（胞浆成熟）例外。核衣壳的对称性也是鉴定病毒特征的重要标准，DNA 病毒一般为立体对称，RNA 病毒一般为螺旋对称。总之，在进行病毒的形态学识别时，应充分注意其特殊性与复杂性。

电镜技术是检测不能在体外培养的病毒的主要手段，也是病毒分类的重要手段。如轮状病毒、星状病毒、嵌杯状病毒、甲型肝炎病毒等都是用电镜最先发现的。因此，在诊断病毒学方面，应用电镜技术将能进一步发现新的病毒和病毒病。

（二）包涵体检查

细胞在感染病毒以后，出现于细胞浆和细胞核内的特殊结构称为包涵体。包涵体通过染色后，可在显微镜下见到。在不同的病毒感染中它往往具有独自的形态、染色特性和存在部位。例如，是单个还是多个，是圆形还是不规则形，外围有无晕圈，是嗜酸性着染还是嗜碱性着染，是在核内还是在胞浆内，等等。

在某种意义上说，包涵体是某些病毒对一定的机体或胞的病理学特征，这种特征具有一定的种属性。例如，疱疹病毒引起核内包涵体，痘病毒则引起胞浆内包涵体，麻疹病毒同时引起核内和胞浆内包涵体，狂犬病毒在发病动物的神经细胞内形成胞浆内包涵体等。现介绍涵体的几种染色方法如下。

1. 曼氏（Mann）染色法

1）染色液

1% 甲基蓝 3.5 ml，10% 伊红水溶液 3.5 ml，蒸馏水 10 ml（上述两种染色液分别存放，用前临时混合稀释）。

2）染色方法

触片经甲醇固定后，以上述染色剂染色 5～15 min，水洗后迅速通过 50%、70%、95% 及纯酒精等不同浓度的酒精溶液，脱去水分，然后置等量二甲苯与香柏油的混合液中澄清。此法使神经细胞染成淡蓝色，红细胞染成橙红色，内格里氏体（Negri）染成砖红色，极易分辨。

2. 塞勒氏（Seller）染色法

1）染色液的配制

碱性复红饱和甲醇溶液 3.5 ml、美蓝饱和甲醇溶液 15 ml 和甲醇 25 ml 混合后，可长期保存应用。

另外，也可将10%碱性复红甲醇液1份、1%碱性美蓝甲醇溶液2份，混合后不过滤，24 h后即干燥、镜检。

2）结果

神经细胞及核呈浅蓝色，包涵体位于细胞浆内，染成鲜红色，内有蓝黑色小颗粒。外观圆形成卵圆形。

3. H. E（苏木素、伊红）染色法

H. E染色法常用于病理组织切片的包涵体检查，病料涂片也可用此法染色。

1）染色液的配制

Harris氏苏木素染液：苏木素0.9 g，无水乙醇10 ml，铵（或钾）明矾2 g，蒸馏水200 ml，一氧化汞（HgO）0.5～1 g，将苏木素溶于酒精，倾入明矾中，混合后煮沸，再加入一氧化汞，用玻棒搅至溶液深紫色，然后立即移入冷水，促使冷却，静置一夜，过滤密封保存。

伊红染液：伊红Y0.25～1 g，蒸馏水100 ml，把伊红溶于蒸馏水中，加冰醋酸1小滴，再加香草酚少许，防腐耐用。

另一配方：伊红Y0.5～1 g，蒸馏水75 ml，95%酒精25 ml，混合即成。Scott促蓝液：重碳酸钠3.5 g，硫酸镁20 g，自来水1 000 ml。

2）染色方法

用Harris氏苏木素液染色0.5～1 min，再水洗剩余染液，立即投入Scott促蓝液约数秒，水洗数秒，用0.25%伊红作对比染色，约1/2 in，再水洗剩余染料，干燥，镜检。

3）结果

细胞核染成蓝紫色，细胞浆呈淡玫瑰色，包涵体被染成红色，呈圆形或椭圆形，直径1～2 μm。

（三）生物学特性鉴定

1. 细胞病变效应

病毒在细胞内增殖后，可引起细胞不同的变化。常见的形态学改变是细胞圆缩、坏死、溶解或脱落，这些改变称为细胞病变效应（CytoPathic Effect，CPE）。

不同的病毒引起的CPE是不同的，例如腺病毒、疱疹病毒引起细胞的典型改变是细胞圆缩、堆积成葡萄串状；麻疹病毒、呼吸道合胞病毒可使感染细胞形成多核巨细胞，即合胞体形成。

CPE出现的时间也是鉴定病毒的标准之一。细胞病变最初出现的时间取决于标本中病毒数量的多少，而更重要的是取决于病毒的生长速度。虽然快速生长的病毒，如脊髓灰质炎病毒或单纯疱疹病毒一般在1～2 d内出现CPE，呼吸道合胞病毒引起的CPE在感染后4～7 d出现，但是某些慢性致病因子如巨细胞病毒、风疹病毒在1～3周内不可能产生明显的CPE。对这些生长较慢的病毒，应定期更换培养液，否则，未接种的对照将出现非特异性的退行性病变，而失去合适的标准对照。这些病毒应冻融后再次接种正常细胞，也可以将感染的培养细胞上清液接种到新鲜的细胞单层上，盲传后，一般会出现轮廓鲜明的CPE。

2. 血吸附和血凝作用

许多以芽生方式释放的病毒，如正黏病毒、副黏病毒、披盖病毒、黄病毒等，感染细胞具有吸附红细胞的能力,这是由于新合成的病毒蛋白能掺入到红细胞质膜的结果。血吸附作用能用于检测无 CPE 出现的病毒或有 CPE 出现的病毒。同样,在感染细胞的培养液中,有许多游离病毒存在,病毒表面有血凝素(如流感病毒),它具有凝集红细胞的作用。

基本方法为收集细胞管维持液,向细胞管内加入 Hank′s 液 1 ml 及 0.5% 豚鼠血球 0.2 ml,室温放置 20 min,显微镜下观察有无血球凝集。

3. 干扰作用

一种病毒感染细胞后并在细胞内繁殖,能同时干扰另一种病毒在该细胞中繁殖。如风疹病毒是最初发现能干扰艾柯病毒攻击宿主细胞的病毒。因此,干扰作用也是检测有无 CPE 出现的病毒的方法。

如血细胞吸附为阴性,可进一步做干扰试验,观察有否其他病毒存在的可能性。用 Hank′s 液将红细胞吸附试验阴性的试管洗两次,接种 10 ~ 100$TCID_{50}$仙台病毒做干扰试验。每批试验同时取 6 支正常细胞培养管,接种同样量病毒作为对照组。33 ℃旋转培养 48 h,取一支对照管做红细胞吸附试验,如红细胞吸附阳性,而试验管红细胞吸附试验阴性,则说明先前的病毒干扰了后接种的仙台病毒,即为干扰试验阳性。

(四)病毒理化特性的测定

病毒的理化特性是病毒鉴定的重要依据之一,特别是近年来分子生物学理论的发展和实验技术的提高以及实验仪器的现代化,使病毒理化特性的测定达到相当精确的水平。因此,在病毒的分类和鉴定中,病毒的某些理化特性的测定已成为必不可少的指标。常见的病毒理化特性的测定主要有病毒核酸类型的鉴定、病毒粒子大小的测定、病毒对酸的敏感性、病毒对脂溶剂的敏感性、病毒的耐热性试验及病毒的浮密度等,下面分别予以阐述。

1. 核酸类型的鉴定

病毒的核酸是病毒遗传物质的基础,因此病毒核酸类型的鉴定是鉴定病毒的重要指标之一。核酸可分为 DNA 和 RNA,通过鉴定病毒的核酸类型也就可将病毒分为 DNA 病毒和 RNA 病毒两大类。病毒核酸类型鉴定的方法很多,但最常用的是卤化核苷酸法。

1)卤化核苷酸法

氟脱氧尿核苷(FUDR)、溴脱氧尿核苷(BUDR)和碘脱氧尿核苷(1UDR)的化学结构与胸腺嘧啶尿核苷相似,是它的同功异质体,当它们进入细胞后,则发生磷酸化,掺入新合成的 DNA 以代替胸腺嘧啶,产生无功能分子,从而抑制 DNA 的合成。因此,将这些物质加入细胞培养物中,对 DNA 病毒有明显的抑制作用,而对 RNA 病毒没有或仅有极低的抑制作用(但反转录病毒例外,因它们繁殖的早期需要 DNA 的合成)。其具体方法为:

(1)将待检病毒用 Hank′s 液或营养液作 10 倍系列稀释。

(2)将长至单层的细胞倾去或用吸管吸去营养液,用 Hank′s 液或其他洗液洗一次后,接种病毒悬液,每一稀释度至少接种 4 管(瓶或孔),37 ℃吸附 1 h 后,倾去病毒悬液,加入维持液。其中,每一稀释度的管子均是半数加含有 FUDR 等抑制剂的维持液(实验组),半数无 FUDR 等抑制剂的正常维持液(对照组)。并设有已知 DNA 病毒、已知 RNA 病毒和不接种病毒的空白细胞培养对照。

(3)37 ℃培养,每天检查细胞病变(CPE)。对无 CPE 的病毒,应用其他方法测定病毒滴度。

(4)当正常维持液管(对照组)的 CPE 已经明显,且各管对照均正常时(已知 DNA 病毒管有明显抑制、已知 RNA 病毒管不被抑制和不接种病毒的空白细胞培养生长正常),即可判定结果。加有抑制剂的病毒(实验组)滴度低于对照组 2 个滴度时判为 DNA 病毒,否则为 RNA 病毒。

注意:维持液中不应含有胸腺嘧啶核苷,因此最好用 MEM,不要用 199 或 1640 等复杂的综合营养液。

2)放线菌素 D(Actinomycin)法

放线菌素 D 是一种多肽类抗生素,它能与细胞和病毒的 DNA 结合,抑制依赖于 DNA 的 RNA 的合成,但不抑制依赖于 RNA 的 RNA 的合成。因此它可以区分 DNA 和 RNA 两类病毒,前者被抑制可达 95%,后者不受影响。但有三类 RNA 病毒例外:①呼肠孤病毒。它的基因组为双股 RNA,转录 RNA 时与 DNA 相仿;②正黏病毒和反转录病毒。它们在复制周期中某阶段依赖于 DNA,因此对放线菌素 D 敏感。

放线菌素 D 法的具体方法同卤化核苷酸法,只需将卤化核苷酸法之中的卤化核苷酸换为放线菌素 D(浓度一般为 5 ~ 10 pg/ml)即可。

注意:FUDR 和放线菌素 D 等抑制剂对细胞有一定的毒性,故用卤化核苷酸法或放线菌素 D 法鉴定病毒的核酸类型时,实验前应测定细胞对它的耐受力,以消除非特异抑制效应。

3)吖啶橙染色法

吖啶橙是一种荧光染料,在适宜条件下能与单股核酸广泛结合,结合染料的单股核酸分子的吸收光波从原来(游离染料)的 490 nm 转移到 464 nm,结果在紫外线照射下发出鲜红色荧光;而当染料与双股核酸相遇时,结合甚为轻微而且容易解离,吸收光波从 490 nm 转移到 502 nm,结果在紫外线照射下发出绿色荧光。因此,用此法可测定核酸股数,并可区分 DNA 病毒和 RNA 病毒。

a. 试剂的配制

(1)Carnoy 氏固定液:冰醋酸 1 份,无水酒精 6 份,氯仿 3 份。

(2)Mcllvaine 氏缓冲液:0.1 M 枸橼酸(19.2 g 枸橼酸溶于 1 000 ml 25% 甲醇中)100 ml,0.2 M 磷酸氢二钠(28.4 gNa_2HPO_4,溶于 1 000 ml 25% 甲醇中)100 ml。

(3)吖啶橙染色液:将吖啶橙溶于 Mcllvaine 氏缓冲液中,配制成 0.01% ~0.001% 的浓度。

b. 染色方法

将病毒感染的组织培养细胞飞片用 PBS 冲洗 2 ~3 次后放 Carnoy 氏固定液中固定 10 min 左右;依次浸于 100%、80%、70%、50%、30% 的酒精溶液和蒸馏水中各 2 ~3 min;浸于 Mcllvaine 氏缓冲液中 5 min;置 0.01% ~0.001% 的吖啶橙染色液中染色 5 min;再次用 Mcllvaine 氏缓冲液漂洗 5 min;于一载玻片上加一滴 Mcllvaine 氏缓冲液,将染色的飞片翻转,使标本向下,压在缓冲液滴上,置荧光显微镜下观察。

c. 结果判定

吖啶橙易与核糖体的单股 RNA 结合,发出红色荧光,且某些病毒的 CPE 常对核糖体有影响,因此应注意区分且应有正常细胞对照。正常细胞核呈黄绿色,核仁橘红色,胞浆暗红色。感染细胞的核中双股 DNA 病毒呈黄绿色荧光小颗粒,包涵体可能呈不同形状;胞浆中复制的双股 DNA 或 RNA 病毒在暗红色背景中发出黄绿色荧光;单股 RNA 病毒发出鲜红色荧光。

d. 注意

若整个细胞发出红色荧光,可能是吖啶橙染色液的浓度或 pH 不对,一般溶液的浓度大于 0.05%、pH 高于 6 时会出现此现象。

4)核酸酶处理法

病毒在低温条件下用饱和酚处理,可将其核酸与蛋白质衣壳分离获得纯净的病毒核酸,有些病毒的这种核酸对细胞培养甚至对动物仍保持一定的感染性。分别用 DNase 和 RNase 与病毒核酸混合后接种组织培养细胞或动物,若用 RNase 处理后的核酸感染力丧失,而 DNase 处理后感染力基本不变,则为 RNA 病毒;反之即为 DNA 病毒。

5)Feulgen 染色法

用于鉴定细胞内的 DNA 病毒。其原理是标本用 1N 的盐酸在 60 ℃水解,将 DNA 分子中脱氧核糖和嘌呤碱之间的连链打开,使之释放醛基和 Schiff 试剂中亚硫酸品红结合,呈现紫红色物质即 DNA。

6)放射性同位素标记法

在营养液中加入放射性同位素^{3}H 或^{14}C 标记的尿核苷或胸腺嘧啶核苷,当病毒在细胞中繁殖时,放射性同位素^{3}H 或^{14}C 标记的尿核苷或胸腺嘧啶核苷即掺入病毒核酸中,将病毒滴于滤纸处理后用液体闪烁计测定放射量,并与已知病毒和空白对照对比,即可判定是 DNA 病毒还是 RNA 病毒。

2. 颗粒大小的测定

测量病毒粒子大小的方法较多,有电子显微镜直接测量法、过滤法、超速离心沉淀法等,但用得较多的是电子显微镜直接测量法和过滤法。

1)电子显微镜直接测量法

电子显微镜可直接观察到病毒的大小,将标本悬液置于载网膜上,进行负染色观察,对照电镜视野标尺,可以直接算出病毒粒子的实际大小。

2)过滤法

将病毒液通过不同孔径大小的滤膜,根据通过与滞留病毒的孔径和滤过的病毒的感染滴度而间接测定病毒的大小。其方法如下:

(1)将病毒液(应含有少量的蛋白质,以防止病毒颗粒被滤膜或滤板吸附,一般用含 2% 血清或 0.5% 明胶或 0.5% 清蛋白的 MEM,10 000 r/min 离心 20 ~ 30 min,吸取上清液进行测定。

(2)将上清液分别通过不同孔径的滤器。

(3)将未过滤的病毒液以及通过各级孔径的滤液分别用敏感细胞或实验动物测定感染力,并计算出 LD_{50} 或 $TCID_{50}$。

(4)根据通过与滞留病毒的孔径与滤过的病毒的感染滴度计算出病毒的大小。

3. 对酸的敏感性

多数病毒对酸都较敏感,在 pH6 ~ 8 范围内保持稳定,而在 pH5 以下的酸性环境和

pH9 以上的碱性环境中迅速失活,但也有一些病毒比较耐酸。例如,同是小 RNA 病毒科,鼻病毒和口蹄疫病毒对酸敏感,而肠病毒却耐酸。因此,测定病毒的耐酸性也是病毒鉴定上的一个重要指标。其方法如下:

(1)将待鉴定的病毒悬液离心沉淀后,取上清液等量分装于 2 个小管中。

(2)将 1 个小管中的病毒液用 0.1N 的 HCl(或 Tris 缓冲液)调节 pH 值至 3.0,于另一小管的病毒液中加入相等于用酸量的灭菌生理盐水作为对照管。

(3)37 ℃或室温感作 2 h。

(4)加酸管用 7.5% $NaHCO_3$,调节 pH 值至 7.2 后与对照管一起分别接种敏感宿主(动物、细胞或鸡胚)测定感染力。

(5)若加酸管的感染力比对照管的感染力低 2 个对数以上者,则证明病毒对酸敏感;相差不到 1 个对数者,则证明病毒耐酸。

4. 对脂溶剂的敏感性

病毒的核衣壳和外层囊膜含有脂质,它能被乙醚、氯仿、丙酮、脱氧胆酸钠等脂溶剂所破坏,使病毒灭活。因此,大多数有囊膜的病毒对乙醚等脂溶剂敏感。一般来说,乙醚破坏囊膜的作用最大,氯仿次之,丙酮又次之。

1)对乙醚的敏感性

(1)将待检病毒液 13 000 r/min 的速度离心 30 min。

(2)将上清液分为 2 管,一管加入 1/4 病毒液量的乙醚,另管不加作对照。

(3)置 4 ℃18 ~ 24 h,其间时常振荡。

(4)加乙醚管 13 000 r/min 的速度离心 30 min,用吸管吸弃上层乙醚,下层病毒液转入另一灭菌广口容器内并适当吹打,使乙醚挥发。

(5)将乙醚管和对照管接种适当的宿主细胞,测定感染力。

(6)判定结果:若乙醚处理管的感染力比对照管的感染力低 2 个对数以上者则说明病毒对乙醚敏感。

2)对氯仿的敏感性

(1)将待检病毒液分为 2 管,一管加入 5% ~ 10% 病毒液量的分析纯氯仿,另管加同量的生理盐水或维持液作对照。

(2)置 4 ℃或室温振荡混合 10 min。

(3)加氯仿管 11 000 r/min 的速度离心 10 min,用吸管吸出上层病毒液。

(4)将氯仿管和对照管接种适当的宿主细胞,测定感染力。

(5)判定结果:若氯仿处理管的感染力比对照管的感染力低 2 个对数以上者则说明病毒对氯仿敏感。

3)对脱氧胆酸钠的敏感性

(1)将待检病毒液 13 000 r/min 的速度离心 30 min。

(2)将上清液分为 2 管,一管加入与病毒液等量的 0.2% 脱氧胆酸钠(用含 0.75% 牛血清白蛋白的磷酸缓冲液配制),另管加等量的磷酸缓冲液或营养液作对照。

(3)混合后置 37 ℃感作 1 h。

(4)用 pH7.2 的 PBS 在 4 ℃透析 24 h,其间换液 3 次,以除去残留的脱氧胆酸钠。

(5)将脱氧胆酸钠处理过的病毒液和对照病毒液接种适当的宿主细胞,测定感染力。

(6)判定结果:若脱氧胆酸钠处理病毒液的感染力比对照病毒液的感染力低2个对数以上者,则说明病毒对脱氧胆酸钠敏感。

5.耐热性试验

将待检病毒液分成等量的10小管,取4管分别置于50 ℃、60 ℃、70 ℃和80 ℃水浴中1 h,另6管置于50 ℃水浴中分别感作5、10、15、30、60 min和3 h,然后测定感染力,通过比较经不同温度感作后的病毒液与未经温度感作的病毒液滴度下降情况来判断病毒的耐热情况。常常把50 ℃ 30 min当做病毒耐热性试验的一个标准。但是,营养液中的某些物质,例如L-半胱氨酸、L-胱氨酸能影响病毒对热的敏感性,因此试验中条件的标准化是非常重要的。

某些二价阳离子,例如$MgCl_2$,能明显提高某些病毒对50~55 ℃高温处理的抵抗力。猪水疱病毒经50 ℃1 h活力几乎全部丧失,但在1 M的$MgCl_2$溶液中50 ℃1 h活力并不明显降低;对口蹄疫病毒和水疱疹病毒没有这种保护作用;而呼肠孤病毒在1 M的$MgCl_2$溶液中50 ℃ 5~15 min后,感染力反而提高。二价阳离子保护试验也是某些病毒鉴定的指标之一。

6.病毒的浮密度

病毒的浮密度指病毒在某种物质的水溶液中,于单位体积内的质量(g)。即将病毒悬浮于具有浓度梯度的某些物质的溶液中,区带离心后,病毒被驱赶到一定的区域内,该区域溶液的密度就是病毒的浮密度。测定病毒的浮密度一般采用氯化铯平衡密度梯度离心进行。

(1)用pH7.6的PBS将氯化铯配成比重为1.30、1.35、1.40、1.45、1.50的溶液。

(2)将上述溶液由低浓度到高浓度依次加入离心管中,每种浓度的溶液柱高1 cm。

(3)放置过夜,使不同浓度的溶液相互渗透扩散,形成均匀的密度梯度介质。

(4)以病毒样品与梯度溶液之比为1∶20左右的比例于上述密度梯度溶液的表面加入病毒样品,然后用液体石蜡充满离心管。

(5)35 000~45 000 r/min的速度超速离心6 h,取样检查。

(6)用不同比重的煤油-溴苯混合液测定每一级份的样品密度。

(7)将每一级份的样品感染敏感宿主,测出每一级份的病毒含量,确定出病毒在离心管中集留的区带位置。

(8)在同一坐标上绘出滴度级份曲线和密度级份曲线。

(9)据病毒峰值相对应的级份曲线查找被测病毒的浮密度值。大部分病毒的浮密度值在1.1~1.4 g/cm。

(五)血清学鉴定

病毒的血清学诊断是基于抗原抗体反应这一原理而设计的。它是病毒分离与鉴定、电镜技术的发展与补充。

1.免疫荧光法(IF)

分直接法与间接法两种,这种方法可检测病毒抗原,也可检测病毒抗体。从病人病灶的组织中用免疫荧光法直接检查病毒抗原,1~2 h可出结果,如将病人标本经过组织培养接种再对感染细胞进行检查,2～3 d 后可出结果。

2. 免疫酶法(ELISA)

免疫酶法的基本原理和方法同免疫荧光法,所不同的是采用过氧化物酶作为标记抗体,标记物与基质中的抗原作用后,在底物的作用下显色,用肉眼或酶标仪观察结果。

检测病毒抗原一般采用 ELISA 夹心法,这种抗原一般为大分子可溶性抗原。颗粒性抗原通过理化方法裂解可提高检测的敏感性。若要检出标本中少量抗原,必须有高效价特异性抗体。单克隆抗体为满足这种物质条件提供了可靠的基础。

ELISA 检测 IgM 抗体是快速诊断病毒感染的常用方法。血液标本宜在室温分离血清后再行冷藏,这样不至于损失血液中的 IgM 抗体。

与免疫荧光法相比,免疫酶法克服了它的缺点,不仅具有特异、快速、可靠的特点,而且较其敏感,结果判断客观,不需特殊设备,这项技术已在广大基层医疗单位使用。

3. 单克隆抗体技术

免疫学检测系统的效能在很大程度上取决于免疫试剂的性能,单克隆抗体在免疫测定系统中有很多优点:①可以持续提供性能稳定试剂的抗体;②高度纯化、敏感性及特异性明确;③与病毒的反应和与宿主成分的反应有区别;④可用于检测病毒的特征。当然,单克隆抗体亦有缺点,最重要的缺点是与抗原的反应谱窄,在进行临床标本检测时,可能出现假阴性。单克隆抗体既可用于检测抗原,也可用于检测抗体;既可用于免疫荧光法,也可用于免疫酶法。实际上,单克隆抗体技术是免疫学技术在方法上的改进与提高。

(六)病毒基因的鉴定

在 CPE 出现前,用分子生物学技术直接检查感染细胞或其上清液中病毒抗原(或核酸)是目前鉴定病毒的有效途径。分子生物学技术的发展,出现了利用核酸链间碱基互补原理的基因诊断方法,亦称为第三代诊断方法。它由核酸分子杂交法和体外基因扩增法组成,有两个重要特点:①特异性强。核酸碱基配对有很强的专一性,有一定长度的探针或引物,能忠实地查出待检标本中有无互补序列。假阳性低,所需样品量少。②敏感性高。基因诊断检查的量从 ps 级(探针法)到 as 级(扩增法),用扩增法可从一根头发、一个细胞中检出目的基因。

1. 核酸分子杂交技术

核酸杂交的方法主要分为 Southern 杂交和 Norhern 杂交两大类。其他方法是在这些方法的基础上衍生出来的。任何杂交的方法必须常规地从标本中提取 DNA 或 RNA,包括溶解细胞、蛋白酶消化蛋白质以及酚或其他试剂提取核酸。标记探针一般从质粒中提取制备,这是因为它可获得大量的克隆 DNA,也可用人工合成的寡核苷酸作为标记探针,放射性同位素标记是常用的技术。20 世纪 80 年代以后,人们着力于非放射性同位素标记技术的建立,最广泛使用的是生物素标记探针,后来发展到用地高辛甙作为标记物的探针。标记方法也在不断改进和完善,最初采用的是缺口翻译掺入标记法,后来改进为随机引物掺入标记法,以后又出现了光敏标记法,其目的是简化操作步骤和提高敏感性。在显示系统方面,放射自显影转印显示是同位素标记显示的敏感方法,非放射性标记以酶标显示最为常用。胶体金显示法不仅可用光学显微镜观察,也可用电镜观察,因此在原位杂交中尤为适用。

2. PCR 技术

如果待测样品很少或样品中仅含单一拷贝的基因,则应用核酸分子杂交法检测往往达不到要求,而出现假阴性结果。1985 年提出的体外基因扩增技术(PCR)使基因诊断方法发生了革命性的变化。这项技术可使待检样品中的目的基因片段在几小时内扩增上百万倍,也就是说,这项技术可以检测到几个病毒的存在。因此,PCR 技术是检测病毒最敏感的技术。有关 PCR 原理等内容将在后文介绍。

3. 基因检测技术的应用

在病毒病原的检测方面,基因检测技术有与传统的检测技术(如病毒分离、电镜、免疫学技术)所不及的优点。在下列情况下,基因检测技术具有其他方法不可替代的应用价值。①标本收集、运送过程中的灭活作用,使标本中已无感染病毒存在,或者仅有病毒的缺陷性颗粒,或病毒存在于免疫复合物中,或仅仅以整合型或非整合型存在;②标本中已污染有其他微生物,特别是其他型别的病毒;③所检测的病毒不能在体外培养或培养特别费时;④缺乏特异性的免疫学检测试剂;⑤慢性携带状态时,需要确定体内是否有潜在的病毒;⑥鉴别组织内何种细胞有病毒或病毒核酸存在。

第六节　病毒提纯技术

一、病毒的提纯

病毒提纯就是应用各种物理、化学和生物的方法,以不使病毒损伤和灭活为前提,从含有病毒的组织或细胞等样品中提取出纯净、浓缩的病毒。由于病毒的生长特性、理化特性和宿主的性质不尽相同,因此每种病毒都具有各自的提纯方法,但提纯病毒的方案一般依据病毒的两个主要特点:一是病毒好似大的蛋白质颗粒,因此可应用提纯蛋白质的一些方法;二是病毒粒子具有高度一致的大小、形状和密度,因此可应用分级分离的技术。在实践中往往是使用一种主要的方法,或配合其他几种方法,以达到提纯病毒的目的。

(一)物理提纯法

物理提纯法一般是采用超速离心,这是提纯病毒常用的方法之一。使用超速离心分离提纯病毒有三种方法:差速离心法、等密度梯度离心法和平衡密度梯度离心法。

1. 差速离心法

差速离心法是将被分离的病毒样品进行低速离心与高速离心或超速离心交替处理而获得部分纯度的病毒样品。具体方法是:以中速离心(10 000 r/min,20 ~ 30 min)除去较大的宿主细胞碎片及其他较大的杂质,然后选择超速离心(40 000 ~ 100 000 *g*,1 ~ 2 h)使大多数已知病毒颗粒从病毒悬液中沉淀下来。

该法主要适用于组织培养液、鸡胚尿囊液或经过红细胞吸附—释放的病毒如新城疫病毒悬液中的病毒提纯。如果提取纯化病料组织中或组织培养细胞中的病毒以及细胞结合性病毒,则应先将组织细胞冻融或经超声波裂解器将细胞打碎,释放出病毒后再使用本方法。

2. 等密度梯度离心法

等密度梯度离心法是在密度连续呈阶梯变化的介质溶液中离心沉降病毒粒子的一种带状分离方法。由于构成介质溶液的密度不同呈梯度状态，则被分离的物质如病毒粒子等的沉淀状况也产生了差异，并通过梯度保持重力的稳定性，抑制对流。它能将病毒颗粒部分地或完全地根据它们的密度在介质溶液中分离开来。本法利用比重大于水的某些溶质如蔗糖、甘油、蔗聚糖、酒石酸钾、氯化铯、氯化铷等，制成含有连续递增或递减的密度的介质溶液；而此等介质本身不能对病毒样品有任何渗透、凝结或灭活等影响；将病毒样品溶液层加于预先制备好的密度梯度层的顶部，借助病毒粒子或其他成分本身的密度差别，在离心力的作用下沉降到密度相等的介质层内，最后排列成带状停留不动，密度小的离子或成分停留在上面，密度较大的离子或成分沉降于下面。

利用此法可以获得相当纯净的病毒样品。病毒粒子成分的沉降速度取决于其大小、形状、比重以及离心力、介质的密度和黏度。制备密度梯度，一般都用蔗糖，因其易溶于水，且对核酸及蛋白质无不良影响，常用的梯度范围从10% ~60%不等。

具体操作如下：

(1)将0.14 M的NaCl配成10% ~60%的数个蔗糖梯度溶液，各取0.7 ml，置于5 ml装的醋酸纤维素的离心管中形成密度梯度，将离心管静置4 ℃12 h，即可构成一个连续的梯度。离心管的大小根据离心样品的多少及转头决定之。而蔗糖介质溶液添加量又随离心管的大小而定。

(2)取0.7 ml预先提纯好的病毒液，置于密度梯度的顶部，一般采用水平转头，然后根据需要确定离心速度和时间(超速离心)。病毒能较好地部分沉淀于蔗糖溶液的某个密度部分。可用注射器分别吸取每个梯度的液体材料进行感染试验或用负染电镜观察，以确定是否为纯病毒粒子或杂质。

3. 平衡密度梯度离心法

平衡密度梯度离心法是根据粒子的浮密度不同形成一系列的区带而加以分离。一般应用重金属盐如氯化铯(CsCl)、氯化铷(RbCl)、硫酸铯(Cs_2SO_4)、溴化钾(KBr)、酒石酸钾($K_2C_4H_4O$)等无机或有机盐类的溶液制备介质梯度，通常浓度范围为6 ~9 M，病毒溶液样品可在介质梯度形成之前或形成之后加入。若在介质梯度形成之前加入病毒样品，则需离心24 ~72 h；若在介质梯度形成后再加入病毒样品，则只需离心几个小时即可使颗粒达到悬浮介质同等密度点，即相同的溶液密度位置。也就是使样品中病毒粒子通过长时间的超速离心，而分布于相应介质梯度的区域内。这种方法广泛用于病毒和核酸的提纯上。

(二)化学提纯法

1. 沉淀法

本法主要是从稀的病毒悬液中沉淀浓缩病毒，一般是用作其他方法的辅助手段。例如常常是将稀的病毒材料经沉淀浓缩后，用离心等方法除去非病毒蛋白或杂质而提纯病毒。

1) 中性盐沉淀法

中性盐沉淀法也就是通常所说的盐析法。病毒一般在45% ~50%或以上饱和度的中性盐溶液，如饱和硫酸铵或饱和硫酸钠溶液中沉淀而仍保持其感染性。在加入硫酸铵或硫酸钠后应于冰浴中放置几小时或过夜，可增加回收量。但本法对病毒的沉淀并不十分彻底，一般能沉淀80%左右的病毒颗粒。

本法常用来沉淀细胞培养液和尿囊液中的病毒，现以疱疹病毒为例：将病毒细胞培养液或尿囊液经3 000 r/min离心30 min去沉淀后，加入等体积的饱和硫酸铵溶液（边加边搅拌），然后置4 ℃冰箱中过夜；经8 500 r/min离心30 min，沉淀物以少量pH7.4的PBS溶解后再置4 ℃冰箱中过夜；经10 000 r/min离心30 min去沉淀后，上清液浓缩至原体积的1/10。

本法对黏病毒、副黏病毒及某些疱疹病毒具有较好的沉淀效果，如流感病毒、新城疫病毒等用此法可获得病毒的半纯化制剂。

2）聚乙二醇（PEG）沉淀法

PEG是一种水溶性非离子型聚合物，分子量范围很广，常用于病毒沉淀的是分子量2 000～6 000的PEG。

PEG沉淀病毒的具体方法是：将病毒液（细胞培养液或尿囊液）3 000 r/min离心30 min，去沉淀后，加入PEG和NaCl至所需的浓度（可将PEG和NaCl固体分别加入，也可事先混合配制成浓溶液），边加边搅拌，然后置4 ℃冰箱中过夜；经8 500 r/min离心30 min，沉淀物以少量pH9.0的PBS溶解后再置4 ℃冰箱中过夜；经10 000 r/min离心30 min去沉淀后，上清液浓缩至原体积的1/10。

中性盐和聚乙二醇沉淀法是在病毒提纯中应用得最广的两种沉淀方法，此外还有以下一些沉淀方法：

（1）酸处理或等电点沉淀法：在不含盐类的溶液中，病毒和别的蛋白质一样，于狭隘的pH范围内沉淀。在此pH条件下，蛋白质或病毒颗粒之间，由于所带电荷被中和，因而失去相互排斥的作用而沉淀。大部分病毒的等电点在pH4.0～5.5，于pH3～6范围内沉淀。在使用等电点沉淀前，病毒悬液必须先用无离子水透析，除净盐离子，以免影响电荷。

（2）有机溶剂沉淀法：乙醚、甲醇、氯仿、正丁醇以及氟化碳等有机溶剂均可用来提纯病毒，例如甲醇、乙醇可沉淀流感病毒。但在使用本法时应注意乙醚、氯仿等对含类脂质的病毒有灭活作用。

（3）鱼精蛋白沉淀法：鱼精蛋白具有携带其他蛋白质的作用，能和直径大于50 pm的大病毒共沉淀而不影响病毒的感染力。当向这种沉淀物加入1 M的氯化钠时，病毒又重新释放到悬液中，而鱼精蛋白仍然沉淀。直径小于50 pm的病毒则不与鱼精蛋白共存。因此，可利用鱼精蛋白去除小病毒材料中直径大于50 pm的异种蛋白质，或将大病毒与直径小于50 pm的杂质分开。一般使用浓度为1～5 mg/ml。

（4）核酸沉淀法：在低pH环境中核酸亦能与病毒缔合而沉淀。在pH3.5、温度5 ℃条件下，于病毒的组织悬液中加200 mg/ml的细菌核糖核酸，放冰箱静置24～72 h，病毒与核酸即产生沉淀；用低速离心分离并用pH3.5、0.063 M的磷酸缓冲液洗滴沉淀后，溶于内含2% NaCl、pH8.5、0.063 M的磷酸缓冲液；用1 N的氢氧化钠将pH调到7.0；用核酸酶处理去除核酸；再用硫酸铵和等电点沉淀法沉淀纯化。

2. 液体两相分配系数法

高分子物质以溶质形式存在于两相溶剂系统中时,可选择性地分配于一方,此原理可用于病毒的浓缩和提纯。常用的两相溶剂系统是水溶性聚合物葡聚糖硫酸盐(Dextran-sulphate,Ds)和聚乙二醇(PEG)的水溶液,即 Ds - PEG 系统。除此而外,还有 Ds - PVA(葡聚糖 - 甲基纤维素)和 Ds - Me(葡聚糖 - 聚乙烯醇)等其他系统。试验时把两相溶剂以适当的重量百分比混合后加入病毒材料,振荡混合,病毒与杂质分配于不同的相;调节两相体积,可使大部分病毒进入小体积相中;再将 PEG 或 Ds 等除去(例如,Ds 可用 KCl 溶液沉淀除去)即可获得浓缩与纯化的病毒。但如需获得高纯度的病毒,尚需配合其他方法,如高速离心、密度梯度离心等。

3. 层析法

病毒粒子是一种高分子核蛋白,其表面也携带有特定的电荷群,故对离子交换树脂、凝胶等吸附剂具有亲和性,因此可用这类吸附剂将病毒样品中的病毒粒子进行特异性的吸附(正吸附),然后应用适当浓度的离子溶液将吸附的病毒粒子洗脱下来而回收;或者利用吸附剂仅吸收宿主细胞等非病毒蛋白(负吸附),而使病毒粒子通过,然后收集此病毒洗脱液,经超速离心回收病毒。

(三)生物提纯法

用生物方法进行病毒提纯最常见的是红细胞吸附法,某些病毒如黏病毒和副黏病毒等 4 ℃时可吸附于红细胞,而在 20 ℃时却从红细胞上脱离下来,利用此方法可纯化病毒。

二、病毒的蚀斑隆技术

病毒在已长成单层的细胞上生长、繁殖后形成的局限性病灶叫空斑或蚀斑。将适当稀释的病毒悬液接种敏感的单层细胞,再在单层细胞上覆盖一层固体介质,例如琼脂,则当病毒在最初感染的细胞内增殖后,由于固体介质的限制,只能进而感染和破坏邻近的细胞。经过几个这样的增殖周期,就将形成一个局限性的变性细胞区,直径 1 ~ 2 mm 至 3 ~ 4 mm,这就是蚀斑。

不同的病毒所产生的蚀斑大小和形态亦不相同,犹如不同的细菌形成不同的菌落一样。为了便于观察,常在覆盖琼脂中加入使细胞着色的染料像台盼兰、中性红等。

由上可见,从理论上讲,一个病毒粒子可以形成一个蚀斑(当然实际情况并非如此)。因此,该技术可用来进行病毒感染力的测定和进行病毒株的纯化(克隆)。

(一)培养瓶蚀斑技术

(1)将刚长成致密单层细胞的培养瓶内营养液倒出,把待检病毒进行 10 倍系列稀释后分别接种,每个培养瓶 0.1 ~ 0.5 ml,轻轻摇动使接种物均匀分布于细胞面上。

(2)置 37 ℃吸附 1 ~ 2 h 后,加入融化后冷至 40 ℃左右的含中性红染料的琼脂覆盖培养基,使其均匀地覆盖住细胞面。

(3)平放待琼脂培养基凝固后,将培养瓶翻转过来,置 37 ℃暗处避光培养(含中性红的培养基由于光敏感作用,可以损伤培养细胞)数日,出现蚀斑后,观察、计数。

(二)微量细胞培养板蚀斑技术

(1)将六孔培养板的各孔已长成致密细胞单层营养液吸出弃之,把待检病毒进行 10

倍系列稀释后分别接种于各孔内,每孔 0.1 ~0.2 ml,轻轻摇动使接种物均匀分布于细胞面上。

(2)置 37 ℃的 CO_2:培养箱中吸附 1 ~2 h 后,加入 1% 的甲基纤维素覆盖培养基,使其均匀地覆盖住细胞面。

(3)置 37 ℃的 CO_2:培养箱中培养 2 ~7 d(据病毒种类而定)。

(4)将覆盖的甲基纤维素吸出弃去,用含有 5% 福尔马林和 1% 结晶紫的固定染色液固定和染色感染细胞,每孔加入 0.5 ~2 ml。

(5)20 min 后,用自来水轻轻冲洗,观察、计数蚀斑。

(三)培养基与溶液的配制

1. 琼脂覆盖培养基

由于细胞和病毒种类的不同,所用于覆盖的琼脂培养基成分有些微小的差异。例如鸡胚原代细胞一般用 0.5% 乳蛋白 - 犊牛血清营养琼脂;哺乳动物肾细胞和传代细胞等则用 M - MEM 等配制的营养琼脂。实际上一般也就是在该细胞和病毒常用营养液的基础上含 15% 左右的琼脂,但注意配制琼脂覆盖培养基的 Earle 氏液或 MEM 等必须不含酚红。下面列举两种常用的琼脂覆盖培养基的配制方法。

1)0.5% 乳蛋白 - 犊牛血清营养琼脂

A 液:3% 琼脂。琼脂 3 g,蒸馏水 100 ml,将琼脂加入蒸馏水中加热融化后,121 ℃高压灭菌 20 min 即成。

B 液:1% 乳蛋白水解物 80 ml(用不含酚红的 2XEarle 氏液配制并高压灭菌),犊牛血清 1 ~4 ml,1% 中性红 2 ml(高压或过滤除菌);7.5% 碳酸氢钠 6 ml(高压或过滤除菌)(或加至使溶液呈红黄色),青、链霉素溶液(1 000 U/ml)2 ml,按上述比例混合即成。

使用前将冷至 43 ℃的 A 液与预热至 37 ℃的 B 液等量混合,立即覆盖于感染的细胞表面,并避光培养。

2)E - MEM - 犊牛血清营养琼脂

A 液:3% 琼脂。B 液:2 × MEM80 ml(用不含酚红的 MEM 粉剂配制并过滤或高压灭菌),犊牛血清 1 ~4 ml,1% 中性红 2 ml(高压或过滤除菌),7.5% 碳酸氢钠 6 ml(高压或过滤除菌)(或加至使溶液呈红黄色),青、链霉素溶液(1 000 U/ml)2 ml,按比例混合即成。

使用前将冷至 43 ℃的 A 液与预热至 37 ℃的 B 液等量混合,立即覆盖于感染的细胞表面,并避光培养。

2. 甲基纤维素半固体培养基

A 液:1% 甲基纤维素。甲基纤维素 1 g,蒸馏水 100 ml,将甲基纤维素粉加入冷蒸馏水中充分搅拌混合后,121 ℃高压灭菌 20 min;置 4 ℃冰箱中,开始几小时内,经常摇动瓶子,以后每天摇动数次,2 ~3 d 即完全溶解成为透明的液体。

B 液:同 0.5% 乳蛋白 - 犊牛血清营养琼脂的 B 液或 E - MEM - 犊牛血清营养琼脂的 B 液。

使用前将冷 43 ℃的 A 液与预热至 37 ℃的 B 液等量混合,立即覆盖于感染的细胞表面,并置 CO_2 培养箱中培养。

3. 福尔马林－结晶紫固定染色液

(1)5%结晶紫原液:25 g结晶紫粉溶于475 ml无水乙醇,过滤去掉结晶。

(2)1%染色工作液:5%结晶紫原液100 ml,福尔马林(含40%甲醛)25 ml,生理盐水375 ml。

(四)病毒克隆技术

为了得到纯化的病毒,需要对病毒进行克隆,目前所采用的方法是挑斑法。前已述及,从理论上讲,一个病毒粒子形成一个蚀斑,因此通过一次或数次挑斑(克隆蚀斑)即可得到纯化的病毒株。挑斑法的具体方法如下:

(1)将待克隆病毒进行10倍系列稀释后分别接种培养瓶或培养板,37 ℃吸附后,加入融化后冷至40 ℃左右的含中性红染料的琼脂覆盖培养基,使其均匀地覆盖住细胞面,置37 ℃暗处避光培养至出现蚀斑。

(2)选择蚀斑清晰、蚀斑数较少,且斑间距离不小于10 mm的培养瓶或培养孔进行挑斑。

(3)用带有橡皮乳头的吸管(培养板或培养皿可用直吸管,培养瓶用弯头吸管)直接吸取选定的蚀斑(连同琼脂一起)放入0.5～1 ml的营养液内。

(4)反复冻融3次,使病毒充分释出,用之接种敏感细胞使其增殖,观察蚀斑的大小与形态是否一致。

(5)如上反复进行3次,一般即可达到纯化病毒的目的。

第五章　真菌学检验基本技术

第一节　形态学检查

一、直接镜检

浅部真菌感染的标本，如皮屑、毛发、甲屑等经1%氢氧化钾等处理溶解角蛋白质，使标本透明后直接涂片镜检。如镜下有菌丝或和孢子存在，即可诊断为真菌感染。部分深部真菌感染的标本，如脓汁、体液组织等离心沉淀，以生理盐水适当稀释后即可直接涂片镜检。但此法不能确定菌种。

二、染色镜检

深部真菌，如组织病理检查时，染色后才有利于镜检。常用以下一些染色。

(1)HE(苏木素-伊红)染色，用于多种真菌。

(2)革兰染色，用于孢子丝菌、念珠菌等，真菌为革兰阳性。

(3)乳酸酚棉蓝染色，用于各种真菌培养物涂片。

(4)过碘酸锡夫染色(PAS)，用于体液渗出液和组织匀浆等，真菌胞壁中的多糖染色后呈红色，细菌和中性粒细胞偶可呈假阳性，但与真菌结构不同，不难区别。

(5)嗜银染色(GMS)，真菌染成黑色。

第二节　真菌培养

真菌培养的主要目的在于确定真菌的菌种，以弥补直接镜检的不足。真菌培养与细菌培养相比，大同小异，但真菌具有抵抗力强、易于培养、菌落较大、杂菌污染易于发现且培养较简便等特点。

一、培养基

(1)普通培养基：多选择沙氏琼脂(SDA)，改良沙氏琼脂、玉米琼脂，察氏培养基和马铃薯葡萄糖琼脂培养基。

(2)鉴别培养基：组织成分特殊的各种培养基，用于菌种鉴定。

二、培养方法

培养方法有多种，按临床标本接种时间分为直接培养法和间接培养法，按培养方法分为试管法、平皿法(大培养)和玻片法(小培养)。

（一）直接培养

采集标本后直接接种于培养基上 28 ℃培养 24 ~ 72 h。

（二）间接培养

采集标本后，暂保存，以后集中接种。

（三）试管培养

试管培养是临床上最常用的培养方法之一。培养基置于试管中，主要用于临床标本分离的初代培养和菌种保存。

（四）大培养

将培养物接种在培养皿或特别的培养瓶内，主要用于纯菌种的培养和研究。

（五）小培养

主要用于菌种鉴定。大致分为三种：玻片法、方块法和钢圈法。

1. 玻片法

在消毒的载玻片上均匀浇上熔化的培养基，凝固后接种待检菌株、培养。待真菌生长后，盖上无菌的盖玻片，置显微镜下直接观察。适用于酵母菌及酵母样菌的鉴定。

2. 方块法

用无菌小铲或接种刀将固体培养基琼脂划成 1 cm^2 大小的小块（见图 5-1（a））；取一块置无菌载玻片上，然后在小方块四边的中央接种待检菌株，盖上无菌盖玻片，放在无菌平皿的 V 形玻棒上，底部铺上无菌滤纸，并加入少量无菌蒸馏水，孵育（见图 5-1（b））；待菌落生长后直接将载玻片置显微镜下观察（见图 5-1（c））。此法适用于丝状真菌（霉菌）的培养。

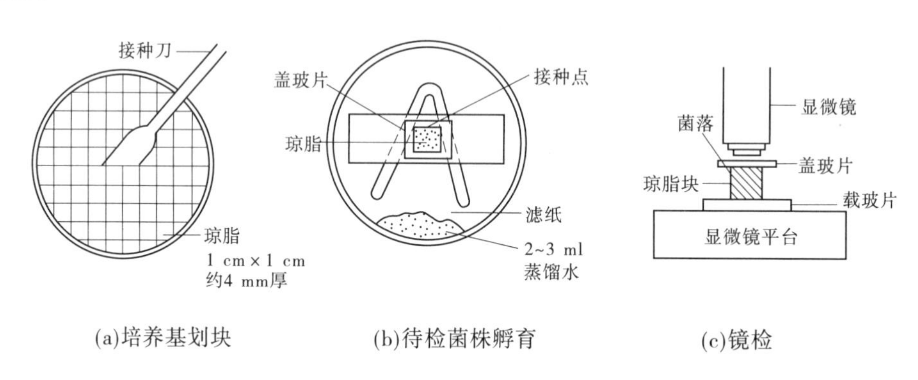

图 5-1 方块法小培养检查的示意图

3. 钢圈法

先将固体石蜡加热熔化，取直径约 2 cm、厚度约 0.5 cm、有环口的不锈钢小钢圈，火焰消毒后趁热浸入石蜡油，随即取出冷却；再取一无菌载玻片，火焰上稍加热，将小钢圈平置其上（环口向上），小钢圈即固定在载玻片上。用无菌注射器注入适量熔化的培养基（占小钢圈面积的 1/2），凝固后，再取一无菌盖玻片火焰上加热后盖在小钢圈上；最后用接种针伸入环口进行接种。余下过程同方块法。此法适用于丝状真菌的小培养。

三、培养检查

标本接种后，每星期至少检查两次，观察以下指标。

（一）菌落外观

1. 生长速率

菌落在 7～10 d 内生长，生长速度为快。3 星期只有少数生长者，生长速度为缓慢。一般浅部真菌超过 2 星期，深部真菌超过 4 星期仍无生长，可报告阴性。

2. 菌落大小

菌落多以直径毫米或厘米计其大小。菌落大小与生长速度和培养时间有关。

3. 菌落形态

真菌菌落可呈平滑、皱褶、凸或凹、大脑状、同心圆状、放射沟纹状、火山口状等多种多样形态。

4. 菌落性状

酵母菌和酵母样菌，菌落为光滑、柔软，呈乳酪状外观；霉菌菌落呈毛状，性状变化最多，有羊毛状、绒毛状、棉花状、粉末状、颗粒状、蜡状等不同形态。

5. 菌落颜色

不同的菌种表现出不同的颜色，呈鲜艳或暗淡。致病性真菌的颜色多较淡，呈白色或淡黄色，也有些致病性真菌颜色鲜明。有些真菌菌落不但本身有颜色，而且其培养基也可着色，如马尔尼菲青霉等，有些真菌菌落不但正面有颜色，其背面也有深浅不同的颜色。菌落的颜色与培养基的种类、培养温度、培养时间、移种代数等因素有关。所以，菌落的颜色虽在菌种鉴定上有重要的参考价值，但除少数菌种外，一般不作为鉴定的重要依据。

6. 菌落边缘

有的菌落的边缘整齐如刀切，有的参差不齐如羽毛状、锯齿状、树枝状或纤毛状，有的凸有的凹。

7. 渗出物

一些真菌如曲霉、青霉的一些菌落表面会出现液滴，注意其数量和颜色。

8. 菌落变异现象

有些真菌的菌落日久或经多次传代培养而发生变异菌落颜色减退或消失，表面气生菌丝增多等。

（二）显微镜检查

小培养可置普通显微镜下直接检查，而平皿和试管培养的菌落则需涂片检查。

第三节　真菌毒素检测技术

一、毒素的种类

中毒性病原真菌产生的真菌毒素是一类次生代谢产物，种类很多，据其主要中毒作用可分为：

（1）肝脏毒，主要致发肝细胞变性、坏死或引起肝硬化、肝癌，如黄曲霉素等。

（2）肾脏毒，主要引起急性、慢性肾变，可使肾功能完全丧失，如橘青霉素等。

（3）神经毒，主要造成大脑和中枢神经系统的损害，引起严重的出血和神经组织变性，如黄绿霉素。

（4）造血组织毒，主要损害造血系统，发生造血组织坏死或机能障碍等，如镰刀菌毒素。

二、真菌毒素的检测

在真菌毒素中毒性疾病，一般应对可疑的饲草、饲料进行真菌毒素检查和产毒真菌的检查。真菌毒素的检测可用免疫学检测或提取后用薄层层析，气相、液相色谱分析手段或接种动物作生物试验。兽医临床常见的毒素及检测方法见表5-1。

表5-1 兽医临床常见的真菌毒素及检测方法

毒素名称	产生菌	毒理作用	中毒动物	检测方法
黄曲霉毒素	黄曲霉菌 寄生曲霉菌	肝脏毒，急、慢性中毒，致癌，肝小叶周围或中央坏死，胆管异常增殖	火鸡、鸭、兔、猪、猫、犬、鱼、大鼠、小鼠	①动物试验法：饲喂1日龄鸭，可见肝坏死，出血，胆管上皮增生。 ②薄层层析法
棕曲霉毒素	棕曲霉	肝脏严重脂肪病变、肾萎缩、肾肿瘤	雏鸭、鸡、猪、火鸡	动物试验法：饲喂小鼠，诱发肝、肾、肿瘤
杂色曲霉素	杂色曲霉	肝、肾坏死及肝肿瘤	大鼠、猴	动物试验，大鼠口服或腹腔注射肝肾坏死
玉米赤霉烯酮	禾谷镰刀菌 串珠镰刀菌 三线镰刀菌 木贼镰刀菌	雌情发性毒素 猪子宫肿大、阴门外翻，流产胎儿畸形	猪、牛、人	动物试验：腹腔接种小鼠，引起腹泻，胃肠出血、口部有坏死灶而死亡
丁烯酸内脂	三线镰刀菌 雪离镰刀菌 木贼镰刀菌	造血障碍、水牛蹄腿烂、耳尖干性坏死	牛、马	
单端孢霉烯族化合物	镰刀菌	造血障碍、肝水肿、免疫抑制，食物中毒、神经毒	猪、马	

续表 5-1

毒素名称	产生菌	毒理作用	中毒动物	检测方法
黄绿青霉素	黄绿青霉	神经毒、中枢神经出血 呼吸麻痹	牛、犬、猴	动物试验:小鼠皮下注射,急性中毒死亡
橘青霉素	橘青霉 黄绿青霉	肾脏毒、肾功能障碍	牛、小鼠	动物试验:小鼠皮下注射、肾功能障碍损伤
麦角霉素	黑麦麦苗菌 雀阵麦角菌	生物碱类食物中毒	家畜、人	
甘薯黑斑霉菌毒素	甘薯黑斑病霉菌	呼吸困难	牛	

第六章　血清学检验技术

血清学检验技术按抗原抗体反应性质不同可分为凝聚性反应（包括凝集试验和沉淀试验）、标记抗体技术（包括荧光抗体、酶标抗体、放射性标记抗体、发光标记抗体技术等）、有补体参与的反应（补体结合试验、免疫黏附血凝试验等）、中和反应（病毒中和试验、毒素中和试验）等已普遍应用的技术，以及免疫复合物散射反应（激光散射免疫技术）、电免疫反应（免疫传感器技术）和免疫转印（Westen Blotting）等新技术。

第一节　凝集反应试验

细菌、红细胞等颗粒性抗原，或吸附在胶乳、白陶土、离子交换树脂和红细胞的抗原，与相应抗体结合，在有适当电解质存在下，经过一定时间，形成肉眼可见的凝集团块，称为凝集试验（agglutinationtest）。参与凝集试验的抗体主要为 IgG、IgM。凝集试验可用于检测抗原或抗体，最突出的优点是操作简便，深受基层工作者欢迎。

凝集试验可根据抗原的性质、反应的方式分为直接凝集试验（简称凝集试验）和间接凝集试验。直接凝集试验颗粒性抗原与凝集素直接结合并出现凝集现象的试验称作直接凝集试验（directagglutinationtest）。按操作方法可分玻片法和试管法两种。

一、玻片法凝集试验

玻片法凝集试验是一种定性试验，取已知诊断血清在玻片上与待测细菌相混合，在电解质存在下，数分钟后，如出现颗粒状或絮状凝集，即为阳性反应。此法简便快速，特异性强。适用于新分得细菌的鉴定或分型。如沙门氏菌的鉴定、血型的鉴定。也可用已知的诊断抗原悬液，检测待检血清中是否存在相应抗体，如布氏杆菌的玻板凝集反应和鸡白痢全血平板凝集试验等。具体操作方法如下：

（1）取一洁净载玻片，用蜡笔划分二等份。

（2）取 1∶5或 1∶10 诊断血清（市售诊断血清已做稀释，用前不必再稀释）于接种环置于玻片左端，在右端放一接种环生理盐水（对照）。

（3）用接种环取待鉴定的新鲜细菌少许，分别研磨乳化于诊断血清及生理盐水内使均匀混浊。上下颠倒玻片数次，1～3 min 后观察结果。阳性：盐水对照侧呈现均匀混浊，试验一侧明显凝集；阴性：对照侧及试验侧均为混浊不出现凝集者。

二、试管法凝集试验

试管法凝集试验是一种定量试验，可排除玻片法凝集试验的非特异凝集，是鉴定细菌更为准确可靠的凝集试验。用以检测待测血清中是否存在相应抗体和测定该抗体的含量，以协助临床诊断或供流行病学调查。操作时，将待检血清用生理盐水作倍比稀释，然后加入等量抗原,置 37 ℃水浴数小时观察。视不同凝集程度记录为 + + + +(100%凝集)、+ + +(75%凝集)、+ +(50%凝集)、+(25%凝集)和 -(不凝集)。以其 + +以上的血清最大稀释度为该血清的凝集价(或称滴度)。常用于霍乱弧菌、布鲁氏杆菌、沙门菌等的鉴定。

(一)操作方法

具体操作如下(见表 6-1):

(1)取 10 支小试管排列于试管架上,编号。

(2)于第 1 管中加生理盐水 0.9 ml,其余各管均加 0.5 ml。

(3)用 1 ml 吸管取诊断血清 0.1 ml 加入第 1 管,吸吹 3 次混匀,吸出 0.5 ml 移入第 2 管,吸吹混匀,再吸出 0.5 ml 移入第 3 管,以此倍比稀释至第 9 管,混匀后由第 9 管吸出 0.5 ml 弃去。第 10 管不加诊断血清作为对照。

(4)每管加被检菌液(10 亿/ml)各 0.5 ml。此时各管血清的稀释倍数为 1:20,1:40,1:80,…,1:5 120。

(5)充分振荡混匀后,置 37 ℃水浴 4 h,再置室温或 4 ℃冰箱过夜,观察结果。

表 6-1　试管定量凝集试验

试管	1	2	3	4	5	6	7	8	9	10(对照)
生理盐水(ml)	0.9	0.5	0.5	0.5	0.5	0.5	0.5	0.5	0.5	弃去 0.5
诊断血清(ml)	0.1	0.5	0.5	0.5	0.5	0.5	0.5	0.5	0.5	0.5
被检菌液(ml)	0.5	0.5	0.5	0.5	0.5	0.5	0.5	0.5	0.5	0.5
(10 亿~20 亿/ml)										
血清稀释度	1:20	1:40	1:80	1:160	1:320	1:640	1:1 280	1:2 560	1:5 120	—
于 37 ℃或 56 ℃水浴 4 h,初步观察结果,室温过夜,次日读取最后结果										

(二)观察方法

观察结果时注意先勿振动,一般先观察试管内上清液和管底下沉凝集物的特点,然后再轻摇试管使凝块从管底升起,最后按液体的清浊、凝块的大小记录。观察顺序为先观察第 10 管生理盐水对照,该管无凝集现象,仍均匀混浊,若久置也可能菌体自然下沉管底,呈乳白色圆点形,边缘整齐,轻轻振荡细菌迅速分散呈均匀混浊。然后自第 1 管向后观察。

(三)试验结果

(1)凝集程度,上层液体较清亮,同时管底有不同程度凝集块或颗粒者为阳性,可依以下标准判定:

+ + + +:上清液完全透明,细菌全部凝集,管底有边缘不整齐的凝集块,轻摇后可见有大片的凝集块。

+ + +:上清液基本透明,大部分细菌(约 75%)被凝集成块沉于管底,摇起后见凝集块较小。

+ +:上清液半透明,部分细菌(约50%)被凝集管底,呈颗粒状或小片状。

+:上清液混浊,仅有小部分细菌(约25%)形成不易观察到的小凝块。

-:管内液体与对照管相同,无凝集现象。

(2)凝集效价:以仍呈现明显凝集现象(2+)的血清最高稀释倍数,为该试验的凝集效价。

三、SPA协同凝集试验

金黄色葡萄球菌A蛋白(SPA)具有与人及多种哺乳动物血清中的IgG类抗体的Fc段相结合的特性。IgG的Fc段与SPA结合后,IgG的两个Fab段暴露在葡萄球菌菌体表面,仍保持其原特异性结合的抗体活性,当与其相应的细菌、病毒或毒素抗原接触时,可出现特异性凝集反应。这种以金黄色葡萄球菌作为IgG抗体的载体进行的凝集反应称为协同凝集试验。本试验是将已知抗血清与SPA结合后,在电解质存在条件下,便能与相应的细菌发生协同凝集反应,出现肉眼可见的凝集小块,以检测未知细菌。此试验方法简便快速,敏感性强,结果易于观察,已广泛应用于临床检验中。用于链球菌、肺炎链球菌、脑膜炎奈瑟菌、沙门菌、志贺菌的快速鉴定及分群、分型。亦用于测定细菌的可溶性产物,如细菌外毒素的测定等。

(一)操作方法

具体操作方法如下(见表6-2):

(1)SPA悬液制备:取冻干SPA 1份,加蒸馏水1 ml,待完全溶解后置离心管中,以少量PBS离心洗涤1次,3 000 r/min离心30 min弃去上清液,沉淀物中加PBS 1 ml,制成10%菌体悬液。

(2)抗体致敏SPA菌体悬液制备:取10% SPA菌体悬液1 ml加入高效价特异性抗伤寒沙门菌免疫血清0.1~0.2 ml,置37 ℃水浴中致敏30 min,中间摇动几次,取出后用PBS洗3次,每次3 000 r/min,离心30 min,弃去上清液,最后混悬于含有0.1%叠氮钠的同一PBS 1 ml中即成。

(3)正常兔血清致敏SPA菌体悬液制备:致敏方法同上。

(4)取黑色玻璃板或洁净玻片一张,划分三等份,并标记1、2、3区。

(5)在1、3区各加抗体致敏的SPA菌体悬液1滴,在2区加正常兔血清致敏的SPA菌体悬液1滴。然后于1、2区内加待检标本,于3区加标准菌株少许或其半抗原1滴。

(6)摇动玻片使混匀,于2 min内观察结果。

表6-2　SPA协同凝集试验

1	2	3
抗体致敏SPA菌 + 待检标本 (试验组)	正常兔血清致敏SPA菌 + 待检标本 (阴性对照)	抗体致敏SPA菌 + 标准菌株 (阳性对照)

(二)试验结果

(1)凝集程度。

+ + + +:立即凝成粗大颗粒,液体透明。

+ + + :在 2 min 内凝成较大颗粒,液体透明。

+ + :在 2 min 内凝成小颗粒,液体稍透明。

+ :凝成细小颗粒,液体混浊。

- :2 min 内无凝集颗粒,液体混浊。

(2)最后综合各区凝集情况依以下标准作出判定。

阳性:1 区“+ +”以上,2 区“-”,3 区“+ + ~ + + + +”;

阴性:1 区“+ ~ -”,2 区“-”,3 区“+ + ~ + + + +”。

四、间接血凝试验

间接血凝试验亦称被动血凝试验(Passive Heamagglutination Assay,PHA),是将可溶性抗原致敏于红细胞表面,用以检测相应抗体,再与相应抗体反应时出现内可见凝集。如将抗体致敏于红细胞表面,用以检测检样中相应抗原,致敏红细胞在与相应抗原反应时发生凝集,称为反向间接血凝试验,其反应原理见图 6-1。

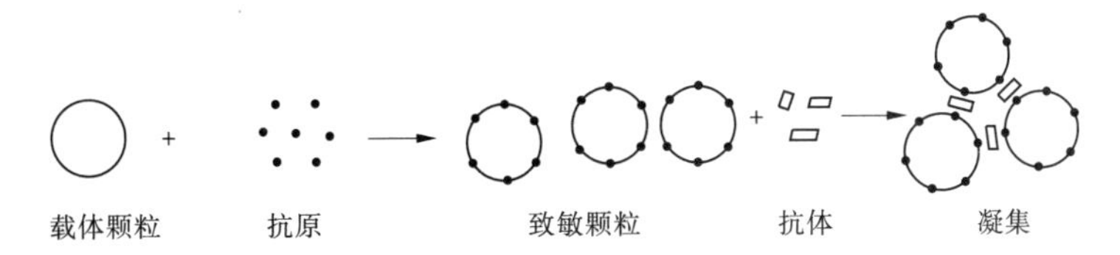

(a)抗原致敏载体颗粒　(b)已致敏的载体颗粒与相应抗体反应产生凝集

图 6-1　间接凝集反应原理示意图

以检测水泡病毒为例,具体操作如下:如表 6-3 所示在 96 孔“U”形微量反应板上进行,自左至右各孔加 50 μl 生理盐水。于左侧第 1 孔加 50 μl 待检水泡病水泡液或水泡皮浸出液,混匀后,吸 50 μl 至第 2 孔,混匀后,吸 1 滴至第 3 孔,依次倍比稀释,至第 11 孔。吸弃 1 滴,最后 1 孔为对照。自左至右依次向各孔加 50 μl 1% 猪水泡病抗体致敏红细胞,置微型混合器上振荡 1 min 或用手振荡反应板,使血细胞与病毒充分混匀,在 37 ℃培养箱中作用 15 ~ 20 min 后,待对照红细胞已沉淀可观察结果。以 100% 凝集(红细胞形成薄层凝集,布满整个孔底,有时边缘卷曲呈荷叶边状)的病毒最大稀释孔为该病毒的凝集价,即 1 个凝集单位,不凝集者红细胞沉于孔底呈点状。

表 6-3　间接血凝试验

孔号	1	2	3	4	5	6	7	8	9	10	11	12
病毒稀释度	1:2	1:4	1:8	1:16	1:32	1:64	1:128	1:256	1:512	1:1 024	1:2 048	血细胞对照
生理盐水(μl) 病毒(μl)	50 50 } ↘	50 50 } ↘	50 50 } ↘	50 50 } ↘	50 50 } ↘	50 50 } ↘	50 50 } ↘	50 50 } ↘	50 50 } ↘	50 50 } ↘	50 50 } ↘	50 弃去 50
1% 致敏红细胞(μl)	50	50	50	50	50	50	50	50	50	50	50	50
37 ℃ 20 min												
判定结果	#	#	#	#	#	#	#	+ + +	+ +	+	-	-

第二节　沉淀反应试验

可溶性抗原(如细菌的外毒素、内毒素、菌体裂解液、病毒、组织浸出液等)与相应的抗体结合后,在适量电解质存在下,形成肉眼可见的白色沉淀,称为沉淀试验。沉淀试验的抗原可以是多糖、蛋白质、类脂等,分子较小,反应时易出现后带现象,故通常稀释抗原。参与沉淀试验的抗原称沉淀原,抗体称为沉淀素。沉淀试验包括环状沉淀试验、琼脂免疫扩散试验和免疫电泳技术。沉淀试验广泛应用于病原微生物的诊断,如鸡马立克氏病羽根琼脂扩散试验等。

一、环状沉淀试验

环状沉淀试验是最简单、最古老的一种沉淀试验,目前仍有应用。在小口径试管内先加入已知抗血清,然后小心沿管壁加入待检抗原于血清表面,使之成为分界清晰的两层。数分钟后,两层液面交界处出现白色环状沉淀,即为阳性反应。本法主要用于抗原的定性试验,如诊断炭疽的 Ascoli 试验、链球菌血清型鉴定、血迹鉴定和沉淀素的效价滴定等。试验时出现白色沉淀带的最高抗原稀释倍数,即为血清的沉淀价。以炭疽杆菌环状沉淀试验为例介绍如下。

(一)抗原处理

如待检样为皮张可用冷浸法:检样置 37 ℃温箱烘干,高压灭菌后,剪成小块称重,然后加入 5 ~ 10 倍的石炭酸生理盐水,放室温浸泡 10 ~ 24 h,用滤纸过滤 2 ~ 3 次,使之呈清朗的液体,此即为待检抗原。

(二)加样

取 3 支口径 0.4 cm 的小试管,在其底部各加约 0.1 ml 的炭疽沉淀血清(用毛细管加,注意管壁有无气泡)。取其 1 支,用毛细管将待检抗原沿着管壁重叠在炭疽沉淀血清之上,上下两液间有整齐的界面,注意勿产生气泡。另 2 支小试管,一支加炭疽阳性抗原,另一支加生理盐水,作为对照。

(三)结果判定

在 5 ~ 10 min 内判定结果,上下重叠两液界面上出现乳白色环者,为炭疽阳性。对照组中,加炭疽阳性抗原者应出现白环,而加生理盐水者应不出现白环。

二、琼脂免疫扩散试验

琼脂是一种含有硫酸基的多糖体,高温时能溶于水,冷却后凝固,形成凝胶。琼脂凝胶呈多孔结构,孔内充满水分,1% 琼脂凝胶的孔径约为 85 nm,因此可允许各种抗原抗体在琼脂凝胶中自由扩散。抗原抗体在琼脂凝胶中扩散,当二者在比例适当处相遇,即发生沉淀反应,形成肉眼可见的沉淀带,此种反应称为琼脂免疫扩散,又简称琼脂扩散和免疫扩散。琼脂免疫扩散试验有多种类型,如单向单扩散、单向双扩散、双向单扩散、双向双扩散,其中以后两种最常用。

(一)双向双扩散

双向双扩散试验即 Ouchterlony 法,简称双扩散。此法系用 1% 琼脂浇成厚 2 ~3 mm 的凝胶板,在其上按二分之一图形打圆孔或长方形槽,于相邻孔(槽)内滴加抗原和抗体,在饱和湿度下,扩散 24 h 或数日,观察沉淀带。

抗原抗体在琼脂凝胶内相向扩散,在两孔之间比例最合适的位置上出现沉淀带,如抗原抗体的浓度基本平衡,此沉淀带的位置主要取决于二者的扩散系数。但如抗原过多,则沉淀带向抗体孔增厚或偏移,反之亦然。

双扩散主要用于抗原的比较和鉴定,两个相邻的抗原孔(槽)与其相对的抗体孔之间,各自形成自己的沉淀带。此沉淀带一经形成,就像一道特异性的屏障一样,继续扩散而来的相同的抗原抗体,只能使沉淀带加浓加厚,而不能再向外扩散,但对其他抗原抗体系统则无屏障作用,它们可以继续扩散。沉淀带的基本形式有以下三种:二相邻孔为同一抗原时,两条沉淀带完全融合;如二者在分子结构上有部分相同抗原决定簇,则两条沉淀带不完全融合并出现一个叉角;两种完全不同的抗原,则形成两条交叉的沉淀带。不同分子的抗原抗体系统可各自形成两条或更多的沉淀带(见图 6-2、图 6-3)。

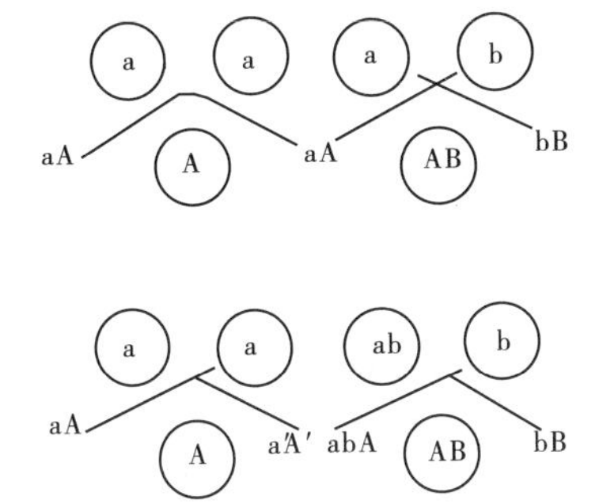

a、b 为单一抗原;ab 为同一分子上 2 个决定簇;
A、B 为抗 a、抗 b 抗体;a′为与 a 部分相同的抗原

图 6-2　琼脂扩散四种基本类型

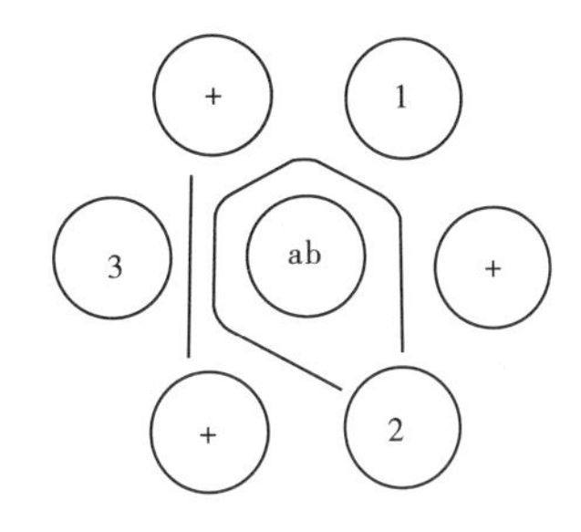

ab 为两种抗原的混合物;+为抗 b 的标准阳性血清;
1、2、3 为待检血清;1 为抗 b 阳性;
2 为阴性血清;3 为抗 a 抗体;b 双阳性血清

图 6-3　双扩散用于检测抗体

双扩散也可用于抗体的检测,测抗体时,加待检血清的相邻孔应加入标准阳性血清作为对照,以资比较。测定抗体效价时可倍比稀释血清,以出现沉淀带的血清最大稀释度为抗体效价。以检测小鹅瘟抗血清为例,具体操作如下:

(1)琼脂板制备:称取 1 g 琼脂粉,加至含 100 ml 8.5% 的高渗盐水中,煮沸使之溶解。待溶解的琼脂温度降至 55 ℃左右时倒板(玻片或平皿),厚 4 mm 左右。

(2)打孔:在琼脂凝胶上打梅花孔,孔径为 2 mm,中间孔和周围孔间的距离大约为 3 mm,用针头将孔内的琼脂挑出。

(3)封底:将打好孔的玻片或平皿轻轻在火焰上通过数次,使孔底的琼脂溶封,防止侧漏。

(4)稀释与加样:将小鹅瘟高免血清作 2 倍比稀释,即 1:2、1:4、1:8、1:16、1:32 等,分别加至周围孔中,加到孔满而不溢,中间孔加小鹅瘟琼扩抗原,各样品各用一吸管。作好

标记。将琼脂凝胶板放置湿盒中,在饱和湿度下,于 37 ℃扩散 24 h,观察结果。

(5)结果观察:抗原抗体在凝胶内扩散,在两孔之间比例最适合的位置出现沉淀带,出现沉淀带的抗体最大稀释倍数即抗体效价。

(二)双向单扩散

双向单扩散又称辐射扩散(radial inmunodiffusion)。试验在玻璃板或平皿上进行,用 1.6% ~2.0% 的琼脂加一定浓度的等量抗血清浇成凝胶板,厚度为 2 ~3 mm,在其上打直径为 2 mm 的小孔,孔内滴加抗原液。抗原在孔内向四周辐射扩散,与凝胶中的抗体接触形成白色沉淀环。此白色沉淀环随扩散时间而增大,直至平衡为止。沉淀环面积与抗原浓度呈正比,因此可用已知浓度的抗原制成标准曲线,即可用以测定抗原的量。

此法在兽医临床上已用于传染病的诊断,如鸡马立克病的诊断,可将鸡马立克高病毒免血清浇成血清琼脂平板,拔取病鸡新换的羽毛数根,将毛根剪下,插于此血清平板上,阳性者毛囊中病毒抗原向四周扩散,形成白色沉淀环。

三、免疫电泳技术

免疫电泳技术包括免疫电泳、对流免疫电泳、火箭免疫电泳等技术。

(一)免疫电泳(immune electrophoresis)

免疫电泳技术由琼脂双扩散与琼脂电泳技术结合而成。不同带电颗粒在同一电场中,其泳动的速度不同,通常用迁移率表示,如其他因素恒定,则迁移率主要决定于分子的大小和所带净电荷的多少。蛋白质为两性电解质,每种蛋白质都有它自己的等电点,在 pH 大于其等电点的溶液中,羧基离解多,此时蛋白质带负电,向正极泳动;反之,在 pH 小于其等电点的溶液中,氨基离解多,此时蛋白质带正电,向负极泳动。pH 离等电点越远,所带净电荷越多,泳动速度也越快。因此,可以通过电泳将复合的蛋白质分开。检样先在琼脂凝胶板上电泳,将抗原的各个组分在板上初步分开。然后再在点样孔一侧或两侧打槽,加入抗血清,进行双向扩散。电泳迁移率相近而不能分开的抗原物质,又可按扩散系数不同形成不同的沉淀带,进一步加强了对复合抗原组成的分辨能力。

免疫电泳需选用优质琼脂,亦可用琼脂糖。琼脂浓度为 1% ~2% ,pH 应以能扩大所检复合抗原的各种蛋白质所带电荷量的差异为准,通常 pH 为 6 ~9。血清蛋白电泳则常用 pH 8.2 ~8.6 的巴比妥缓冲液,离子强度为 0.025 ~0.075 mol/L,并加 0.01% 硫柳汞作防腐剂。

各种抗原根据所带电荷性质和净电荷多少,按各自的迁移率向两极分开,扩散与相应抗体形成沉淀带。沉淀带一般呈弧形。抗原量过多者,则沉淀弧顶点靠近抗血清槽,带宽而色深,如血清白蛋白所形成的带。抗原分子均一者,呈对称的弧形,分子不均一,而电泳迁移率又不一致者,则形成长的平坦的不对称弧,如球蛋白所形成的带。电泳迁移率相同而抗原性不同者,则在同一位置上可出现数条沉淀弧。相邻的不同抗原所形成的沉淀可互相交叉。

(二)对流免疫电泳

大部分抗原在碱性溶液(pH >8.2)中带负电荷,在电场中向正极移动,而抗体球蛋白带电荷弱,在琼脂电泳时,由于电渗作用,向相反的负极泳动。如将抗体置正极端,抗原置负极端，则电泳时抗原抗体相向泳动，在两孔之间形成沉淀带（见图6-4）。

试验时，同上法制备琼脂凝胶板，凝固后在其上打孔，挑去孔内琼脂后，将抗原置负极一侧孔内，抗血清置正极侧孔。加样后电泳30～90 min观察结果。本法较双扩散敏感10～16倍，并大大缩短了沉淀带出现的时间，简易快速，适于作快速诊断之用。如人的甲胎蛋白、乙型肝炎抗原的快速诊断。猪传染性水泡病和口蹄疫等病毒性传染病亦可用本法快速确诊。

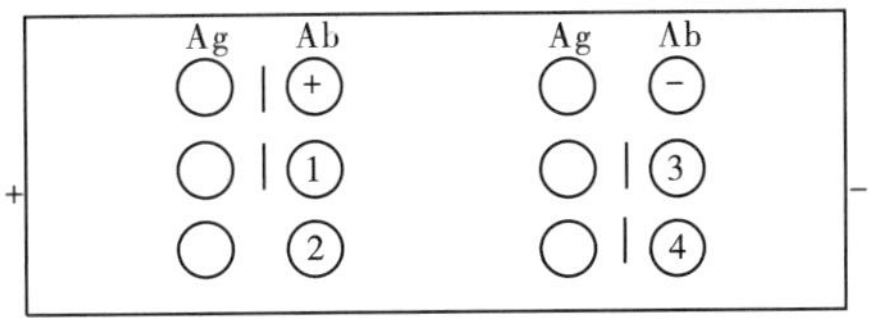

Ag为抗原；Ab为抗体；+为阳性血清；
-为阴性血清；1、2、3、4为待检血清

图6-4　对流电泳示意图

并不是所有抗原分子都向正极泳动，抗体球蛋白由于分子的不均一性，在电渗作用较小的琼脂糖凝胶上电泳时，往往向点样孔两侧展开，因此对未知电泳特性的抗原进行探索性试验时，可用琼脂糖制板，并在板上打3列孔，将抗原置中心孔，抗血清置两侧孔。这样，如果抗原向负极泳动时，就可在负极一侧与抗血清相遇而出现沉淀带。以对流免疫电泳检测鸡传染性囊病病毒为例，具体操作如下：

（1）琼脂板制备：同上法制备琼脂凝胶板（用玻片）。

（2）打孔：孔径3 mm，孔距5 mm，一张载玻片可打12个孔（如图6-4所示）。

（3）加样：挑去孔内琼脂后，将鸡传染性囊病病毒置负极一侧孔内，抗血清置正极一侧孔内。

（4）电泳：在电泳槽内加入pH 8.6的巴比妥缓冲液，将滤纸片放入缓冲液内浸湿搭桥。将电泳槽正负极与电泳仪相连，电位降为4～6 V/cm，电场强度为3 mA/cm，电泳60～90 min后观察结果。

（5）结果观察：在抗原、抗体两孔间可见有白色沉淀，如不清晰，可将凝胶板置37 ℃培养箱数小时，可增加清晰度。

第三节　补体结合试验

补体结合试验（Complement Fixation Test，CFT）是应用可溶性抗原，如蛋白质、多糖、类脂质、病毒等，与相应抗体结合后，其抗原抗体复合物可以结合补体，但这一反应肉眼不能察觉，此时如在反应系统中加入绵羊红细胞（抗原）和溶血素（抗体）系统，即可与游离的补体结合而出现溶血现象。因此，绵羊红细胞和溶血素是CFT的指示系统（亦称溶血系统）。试验结果根据溶血现象是否产生，即可得知检测系统中有无相应的抗原或抗体存在。参与补体结合反应的抗体称为补体结合抗体。补体结合抗体主要为IgG和IgM。通常是利用已知抗原检测未知抗体。

一、试验原理

CFT的基本原理就是通过两个抗原-抗体系统的反应来检测特异性的抗原或抗体。一个是特异性抗原-抗体系统，另一个是绵羊红细胞-溶血素系统。其中前一系统以特异性的抗原（或抗体）与相应的抗体（或抗原）进行结合，并通过指示系统（绵羊红细胞－溶血素系统）显示出肉眼可见的反应结果。当抗原与特异性抗体结合形成抗原－抗体免疫复合物后，抗体分子中的补体结合位点就暴露出来，与补体结合。当反应体系中有游离补体存在时，溶血素可使绵羊红细胞溶解。根据这一特点，在试验中，当抗原与抗体同时存在形成抗原－抗体免疫复合物时，反应体系中所加入的一定量补体被结合，溶血系统由于没有补体而不发生溶血，反应呈阳性结果；当反应体系中没有特异性抗原和特异性抗体时，由于单独存在的抗原或抗体中的补体结合位点不能暴露出来，因而无法结合补体，这时反应体系中所加入的补体可与溶血素结合而发生溶血，反应呈阴性结果。补体结合试验是一种既简单又常用的血清学检测方法，常用于检测血清样本中抗体滴度和鉴定病毒，尤其适合大量血清样本中抗原或抗体滴度的检测。

二、试验材料

（一）补体稀释液

由于许多理化因素均能破坏补体的活性，补体需保存在含钙镁离子的生理盐水中，其配方及配置为 $CaCl_2 \cdot 2H_2O$ 1.0 g，$MgCl_2 \cdot 6H_2O$ 0.2 g，NaCl 8.5 g，去离子水 1 000 ml，将上述物质充分溶解，分装后 121 ℃灭菌 20 min，放置 4 ℃冰箱中保存备用。

（二）绵羊红细胞

制备溶血素和进行补体结合试验，均需使用新鲜的绵羊红细胞。其制备方法是从绵羊颈静脉中抽取静脉血，将采集到的血液保存于 Alsever′s 液中，加入 Alsever′s 的量应不少于绵羊血，充分混匀后，4 ℃冰箱中保存可使用 3 周。也可将采集到的绵羊血先进行离心，将绵羊红细胞分离出，加入等量的 Alsever′s 液，放置在 4 ℃冰箱中保存。整个制备过程均需无菌操作，以防止污染。Alsever′s（爱氏血球保存液）的配方及配制为：葡萄糖 2.05 g，柠檬酸钠 0.8 g，柠檬酸 0.055 g，氯化钠 0.42 g，去离子水 100 ml，将各成分微热溶解并充分混匀，过滤分装后 115 ℃灭菌 20 min，放置 4 ℃冰箱中保存备用。

（三）溶血素制备

溶血素即兔抗绵羊红细胞（SRBC）抗体，其简易快速的制备方法是：将脱纤维 SRBC 反复洗涤，去除血浆蛋白，配成 50% SBRC 悬液，注射家兔，每日一次，一次 5 ml，连续 5 次，最后一次注射 2 d 后试血，效价达到 1∶3 200 以上即可采血，分离出血清，56 ℃水浴灭活 30 min，然后加入等体积的无菌中性甘油，放置 4 ℃冰箱中保存。现有冻干溶血素商品，临用时，用巴比妥缓冲液稀释。

（四）抗原

抗原质量的好坏会直接影响 CF 试验结果，这主要是由于 CF 试验的敏感性较差，且在结果判断时存在人为误差。因此，要求用于 CF 试验的抗原有较高的滴度和纯度，以提高与相应抗体的结合，并减少非特异性 CF 反应。目前一般使用市售的抗原，对购回的抗原必须先进行抗原滴度的滴定，以确定其滴度，然后分装保存于低温冰箱中备用，对抗原必需的滴定采用方阵滴定法。

（五）免疫血清

免疫血清用病原体免疫实验动物来制备。免疫成功后，采集血液，分离出血清，56 ℃

水浴灭活 30 min,分装,低温保存备用。目前市售的免疫血清多数是通过免疫家兔和豚鼠制备。

(六)补体

一般市售补体从健康实验动物血清中获得。为了避免个体差异,应选取数只健康实验动物,进行空腹采血,立即放 4 ℃冰箱 2 ~3 h,分离血清,数只动物血清混合后,少量分装低温冰箱中保存备用。由于采集到的血清中可能含有待测抗原的特异性抗体,使用前必须进行检测,含有特异性抗体的血清不能作补体使用。进行人或哺乳类动物样本的 CF 试验,所使用的补体一般从豚鼠血清获得;而进行禽类样本的 CF 试验,所需的补体一般采用鸭血清。

三、试剂滴定

由于 CF 试验中的补体稳定性较差,因此 CF 试验的反应必须在巴比妥缓冲液中进行,其配方及配制为:A 液,氯化钠 85 g,碳酸氢钠 2.52 g,5,5 - 二乙基巴比妥钠 3 g,去离子水 1 000 ml;B 液,5,5 - 二乙基巴比妥酸 4.6 g,$MgSO_4 \cdot 6H_2O$ 1 g,$CaCl \cdot 2H_2O$ 0.2 g,热去离子水 500 ml,待 A 液及 B 液完全溶解并冷却后,将 A 液与 B 液混匀,补加去离子水 2 000 ml,121 ℃灭菌 20 min,4 ℃冰箱保存备用。使用时用去离子水作 5 倍稀释,即为工作液。

(一)溶血素滴定

将购回或制备好的溶血素用稀释液作 1:100 稀释,然后把它当作原液从 1:1 000 开始进行系列稀释,每个稀释度保留 100 μl 液,其余部分弃去;在每个管中加入含有两个单位的补体 200 μl,混匀;每管加入稀释液 200 μl,混匀,每管加入 1% 绵羊红细胞 100 μl,混匀,放置 37 ℃水浴反应 30 min,观察结果。结果判定:使绵羊红细胞完全溶血的溶血素最高稀释度为一个溶血单位,在进行 CF 试验时需要用两个溶血单位的溶血素。

(二)补体滴定

将市售补体按产品说明先用稀释液溶解,再稀释成 1:5,然后进行系列稀释。稀释时可根据经验或产品说明选择不同的稀释比例,例如从 1:50 开始至 1:300,每管保留 200 μl 补体稀释液,在水浴中进行;每管加入 1% 致敏绵羊红细胞 200 μl,该细胞已用两个单位的溶血素致敏,混匀;每管加入 200 μl 稀释液,混匀,37 ℃水浴 1 h,观察结果;也可以放置 4 ℃冰箱中过夜,再进行结果判定。结果判定:能够在反应系统含有一个溶血素单位时发生完全溶血的补体的最高稀释度即为一个补体单位;由于在 CF 试验中补体稀释液需含有两个补体单位,而体积固定为 200 μl,因此在进行 CF 试验时必须计算实际应加入补体的稀释度,假如在补体滴定中 1:100 为一个补体单位,则 1:50 含有两个补体单位。

四、试验步骤(微孔塑料板法)

(一)试剂材料

微孔塑料板、抗原、绵羊红细胞、溶血素、补体、阳性对照血清、稀释液。

(二)操作步骤

(1)稀释。可直接在微孔塑料板中进行,将待测血清按需要进行系列稀释,每孔保留不同稀释度的血清 25 μl,每孔加入 25 μl 抗原和 50 μl 含两个单位的补体,轻拍混匀,将微孔塑料板放置 4 ℃冰箱中过夜;在试验中同时设置以下对照:

①阳性对照:25 μl 抗原 +25 μl 阳性对照血清 +50 μl 补体;

②阴性对照:25 μl 抗原 +25 μl 阴性对照血清 +50 μl 补体;

③待检血清抗补体对照:25 μl 待检血清 +25 μl 稀释液 +50 μl 补体;

④抗原抗补体对照:25 μl 抗原 +25 μl 稀释液 +50 μl 补体;

⑤羊红细胞对照:50 μl 稀释液 +50 μl 补体;

⑥补体对照:分别取 2 单位、1 单位和 0.5 单位的补体 50 μl,加 25 μl 抗原 +25 μl 稀释液。

(2)第二天将微孔塑料板取出,放 37 ℃水浴 30 min,每孔加入 50 μl 已致敏绵羊红细胞(将 1% 的绵羊红细胞和等体积含两个单位的溶血素混匀,放 37 ℃水浴致敏 30 min),轻拍混匀。

(3)放 37 ℃水浴 30 min,观察结果。

(4)判定。当阳性对照不发生溶血和阴性对照发生溶血时,试验结果可信,对结果的判定分别以"－、+、+ +、+ + +、+ + + +"等五种不同的符号表示,"－"表示 100% 溶血,"+"表示 75% 溶血,"+ +"表示 50% 溶血,"+ + +"表示 25% 溶血,"+ + + +"表示完全不溶血。待测血清出现"+ + + +"时的最高稀释度就是该血清的滴度(见图 6-5)。

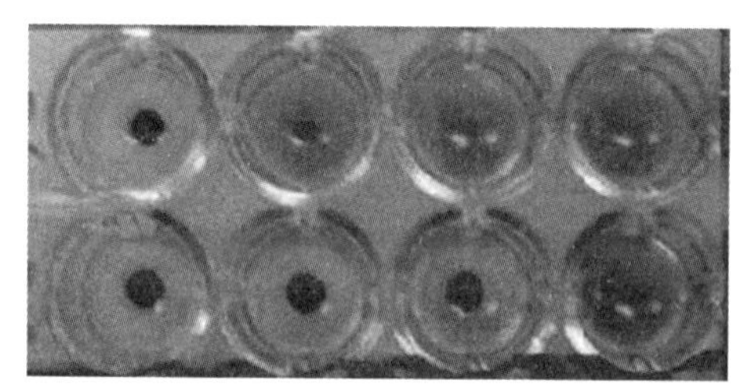

图 6-5　补体结合试验结果

第四节　中和试验

根据抗体能否中和病毒的感染性而建立的免疫学试验称为中和试验。中和试验是免疫学和病毒学中常用的一种抗原抗体反应试验方法,用以测定抗体,中和病毒感染性或细菌毒素的生物学效应。凡能与病毒结合,使其失去感染力的抗体又称中和抗体。能与细菌外毒素结合,中和其毒性作用的抗体称为抗毒素。中和试验可以在敏感动物体内(包括鸡胚)、体外组织(细胞)培养或试管内进行。本试验极为特异和敏感,主要用于病毒感染的血清学诊断、病毒分离株的鉴定、不同病毒株的抗原关系研究、疫苗免疫原性的评价、免疫血清的质量评价和测定动物血清抗体的检测等。

中和试验的基本过程是,先将抗血清与病毒混合,经适当时间作用。然后接种于宿主系统以检测混合液中的病毒感染力。宿主系统可以是鸡胚、动物或细胞培养,根据病毒性质而定,目前大多采用细胞中和试验。最后根据其产生的保护效果的差异,可判断该病毒是否已被中和，并根据一定方法计算中和的程度（中和指数），即代表中和抗体的效价。根据测定中方法的不同，中和试验主要有两种：一是测定能使动物或细胞死亡数目减少至50%（半数保护率，PD_{50}）血清稀释度，即终点法中和试验；二是测定使病毒在细胞上形成的空斑数目减少至50%时血清稀释度，即空斑减少法中和试验。

毒素和抗毒素亦可进行中和试验，其方法与病毒中和试验基本相同。

一、终点法中和试验

本法是滴定使病毒感染力减少至50%的血清中和效价或中和指数。有固定病毒稀释血清及固定血清稀释病毒两种滴定方法。

（一）固定病毒稀释血清法

将已知的病毒量固定，血清作倍比稀释，常用于测定抗血清的中和效价。

毒力或毒价单位过去多用最小致死量（MLD），即病毒接种实验动物后在一定时间内全部致死的最小病毒剂量。此法比较简单，但由于剂量递增与死亡率递增的关系不是一条直线，而是呈S形曲线，在愈接近100%死亡时，对剂量的递增愈不敏感。而死亡率愈接近50%时，剂量与死亡率呈直线关系，故现基本上采用半数致死量（LD_{50}）表示毒价单位。而且LD_{50}的计算应用了统计学方法，减少了个体差异的影响，因此比较正确。以感染发病作为指标的，可用半数感染量（ID_{50}）；以体温反应作指标者，可用半数反应量（RD_{50}）。用鸡胚测定时，可用鸡胚半数致死量（ELD_{50}）或鸡胚半数感染量（EID_{50}）；在细胞培养上测定时，则用组织培养半数感染量（TCI_{50}）。

半数剂量测定时，通常将病毒原液10倍递进稀释，选择4～6个稀释倍数接种一定体重的试验动物（或细胞培养、鸡胚），每组3～6只（管）。接种后，观察一定时间内的死亡（或出现细胞病变）数和生存数。根据累计死亡数和生存数计算致死百分率。然后按Reed和Muench法、内插法或Karber法计算半数计量。其中以Karber法最为方便。以测定某种病毒的$TCID_{50}$为例，病毒以10^{-4}～10^{-7}稀释，记录其出现细胞病变（CPE）的情况（见表6-4）。按Karber法计算，其公式为：$\lg TCID_{50}=L+d(S-0.5)$。

表6-4　病毒毒价滴定（接种剂量0.1 ml）

病毒稀释	CPE		
	阳性数	阴性数	阳性比例（%）
10^{-4}	6	0	100
10^{-5}	5	1	83
10^{-6}	2	4	33
10^{-7}	0	6	0

$TCID_{50}$用对数计算，L为病毒最低稀释度的对数；d为组距，即稀释系数，10倍递进稀释时，d为-1；S为死亡比值之和（计算固定病毒稀释血清法中和试验的中和效价时，S应为保护比值之和），即各组死亡（感染）数/试验数相加。上例中，$S=6/6+5/6+2/6+0/6=2.16$，代入上式：$\lg TCID_{50}=-4+(-1)\times(2.16-0.5)=-5.66$。$TCID_{50}=10^{-5.66}/$

0.1 ml。

$TCID_{50}$为毒价的单位，表示该病毒经稀释至 $10^{-5.66}$时，每孔细胞接种 0.1ml，可使 50%的细胞孔出现 CPE。而病毒的毒价通常以每毫升或每毫克含多少 $TCID_{50}$（或 LD_{50} 等）表示。如上述病毒的毒价为 $10^{5.66}TCID_{50}/0.1ml$，即 $10^{6.66}TCID_{50}/ml$。

正式试验：将病毒原液稀释成每一单位剂量含 100～200LD_{50}（或 EID_{50}，$TCID_{50}$），与等量的递进稀释的待检血清混合，置 37 ℃1 h。每一稀释度接种 3～6 只试验动物（或鸡胚、细胞），记录每组动物的存活数和死亡数，同样按 Reed 和 Muench 法或 Karber 法计算其半数保护（PD_{50}），即该血清的中和价。

（二）固定血清稀释病毒法

将病毒原液作 10 倍递进稀释，分装两列无菌试管，第一列加等量性血清（对照组）；第二列加待检血清（中和组），混合后置 37 ℃1 h，分别接种试验动物（或鸡胚、细胞培养），记录每组死亡数和累积死亡数及累积存活数，用 Reed 和 Muench 法或 Karber 计算 LD_{50}，然后计算中和指数。中和指数＝中和组 LD_{50}/对照组 LD_{50}。

如试验组的 $TCID_{50}$ 为 $10^{-2.2}$，阴性血清 $TCID_{50}$ 为 $10^{-5.5}$，根据中和指数公式 $10^{-2.2}/10^{-5.5}=10^{3.3}$，查 3.3 的反对数为 1 995，表明待检血清中和病毒的能力比阴性血清大 1 995 倍。通常待检血清的中和指数大于 50 者即可判为阳性，10～40 为可疑，小于 10 为阴性。

二、空斑减少试验

空斑减少试验是应用空斑技术，以使空斑减少 50%的血清量作为中和滴度。

（一）空斑单位（PFU）的测定

将敏感细胞传到细胞培养瓶（孔）中，培养至瓶（孔）满，弃生长液，用 Hank's 液洗涤两次。用不含血清的培养液 10 倍稀释病毒（10^{-1}～10^{-8}），加入细胞中，0.5 ml/孔，每稀释度 3 瓶（孔），轻轻晃动培养瓶（板），使加入的病毒液均匀铺在细胞表面，37 ℃孵育 1 h，去病毒液，用 Hank's 液洗涤 2 次，加入第一层覆盖液（不含血清的培养液 Eagles 液或 DMEM 液 47 ml，1% DEAE－Dextran 1 ml，7.5% $NaHCO_3$ 3 ml，2%琼脂糖（56 ℃）49 ml，混匀，置 45 ℃水浴中），2 ml/孔，室温凝固后，37 ℃孵育 72～96 h，再加第二层覆盖液（含 2%犊牛血清的培养液 Eagles 液或 DMEM 液 47 ml，0.25%胰酶 5 μl，7.5% $NaHCO_3$3 ml，2%琼脂糖（56 ℃）45.3 ml，中性红（0.1%）4.7 ml，混匀，置 45 ℃水浴中），1 ml/孔，凝固后放无灯光照射的 37 ℃培养 24～72 h 后，取出计算每个稀释度的空斑数。PFU/ml＝稀释度的平均空斑数×病毒稀释度的倒数/病毒接种量（ml/孔）。

（二）空斑减少试验

将已知空斑单位（PFU）的病毒稀释成每一接种剂量含 100PFU，加等量递进稀释的血清，37 ℃1 h。每稀释度接种至少 3 个已形成单层细胞的培养瓶（孔），37 ℃作用 1 h，使病毒吸附，然后加入在 44 ℃水浴预温的营养琼脂（在 0.5%水解乳蛋白或 Eagles 液中，加 2%犊牛血清、1.5%琼脂及 0.1%中性红 3.3 ml）凝固后放无灯光照射的 37 ℃温箱。同时用稀释的病毒加等量 Hank's 液同样处理作为病毒对照。数天后分别计算空斑数，用 Reed 和 Muench、Karber 或内插法计算血清的中和滴度。

第五节　免疫标记技术

抗原与抗体能特异性结合，但抗体、抗原分子小，在含量低时形成的抗原抗体复合物是不可见的。有一些物质即使在超微量时也能通过特殊的方法将其检查出来，如果将这些物质标记在抗体分子上，可以通过检测标记分子来显示抗原抗体复合物的存在，此种根据抗原抗体结合的特异性和标记分子的敏感性建立的技术，称为标记抗体技术（labelled antibody technique）。

高敏感性的标记分子主要有荧光素、酶分子、放射性同位素三种，由此建立荧光抗体技术、酶标抗体技术和同位素标记技术。其特异性和敏感性远远超过常规血清学方法，被广泛应用于病原微生物鉴定、传染病的诊断、分子生物学中的基因表达产物分析等各个领域。

一、免疫酶技术

免疫酶技术是根据抗原与抗体特异性结合，以酶作标记物，酶对底物具有高效催化作用的原理而建立的。酶与抗体或抗原结合后，既不改变抗体或抗原的免疫学反应的特异性，也不影响酶本身的酶学活性。酶标抗体或抗原与相应抗原或抗体结合后，形成酶标抗体-抗原复合物。复合物中的酶在遇到相应的底物时，催化底物分解，使供氢体氧化而生成有色物质。有色物质的出现，客观地反映了酶的存在。根据有色产物的有无及其浓度，即可间接推测被检抗原或抗体是否存在以及其数量，从而达到定性或定量测定的目的。

免疫酶技术在方法上分为两类，一类用于组织细胞中的抗原或抗体成分检测和定位，称为免疫酶组织化学法或免疫酶染色法；另一类用于检测液体中可溶性抗原或抗体成分，称为免疫酶测定法。

免疫酶染色法：标本制备后，先将内源酶抑制，然后便可进行免疫酶染色检查。其基本原理和方法与荧光抗体相同，是以酶代替荧光素作为标记物，并以底物产生有色产物为标记。免疫过氧化物酶试验是免疫酶染色法中最常用的一种。常规免疫酶染色法可分为直接和间接两种方法。

直接法：用酶标记特异性抗体，直接检测微生物或其抗原。在含有微生物或其抗原的标本固定后，消除其中的内源性酶，用酶标记的抗体直接处理，使标本中的抗原与酶标抗体结合，然后加底物显色，进行镜检。

间接法：将含有微生物或其抗原的组织或细胞标本，用特异性抗体处理，使抗原抗体结合，洗涤清除未结合的部分，再用酶标记的抗抗体进行处理，使其形成抗原-抗体-酶标记的抗抗体复合物，最后滴加底物显色，进行镜检。

间接法虽然多一步骤，但比直接法特异性强，使用范围广。因为只要用一种酶标记一种动物的球蛋白抗体，就可以检测该种动物的任何一种抗体。此外，酶标记第二抗体可用葡萄球菌A蛋白SPA或生物素与亲合素系统等代替，亦成功地用于许多抗原和抗体的检测。同时，在不同程度上提高了检测方法的特异性与敏感性。免疫酶染色法已在动物检疫中广泛应用。

免疫酶测定法分固相免疫酶测定法和液相免疫酶测定法两类。

固相免疫酶测定法需用固相载体，以化学的或物理的方法将抗原或抗体连接其上，制成免疫吸附剂，随后进行免疫酶测定。酶联免疫吸附试验（ELISA）是固相免疫酶测定法中应用最广泛的一种。

液相免疫酶测定法不需将游离的和结合的酶标记物分离，也不需载体，直接从溶液中测定结果。本法主要用于激素、抗生素等小分子半抗原的检测，微生物学上不常应用。

（一）免疫组织化学

免疫组织化学又称免疫细胞化学，是指带显色剂标记的特异性抗体在组织细胞原位通过抗原抗体反应和组织化学的呈色反应，对相应抗原进行定性、定位、定量测定的一项新技术。它把免疫反应的特异性、组织化学的可见性巧妙地结合起来，借助显微镜（包括荧光显微镜、电子显微镜）的显像和放大作用，在细胞、亚细胞水平检测各种抗原物质（如蛋白质、多肽、酶、激素、病原体以及受体等）。

免疫组织化学技术近年来得到迅速发展。20 世纪 50 年代还仅限于免疫荧光技术，50 年代以后逐渐发展建立起高度敏感，且更为实用的免疫酶技术。

免疫组织化学的全过程包括：①抗原的提取与纯化；②免疫动物或细胞融合，制备特异性抗体以及抗体的纯化；③将显色剂与抗体结合形成标记抗体；④标本的制备；⑤免疫细胞化学反应以及呈色反应；⑥观察结果。

（二）酶联免疫吸附试验（ELISA）

1. 基本原理

酶联免疫吸附试验是目前发展最快，应用最广泛的一种免疫学检测技术。基本原理是将过量抗体（抗原）包被于载体上，通过抗原抗体反应使酶标记抗体（抗原）也结合在载体上，经洗涤去除游离的酶标记抗体（抗原）后，加入底物显色，以肉眼或酶标仪检测结果，定性或定量分析有色产物确定待测物的存在与含量的检测技术（见图 6-6）。本试验将抗原抗体反应的特异性与酶催化化学反应的敏感性结合，可用于生物活性物质的微量检测，广泛应用于整个生命科学领域。

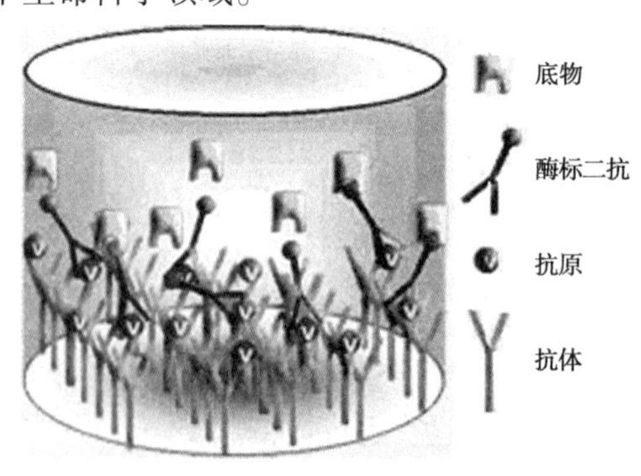

图 6-6　酶联免疫吸附试验原理

2. 类型

酶联免疫吸附试验的主要类型有双抗体夹心法、间接法、竞争法、捕获法等。

1)双抗体夹心法

本方法是采用酶标记的抗抗体检查多种大分子抗原,它不仅不必标记每种抗体,还可提高试验的敏感性。利用待测抗原上的两个抗原决定簇 A 和 B 分别与固相载体上的抗体 A 和酶标记抗体 B 结合,形成抗体 A - 待测抗原 - 酶标抗体 B 复合物,复合物的形成量与待测抗原含量成正比,属非竞争性反应类型。具体操作如下(见图 6-7):将抗体(如豚鼠免疫血清 Ab1)吸附在固相上,洗涤未吸附的抗体,加入待测抗原(Ag),使之与致敏固相载体作用,洗去未起反应的抗原,加入不同种动物制出的特异性相同的抗体(如兔免疫血清 Ab2),使之与固相载体上的抗原结合,洗涤后加入酶标记的抗 Ab2 抗体(如羊抗兔球蛋白 Ab3),使之结合在 Ab2 上。结果形成 Ab1 - Ag - Ab2 - Ab3 - HRP 复合物。洗涤后加底物显色,呈色反应的深浅与标本中的抗原量成正比。

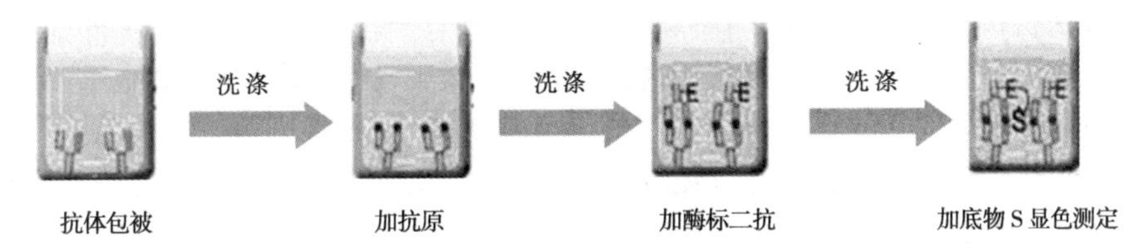

图 6-7　双抗体夹心法

2)间接法

间接法常用于检查特异抗体。它的原理是将已知抗原连接在固相载体上,待测抗体与抗原结合后再与酶标二抗结合,形成抗原 - 待测抗体 - 酶标二抗的复合物,复合物的形成量与待测抗体量成正比,属非竞争性反应类型。先将已知特异抗原包被固相载体,加入待检标本(可能含有相应抗体),再加入酶标抗 Ig 的抗体(第二抗体),经加底物显色后,根据颜色的光密度计算出标本中抗体的含量(见图 6-8)。

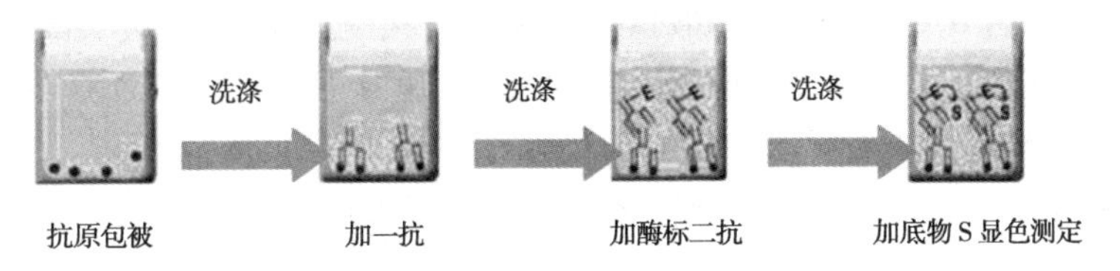

图 6-8　间接法

以用 ELISA 检测猪瘟抗体为例具体介绍间接法。

a. 酶标二抗工作浓度的测定

用包被液将 SPF 血清按 1∶100 稀释,BSA 配制为 100 μg/ml,每孔分别加入 100 μl,各 6 孔,另设 2 孔灭菌生理盐水为空白对照,于湿盒中 37 ℃作用 2 h,弃液体,用洗涤液(0.01 mol/L,pH7.4 含 0.05%吐温的 PBS(PBST))洗涤 4 次,甩干孔内残留液体;后加入封闭液于湿盒中 37 ℃封闭 2 h,弃液体,用洗涤液洗涤 4 次,甩干孔内残留液体;后每孔加入用灭菌生理盐水稀释成 1∶1 000、1∶2 000、1∶4 000、1∶8 000、1∶16 000、1∶32 000 的辣根过氧化物酶(HRP)标记兔抗鸡 IgG 抗体 100 μl,于湿盒中 37 ℃作用 1.5 h,洗涤;加入 100 μl 底物溶液,37 ℃作用 30 min,最后每孔加入 50 μl 的终止液,5 min 后于酶标仪中测定 490 nm 处的 OD 值,当 SPF 血清 OD 值为 1 或接近 1,BSAOD 值大于 0 时所对应的辣根过氧化物酶(HRP)标记兔抗鸡 IgG 抗体的稀释浓度即为酶标二抗工作浓度。

b. 抗原抗体最适工作浓度的测定

用点阵滴定法测定抗原抗体最适工作浓度。将猪瘟病毒用包被液作系列稀释(1∶5、1∶10、1∶20、1∶40、1∶80、1∶160),加入到96孔酶标板中,每孔100 μl,4 ℃包被过夜。洗涤后,用封闭液封闭2 h,洗涤,每孔加入作系列稀释(1∶50、1∶100、1∶200、1∶400、1∶800、1∶1 600)的阳性血清、阴性血清100 μl,于湿盒中37 ℃作用2 h,洗涤;加入辣根过氧化物酶(HRP)标记兔抗猪 IgG 抗体(SPA)(稀释为上述测定的工作浓度)100 μl,于湿盒中37 ℃作用1.5 h,洗涤;加入100 μl 底物溶液,37 ℃避光作用30 min,最后每孔加入50 μl 的终止液,避光5 min 后测定 OD_{490},读数后,取阳性 OD_{490} 与阴性 OD_{490} 的比值最大时所对应的抗原、抗体稀释度即为最适工作浓度。

c. 间接法检测猪瘟抗体效价

(1)包被。用碳酸盐缓冲液稀释猪瘟病毒抗原至1 μg/ml,以微量加样器每孔加样100 μl,置湿盒内37 ℃包被2～3 h。

(2)洗涤。以含0.05%吐温的 PBS 冲洗酶标板,共洗涤5次,每次3 min。

(3)封闭。以微量加样器在每孔内加1% PBS 封闭液200 μl,置湿盒内37 ℃封闭3 h。

(4)洗涤。以含0.05%吐温的 PBS 冲洗酶标板,共洗涤5次,每次3 min。

(5)加待检血清。以微量加样器在每孔内加100 μl PBS,然后在酶标板的第1孔加100 μl 待检血清,以微量加样器反复吹吸几次混匀后,吸100 μl 至第2孔,依次倍比稀释至第12孔,剩余的100 μl 弃去,置湿盒内37 ℃作用2 h。

(6)洗涤。以含0.05%吐温的 PBS 冲洗酶标板,共洗涤5次,每次3 min。

(7)加酶标 SPA。以 PBS 将酶标 SPA 稀释至工作浓度,以微量加样器每孔加100 μl,置湿盒内37 ℃作用2 h。

(8)洗涤。以含0.05%吐温的 PBS 冲洗酶标板,共洗涤5次,每次3 min。

(9)加底物显色。取10 ml 柠檬酸盐缓冲液,加 OPD 4 mg 和3% H_2O_2 100 μl,置湿盒内37 ℃显色10 min。

(10)终止反应。加2 mol/L H_2SO_4 溶液终止反应每孔100 μl。

(11)结果判定。以酶标仪检测样品的 A_{490},检测之前,先以空白孔调零,当 P/N≥2.1 即判为阳性(见图6-9)。

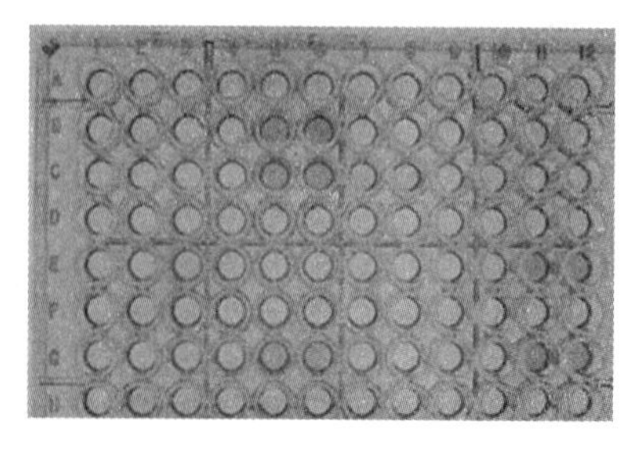

注意:每块 ELISA 均需在最后一排的后3孔设立阳性对照、阴性对照和空白对照。

图6-9　酶联免疫试验结果

3)竞争法

竞争法既可用于检测抗原又可用于检测抗体,用于测定小分子抗原及半抗原。原理是用酶标抗原(抗体)与待测的非标记抗原(抗体)竞争性地与固相载体上的限量抗体(抗原)结合,待测抗原(抗体)多,则形成非标记复合物多,酶标抗原与抗体结合就少,也就是酶标记复合物少,因此显色程度与待测物含量成反比。

用特异性抗体将固相载体致敏,加入含待测抗原的溶液和一定量的酶标记抗原共同孵育,对照仅加酶标抗原,洗涤后加入酶底物。被结合的酶标记抗原的量由酶催化底物反应产生有色产物的量来确定(见图6-10)。如待检溶液中抗原越多,被结合的酶标记抗原的量越少,有色产物就减少。根据有色产物的变化求出未知抗原的量。其缺点是每种抗原都要进行酶标记,而且因为抗原结构不同,还需应用不同的结合方法。此外,试验中应用酶标抗原的量较多。但此法的优点是出结果快,且可用于检出小分子抗原或半抗原。

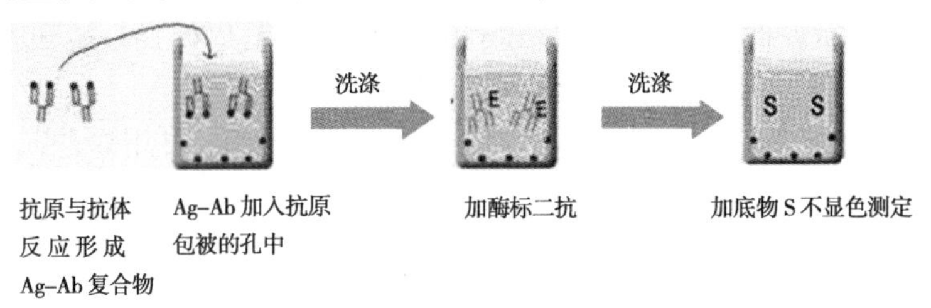

图6-10　竞争法

4)捕获法

捕获法用于测定IgM类抗体。固相载体上连接的是IgM的二抗,先将标本中的IgM类抗体捕获,防止IgG类抗体对IgM类抗体测定的干扰,此步骤也是其称为捕获法的原因所在,然后再加入特异抗原和酶标抗体,形成抗体IgM－IgM－特异抗原－酶标抗体的复合物,复合物含量与待测IgM成正比,也属非竞争性反应类型。

3. 各类型的主要区别

ELISA常用类型比较见表6-5。

表6-5　ELISA常用类型比较

类型	固相载体上的包被物	待测物	酶标记物	显色程度与待测物含量间的关系
双抗体夹心法(一步法)	抗体A	抗原	酶标抗体B	正相关
间接法	抗原	抗体	酶标二抗	正相关
竞争法	抗原(抗体)	抗体(抗原)	酶标抗体(抗原)	负相关
捕获法	抗IgM	IgM	酶标抗体	正相关

二、免疫荧光技术

免疫荧光技术是指用荧光素对抗体或抗原进行标记,然后用荧光显微镜观察所标记的荧光以分析示踪相应的抗原或抗体的方法。随着荧光抗体技术的敏感性和特异性的进一步提高，该技术在病原微生物的早期诊断、肿瘤抗原的研究、抗原抗体的免疫组织化学定位等方面得到了广泛应用。

（一）原理

荧光素在10^{-6}的超低浓度时，仍可被专门的短波光源激发，在荧光显微镜下观察到荧光。抗体经过荧光色素标记后，并不影响其结合抗原的能力和特异性，因此当荧光抗体与相应的抗原结合时，就形成带的荧光性的抗原抗体复合物，从而可在荧光显微镜下检出抗原的存在。免疫荧光技术是将抗原抗体反应的特异、与荧光素物质的高敏感以及显微镜技术的精确性三者相结合的一种免疫检测技术。

（二）免疫荧光技术基本程序

1. 标本制备

标本制作的要求首先是保持抗原的完整性，并尽可能减少形态变化，抗原位置保持不变。同时还必须使抗原标记抗体复合物易于接受激发光源，以便良好地观察和记录。这就要求标本要相当薄，并要有适宜的固定处理方法。

细菌培养、感染动物的组织或血液、脓汁、粪便、尿沉渣等，可用涂片或压印片；组织学、细胞学和感染组织主要采用冰冻切片或低温石蜡切片，也可用生长在盖玻片上的单层细胞培养作标本；细胞或原虫悬液可直接用荧光抗体染色后，再转移至玻片上直接观察。

2. 标本的固定

标本固定有两个目的：一是防止被检材料从玻片上脱落，二是消除抑制抗原抗体反应的因素，如脂肪之类。检测细胞内的抗原，用有机溶剂固定可增加细胞膜的通透性，有利于荧光抗体渗入。最常用的固定剂为丙酮和95%乙醇。固定后应随即用PBS反复冲洗，干后即可用于染色。

3. 染色

荧光抗体染色法有多类，常用的有直接法和间接法。直接法系直接滴加2~4个单位的标记抗体于标本区，漂洗、干燥、封载。间接法则将标本先滴加未标记的抗血清，漂洗，再用标记的抗抗体染色，漂洗、干燥、封载。对照除自发荧光、阳性和阴性对照外，间接法首次试验时应设无中间层对照（标本+标记抗抗体）和阴性血清对照（中间层用阴性血清代替抗血清）。间接法的优点为制备一种标记的抗抗体即可用于多种抗原抗体系统的检测。将SPA标记上FITC制成FLITCSPA，性质稳定，可制成商品，用以代替标记的抗抗体，能用于多种动物的抗原抗体系统，应用面更广。

4. 荧光显微镜检查

标本滴加缓冲甘油后用盖玻片封载，即可在荧光显微镜下观察。荧光显微镜不同于光学显微镜之处，在于它的光源是高压汞灯或溴钨灯，并有一套位于集光器与光源之间的激发滤光片，它只让一定波段的紫外光及少量可见光（蓝紫光）通过；此外还有一套位于目镜内的屏障滤光片，只让激发的荧光通过，而不让紫外光通过，以保护眼睛并能增加反差。为了直接观察微量滴定板中的抗原抗体反应，如感染细胞培养上的荧光，可使用现已有商品的倒置荧光显微镜。

（三）免疫荧光抗体染色法诊断猪瘟

1. 试验材料

猪瘟病猪的肠系膜淋巴结、猪瘟荧光抗体、冰冻切片机、0.01 mol/L PBS（pH7.2）、玻片、-30 ℃丙酮、荧光显微镜、缓冲甘油、盖玻片。

2. 操作程序

1）标本制备

（1）切片制备。将冰冻的淋巴结进行切片，冰冻切片置载玻片上，以 -30 ℃丙酮4 ℃固定30 min。

（2）洗涤。将固定好的切片以 PBS 漂洗，漂洗5次，每次3 min。

2）直接染色法

（1）染色。在晾干的标本片上滴加猪瘟荧光抗体，放湿盒内置37 ℃染色30 min。

（2）洗涤。取出标本片，以吸管吸 PBS 冲去玻片上的荧光抗体，然后置大量 PBS 中漂洗，共漂洗5次，每次3 min，再以蒸馏水冲洗晾干。

（3）封载。滴加 pH9.0 缓冲甘油，封片，供镜检。

（4）本试验需设定以下对照：①阳性对照。②自发荧光对照，以 PBS 代替荧光抗体染色。③抑制试验对照，标本上加未标记的猪瘟抗血清，37 ℃于湿盒中30 min后，PBS 漂洗，再加标记抗体，染色同上。

（5）镜检。将染色后的标本片置荧光显微镜下观察，先用低倍物镜选择适当的标本区，然后换高倍物镜观察。以油镜观察时，可用缓冲甘油代替香柏油。

阳性对照应呈黄绿色荧光，而猪瘟自发荧光对照组和抑制试验对照组应无荧光。

（6）结果判定标准。

++++：黄绿色闪亮荧光。

+++：黄绿色的亮荧光。

++：黄绿色荧光较弱。

+：仅有暗淡的荧光。

-：无荧光。

3）间接染色法

（1）一抗作用。在晾干的标本片上滴加猪瘟抗体（用兔制备），置湿盒，37 ℃作用30 min。

（2）洗涤。以吸管吸取 PBS 冲洗标本片上的猪瘟抗体，后置大量 PBS 中漂洗，共漂洗5次，每次3 min。

（3）二抗染色。滴加羊抗兔荧光抗抗体，置湿盒，于37 ℃染色30 min。

（4）洗涤。以吸管吸取 PBS 冲洗标本片上的荧光抗体，后置大量 PBS 中漂洗，共漂洗5次，每次3 min。

（5）晾干。将标本片置晾片架上晾干。

（6）镜检。同直接法。

（7）本试验应设以下对照：①自发荧光对照；②阴性兔血清对照；③已知阳性对照；④已知阴性对照。

(8)结果判定。观察和结果记录同上,除阳性对照外,所有对照应无荧光。

三、胶体金标记检测技术

1971 年 Faulk 和 Taylor 首创胶体金标记免疫技术。胶体金是氯金酸($HAuCl_4$)的水溶胶颗粒,如同铁蛋白一样具有高电子密度,在电镜下比铁蛋白颗粒更致密,易于辨认,定位比酶反应物精确。胶体金容易和多种大分子物质(包括抗体、A 蛋白、凝集素等)结合。根据制备方法不同,可以得到直径在 3 ~ 150 nm 的各种大小的胶体金颗粒;分别使用不同直径的胶体金颗粒制备标记物,可以在同一标本片上显示两种或多种抗原物质,即所谓双标记或多标记。胶体金标记物还可代替铁蛋白作为扫描免疫电镜的标记物。

(一)原理

免疫胶体金技术是以胶体金作为示踪标志物应用于抗原抗体的一种新型的免疫标记技术。胶体金是由氯金酸($HAuCl_4$)在还原剂如白磷、抗坏血酸、枸橼酸钠、鞣酸等作用下,聚合成为特定大小的金颗粒,并由于静电作用成为一种稳定的胶体状态,称为胶体金。胶体金在弱碱环境下带负电荷,可与蛋白质分子的正电荷基团形成牢固的结合,由于这种结合是静电结合,所以不影响蛋白质的生物特性。

胶体金除与蛋白质结合外,还可以与许多其他生物大分子结合,如 SPA、PHA、ConA 等。根据胶体金的一些物理性状,如高电子密度、颗粒大小、形状及颜色反应,加上结合物的免疫和生物学特性,因而使胶体金广泛地应用于免疫学、组织学、病理学和细胞生物学等领域。

(二)胶体金的制备

根据不同的还原剂可以制备大小不同的胶体金颗粒。常用来制备胶体金颗粒的方法如下。

1. 枸橼酸三钠还原法

1)10 nm 胶体金粒的制备

取 0.01% $HAuCl_4$ 水溶液 100 ml,加入 1% 枸橼酸三钠水溶液 3 ml,加热煮沸 30 min,冷却至 4 ℃,溶液呈红色。

2)15 nm 胶体金颗粒的制备

取 0.01% $HAuCl_4$ 水溶液 100 ml,加入 1% 枸橼酸三钠水溶液 2 ml,加热煮沸 15 ~ 30 min,直至颜色变红。冷却后加入 0.1 mol/L K_2CO_3 0.5 ml,混匀即可。

3)15 nm、18 ~ 20 nm、30 nm 或 50 nm 胶体金颗粒的制备

取 0.01% $HAuCl_4$ 水溶液 100 ml,加热煮沸。根据需要迅速加入 1% 枸橼酸三钠水溶液 4 ml、2.5 ml、1 ml 或 0.75 ml,继续煮沸约 5 min,出现橙红色。这样制成的胶体金颗粒则分别为 15 nm、18 ~ 20 nm、30 nm 和 50 nm。

2. 鞣酸 - 枸橼酸钠还原法

A 液:1% $HAuCl_4$ 水溶液 1 ml 加入 79 ml 双馏水中混匀。

B 液:1% 枸橼酸三钠 4 ml,1% 鞣酸 0.7 ml,0.1 mol/L K_2CO_3 液 0.2 ml,混合,加入双馏水至 20 ml。

将A液、B液分别加热至60 ℃,在电磁搅拌下迅速将B液加入A液中,溶液变蓝,继续加热搅拌至溶液变成亮红色。此法制得的金颗粒的直径为5 nm。如需要制备其他直径的金颗粒,则按表6-6所列的数字调整鞣酸及K_2CO_3的用量。

表6-6　鞣酸－枸橼酸钠还原法试剂配制表

金粒直径(nm)	A液		B液			
	1% $HAuCl_4$	双馏水	1%枸橼酸三钠	0.1 mol/L K_2CO_3	1%鞣酸	双馏水
5	1	79	4	0.20	0.70	15.10
10	1	79	4	0.025	0.10	15.875
15	1	79	4	0.002 5	0.01	15.987 5

3. 制备高质量胶体金的注意事项

(1)玻璃器皿必须彻底清洗,最好是经过硅化处理的玻璃器皿,或用第一次配制的胶体金稳定的玻璃器皿,再用双馏水冲洗后使用;否则影响生物大分子与金颗粒结合和活化后金颗粒的稳定性,不能获得预期大小的金颗粒。

(2)试剂配制必须保持严格的纯净,所有试剂都必须使用双馏水或三馏水并去离子后配制,或者在临用前将配好的试剂经超滤或微孔滤膜(0.45 μm)过滤,以除去其中的聚合物和其他可能混入的杂质。

(3)配制胶体金溶液的pH以中性(pH7.2)较好。

(4)氯金酸的质量要求上乘,杂质少,最好是进口的。

(5)氯金酸配成1%水溶液在4 ℃可保持数月稳定,由于氯金酸易潮解,因此在配制时,最好将整个小包装一次性溶解。

(三)胶体金标记蛋白的制备

胶体金对蛋白的吸附主要取决于pH值,在接近蛋白质的等电点或偏碱的条件下,二者容易形成牢固的结合物。如果胶体金的pH值低于蛋白质的等电点时,则会聚集而失去结合能力。除此以外,胶体金颗粒的大小、离子强度、蛋白质的分子量等都影响胶体金与蛋白质的结合。

1. 待标记蛋白溶液的制备

将待标记蛋白预先对0.005 mol/L pH7.0 NaCl溶液中4 ℃透析过夜,以除去多余的盐离子,然后100 000 g 4 ℃离心1 h,去除聚合物。

2. 待标胶体金溶液的准备

以0.1 mol/L K_2CO_3或0.1 mol/L HCl调胶体金液的pH值。标记IgG时,调至9.0;标记McAb时,调至8.2;标记亲和层析抗体时,调至7.6;标记SPA时,调至5.9～6.2;标记ConA时,调至8.0;标记亲和素时,调至9～10。

由于胶体金溶液可能损坏pH计的电板,因此在调节pH时,采用精密pH试纸测定为宜。

3. 胶体金与标记蛋白用量之比的确定

(1)根据待标记蛋白的要求,将胶体金调好pH之后,分装10管,每管1 ml。

(2)将标记蛋白(以 IgG 为例)以 0.005 mol/L pH9.0 硼酸盐缓冲液做系列稀释为 5～50 μg/ml,分别取 1 ml,加入上列金胶溶液中,混匀。对照管只加 1 ml 稀释液。

(3)5 min 后,在上述各管中加入 0.1 ml 10% NaCl 溶液,混匀后静置 2 h,观察结果。

(4)结果观察,对照管(未加蛋白质)和加入蛋白质的量不足以稳定胶体金的各管,均呈现出由红变蓝的聚沉现象;而加入蛋白量达到或超过最低稳定量的各管仍保持红色不变。以稳定 1 ml 胶体金溶液红色不变的最低蛋白质用量,即为该标记蛋白质的最低用量,在实际工作中,可适当增加 10%～20%。

4. 胶体金与蛋白质(IgG)的结合

将胶体金和 IgG 溶液分别以 0.1 mol/L K_2CO_3 调 pH 至 9.0,电磁搅拌 IgG 溶液,加入胶体金溶液,继续搅拌 10 min,加入一定量的稳定剂以防止抗体蛋白与胶体金聚合发生沉淀。常用稳定剂是 5% 胎牛血清(BSA)和 1% 聚乙二醇(分子量 20 kDa)。加入的量:5% BSA 使溶液终浓度为 1%;1% 聚乙二醇加至总溶液的 1/10。

5. 胶体金标记蛋白的纯化

1)超速离心法

据胶体金颗粒的大小,标记蛋白的种类及稳定剂的不同选用不同的离心速度和离心时间。

用 BSA 做稳定剂的胶体金－羊抗兔 IgG 结合物可先低速离心(20 nm 金胶粒用 1 200 r/min,5 nm 金胶粒用 1 800 r/min)20 min,弃去凝聚的沉淀。然后将 5 nm 胶体金结合物用 6 000 g,4 ℃离心 1 h;20～40 nm 胶体金结合物,14 000 g,4 ℃离心 1 h。仔细吸出上清液,沉淀物用含 1% BSA 的 PB 液(含 0.02% NaN_3),将沉淀重悬为原体积的 1/10,4 ℃保存。如在结合物内加 50% 甘油可贮存于－18 ℃保存一年以上。

为了得到颗粒均一的免疫金试剂,可将上述初步纯化的结合物再进一步用 10%～30% 蔗糖或甘油进行密度梯度离心,分带收集不同梯度的胶体金与蛋白的结合物。

2)凝胶过滤法

此法只适用于以 BSA 作稳定剂的胶体金蛋白结合物的纯化。将胶体金蛋白结合物装入透析袋,在硅胶中脱水浓缩至原体积的 1/5～1/10。再经 1 500 r/min 离心 20 min。取上清液加至 Sephacryl S－400(丙烯葡聚糖凝胶 S－400)层析柱分别纯化。层析柱为 0.8 cm×20 cm,加样量为床体积的 1/10,以 0.02 mol/L PBS 液洗脱(内含 0.1% BSA, 0.05% NaN_3,pH8.2 者用 IgG 标记物),流速为 8 ml/h。按红色深浅分管收集洗脱液。一般先滤出的液体为微黄色,有时略混浊,内含大颗粒聚合物等杂质。继之为纯化的胶体金蛋白结合物,随浓度的增加而红色逐渐加深,清亮透明,最后洗脱出略带黄色的为标记的蛋白组分。将纯化的胶体金蛋白结合物过滤除菌、分装,4 ℃保存。最终可得到 70%～80% 的产量。

6. 胶体金－蛋白结合物的质量鉴定

1)胶体金颗粒平均直径的测量

用支持膜的镍网(铜网也可)蘸取金标蛋白试剂,自然干燥后直接在透射电镜下观察。或用醋酸铀复染后观察。计算 100 个金颗粒的平均直径。

2)胶体金溶液的 OD_{520}nm 值测定

胶体金颗粒在波长 510 ~ 550 nm 出现最大吸收值峰。用 0.02 mol/L pH8.2 PBS 液(含 1% BSA,0.02% NaN_3)将胶体金蛋白试剂作 1:20 稀释,OD_{520} = 0.25 左右。一般应用液的 OD_{520} 应为 0.2 ~ 0.4。

3)金标记蛋白的特异性与敏感性测定

将可溶性抗原(或抗体)吸附于载体上(滤纸、硝酸纤维膜、微孔滤膜),用胶体金标记的抗体(或抗原)以直接或间接法来检测相应的抗原或抗体,对金标记蛋白的特异性和敏感性进行鉴定。

第七章　分子生物学及分析生物学检验技术

第一节　病原微生物 DNA 中 G + C mol% 含量的测定

一、DNA 中 G + C mol% 含量测定

病原微生物(细菌、病毒)DNA 中的 G(鸟嘌呤) + C(胞嘧啶)mol% 含量测定是作为细菌、病毒分类和判定细菌、病毒科、属间亲缘关系的依据。另外,也可以用于细菌、病毒新种的鉴定,如新发现的细菌、病毒都需要进行 G + C mol% 含量的测定,作为新种的基础工作。这项新技术目前广为应用。以细菌为例其具体方法主要如下。

(一)细菌 DNA 的提取

1. 细菌的培养

按常规方法培养,在细菌长成后,收集菌体。一般收获 2 ~ 3 g 湿重的菌体可供提取 DNA 用。

待测 G + C 含量的菌液要求无蛋白质、琼脂碎块等杂质。

2. 细菌破壁

1)化学方法

对革兰氏阴性菌和某些革兰氏阳性菌:采用2% 十二烷基硫酸钠(SDS)溶液,于 60 ℃ 处理 10 min,裂解菌体。菌体裂解后,悬液呈透明、黏稠状。另外,还可以加入适量溶菌酶,37 ℃ 处理 1 h,再加 2% SDS 溶液裂解。对裂解革兰氏阳性菌效果好。

2)物理方法

多采用反复冻融、超声波破碎、玻璃珠振荡及玻璃粉混合研磨等方法。这些破壁方法易剪断 DNA 分子,给纯化带来困难,应少使用。

3. 细菌 DNA 的提取

方法较多,如氯仿提取法、苯酚提取法、苯酚氯仿混合法及羟基磷灰石柱层析法等。目前多采用氯仿法和酚氯仿混合法。兹介绍如下:

(1)将湿菌体 2 ~ 3 g 放于 30 ~ 40 ml 的 SE 溶液(0.015 mol/L NaCl,0.1 mol/L pH 8.0EDTA)中。

(2)将每克湿菌体加入 0.25 g SDS,6 ℃ 水浴保温 10 min,不断轻轻摇动,菌体裂解后,经室温冷却。

(3)向溶菌液中加入 5 mol/L 过氯酸钠($NaClO_4$),使终浓度为 1 mol/L。

(4)加等体积的水饱和苯酚(Tris - HCl,pH8.0)和 1/2 体积的氯仿/异戊醇(24:1),摇荡混匀 5 min。8 000 ~ 10 000 r/min 离心 10 min 分层。

(5)吸取上层水相,加入 2 倍体积的无水乙醇,用玻璃棒轻搅动,使丝状沉淀 DNA 绕

在玻璃棒上。如用超声波破壁的 DNA 抽取液，也加入 1 倍体积的无水乙醇，置 -20 ℃过夜，15 000 r/min 离心 20 min，收集 DNA 沉淀物。

(6)将玻璃棒绕出的核酸或离心沉淀的核酸溶于 27 ml 的 0.1×SSC(1×SSC 为0.15 mol/L NaCl，0.15 mol/L 柠檬酸三钠，pH7.0)中，待核酸溶解后，加入 3 ml 10×SSC 调整液为 1×SSC。

(7)加入 RNase，终浓度为 100 μg/ml，37 ℃作用 60 min 降解 RNA。RNase 需预先处理，排除 DNase 污染。方法为：将 RNase 溶于 0.15 mol/L pH5 NaCl 溶液中 2 mg/ml，煮沸 10 min，低温保存备用。

(8)加 5 mol/L $NaClO_4$ 使终浓度为 1 mol/L。

(9)用等体积的酚/氯仿混合液抽提一次。

(10)吸出上层水相，加入等体积氯仿再抽提一次。

(11)吸出上层水相，加 0.6 倍体积的异丙醇，同时用玻璃棒搅拌，绕出沉淀的 DNA。

(12)绕出的 DNA 依次用 75%、85%、95% 乙醇浸泡脱水，风干。

(13)将 DNA 溶于 0.1×SCC 中，置于低温保存。

4. DNA 鉴定及含量测定

1)DNA 的鉴定

提取的 DNA 经紫外分光光度计测定，符合纯的天然 DNA 的光密度值。A_{260}∶A_{280}应小于或等于 2.0，大于 1.7。

2)含量测定

提取的 DNA 用 0.1×SSC 适当稀释，在紫外光光度计上以波长 260 nm 处测定，一般纯天然 DNA 的吸光度(A)为 1.0 时(比色杯内距 1.0 cm)含量相当于 50 μg。已知待测样品 A_{260}，可按下列公式测出 DNA 样品的含量：

$$\text{DNA 样品含量}(\mu g) = \text{测定 DNA } A_{260} \times 50 \times \text{稀释倍数} \times \text{样品总体积}$$

5. DNA 的保存

高分子 DNA 溶解在 1×SSC 或 0.1×SSC 的缓冲液中，在 4 ℃可保存数月，-20 ℃或 -70 ℃可保存 1 年以上。

(二)DNAG+C mol% 含量的测定

DNAG+C mol% 含量的测定方法较多，其中以热变性法操作简便，重复性好，比较常用。

1. 变性温度法(T_m)测定 G+C mol% 的基本原理

双螺旋 DNA 在不断加热变性时，随着碱基互补氢键的不断打开，由双链不断变成单链，导致核苷酸碱基在 260 nm 处紫外光吸收明显增加。

当双链完全变成单链后，紫外光吸收值停止增加。在热变性过程中，紫外光吸收值增加的中点值所对应的温度即为热变性温度(T_m)。

DNA 是由 A—T 和 G—C 两个碱基对拼成的，前者碱基对之间形成两个氢链，后者形成三个氢链。这三个氢链的 G—C 碱基结合较牢固，在热变性过程中打开氢链所需要的温度也较高，所以 DNA 样品的 T_m 值取决于样品 G—C 碱基对的绝对含量。利用增色效应测定 T_m 值，可以反映不同细菌 DNA G+C 的含量。

2. T_m 值的测定方法

(1)将待测 DNA 样品用 1×SSC 稀释(吸光度在 0.2～0.4,将其装入比色杯中,塞好热能电阻探针塞子,并塞好装有 1×SSC 的比色杯为对照。将比色杯放入分光光度计内,用 260 mm 波长测定 25 ℃的吸光度,然后将温度迅速增加到 50 ℃左右,排出比色杯中气泡。继续加热比色杯至变性前 3～5 ℃,停止升温,稳定 5 min,到升温后吸光度不再增加为止。每次升温前准确记录比色杯内温度(T)和相应的吸光度(A)。

(2)T 值的计算。

热变性扫描线完成后,依据记录的各吸光度(A_t)与相对膨胀体积校正成相当 25 ℃水溶液体积的吸光度,来计算吸光度。

相对吸光度 = 校正膨胀吸光度/25 ℃的吸光度

第二节　PCR 技术

PCR 技术——聚合酶链反应(Polymerase Chain Reaction,PCR),又称无细胞分子克隆技术,是 20 世纪 80 年代中期发展起来的一种快速的特定 DNA 片段体外扩增的新技术。PCR 技术具有操作简便、快速、特异性和敏感性高的特点,所以,该技术自 1985 年问世以来,现已被广泛地应用到生命科学、医学、遗传工程、疾病诊断以及法医学与考古学等领域。

一、原理

PCR 是在体外模拟自然 DNA 复制过程的核酸扩增技术,它以待扩增的两条 DNA 链为模板,利用两个人工合成的寡核苷酸引物介导,分别于靶 DNA 序列的两端与两条模板链 3′端互补的特性,经过 DNA 模板变性、退火、延伸三个步骤的若干次循环就可在短时间内把 DNA 扩增数百万倍,三个步骤的转换都是通过温度的改变来实现的,故又称该循环过程为热循环。经过三次变温为一个循环,三个转换步骤如下。

(一)DNA 热变性(denature)

双链 DNA 的结构是靠氢链来维持的,以加热或碱性作用可以使 DNA 螺旋的氢键断裂,双链解离,形成单链 DNA 而游离于反应液中。DNA 从自然状态转变为变性状态的过程称为变性。PCR 高温变性温度在 85～95 ℃,加热时间为 15～60 s。

(二)退火(annealling)

退火又称复性(renature)或杂交(hybridization)。解除变性条件之后,变性的单链 DNA 可以重新复原为双链的自然状态的 DNA,其原有物性和活性复原,这个过程称为 DNA 退火。PCR 扩增系统中模板 DNA 经过高温变性后,分解为两条单链,然后当温度降低到一定温度(30～60 ℃),在一定盐浓度条件下(0.15～0.5 mol/L NaCl),加入反应体系中的两条人工合成的寡核苷酸引物,分别结合在模板 DNA 的相对应的互补链的 3′末端,形成局部的双链,成为 DNA 复制的固定起点。由于添加的引物比原始模板 DNA 的分子数大为过量,因此引物与模板 DNA 形成复合物的概率远远高于 DNA 分子自身的复制。退火的温度在 30～60 ℃,时间为 30～60 s。

（三）引物延伸（extension）

在 60～80 ℃最适温度中，在 DNA 聚合酶的催化下，四种 dNTD（三磷酸脱氧核苷酸）会迅速延着 DNA 复制的固定起点，以旧链为模板，由 3′末端向 5′末端伸延，按照模板链上的序列，合成一条新的 DNA 链，其序列与模板序列互补，其扩增的长度由引物和延伸的时间来限定。延伸的时间一般为 1～10 min。

模板 DNA 经过高温变性、低温退火和中温延伸三个阶段的循环过程被确定为 PCR 的一个轮次循环，每循环一次，模板 DNA 的拷贝数加倍，整个 PCR 过程一般要 25～30 个轮次循环，扩增的倍数可用公式$(1+x)^n$表示（x 为扩增效率，n 为循环次数）。PCR 介导的体外 DNA 扩增过程遵循酶的催化动力学原理，最初表现 DNA 片段的扩增呈直线上升，但当在 PCR 过程中 DNA 聚合酶达到一定比值时，酶的催化反应趋于饱和，就会出现“平台效应”，而平台效应出现的迟早，取决于起始模板拷贝数、所使用酶的性能、底物中 dNTP 的浓度、最终产物的阻化作用（焦磷酸盐、双链 DNA）、非特异性产物或引物的二聚体参与竞争作用、变性和在高产物浓度下产物分离不完全以及在浓度大于 10^{-8}m 时特异产物的重退火等多种原因。合理的 PCR 循环次数是避免出现“平台效应”的最好方法。

低浓度错配的非特异产物开始大量扩增，也可以出现反应的平台。合理的 PCR 循环次数，是最好的避免这些产物扩增的办法。

二、PCR 必须具备的基本条件

PCR 必须具备下述基本条件：①模板核酸（DNA 或 RNA）；②人工合成的寡核苷酸引物；③耐热的 DNA 聚合酶；④合适的缓冲体系；⑤Mg^{2+}；⑥4 种三磷酸脱氧核苷酸（dNTP）；⑦温度循环参数（变性、退火和延伸的温度与时间以及循环次数）。其他一些因素，如二甲基亚砜、甘油、石蜡、明胶或小牛血清白蛋白等也影响某些特定 PCR。

（一）模板核酸

PCR 可以以 DNA 或 RNA 为模板进行核酸的体外扩增。不过 RNA 的扩增需首先逆转录成 cDNA（反向转录脱氧核糖核酸）后才能进行正常 PCR 循环。核酸样品来源很广泛，可以从纯培养的细胞或微生物中提取，也可以从临床标本（血、乳、尿、粪便、精液、体腔积液、毛皮、口鼻分泌物等）和病理解剖标本（新鲜的或经甲醛固定石蜡包埋组织）中直接提取，无论标本来源如何，待扩增核酸都需要部分纯化，使核酸标本中不含 DNA 聚合酶抑制物。

PCR 中模板加入量一般为 10^2～10^5 拷贝的靶序列。扩增靶序列的长度根据目的不同而异，用于检测目的时扩增片段长度一般为 500 bp 以内，以 100～300 bp 为最好。

（二）引物

PCR 扩增产物的大小是由特异引物限定的，因此引物的设计与合成对 PCR 的成功与否有决定作用。

1. 引物合成的质量

合成的引物必须经聚丙烯酰胺凝胶电泳或反向高压液相层析（HPLC）纯化。因为合成的引物中会有相当数量的“错误序列”，其中包括不完整序列和脱嘌呤产物，以及可检测到的碱基修饰的完整链的高分子质量产物。这些序列可导致非特异扩增和信号强度的降低。因此，PCR 所用引物质量要高，而且要纯。冻干引物在 -20 ℃可保存 6 个月。引物不用时应于 -20 ℃保存。

2. 引物的设计原则

PCR 引物设计的目的是找一对合适的核酸片段，使其能有效地扩增模板 DNA 序列。

（1）寡核苷酸引物长度应在 15 ~ 30 bp（碱基），一般为 20 ~ 27 mer。引物的有效长度 L_n 值不能大于 38，因为大于 38 时，最适延伸温度会超过 TaqDNA 聚合酶的最适温度（74 ℃），不能保证产物的特异性。

（2）G + C 的含量：G + C 的含量一般为 40mol% ~ 60mol%。T_m 值是在一定盐浓度条件下，50% 寡核苷酸解链的温度，T_m 值可用以下公式计算：$T_m = GC \times 4 + AT \times 2$。

其中 GC、AT 分别为引物 GC 和 AT 碱基的数目。按计算公式估计引物的 T_m 值，有效引物的 T_m 为 55 ~ 80 ℃，最好接近 72 ℃，以使复性条件最佳。

（3）碱基的随机分布：引物中四种碱基的分布最好是随机的，避免出现聚嘌呤或聚嘧啶的存在。尤其 3′端不应超过 3 个连续的 G 或 C，否则会使 G + C 富集区错误引发。

（4）引物本身：引物本身不应存在互补序列，否则引物自身会折叠成发夹结构或引物本身复性。

引物自身连续互补碱基不能大于 3 bp。引物之间不应互补，尤其应避免 3′端的互补重叠，以防形成引物二聚体，引物间不应多于 4 个连续碱基的同源性或互补性。

（5）引物的 3′端：引物的延伸是从 3′端开始的，不能进行任何修饰，3′端也不能形成任何二级结构的可能。而 5′端是限定 PCR 产物的长度，它对扩增的特异性影响不大，因此可随意修饰，如加酶切位点，标记生物素、荧光素、同位素、地高辛，引入启动子序列等。

（6）密码子的简并：如果扩增编码区域，引物 3′端不要终止于密码子的第 3 位，因为此时易发生简并，会影响扩增的特异性与效率。

（7）引物的特异性：引物与非特异扩增序列同源性不超过 70% 或有连续 8 个互补碱基同源。

（8）某些引物无效的主要原因是引物重复区 DNA 二级结构的影响，选择扩增片段时最好避开二级结构区域。所设计的引物序列应经计算机检索，确保与核酸序列数据库中的其他序列无同源性。

3. 引物的用量与计算

PCR 引物的量与 PCR 实验的灵敏度和特异性有着密切的关系，精确测定 PCR 引物的量是 PCR 实验必不可少的步骤。一般引物终浓度为 0.2 ~ 1 μmol/L，当引物低于 0.2 μmol/L时，则产物量降低；引物浓度过高会促进引物错误引导非特异性结合，还会增加引物二聚体的形成。引物浓度的计算可按下列公式：

$$E_M = a(16\,000) + b(12\,000) + c(7\,000) + d(9\,600) \tag{7-1}$$

E_M（摩尔淬灭系数）是 1 cm 光程比色杯中测定 1 mol/L 寡核苷酸溶液在 UV260 nm 下的光密度（OD）值。

其中 a、b、c 和 d 分别代表寡核苷酸中 A、G、C 和 T 的个数。例如一纯化的 20 mer 寡核苷酸溶于 0.1 ml 水中，取 10 μl 稀释至 1.0 ml，测其 OD = 0.76。原液的 OD 值为 0.76 × 100 = 76。若此寡核苷酸碱基组成为 A = 5，G = 5，C = 5，T = 5，其 $E_M = 5(16\,000) +$

5(12 000) +5(7 000) +5(9 600) =223 000,由此原液中寡核苷酸的摩尔浓度为:76/223 000 =3.4×10^{-4}(mol/L) =340 nmol/L。

4. 引物的保存

冻干引物在 -20 ℃可保存1 ~2 年以上,液态在 -20 ℃可保存半年以上,引物不用时也应存于 -20 ℃。

(三)耐热的 DNA 聚合酶

DNA 聚合酶在 PCR 中起着关键性作用,最初是用大肠埃希氏菌聚合酶 I 的大片段(Klenow)来进行 PCR 反应,延伸步骤的温度维持在 37 ℃。由于它在 95 ℃以上的变性温度下完全失活,并导致反应系统中变性的酶蛋白快速沉积,因而每一循环的变性步骤(93 ~95 ℃)之后都必须添加酶。T_4DNA 聚合酶也不耐受 DNA 变性高温,仍需要延伸反应前补加酶。直到 1987 年 TaqDNA 聚合酶的开发和应用才克服了这一困难。

1. TaqDNA 多聚合酶的特性

该酶是从极度嗜热水生栖热菌(extreme the mophile thermus aquaticus)VT -1 中分离获得,分子质量为 94 000u 的双链 DNA 聚合酶,不显示有何 3′ ~5′核酸外切酶活性,这种聚合酶的最适反应温度在 75 ℃左右,对 95 ℃高温具有良好的热稳定性。在 PCR 技术中运用 TaqDNA 聚合酶主要应考虑以下五个参数:

(1)热稳定性:按 30 轮循环累计热变性时间为 15 ~30 min。TaqDNA 聚合酶在连续热保温 30 min 之后仍能保持相当高的活力。该酶对热处理具有良好的耐受力,因而在每轮循环不需再添加。

(2)特异性:退火和延伸时的温度控制对引物模板配对的专一性影响很大。TaqDNA 聚合酶最适反应温度为 75 ℃左右,而退火温度可在 55 ~70 ℃,因而 TaqDNA 聚合酶能显著提高引物退火特异性,避免引物与非特异性模板结合,减少了非特异性产物的合成。

(3)合成产率:根据酶反应动力学的规律,聚合反应后期会产生平台效应,平台期出现时合成产物积累多少直接与聚合酶的性能有关。用 TaqDNA 聚合酶平台期在 25 轮时出现,产物积累达 4×10^6 拷贝;而应用 Klenow 片段,平台期在 20 轮循环时出现,积累产物达 3×10^5 拷贝,二者相比,显然使用 TaqDNA 聚合酶的合成率要高得多。

(4)延伸长度:应用 PCR 技术时,有时需扩增大于 1 kb 的片段,这就要求选定的 DNA 聚合酶具有较强的延伸能力。当扩增片段大于 250 bp 时,使用 Klenow 片段扩增产率大为降低,而选用 TaqDNA 聚合酶能从基因组 DNA 中扩增出 2 kb 片段。

(5)忠实性:评价一个 DNA 聚合物的忠实性在于复制过程中核苷错误掺入的频率,酶的忠实性是个关键。尤其在用 PCR 扩增的产物进行 DNA 序列分析时尤为重要。Klenow片断的错误频率约为 1∶10 000,而 TaqDNA 聚合酶的错误频率偏高,约为 1∶5 000,在实际应用中,TaqDNA 聚合酶经过 25 轮循环扩增后,延伸产物序列中的任何位点将在 400 个碱基中出现一个分子“篡改”原始的序列。TaqDNA 酶可在 -20 ℃贮存至少 6 个月。

2. 使用 TaqDNA 聚合酶注意要点

(1)加量:每 100 μl 反应液中含 1 ~2.5 μl 为佳,加量过多不仅浪费,而且会导致非特异性扩增。

(2)此酶延伸速度为 50 个碱基/s(70 ℃时)。

(3)TaqDNA 酶可在新合成链的 3′端加上一非模板依赖的碱基,因此扩增产物经 Klenow片段或 T_4DNA 聚合酶处理后才能用于平端连接与克隆。

(四)镁离子浓度

Mg^{2+}是 TaqDNA 聚合酶与很多其他聚合酶活性所必需的。Mg^{2+}浓度过低时,酶的活力显著降低;过高时,则酶催化非特异的扩增。PCR 混合物中的 DNA 模板,引物和 dNTP 的磷酸基因均可与 Mg^{2+}结合,降低 Mg^{2+}实际浓度。TaqDNA 聚合酶需要的是游离 Mg^{2+}。因此,PCR 中 Mg^{2+}的加入量要比 dNTP 浓度高 0.5 ~ 1.0 mmol/L。最好对每种模板、每种引物均进行 Mg^{2+}浓度的优化。当 Mg^{2+}浓度大于 4 ~ 5 mmol/L 时 DNA 变性的温度需更高一些。

(五)Tris 缓冲体系

目前最常用的缓冲体系为 10 ~ 50 mmol/L(pH8.3 ~ 8.8,20 ℃)。Tris 是一种双极性离子缓冲液,因此在实际 PCR 中 20 mmo1/LTris − HCl(pH8.3,20 ℃)pH 值变化于 6.8 ~ 7.8。

反应液中 50 mmol/L 以内的 KCl 有利于引物的退火,50 mmol/L NaCl 或 50 mmo1/L 以上的 KCl 则抑制 TaqDNA 聚合酶的活性。反应中加入小牛血清白蛋白(100 μg/ml)、明胶(0.01%)、Tween − 20(0.05% ~ 0.1%)或 5 mmol/L 二巯苏糖醇(DTT)有助于酶的稳定。

(六)三磷酸脱氧核苷酸(dNTP)

表示四种脱氧核苷酸(dATP、dGTP、dTTb 和 dCTP)。贮备 dNTP 液用 NaOH 调 pH 值至中性,其浓度用分光光度计测定。贮备液为 5 ~ 10 mmol/L,分装后 −20 ℃保存。反应中每种 dNTP 终浓度为 20 ~ 200 μmol/L,在此范围内,PCR 产物量、特异性与合成忠实性间的平衡最佳。所用的四种 dNTP 终浓度应相等,以使错误掺入率降至最低。dNTP 过量时将促进错误掺入,过低则影响产量。

(七)PCR 温度变换及循环参数

1. 变性温度与时间

此步若不能使靶基因模板或 PCR 产物完全变性,就会导致 PCR 失败。

通常是在加 TaqDNA 聚合酶前先使模板在 97 ℃变性 7 ~ 10 min,在以后的循环中,将模板 DNA 在 94 ℃或 95 ℃变性 1 min,在扩增短片段(100 ~ 300 bp)时可采用简便、快速的两步 PCR 法,就是将引物复性和链延伸合为一步(复伸 57 ℃),在 5 ~ 10 个循环后,将变性温度降至 87 ~ 90 ℃,可改善 PCR 产量。在扩增效果上与常规三步控温法完全相同,但可缩短时间,简化操作步骤。

2. 复性温度与时间

复性温度决定着 PCR 产物的特异性。引物复性所需的温度取决于引物的碱基组成、长度和浓度。合适的复性温度应低于扩增引物在 PCR 条件下真实的 T_m 值的 5 ℃。$T_m = 2(G + C) + (A + T)$。

复性温度太低或复性时间太长会增加非特异的复性。复性时间也不能太短(≥30 s)。如用手控温度反应,从复性状态移至延伸状态的时间不能太长,以减少非特异性复性。

3. 延伸温度与时间

引物延伸温度一般为 72 ℃(较复性温度高 10 ℃左右)。不合适的延伸温度不仅会影响扩增产物的特异性,也会影响其产量。72 ℃延伸 1 min 对于长达 2 kb 的扩增片段已足够。3 ~4 kb 的靶序列需 3 ~4 min,延伸时间取决于靶序列的长度与浓度。延伸时间过长会导致非特异性扩增。

4. 循环数

循环数决定着扩增程度。过多的循环会增加非特异性扩增产物的数量和复杂性(见平台效应),循环数太少,PCR 产物量就会极低。一般循环数为 25 ~60。除循环外,扩增效率也是决定扩增程度的重要因素,其计算公式为:$Y = A(1 + R)^n$。Y 为扩增程度,A 为起始 DNA 量,R 为扩增效率,n 为循环数。

(八)其他因素

1. 高温起动(hotstart)

采用高温起动法,在扩增前加热可促进引物的特异复性与延伸,增加有效引物的长度。

2. PCR 促进剂

二甲基亚砜(DMSO)、甘油、氯化四甲基铵(TMAC)、T_4 噬菌体基因 32 蛋白(gp^{32})对某些特定 PCR 也会有影响。

3. 石蜡油

防止反应液蒸发后引起的冷却与反应成分的改变。

(九)PCR 仪

在传感技术、微电子技术和计算机技术日益发展的今天,PCR 基因扩增技术的热循环实验的全过程已经实现全部自动化,国内外已有"PCR 基因扩增仪"问世。其种类及设计原理包括梯度水浴法扩增仪、循环水变温法扩增仪、空气驱动循环恒温装置和变温金属块作恒温装置四类。由于扩增仪的型号很多,使用方法不会完全相同,国产扩增仪为梯度水浴装置,操作容易掌握,实验效率也高。实验方法分为三个阶段,即准备阶段、预复性阶段和循环运行阶段,均详载于产品使用说明书上,实验前应详细阅读。

三、PCR 基因体外扩增技术实验

(一)PCR 标本的制备

因为标本中的许多杂质能抑制 TaqDNA 聚合酶的活性,因此用于 PCR 的标本必须经适当处理后才能使用。标本处理的基本要求是除去杂质,使待扩增 DNA 暴露,并部分纯化标本中的核酸(DNA 或 RNA),能与引物复性。

1. 细菌标本处理

裂解细菌的方法包括加热(95 ℃)、反复冻融和化学试剂(如 TritonX - 100 等)裂解。细菌浓度只要不超过 100 个/μl,裂解后可直接用于 PCR。快速抽提细菌培养物 DNA 方法如下。

1)试剂

主要包括10 mmol/L Tris - HCl(pH8.0)、10% SDS(十二烷基硫酸钠)、3 mol/L 醋酸钠(pH5.2)、RNase 液(10 mg/ml)、冷乙醇和70%乙醇。

2)方法

(1)从平板上挑取至少1.5 mm的菌落移到预先装有50 μl 10 mmol/L Tris - HCl 液的微量离心管中,使之悬起。

(2)加50 μl 10% SDS 液,60 ℃充分混匀,作用10 min。

(3)加入250 μl 10 mmol/L Tris - HCl 液;60 μl 3 mol/L 醋酸钠和10 μl RNase 液混匀,37 ℃作用10 min。

(4)加入1 ml 冷乙醇,混匀后可见DNA沉淀。

(5)取出DNA沉淀球,置另一洁净离心管中,加入500 μl 10 mmol/L Tris - HCl 溶解DNA。

(6)加入1 ml 乙醇高氯酸盐试剂,置4 ℃1 h。

(7)于4 ℃,12 000 r/min 离心10 min,倾去上清液,用70%乙醇洗沉淀一次。晾干后溶于20 μl Tris - HCl 液,PCR 中用10 ~ 20 μl。

若制备革兰氏阳性菌DNA标本,可于第(1)步中加入10 μl 葡萄球菌溶素(0.5 mg/ml,用蒸馏水配制)37 ℃作用15 min后,再按上述(2) ~ (7)步操作。

2. 病毒标本的处理

(1)将5 ml 组织培养液上清液或血清500*g* 离心5 min 去除细胞。

(2)取上清液再以10 000*g* 离心10 min,去除大颗粒物质。

(3)小心吸取上清液,以SW50.1转头50 000 r/min 离心45 min 沉淀病毒颗粒,用PBS平衡离心管。

(4)去上清液,用100 ~ 500 μl 钾缓冲液(含50 mmol/L KCl、10 ~ 20 mmol/l Tris - HCl、2.5 mmol/L $MgCl_2$(pH8.3)、1% laureth12(一种表面活性剂)、0.5% Tween - 20、100 μg/ml蛋白酶K)或100 ~ 500 μl(含1% NP40和100 μg/ml 蛋白酶K)的TE缓冲溶液溶解病毒颗粒。

(5)将溶解的病毒颗粒转移到另一洁净微量离心管中,并在55 ℃保温30 ~ 60 min。然后,95 ℃加热灭活蛋白酶,冷却样品并离心除去所有碎片。

(6)在100 μl PCR 反应液中,加5 ~ 10 μl 病毒核酸液。RNA病毒可用5 ~ 10 μl 进行DNA合成。

(二)典型PCR操作

1. 试剂

(1)引物:根据待扩增DNA不同,引物亦不同。

(2)TaqDNA聚合酶:能耐受93 ~ 100 ℃高温。

(3)10 × PCR 缓冲液:含500 mmol/L KCl、100 mmol/L Tris - HCl(pH8.4,20 ℃)、150 mmol/L $MgCl_2$ 及1 mg/ml 明胶。

(4)5 mmol/L dNTP 贮备液:将dATP、dCTP、dGTP和dTTP钠盐各100 mg合并,加3 ml 灭菌无离子水溶解,用NaOH调pH值至中性,分装每份300 μl,-20 ℃保存。dNTP浓

度最好用 UV 吸收法精确测定。

2. 操作程序

(1)向一微量离心管中依次加入如下物质:10×PCR 缓冲液 1/10 体积,DNA 模板 10^2~10^5拷贝,dNTP 各 200 μmol/L,ddH_2O 补至终体积(终体积 50~100 μl),引物(一对人工合成寡核苷酸)各 1 μmol/L,混匀后,离心 15 s 使反应成分集于管底。

(2)加石蜡 50~100 μl 于反应液表面以防蒸发。置反应管于 97 ℃变性 7 min(染色体 DNA)或 5 min(质粒 DNA)。

(3)冷至延伸温度时,加入 1~5 μl TaqDNA 聚合酶,在此温度下作用 1 min。

(4)于变性温度下(92~93 ℃)使模板 DNA 变性 45 s。

(5)在复性温度下(55 ℃)使引物与模板杂交 45 s。

(6)在延伸温度下(72 ℃)使复性的引物延伸 1 min。

(7)重复(4)~(6)步 25~30 次,每次即为一个 PCR 循环。

(8)微量琼脂糖凝胶电泳检查扩增产物。

四、PCR 的结果分析

(一)琼脂糖凝胶电泳

根据两条引物间的距离,预计 PCR 产物的长短,通过电泳可判断扩增产物的大小。电泳时以适当大小的 DNA 分子作为分子质量标准,电泳后,用溴化乙锭(μl/ml)染色 20 min,然后用无离子水漂洗两次,每次 15 min,于 UV 灯(紫外灯)下观察结果并拍照。

(二)限制性内切酶片段分析

用限制性内切酶酶解 PCR 扩增产物,发现有特定的限制性内切酶片段,则说明扩增的 PCR 产物是特异的,反之表明 PCR 产物在限制性位点发生了碱基突变。

(三)核酸杂交

首先将扩增的 DNA 固定到尼龙膜或硝酸纤维素滤膜上。再用放射性或非放射性标记物标记的探针杂交。阳性表明 PCR 产物是特异的。

五、PCR 在畜禽传染病诊断中的应用

PCR 技术不仅具有简便、快速、敏感性和特异性高的特点,而且结果分析简单,对样品要求不高,无论新鲜组织或陈旧组织、细胞或体液、粗提或纯化的 RNA 均可。现已用于伪狂犬病病毒、口蹄疫病毒、轮状病毒、猪细小病毒、猪瘟病毒、牛病毒性腹泻病毒、冠状病毒、牛白血病病毒、蓝舌病病毒、马病毒性动脉炎病毒、禽流感病毒、鸡传染性支气管炎病毒、鸡传染性喉气管炎病毒、鸡传染性法氏囊病病毒,鸡马立克氏病毒、鸡败血支原体、鸡贫血因子等多种畜禽传染病的诊断和监测,随着愈来愈多目的基因序列的明了,PCR 的应用范围必将更加广泛。

第三节　核酸探针技术

将一个已知顺序的单链核酸片段加以标记,就成了核酸探针,可用来探测标本核酸中

与它具有互补的碱基顺序。常用的方法是将样品核酸固定在固相介质上，与溶液中的核酸探针进行分子杂交，如果两者有互补顺序则杂交成功，结果为阳性；而顺序无互补关系则杂交失败，结果呈阴性。

或先将探针固定于载体上，再同溶液中待测核酸杂交，然后再用抗杂交体抗体或结合标记的第二抗体对杂交体进行检测。液相法是先将抗杂交体抗体固定于聚乙烯试管，接着将 DNA 探针和待测核糖体 RNA 在溶液中进行杂交，形成的杂交体结合于试管上的抗杂交体抗体上，由于探针上标记有生物素，随后可用酶标记亲和素对杂交体作检测。

一、基因探针的获得

要取得一定量的已知顺序的基因探针，通常有以下三种途径。

（一）制备探针

通过提取纯度较高的相应的 mRNA，反转录成 cDNA，利用 cDNA 与目的基因 DNA 互补，这种探针叫做 cDNA 探针。

（二）基因文库法

把染色体 DNA 通过超声波随机打断或用限制性内切酶不完全水解，得到许多随机片段，选取长度在 15 ~ 20 kb 的片段，重组到噬菌体中，经过体外包装，转录大肠埃希氏菌，在固体培养基中得到很多噬菌斑。然后利用菌斑原位杂交筛选含目的基因的片段作为探针，叫做基因组探针。

通过上述两法得到的 DNA 片段需要再作次级克隆到大肠埃希氏菌的质粒中去保存，以便在需要时扩增。cDNA 探针一般不包括内含子序列，而基因组探针则包括外显子和内含子全部序列。

（三）寡核苷酸探针

以用 DNA 合成仪合成的 50 个核苷酸以内的任意序列的寡核苷酸片段作为核酸探针，也可将它们克隆到 MB 或 SP_6 系统中，使之释放含探针序列的单链 DNA 或 RNA，从而使探针制备得到标化和简化。

二、DNA 片段的分离与回收

（一）DNA 片段的分离

1. 琼脂糖凝胶电泳

1）原理

琼脂糖凝胶电泳操作简单、快速，是分离鉴定纯化 DNA 片段的标准方法。DNA 在凝胶中可被低浓度的荧光物质——插入性染料溴化乙锭（EB）染色，在紫外光下可检测出凝胶中少至 50 ng 的 DNA。DNA 在琼脂糖凝胶中的电泳迁移率主要由以下几方面的因素决定：

（1）DNA 分子的大小：线状双链 DNA 分子在电场下是以头尾位向前移动的，其迁移速率与碱基对数目的对数值成反比，分子越大，则摩擦阻力越大，也越难在凝胶孔隙中蠕行，因而迁移得越慢。

（2）琼脂糖浓度：一定大小的线状 DNA 片段，其迁移速率在不同琼脂糖中各有不同，因此采用不同浓度的凝胶，有可能在较大范围内分离不同大小的 DNA 片段。

(3) DNA 的构象：闭环超螺旋状、开环和线状 DNA 分子的分子质量相同，但在琼脂糖凝胶中的迁移率不同，在同一浓度的凝胶中超螺旋 DNA 分子迁移率比线状 DNA 分子快，而线状 DNA 分子又比开环 DNA 分子快。

(4) 电流强度：在低电压时，线状 DNA 片段的迁移速率与所加电压成正比，要使大于 2 kb 的 DNA 片段的分辨率达到最大，琼脂糖凝胶上所加电压不应过 5 V/cm。

(5) 电场方向：如果电场方向保持不变，则长于 50 ~ 100 kb 的 DNA 分子在琼脂糖凝胶上的迁移速率相同。

(6) 碱基组成与温度：不同大小的 DNA 片段在琼脂糖凝胶电泳中相对迁移率在 4 ℃与 30 ℃之间不发生改变。琼脂糖凝胶电泳一般在室温下进行，但浓度低于 0.5% 的琼脂糖凝胶和低溶点琼脂糖凝胶较为脆弱，最好在 4 ℃下电泳，此时它的强度较大。

(7) 嵌入染料的存在：荧光染料溴化乙锭用于检测琼脂糖和聚丙烯酰胺凝胶中的 DNA，可使线状 DNA 的迁移率降低 15%，染料嵌入到堆积的碱基对之间，并拉长线状和带切口的环状 DNA，使其刚性更强。

(8) 电泳缓冲液的组成：电泳缓冲液的组成及其离子强度均影响 DNA 的电泳迁移率。用于天然双链 DNA 的电泳缓冲液有含 EDTA(pH8.0) 的 Tris - 乙酸(TAE)、Tris - 硼酸(TBE) 或 Tris - 磷酸(TPE)，其浓度为 50 mmol/L(pH7.5 ~ 7.8)。

最常用的变性单链 DNA 的电泳缓冲液是 50 mmol/L NaOH、1 mmol/L EDTA。

2) 方法

(1) 以电泳缓冲液配制琼脂糖凝胶。

(2) 在沸水浴或微波炉中加热到琼脂完全融化，加入溴化乙锭(用水配制成 10 mg/ml 的贮存液)至终浓度为 0.5 μg/ml，充分混匀。

(3) 选择大小适宜的凝胶槽或用胶带纸将洁净、干燥的玻璃板边缘封好，用少量琼脂糖凝胶将四周封严，将梳子放在凝胶槽一端，梳子齿下端离玻璃板 0.5 ~ 1.0 mm。

(4) 将琼脂糖倒入槽中，室温下自然凝固，拔起梳子。

(5) 去除玻璃四周的胶带纸，将凝胶板放在电泳槽中，加电泳缓冲液，使缓冲液没过胶面 3 mm 以上。

(6) 向样品液中加 1/10 体积的上样溶液(40% 蔗糖、10% 甘油、0.25% 溴酚蓝)，混匀后将样品直接加入凝胶孔中，注意样品不要溢出孔外。

(7) 电泳：将电源负极接于样品端，通以电流，待样品从孔内完全进入凝胶之后，可在紫外灯下观察 DNA 样品的分离结果。

2. 聚丙烯酰胺凝胶电泳

1) 原理

聚丙烯酰胺凝胶用于分离、鉴定、纯化长度小于 1 kb 的 DNA 片段，凝胶的浓度取决于所要分析 DNA 片段的大小，实验通常采用垂直电泳。

2) 方法

(1) 按要求装配灌注凝胶的玻璃板。

(2) 将配制的凝胶注入已固定好的凝胶板中，插入所需的梳子，置室温下聚合 1 h。

(3)拔去梳子,向电泳槽内注入电泳缓冲液(TBE)。

(4)用微量吸管向样品孔中加样品(含 1/10 体积的上样品溶液)。

(5)电泳:阳极接下,阴极(样品端)接上。电压为 1 ~ 8 V/cm。

(6)电泳完毕后去掉一面玻璃板,将托有凝胶的玻板置于染液中(1 × TBC 含 0.5 μg/ml溴化乙锭,EB)染色 45 min,水洗,沥干。

(7)将凝胶置紫外灯下观察电泳结果。

(二)DNA 片段的回收

1. DEAE - 纤维素膜电泳回收法

该法是将凝胶纯化的 DNA 电泳到 DEAE - 纤维素膜上,该项技术操作简便,可以同时回收许多样品,且回收 0.5 kb 片段的产量既高,又稳定,从该膜上回收的 DNA 纯度高,对大多数高要求的工作均能胜任。

1)原理

利用适当浓度的琼脂糖凝胶,电泳分离 DNA 片段,然后紧靠目的 DNA 片段前切一裂隙,将一长条 DEAE - 纤维素膜插入裂隙中继续电泳,直至条带中所有的 DNA 均收集到膜上,然后从裂隙取出膜,用低离子强度的缓冲液洗掉污染物,最后在高离子强度的缓冲液中将 DNA 洗脱下来。

2)方法

(1)将含有 0.5 μg/ml 溴化乙锭的琼脂糖凝胶电泳分离的片段,用紫外灯对目的条带进行定位。

(2)用锋利的刀片在紧靠目的条带前缘做一切口,其两边比条带宽 2 mm 左右。

(3)切一条与切口等宽而比凝胶稍深的(1 mm)DEAE - 纤维素膜(如 Schlecicher 或 SchuellNA - 45)。在 10 mmol/L EDTA(pH8.0)中浸泡 5 min,换 0.5 mol/L NaOH 浸 5 min,用灭菌水冲洗 6 次,活化后的膜条可以在无菌水中于 40 ℃保存几周。

(4)用平头镊子将切口壁撑开,将膜插入裂隙中,取出镊子,使切口闭合,小心勿留气泡。继续电泳(5 V/cm)直至 DNA 条带迁移至膜上,电泳过程可用手提式长波长紫外灯不时进行检查。

(5)当所有 DNA 离开凝胶被收集到膜上后,切断电流,用平头镊子从凝胶中取出膜,室温下用 5 ~ 10 ml 低盐冲洗液(50 mmol/L Tris - HCl(pH8.0)、0.15 mol/L NaCl、10 mmol/L EDTA(pH8.0))将膜漂洗一下,这样可除去膜上的琼脂糖。

(6)将膜移至一个微量离心管中,加足量的高盐洗脱液(50 mmol/L Tris - HCl(pH8.0)、1 mol/L NaCl、10 mmol/L EDTA(pH8.0))使膜充分浸泡,盖上离心管盖,于 65 ℃温育 30 min。

(7)将液体转移到另一微量离心管中,向膜上再加 1 份高盐洗脱液,于 65 ℃再温育 15 min,确证膜上不再有可见的被溴化乙锭染色的 DNA 痕迹时,将两份高盐洗脱液合并。洗脱液用酚 - 氯仿液抽提一次,水相转移至另一微量离心管中,加 0.2 体积的 10 mol/L 乙酸铵,2 倍体积 4 ℃的乙醇,于室温放置 10 min,室温 12 000*g* 离心 20 min。用 75% 乙醇小心漂洗沉淀一次,再将 DNA 重溶于 3 ~ 5 μl TE(pH7.6)中。

(8)通过凝胶电泳对 DNA 进行定性和定量,用于探针标记。

2. 透析袋电洗脱法

对回收大片段 DNA(>5 kb)最为有效,但很不方便。

1)原理

将含目的 DNA 的琼脂糖凝胶切下,放入已处理的透析袋内,加适量 1×TAE 于透析袋中。把透析袋浸泡在盛有一浅层 1×TAE 的电泳槽中。使电流通过透析袋(电压通常为 4~5 V/cm,持续 2~3 h),此时 DNA 从凝胶中洗脱出来,进入到袋的内壁上。倒转电流的极性,通电 1 min,使 DNA 从袋壁上释放出来进入缓冲液中,停止电泳,吸出含 DNA 的缓冲液,离心去除凝胶碎片。

通过 DEAE - Sephadex 柱层析或有机溶剂抽提纯化 DNA。

2)方法

与 DEAE - 纤维素膜电泳回收法相同。

3. 从低溶点琼脂糖凝胶中回收 DNA

此法比上两种方法重复性差,但此法在某些酶促反应(如限制酶消化和连接)过程中,可以直接在溶化的凝胶中进行。

1)原理

低溶点琼脂糖(含羟乙基琼脂糖)在 30 ℃时变成凝胶,65 ℃时溶解,这大大低于多数 DNA 的溶解温度,利用这些性质,可以从低溶点琼脂糖中回收 DNA。

2)方法

(1)将样品 DNA 在适当浓度低溶点琼脂糖凝胶上 4 ℃进行电泳分离,在紫外灯下确定 DNA 片段的位置,用刀片将所要回收的 DNA 片段切下来,转移至一个干净的塑料管中。

(2)加约 5 倍体积的 20 mmol/L Tris - HCl(pH8.0)、1 mmolL EDTA(pH8.0)至琼脂糖块中,盖好盖,于 65 ℃温育 5 min,以溶化凝胶。

(3)待溶液冷却至室温后,加等体积的酚(用 0.1 mol/L Tris - HCl 平衡至 pH8.0),将混合液来回颠倒混合 20 s,在 20 ℃4 000*g* 离心 10 min,回收水相,界面的白色物质即是粉状的琼脂糖,再用酚 - 氯仿液和氯仿各抽提 1 次。

(4)将水相移至聚苯乙烯离心管中,加 0.2 体积的 10 mol/L 乙酸铵和 2 倍体积 4 ℃无水乙醇,混合液在室温下放置 10 min,然后 15 000 r/min 离心 20 min,沉淀核酸,再用 75% 乙醇离心洗 1 次。溶于适量灭菌三蒸水中,用于探针标记。

4. 冻融法回收 DNA

将含有需回收 DNA 片段的凝胶切下,切碎后放入小塑料管中,置液氮中冷冻 5 min,然后融解。如此反复多次,琼脂糖凝胶经冻融后变松散,因此 DNA 被释放出来,离心,取上清液,再冻融,离心取上清液,经纯化,乙醇沉淀获得回收的 DNA。

5. 从聚丙烯酰胺凝胶中回收 DNA 片段

从聚丙烯酰胺凝胶中回收 DNA 的最好方法是“压碎与浸泡”技术,所得 DNA 纯度很高,没有酶抑制物或对转染细胞、微注射细胞有毒害的污染物。

方法:用长波长紫外灯检测用溴化乙锭染色的凝胶,确定目的 DNA 的位置,用刀片将含目的条带的凝胶切下,将凝胶转移至微量离心管中,用一次性使用吸头对着管壁将凝胶挤碎，在微量离心管中加1～2倍体积的洗脱缓冲液（0.5 mol/L乙酸铵、10 mmo/L乙酸镁，1 mmol/LEDTA（pH8.0）和0.1% SDS），37 ℃温育，小片段DNA（<500 bp）的洗脱需3～4 h，更大的片段要12～16 h。4 ℃12 000 *g*离心1 min，将上清液移至另一微量离心管中。在聚丙烯酰胺凝胶中加入0.5体积的洗脱缓冲液，振荡片刻，重新离心，合并两次的上清液，上清液通过管尖装有玻璃纤维的毛细吸管小柱，以除去聚丙烯酰胺碎片。加2倍体积4 ℃无水乙醇，于冰上置30 min，4 ℃12 000 *g*离心10 min，沉淀DNA，用70%乙醇小心洗涤，抽干，用少量TE（pH7.6）重溶DNA。通过聚丙烯酰胺凝胶电泳对DNA进行定性和定量，用于探针标记。

三、基因探针的标记方法

（一）放射性探针标记法

核酸探针历来多采用放射性同位素标记，故又称为传统标记法。最常用的标记物是^{32}P－dNTP、^{35}S－dNTP及^{3}H－dNTP。

1. 缺口平移（或缺口翻译）标记法

1）原理

在适当浓度的DNaseI（DNA酶作用下，在双链DNA上造成3′－OH末端缺口，大肠埃希氏菌DNA聚合酶I可把核苷酸残基加到切口处3′羟基端，且由于DNA聚合酶I还具有5′→3′外切核酸酶的活性，它可从切口的5′端除去核苷酸。5′端核苷酸的去除与3′端核苷酸的加入同时进行，导致切口沿着DNA链移动（切口平移）。由于高放射性活度的核苷酸置换了原有的核酸，就有可能制备比活度大于10^{8}计数（μg/min）的^{32}P标记的DNA。

2）方法

（1）混合：

10×切口平移缓冲液0.5 mol/L Tris－HCl（pH7.5）、0.1 mol/L $MgSO_4$、1 mmol/L二硫苏糖醇（DTT）2.5 μl，DNA 500 μg/ml，牛血清白蛋白（BSA）0.5 μg，未标记的dNTP（缺dCTP或dATP）（100 pmol/L）5 μl，^{32}P－dCTP或dATP（16 pmol/L）5 μl，加H_2O至21.5 μl，使混合液骤冷至0 ℃。

（2）反应液中加2.5 μl稀释的DNA酶I（10 ng/ml）振荡摇匀（按1 μg/ml将DNA酶I溶于含0.15 mol/l NaCl、50%甘油溶液中）。

（3）加2.5单位大肠埃希氏菌DNA聚合酶I，轻轻振荡均匀，于16 ℃温育60 min。

（4）加入1 μl 0.5 mol/L EDTA（pH8.0）终止反应。

（5）用Sephadex G－50进行层析，把标记DNA与未掺入的dNTP分开。用β射线计数器测定样品中的cpm值，标记的DNA作为探针备用。

2. 随机引物启动法

1）原理

将小牛胸腺DNA用DNaseI酶解，分离出生成的六核苷酸混合物，以此作为引物，在四种脱氧三磷核苷的存在下，用DNA聚合酶的Klenow片段在37 ℃催化60 min以上，核苷酸即掺入到新合成的DNA链中，形成放射性或非放射性标记的核酸探针。此法的优点是不受琼脂糖的抑制，因而可用电泳分得的核酸片段作为模板，本法也已成功地用于带半抗原(地高辛)的核苷酸的掺入。

2)方法

(1)在反应管内加入 1 mmol/L Hepes(pH6.67)2 μl、灭菌三蒸水 30 μl 和 DNA 3 μl，煮沸 2 min，立即冷却至 0 ℃。

(2)加入 5 μl 10×缓冲液(内含 500 mmol/L Tris－HCl(pH7.5)、50 mmol/L $MgCl_2$、10 mmol/L 二硫苏糖醇(DTT)、0.5 mg/ml 牛血清白蛋白(BSA))，dGTP、dCTP、dTTP(10 mg/ml)各 1 μl，加 $Pd(N)_6$ 3 μl，DNA 多聚酶 I Klenow 片段 5 u，$\alpha^{32}P$－dATP20～30Ci，室温下反应 5～20 h。加 2 μl 0.25 mol/L EDTA 终止反应。

(3)在反应管内加等体积灭菌蒸馏水、1/2 体积 5 mol/L NH_4Cl 2.5 倍体积无水乙醇，于－70 ℃放置 30 min 或液氮中 5 min，4 ℃ 15 000 r/min 离心 30 min，弃上清液，沉淀用无水乙醇离心洗 1 次，吹干，溶于适量蒸馏水中，可获得放射性强度为 10^8～10^9 cpm/μg DNA。

3. cDNA 探针的标记

在以 mRNA 制备 cDNA 探针时，同时掺入标记的脱氧核苷酸，即可制得标记的 cDNA 探针。此法不能用于生物素标记核苷酸的反转录掺入。

4. 末端标记法

适用于标记人工合成的寡核苷酸探针，在大肠埃希氏菌 T_4 噬菌体多聚核苷酸激酶(T_4DNA)的催化下将^{32}PATP 上的 r－磷酸连接到寡核苷酸的 5′末端上。

(二)非放射性标记

1. 生物素标记探针(缺口平移法)

用一种水溶性糖蛋白纤维素——生物素(Biotin)可借助于缺口转移法来标记基因探针。

1)原理

将生物素结合于三磷酸脱氧尿苷上，使成为 2′－三磷酸脱氧尿嘧啶－5′烯丙胺生物素。这种被生物素标记的 DNA，可以与另一种蛋白质——亲和素(Adidin)结合。由于亲和素事先已用酶(如辣根过氧化物酶)标记，因而在底物的作用下起呈色反应而被检测出来。此项技术具有以下特点：

(1)接入一定长度的手臂可以减少掺入和杂交时的空间位阻，能提高检测灵敏度，例如 Bio－11－dUTP 比 Bio－4－dUTP 高 4 倍。但也有一定限度，过长的手臂不能再提高灵敏度，反而导致非特异性反应。

(2)使用两种以上的生物素化核苷酸同时掺入并不能提高检测灵敏度。

(3)本法仅能用于 DNA 探针标记，不适用于 RNA 探针，也不能用于逆转录标记cDNA 探针。

(4)分离 DNA 片段的琼脂糖残留可以抑制掺入反应。

(5)如果在标记时先用 DNaseI 作用，然后再用聚合酶作用，则标记反应容易控制，而被标记探针的长度也控制在一定范围内，掺入效率可提高很多倍。

2)方法

在 1.5 ml 的离心管中，加入 30 μl 溶于缺口翻译缓冲液(50 mmol/L Tris－HCl(pH

7.8)、50 mmoL/L $MgCl_2$、100 mmol/L 二巯乙醇,以及 100 μg/ml 牛血清白蛋白的 0.2 mmol/L dATP、dCTP、dGTP,6 μgDNA,15 μl/L 0.24 mmol/L Bio－11－dUTP,加水至 270 μl)。混匀后,加入 30 μl 大肠埃希氏菌 DNA 多聚酶(含 12U)。DNA 酶 11.2 ng。混匀后置 15 ℃作用 90 min,然后加 30 μl 终止液(30 mmol/EDTA　pH8.0)和 7.5 μl 5%(W/V) SDS。过 SephadexG－50 柱或乙醇沉淀分离,并回收标记的基因探针。

2.光敏生物素标记法

1)原理

光敏生物素(photobiotin)是一种化学合成的生物素衍生物,分子中含有可见光活化的叠氮代硝基苯基,在可见光(波长 350 nm)的短暂照射下,能与核酸的碱基反应,并牢固地结合成光生物素标记核酸探针,其特点如下:

(1)不需酶系统,可在水溶液中直接光照标记单、双链 DNA 及 RNA,简便易行,适用面广。

(2)可以大量制备标记探针,标记后的探针呈红色,便于观察。

(3)探针稳定性好,－20 ℃贮存 12 个月不变。

(4)标记物的检测灵敏度(0.5 μg 目的 DNA)稍低于缺口平移标记法。

2)方法

在一支离心管中,混合等体积的光敏生物素醋酸盐和 DNA(0.5～1.0 μg/ml)。开启管口,将管插入冰块中,在特定太阳灯(波长≥350 nm)下约 10 cm 处光照 20 min。加 50 μl 0.1 mol/L Tris－HCl(pH9.0)至管内,补加水至总体积为 100 μl。加入 100 μl 仲丁醇至混合物中,旋涡混合,离心,吸去上层仲丁醇相弃之。重复仲丁醇萃取,至水相无色并浓缩至 30～40 μl,如果标记的核酸量甚少,可再进一步加入载体 DNA 或 RNA。加 5 μl 3 mol/L 醋酸钠,充分混合,加 100 μl 冷无水乙醇混合,置－70 ℃ 15 min 或－20 ℃过夜,4 ℃15 000 r/min离心 15 min,沉淀物呈橘红色至棕色,弃上清液,沉淀用 70% 乙醇洗一次,真空干燥,溶于 0.1 mmol/L EDTA 中,标记的光敏生物素化探针贮存于－20 ℃。使用前将探针置 90～100 ℃变性 10 min,迅速放入冰浴中冷却。

3.半抗原－抗体－酶法

1)原理

将甾体半抗原地高辛甙元通过一手臂与 dUTP 联接,用随机启动延伸法标记 DNA 探针,与目的 DNA 杂交后,杂交分子用酶联免疫法检测,因此称为半抗原－抗体－酶标记法。该法可有效地标记 10 ng 至 30 μg DNA。DNA 必须是线状,在随机启动标记前需经热变性。从低溶点琼脂糖中分离出的 DNA 片段也能有效地标记。标记率甚高,每 20～25 个核苷酸中带一个地高辛甙元。

2)方法

待标记 DNA 片段 10 ng～30 μg 置微型离心管中,100 ℃煮沸 10 min,转冰浴速冷。在离心管中加入新变性 DNA 1μg、六核苷酸混合物 2 μl、dNTP 标记混合物 2 μl(dNTP 标记混合物:1 mmoL/L dATP、1 mmol/L CTP、1 mmol/L dGTP、0.65 mmol/L dTTP、0.35 mmol/L Dig－dUTPpH6.5)、Klenow 片段 1 μl(2 u),短暂离心后 37 ℃孵育 20 h。加 2 μl 0.2 mol/L EDTA(pH8.0)终止反应。加 2.5 μl 14 ml/L SiCl、75 μl 冷无水乙醇,混匀,置

-70 ℃30 min或-20 ℃2 h沉淀标记DNA。15 000 r/min离心15 min,沉淀用70%乙醇离心洗涤1次,抽干,以50 μl TE(pH8.0)溶解DNA。

4. 化学标记法

通过乙二胺交联已活化的生物素(生物素酰基-ε-氨基戊酸·N羟基琥珀酰胺酯)与核酸标记,标记的位置是胞嘧啶N^4,或用生物素酰肼取代胞嘧啶的N^4氨基(HSO_3-催化反应);或用戊二醛等作交联剂将生物素化碱性大分子(聚乙烯亚胺PG35效果较好)偶联在G碱基的N^7位;合成的寡核苷酸可用乙二胺交联活化生物素与5′末端磷酸基进行标记。

5. 免疫标记法(免疫核酸探针)

1)抗杂交体标记法

在杂交过程中,作为探针的核酸与其互补的核酸能形成杂交体(hybrid),杂交体(如RNA-DNA或RNA-RNA)本身具有一定抗原性,因而可以使用抗杂交体的抗体,并结合带标记的第二抗体对杂交体进行检测。此法标记的探针称为抗杂交体核酸探针。

核酸只具有微弱的免疫原性,只有当它与载体结合才能有较强的免疫原性,在制备抗杂交体特异性抗体时,先把杂交体与载体(甲基化的牛甲状腺球蛋白或牛血清白蛋白)结合后,免疫BALB/C小鼠或家兔等,制备单克隆或多克隆抗体。

2)半抗原标记法

通过对已知的核酸片断(探针)作一定的化学修饰,在探针的某些部位另接一半抗原,或使探针某些原来的碱基成分经修饰后成为有抗原特性的半抗原,探针同互补的核酸片段杂交后,与抗半抗原的特异性抗体结合,再通过结合带标记的第二抗体对形成的杂交体进行检测。

该探针称为半抗原核酸探针。

(1)汞化半抗原核酸探针:用醋酸汞使探针发生汞化。汞化探针与待检核酸在有CN^-存在下进行杂交,用带有巯基的半抗原通过硫与汞形成的键和探针连接,用抗半抗原抗体结合带标记的第二抗体,对杂交体进行检测。

(2)AAF修饰的半抗原核酸探针:核酸探针同N-醋酸-2-乙酰氨基芴(AAF)反应,后者的2-乙酰氨基芴基团可用核酸的鸟嘌呤共价结合,这样经修饰的鸟嘌呤就成为一种具有抗原特性的半抗原,它可同其相应的特异性抗体发生结合反应,然后与带标记的第二抗体结合进行检测。

(3)磺化半抗原核酸探针:用亚硫酸氢钠和甲基羟胺对核酸进行化学修饰,使核酸中的胞嘧啶转化为N-甲氧-5,6-二氢胞嘧啶-6-磺酸盐,使之成为具有抗原特异性的半抗原。待探针与待测核酸杂交后,再用抗半抗原的单克隆抗体以及带标记的第二抗体对结果进行检测。

四、基因探针的杂交与检测

(一)原理

DNA分子是由两条多核苷酸单链通过碱基间互补对由氢键连接聚合而成的双螺旋结构,当双键DNA分子在加热至95 ℃以上或在碱作用下可能连成两条单链,这一过程称为变性。

如果骤冷至 0 ℃,两链来不及结合,保持单链。用放射性同位素、生物素或地高辛标记后的互补单链 DNA(即探针),在一定温度下与单链 DNA 发生重新结合(复性)就可以检测样品中的同源 DNA,从而确定样品中病毒、细菌或其他致病生物因子的存在,达到诊断的目的。

(二)杂交条件的选择

1. 固相载体膜的选择

杂交可以在溶液中进行,称为液相杂交,也可以在支持物(如硝酸纤维素膜)上进行,称为固相杂交。基因分析通常采用固相杂交方法,最常使用的是孔径为 0.45 μm 的硝酸纤维素膜或尼龙膜,尼龙膜易使本底色深,但可作重复杂交,即第一次杂交后洗去探针,再用第二种探针进行杂交及显色。

2. 杂交溶剂及其选择

一般分两种情况,在水溶液中杂交温度为 68 ℃;50% 甲酰胺溶液中杂交温度为 42 ℃,前者常用于同位素标记基因探针的杂交,后者常用于生物素等非放射性基因探针的杂交,因蒸发较少且对滤膜损失较少,故较易采用。在 80% 甲酰胺中杂交反应动力学比水溶液中慢 3 ~4 倍,在 50% 甲酰胺中比在水中约慢 2 倍。

3. 添加剂的影响

硫酸葡聚糖能加速核酸的结合,因为核酸被此高聚物从溶液中排出,从而使其有效浓度增加,有 10% 硫酸葡聚糖时可使杂交速度提高 10 倍,杂交反应可在 2 h 内完成。

4. 洗涤的条件

洗涤的目的是除去非特异性吸附的探针或其他干扰因子,因此洗涤的条件应愈严格愈好,温度与盐浓度应选择稍低于杂交物的溶点(T_m 约 5 ℃),一般需要通过预试验来确定。

(三)DNA 分子杂交与检测方法

样品 DNA 变性后直接吸附在硝酸纤维素膜上,加上探针直接杂交,或将细胞或病毒点在膜上,再经变性、杂交;或是将平皿上的菌落或菌斑,原位地吸附在硝酸纤维素膜上,再经变性杂交,称为原位杂交。筛选菌落斑点杂交法通常用于探测外源性基因,如微生物的基因或性别探测,这种方法可检测 ng 数量级的核酸。

1. 方法一(用于纯 DNA)

将 DNA 溶于 TE(pH8.0)或蒸馏水中,在 100 ℃沸水中加热 10 min,迅速置冰浴,使 DNA 变性,吸取变性 DNA 2 ~5 μl,滴加在硝酸纤维素滤膜(已用 6 × SSC 浸润,干燥)上,干燥,80 ℃烘烤 2 ~3 h。

2. 方法二(用于病毒、细菌、细胞 DNA 样品)

吸取 2 ~5 μl 病毒液或细菌等,滴加在硝酸纤维素膜上,室温晾干,将滤膜放在已用 10% SDS 饱和的滤纸上作用 3 min,然后将滤膜依次移至经变性液(0.5 mol/L NaOH、1.5 mol/L NaCl)、中和液(1.5 mol/L Tris - HCl(pH8.0))、2 × SSC(20 × SSC:含 3 mol/L NaCl、0.3 mol/L 柠檬酸钠。配制用 NaCl 175.3 g,柠檬酸钠 88.2 g,加水至 1 000 ml,以 5 mol/L NaOH 调整 pH 值至 7.0,分装后,高压灭菌)、20 mmol/L EDTA(pH7.4)饱和的滤纸上作用 5 min,室温晾干,80 ℃烘烤 2 h。

3. 方法三(用于菌落和菌斑)

本法又称菌落杂交法,在琼脂平板培养基上贴一张灭菌的硝酸纤维素滤膜,挑取待检菌或转化菌菌落接种在硝酸纤维素膜上,37 ℃培养,待菌落增至2 mm左右(16 h),将滤膜转移至含氯霉素(20 μg/ml)的琼脂平皿上继续培养12~16 h,扩增质粒(非转化菌无需扩增质粒)。用平头镊子从平板上揭下硝酸纤维素滤膜,以菌落面朝上,摊在经10% SDS浸润的滤纸上,放3 min,将滤纸转移到事先用变性液浸润过的滤纸上放置5 min,再转移到浸有中和液的滤纸上中和5 min,最后转移到用2×SSPE(20×SSPE:3.6 mol/L NaCl、200 mmol/L NaH_2PO_4(pH7.4)、20 mmol/L EDTA(pH7.4))浸湿的滤纸上,放置5 min,将滤膜放到一张干的滤纸上,菌落面朝上,室温干燥30 min。将滤膜夹于两张干燥滤纸之间,置于烤箱中80 ℃烘烤2 h。

4. Southern印迹法

将被测DNA用限制性内切酶消化,经琼脂糖电泳分离,变性后转移到硝酸纤维素膜上,与探针杂交。具体方法分为两种:①直接分析法:从探针探测酶解片段长度差异的称为直接分析法,如正常人α-珠蛋白基因区用BamHI酶解生成14 kb片段,而患α-地中海贫血的缺失一个α-珠蛋白基因,只产生10 kb片段。②间接分析法:诊断突变基因引起的遗传病时,依赖缺陷基因周围或内部DNA序列上存在的限制性内切酶的多态性位点的差别(RFCP)类进行综合分析,称为间接分析法。

Southern印迹法操作步骤如下:

(1)DNA琼脂凝胶电泳、分析、照相。用刀片切除多余的凝胶,置0.5 mol/L NaOH和1.5 mol/L NaCl变性液中,室温下搅拌1 h,使DNA变性,把凝胶浸入1 mol/L Tris-HCl(pH8.0)和1.5 mol/L NaCl中和液中,室温搅拌1 h,使中和。在一瓷盘中加入300~600 ml印迹缓冲液10×SSC液,并在其上用玻璃板和层析滤纸作滤纸桥,用玻璃棒抹去滤纸上的气泡。将凝胶面向上放到已湿润的滤纸上,排除凝胶与滤纸间的气泡,将在2×SSC液中浸2~3 min的硝酸纤维素膜摊到凝胶面上,小心除去凝胶的气泡。切取2张与凝胶同样大小的滤纸,用2×SSC液湿润,然后放到硝酸纤维素膜上,除去气泡。切取一叠略比滤纸小的吸水纸(5~8 cm厚),放到滤纸上,盖上玻板,再压500 g的重物,让瓷盘中的溶液流过凝胶和滤膜,使DNA片段从凝胶上洗出并固定在硝酸纤维膜上。为防止吸水纸与凝胶下的滤纸间发生液体短路,用封口膜(或废X光底片)封住凝胶边缘。DNA印迹2~16 h,当吸纸变湿时应另换干的。取出硝酸纤维素滤膜,浸入6×SSC液,室温处理5 min,排除滤膜上的液体,室温下将滤膜摊在滤纸上晾干,将硝酸纤维素滤膜夹在两滤纸之间,置80 ℃烘烤2 h。

(2)预杂交与杂交。用热封口机制作一个大小与滤膜相符的塑料袋,将滤膜放入袋内,按每平方厘米滤膜加0.2 ml 65~68 ℃水浴保温的预杂交液(6×SSC、0.5% SDS、5×Denhardt′s、100 μg/ml变性鲑鱼精子DNA),排除空气,用热封口机将袋口封好,置65~68 ℃水温(50×Denhardt′s:1.0% Ficoll500,1.0%聚乙烯吡咯烷酮(PVP)),1.0%牛血清白蛋白,经过滤除菌,冰箱保存。

从水浴中取出预杂交袋,剪开一角,排尽预杂交液,用移液管按20~100 μl/cm^2滤膜加入65~68 ℃水浴保温的杂交液(6×SSC、0.01 mol/L EDTA、5×Denhardt′s、0.5% SDS、

100 μg/ml 变性鱼精子 DNA、20 ~ 100 μg/ml 标记的变性 DNA 探针），排出气泡，封口，将杂交袋置 65 ~ 68 ℃水浴保温 16 h 以上。

（3）杂交后滤膜的洗涤。室温下用 2 × SSC、0.1% SDS 加振荡洗 3 次，每次至少 15 min，65 ℃用 0.1 × SSC、0.1% SDS 加振荡洗 3 次，每次至少 20 min。轻轻吸干滤膜备检。

（4）杂交后滤膜的检测。

①同位素标记探针杂交后的检测：待滤膜干后，用玻璃纸包好滤膜，用 X 光胶片感光过夜、显影、定影，以获得滤膜的放射自显影图，结果分析。

②生物素标记探针杂交后的检测：将滤膜置于可热封的聚乙烯袋内，加 4 ml 含 3% 牛血清白蛋白的封闭液，封袋，42 ℃保温 60 min 倾去袋内封闭液，加 4 ml 含 1 μg/ml 亲和素—碱性磷酸酶缓冲液，室温或 37 ℃保温 30 min，不时轻轻振荡。将滤膜从袋内取出，进行以下洗涤，每次 200 ~ 300 ml，以除去非特异性吸附：用缓冲液Ⅰ，室温下洗 3 次，每次 20 min；用缓冲液Ⅱ，室温洗 2 次，每次 15 min。将膜转入新的聚乙烯袋中，加 4 ml 底物液显色。显色应在暗处进行，以免产生非特异性本底，通常 3 ~ 4 h 内可达最深颜色，染色时间取决于目的核酸上生物素标记探针的量，暂用缓冲液或蒸馏水冲洗滤膜，终止显色。滤膜最好在湿时照像，显色后的印迹膜斑封在聚乙烯袋内保存。

③地高辛标记探针杂交后的检测：滤膜在封闭液中于 4 ℃保温 30 min，用缓冲液Ⅰ短时洗涤。将单抗地高辛甙元的 Fab 片段与碱性磷酸酶复合物（750 U/ml）用缓冲液Ⅰ稀释至 150 mV/ml，加入反应袋中，封好，置一显示 37 ℃水浴保温 30 min。基因探测流程 15 min；用缓冲液Ⅱ洗涤 1 次，20 min。加底物溶液（NBAT - BCIP，见前）显色 3 ~ 4 h，避光，用缓冲液洗滤膜，终止反应。照像，保存滤膜。基因探针杂交程序可归纳如图 7-1 所示。

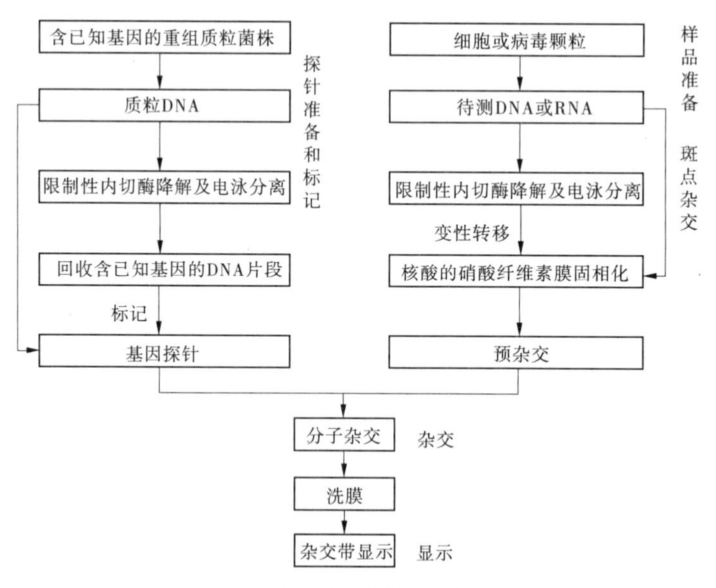

图 7-1　基因探测流程图

第八章　病料标本的采集、处理、保存和送检

采集检测样品是诊断检测工作的重要内容。采样的时机是否适宜,样品是否具有代表性,样品处理、保存、运送是否合适和及时,与检验结果的准确性、可靠性关系极大。样品采集所遵循的一般原则如下:

(1)凡发现患畜有急性死亡时,如怀疑是炭疽,则不可随意解剖,应采取患畜的血液,十分必要时局部解剖作脾脏触片的显微镜检查。只有在确定不是炭疽后,方可进行剖检。

(2)采取病料的种类,根据不同的疾病或检验目的,采其相应的脏器、内容物、分泌物、排泄物或其他材料;进行流行病学调查、抗体检测、动物群体健康评估或环境卫生检测时,样品的数量应满足统计学的要求。采样时应小心谨慎,以免对动物产生不必要的刺激或损害和对采样者构成威胁。在无法估计病因时,可进行全面的采集。检查病变与采集病料应统筹考虑。

(3)内脏病料的采取,如患畜已死亡,应尽快采集,最迟不超过6 h。

(4)血液样品在采集前一般禁食8 h。

(5)应做好人身防护,严防人畜共患病感染。

(6)应防止污染环境,防止疫病传播,做好环境消毒和病害肉尸的处理。

(7)所用器械一律灭菌消毒,无菌操作。

第一节　血液标本

一、采血部位及方法

(一)采血部位

可选用颈静脉或尾静脉采血,也可采胫外静脉和乳房静脉血。毛皮动物小量采血可穿刺耳尖或耳壳外侧静脉,多量采血可在隐静脉采集,也可用尖刀划破趾垫0.5 cm深或剪断尾尖部采血。啮齿类动物可从尾尖采血,也可由眼窝内的血管丛采血;兔可从耳背静脉、颈静脉或心脏采血。禽类通常选择翅静脉采血,也可通过心脏采血。

(二)采血方法

对动物采血部位的皮肤先剃毛(拔毛),75%的酒精消毒,待干燥后采血,采血可用针管、针头、真空管或用三棱针穿刺,将血液滴到开口的试管内。禽类等的少量血清样品的采集,可用塑料管采集。用针头刺破消毒过的翅静脉,将血液滴到直径为3~4 mm的塑料管内,将一端封口。

二、检验样品

（一）病毒检验样品

应在动物发病初体温升高期间采集。血液样品必须是脱纤血或是抗凝血。抗凝剂可选肝素或 EDTA，枸橼酸钠对病毒有轻微毒性，一般不宜采用。采血前，在真空采血管或其他容器内按每 10 ml 血液加入 0.1% 肝素 1 ml 或 EDTA 20 mg，牛、马、羊从颈静脉或尾静脉真空采血，猪从前腔静脉真空采血或用注射器抽取，用量少时也可以从耳静脉抽取，家禽从翅静脉或颈静脉用注射器抽取血液。采集的血液立即与抗凝剂充分混合，防止凝固；采脱纤血液时，先在容器内加入适量小玻璃珠，加入血液后，反复振荡，以便脱去血液纤维。采集的血液经密封后贴上标签，以冷藏状态立即送实验室。必要时，可在血液中按每毫升加入青霉素和链霉素各 500 ~ 1 000 IU，以抑制血源性或采血中污染的细菌。

（二）细菌检验样品

采血应在动物发病初体温升高或发病期，未经药物治疗期间采集。血液应脱纤或加肝素抗凝剂（或 EDTA 或枸橼酸钠），但不可加入抗生素。血液密封后贴上标签，冷藏尽快送实验室，否则须置 4 ℃冰箱内作暂时保存，但时间不宜过久，以免溶血。

（三）血清学检验样品

全血用真空采血管或注射器由动物颈静脉或其他静脉采集，用作血清学检验的血液不加抗凝剂或脱纤处理。为保障血清质量，一般情况下，空腹采血较好。采得的血液贴上标签，室温静置待凝固后送实验室，并尽快将自然析出的血清或经离心分离出的血清吸出，按需要分装若干小瓶密封，再贴上标签冷藏保存备检或冷藏送检。作血清学检验的血液，在采血、运送、分离血清过程中，应避免溶血，以免影响检验结果。中和试验用的血清，数天内检验的可在 4 ℃左右保存。较长时间才能检验的，应冻结保存，但不能反复冻融，否则抗体效价下降。供其他血清学检验的血清，一般不必加入防腐剂或抗生素，若确有需要时也可加入抗生素（每毫升血清加青霉素、链霉素 500 ~ 1 000 IU），亦可加入终浓度为 0.01% 硫柳汞或 0.08% 叠氮钠。加入防腐剂时，不宜加入过量的液态量，以免血清被稀释。加入防腐剂的血清可置 4 ℃下保存，但存放时间过长亦宜冻结保存。

采集双份血清检测比较抗体效价变化的，第一份血清采于病的初期并作冻结保存，第二份血清采于第一份血清后 3 ~ 4 周，双份血清同时送实验室。

（四）常规检验样品

血液需加抗凝剂，防止血液凝固，抗凝剂用肝素或枸橼酸钠、EDTA 钠均可，血液由静脉采集并与抗凝剂充分混合，尽快送实验室。运输中血液不可冻结，不可剧烈振动，以免溶血。

第二节　实质脏器标本

一、采样方法

用常规解剖器械剥离死亡动物的皮肤，体腔用消毒的器械剥开，所需病料按无菌操作方法从新鲜尸体中采集。剖开腹腔后，注意不要损坏肠道。

作病原分离用：进行细菌、病毒、原虫等病原分离所用组织块的采集，可用一套新消毒的器械切取所需器官的组织块，每个组织块应单独放在已消毒的容器内，容器壁上注明日期、组织或动物名称。注意防止组织间相互污染。

二、采样种类

（一）病毒检验样品

作病毒检验的组织，必须以无菌技术采集，组织应分别放入灭菌的容器内并立即密封，贴上标签，放入冷藏容器立即送实验室。如果途中时间较长，可作冻结状态运送，也可以将组织块浸泡在 pH7.4 左右的乳汉液或磷酸缓冲肉汤保护液内，并按每毫升保护液加入青霉素、链霉素各 1 000 IU，然后放入冷藏瓶内送实验室。

（二）细菌检验样品

供细菌检验的组织样品，应新鲜并以无菌技术采集。如遇尸体已经腐败，某些疫病的致病菌仍可采集于长骨或肋骨，从骨髓中分离细菌。采集的所有组织应分别放入灭菌的容器内或灭菌的塑料袋内，贴上标签，立即冷藏送实验室。必要时也可以作暂时冻结送实验室，但冻结时间不宜过长。

（三）病理组织学检验样品

作病理组织学检验的组织样品必须保证新鲜，采样时，应选取病变最典型最明显的部位，并应连同部分健康组织一并采集。

若同一组织有不同的病变，应同时各取一块。切取组织样品的刀具应十分锋利。将需要采取的组织切成厚约 0.5 cm、1～2 cm 大小的组织块，立即浸泡在 95% 酒精或 10% 中性甲醛缓冲固定液（40% 甲醛溶液 100 ml，无水磷酸氢二钠 6.5 g，磷酸二氢钾 4.0 g，蒸馏水加至 1 000 ml）内固定。固定液容积应是组织块体积的 10 倍以上，样品密封后加贴标签即可送往实验室。若实验室不能在短期内检验，或不能在 2 d 内送出，经 24 h 固定后，最好更换一次固定液，以保持固定效果。

作狂犬病的尼格里氏体检查的脑组织，取量应较大，一部分供在载玻片上作触片用，另一部分供固定，固定用 Zenker 氏固定液（重铬酸钾 36 g、氯化高汞 54 g、氯化钠 60 g、冰醋酸 50 ml、蒸馏水 950 ml）固定。作其他包涵体检查的组织用氯化高汞甲醛固定液（氯化高汞饱和水溶液 9 份、甲醛溶液 1 份）固定。

固定组织样品时，为了简便，一般一头动物的组织可在同容器内固定。如有数头动物的组织样品，可用纱布分别包好并贴上用铅笔书写的标签后投入一个较大的容器内固定送检。

第三节　呼吸系统标本

应用灭菌的棉拭子采集鼻腔、咽喉或气管内的分泌物，蘸取分泌物后立即将拭子浸入保存液中，密封低温保存。常用的保存液有 pH7.2～7.4 的灭菌肉汤或磷酸盐缓冲盐水，如准备将待检标本接种组织培养，则保存于含 0.5% 乳蛋白水解物的汉克氏（Hank's）液中。一般每支拭子需保存液 5 ml。

第四节　粪便标本

一、病毒检验样品

分离病毒的粪便必须新鲜。少量采集时，以灭菌的棉拭子从直肠深处或泄殖腔黏膜上蘸取粪便，并立即投入灭菌的试管内密封，或在试管内加入少量 pH7.4 的保护液再密封。须采集较多量的粪便时，可将动物肛门周围消毒后，用器械或用带上乳胶手套的手伸入直肠内取粪便，也可用压舌板插入直肠，轻轻用力下压，刺激排粪，收集粪便。所收集的粪便装入灭菌的容器内，经密封并贴上标签，立即冷藏或冷冻送实验室。

二、细菌检验样品

作细菌检验的粪便，最好是在动物使用抗菌药物之前，从直肠或泄殖腔内采集的新鲜粪便。采样方法与供病毒检验的相同。

粪便样品较少时，可投入无菌缓冲盐水或肉汤试管内；较多量的粪便则可装入灭菌的容器内，贴上标签后冷藏送实验室。

第五节　其　他

一、胃液及瘤胃内容物

（一）胃液采集

胃液可用多孔的胃管抽取。将胃管送入胃内，其外露端接在吸引器的负压瓶上，加负压后，胃液即可自动流出。

（二）瘤胃内容物采集

反刍动物在反刍时，与食团从食道逆入口腔时，立即开口拉住舌头，另一只手深入口腔即可取出少量的瘤胃内容物。

二、生殖道

生殖道样品主要是动物死胎、流产排出的胎儿、胎盘、阴道分泌物、阴道冲洗液、阴茎包皮冲洗液、精液、受精卵等。这些样品可供病原学检验。流产的胎儿及胎盘可按采集组织样品的方法，无菌采集有病变的组织，也可按检验目的采集血液或其他组织；精液以人工采精方法收集；阴道、阴茎包皮分泌物可用棉拭子从深部取样，亦可将阴茎包皮外周、阴户周围消毒后，以灭菌缓冲液或汉克氏液冲洗阴道、阴茎包皮，收集冲洗液。所采集的各种样品，供病毒检验的立即冻结或加入保护液；作细菌检验的立即冷藏；作组织学检验的迅速切成小块投入固定液内固定，贴上标签后迅速送实验室。

三、眼睛

眼结膜表面用拭子轻轻擦拭后，放在灭菌的30%甘油盐水缓冲保存液中送检。有时，也采取病变组织碎屑，置载玻片上，供显微镜检查。

四、皮肤

能在皮肤上引起疱疹或丘疹、结节、脓疱性皮炎、皮肤坏死等病变的疫病，均可采集有病变的皮肤进行病原分离、病理组织学检验或寄生虫检验。供检验的皮肤样品病变应明显而典型。采集扑杀或死后的动物皮肤样品，用灭菌的器械取病变部位及与之交界的小部分健康皮肤；活动物的病变皮肤如水泡皮、结节、痂皮等可直接剪取。剪取的皮肤样品，供病原学检验的应放入灭菌的容器，或加入保护液后作冷藏送检；作组织学检验的应立即投入固定液内固定；作寄生虫检验的可放入有盖容器内供直接镜检。活动物的寄生虫病如疥螨、痒螨等，在患病皮肤与健康皮肤交界处，用凸刃小刀，使刀刃与皮肤表面垂直，刮取皮屑，直到皮肤轻度出血，接取皮屑供检验。

五、胎儿

将流产后的整个胎儿，用塑料薄膜、油布或数层不透水的油纸包紧，装入木箱内，立即送往实验室。

六、小家畜及家禽

将整个尸体包入不透水塑料薄膜、油纸或油布中，装入木箱内，送往实验室。

七、脑、脊髓

（一）全脑、脊髓的采集

如采取脑、脊髓做病毒检查，可将脑、脊髓浸入30%甘油盐水液中或将整个头部割下，包入浸过消毒液的纱布中，置于不漏水的容器内送往实验室。

（二）脑、脊髓液的采集

1. 采样前的准备

采样使用特制的专用穿刺针，或用长的封闭针头（将针头稍磨钝，并配以合适的针芯）；采样前，术部及用具均按常规消毒。

2. 颈椎穿刺法

穿刺点为环枢孔。将动物实施站立或横卧保定，使其头部向前下方屈曲，术部经剪毛消毒，穿刺针与皮肤面呈垂直缓慢刺入。将针体刺入蛛网膜下腔，立即拔出针芯，脑脊髓液自动流出或点滴状流出，盛入消毒容器内。

3. 腰椎穿刺法

穿刺部位为腰荐孔。实施站立保定，术部剪毛消毒后，用专用的穿刺针刺入，当刺入蛛网膜下腔时，即有脑脊髓液滴状滴出或用消毒注射器抽取，盛入消毒容器内。

4. 采样数量

大型动物颈部穿刺一次采集量 35 ~ 70 ml，腰椎穿刺一次采集量 15 ~ 30 ml。

八、分泌液和渗出液

分泌液和渗出液包括眼分泌液、鼻腔分泌液、口腔分泌液、咽食道分泌液、乳汁、尿液、脓汁、阴道（包括子宫和宫颈）渗出液、皮下水肿渗出液、胸腔渗出液、腹腔渗出液、关节囊（腔）渗出液等。采集这些分泌液或渗出液时，必须无菌操作。

眼、口腔、鼻腔、阴道的分泌液或渗出液，以灭菌的拭子蘸取。脓汁的采集，作病原菌检验的应在药物治疗之前采取。采集已破口的脓灶脓汁，宜用棉拭子蘸取；未破口的脓灶脓汁，用注射器抽取；咽食道分泌物，可用食道探子从已扩张的口腔伸入咽、食道处反复刮取；尿液样品可在动物排尿时收集，也可以用导管导尿或膀胱穿刺采集；皮下水肿液和关节囊（腔）渗出液，用注射器从积液处抽取；胸腔渗出液的采集，用注射器在牛右侧第五肋间或左侧第六肋间刺入抽取，马在右侧第六肋间或左侧第七肋间刺入抽取；牛腹腔积液采集，在最后肋骨的后缘右侧腹壁作垂线，再由膝盖骨向前引一水平线，两线交点至膝盖骨的中点为穿刺部位，用注射器抽取；马的腹腔积液穿刺抽取部位与牛不同的是在左侧。乳汁的采集，先将乳房、乳头作清洗消毒后，用手挤取乳汁，初挤出的乳汁弃去，收集后挤的乳汁。

所采集的各种分泌物或渗出液，立即分别加入已灭菌的玻璃瓶内密封，贴上标签，冷藏，迅速送实验室。

第三篇　兽医实验室检测技术

第九章　细菌对药物敏感试验

第一节　概　述

近年来,由于各种抗菌药物的大量应用,尤其是广谱及超广谱抗菌药物的滥用,造成了耐药突变菌株的大量出现,经验用药失败率增高;盲目大剂量治疗也易造成药物中毒。所以,实验室的一项重要任务就是对病原菌进行药物敏感试验,测定细菌对药物的敏感程度,这对临床合理选用抗菌药物,及时有效地控制感染,避免滥用抗生素,预防耐药菌株的出现,具有重要的临床意义。临床上常用的方法为体外抗菌药物敏感试验。

药物敏感试验包括体外抗菌药物敏感试验、体内抗菌药物活性的测定和药物浓度的测定。

体外抗菌药物敏感试验(antimicrobiai susceptibility testing in vitro)包括抑菌试验、杀菌试验、联合药敏试验。

第二节　体外抗菌药物敏感试验

一、抑菌试验

试验方法主要有定性测定的纸片琼脂扩散法(disk agar diffusion test, kirby - bauer test)、试管稀释法(dilution test)和E试验法(E - test)。

(一)纸片琼脂扩散法

1. 基本原理

将含有定量抗菌药物的纸片贴在已接种待检菌的琼脂平板上,纸片中所含的药物吸取琼脂中的水分溶解后不断地向纸片周围区域扩散,形成递减的梯度浓度,在纸片周围抑菌浓度范围内待检菌的生长被抑制,从而产生透明的抑菌圈。抑菌圈的大小反映检测菌对测定药物的敏感程度,并与该药对待检菌的最低抑菌浓度(MIC)呈负相关,即抑菌圈愈大,MIC 愈小。

2. 试验方法

(1)于纯培养平板上，挑取相同的菌落 4 ~5 个(见图 9-1(a))。

(2)接种于 3 ~5 ml 水解酪蛋白(Mueller - Hinton，MH)肉汤中，经 35 ℃培养 6 ~8 h(见图 9-1(b))。

(3)用无菌生理盐水或 MH 肉汤校正菌液浊度，使其与标准比浊管的浓度相同(见图 9-1(c))。校正过的菌液(一般为 0.5 麦氏单位)在 15 min 内接种完。

(4)用无菌棉拭子蘸取校正过的菌液，在试管壁上挤压几次，压去多余的菌液，涂布整个 MH 平板表面，反复数次，每次旋转平板 60°(见图 9-1(d))，使整个平板涂均匀。

(5)涂布菌液的平板于室温中干燥 3 ~5 min 后，用纸片分配器或无菌镊子取药敏纸片，贴于平板表面，并用镊子轻压一下纸片，使其贴平。每张纸片的间距不小于 24 mm，纸片的中心距平板的边缘不小于 15 mm，90 mm 直径的平板宜贴 6 张药敏纸片(见图 9-1(e))。

(6)将贴好纸片的平板置 35 ℃孵育 18 ~24 h 后，用标尺量取抑菌圈直径(见图 9-1(f))。

3. 结果判断

根据抑菌圈的大小(不同抗生素其抑菌圈大小的标准不一致)，判断为敏感(S)、耐药(R)或中度敏感(I)。某些细菌可蔓延生长至某种抗生素的抑菌圈内，如磺胺抑菌圈内可能有微量的细菌生长，可忽略不计，应以外圈为准。

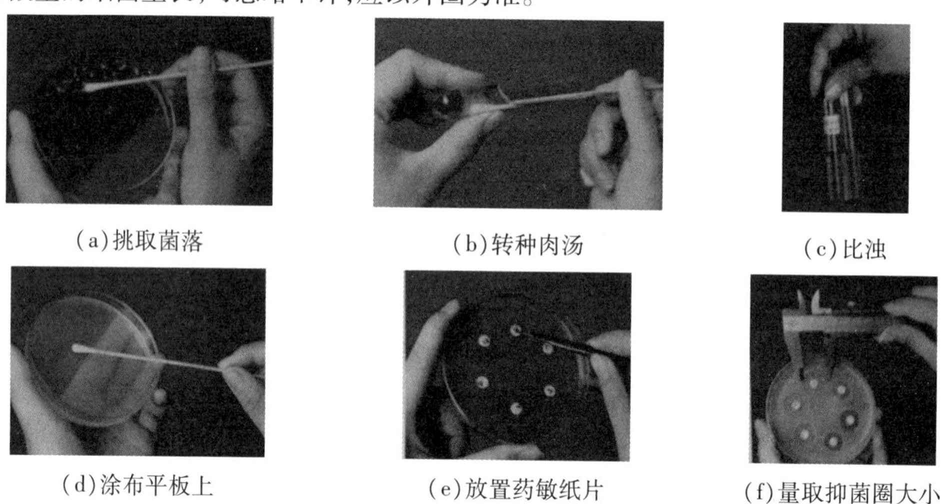

(a)挑取菌落　(b)转种肉汤　(c)比浊

(d)涂布平板上　(e)放置药敏纸片　(f)量取抑菌圈大小

图 9-1　Kirby - Bauer 法试验程序

(二)试管稀释法

即最低(或最小)抑菌浓度(Minimal Inhibitory Concentration，MIC)的测定。

1. 基本原理

在肉汤中将抗菌药物进行一系列(对倍)稀释后，定量接种待检菌，35 ℃孵育 24 h 后观察，抑制待检菌肉眼可见生长的最低药物浓度，即为该药物对待检菌的最低抑菌浓度。

2. 试验方法

取无菌试管 26 支，排成两排。另取 3 支试管，分别作为肉汤对照管、待检菌生长对照管和质控菌生长对照管。每管加入 MH 肉汤 2 ml，在第 1 管加入经 MH 肉汤稀释的药物原液(256 mg/L)2 ml混匀,然后吸取2 ml至第2管,混匀后再吸取2 ml至第3管。如此连续对倍稀释至第13管,并从第13管中吸取2 ml弃去。此时各管含药浓度依次为128、64、32、8、4、2、1、0.5、0.25、0.125、0.062 5、0.031 25 mg/L。第1排试管每管加入待检菌菌液(1×10^7菌落形成单位(CFU)/ml)0.1 ml,第2排试管每管加入标准菌菌液(1×10^7菌落形成单位(CFU)/ml)0.1 ml,最终接种菌量约为5×10^5 CFU/ml。置35 ℃培养箱中孵育18 ~24 h。观察有无细菌生长。

3. 结果判断

药物最低浓度管无细菌生长者(对照管细菌生长良好),即为待检菌的最低抑菌浓度(MIC)(见图9-2)。

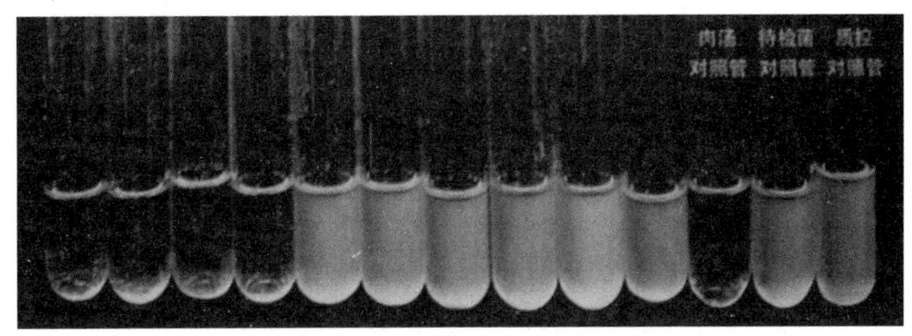

左起第4管为药物最低浓度而无细菌生长,即待检菌的MIC。

图9-2　MIC测定的试验结果

(三)E试验法

1. 基本原理

该方法结合扩散法和稀释法的原理与特点,操作简便如扩散法,但可以同稀释法一样直接定量测出药物对待检菌的MIC。其试条为商品化塑料试条,长50 mm,宽5 mm,内含干化、稳定、浓度由高至低呈指数梯度分布的某种抗菌药物。可用于各种常见菌、微需氧菌、分枝杆菌、厌氧菌和真菌等的药敏试验。E试验法由于结果准确、稳定,受到认同。

2. 试验方法

菌液、平板接种等同纸片琼脂扩散法(厌氧菌、隐球菌和其他菌菌悬液浓度为1个麦氏单位,其他细菌为0.5个麦氏单位)。将E－test试条轻放在接种、干燥后的琼脂平板上(90 mm平板放置1 ~2条),置一定条件下孵育:厌氧菌置厌氧环境孵育48 h,微需氧菌置5% ~10%二氧化碳环境孵育24 ~48 h,隐球菌孵育48 ~72 h,其他细菌孵育24 h。

3. 结果判断

孵育后围绕着试条可形成一个卵圆形的抑菌圈,抑菌圈与试条的横向相交处的读数刻度,即是该抗菌药物对待检菌的MIC(见图9-3)。

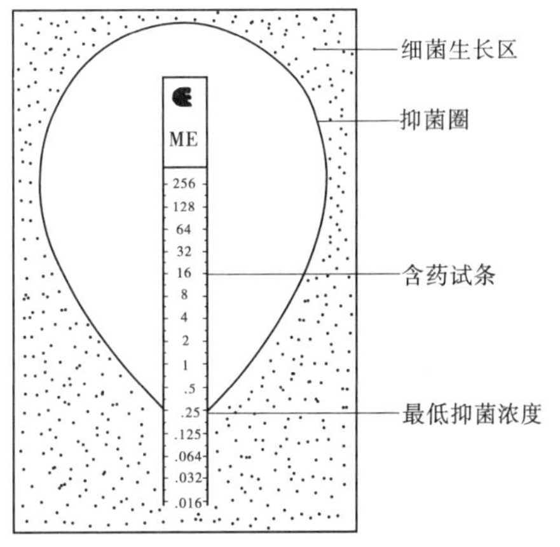

图9-3　E试验示意图

二、杀菌试验

对某些严重感染,临床上在选择抗生素时常需要了解该药对致病菌的杀菌效力。实验室常用的定量评价抗菌药物效力的试验主要有最低(或最小)杀菌浓度(Minimal Bactericidal Concentration,MBC)的测定和杀菌曲线法(time - kill method)。

第三节 抗菌素的联合药敏试验

联合应用抗菌药物,目的在于获得协同作用,提高疗效,减少用药剂量,减轻毒性反应,防止或延缓耐药菌株的产生。联合药敏试验的方法很多,如平板纸条交错法、梯度纸条试验法、试管方阵交叉联合法、纸片法及试管简易交叉联合法等。纸片法、平板纸条交错法、试管法最为常用。

一、纸片法

(一)试验方法

与纸片扩散法类似。先将试验菌液均匀涂布于培养基表面,盖好平皿,放置 5 min,待平板表面水分吸收后,将两种含药纸片贴于平板上,两纸片中心距离 24 mm 左右。然后置于 37 ℃孵育过夜,取出观察结果。

(二)结果判断

根据呈现的抑菌图形报告“协同”、“累加”、“无关”或“拮抗”作用(见图 9-4)。

二、平板纸条交错法

(一)试验材料

(1)普通琼脂或血液琼脂平板。

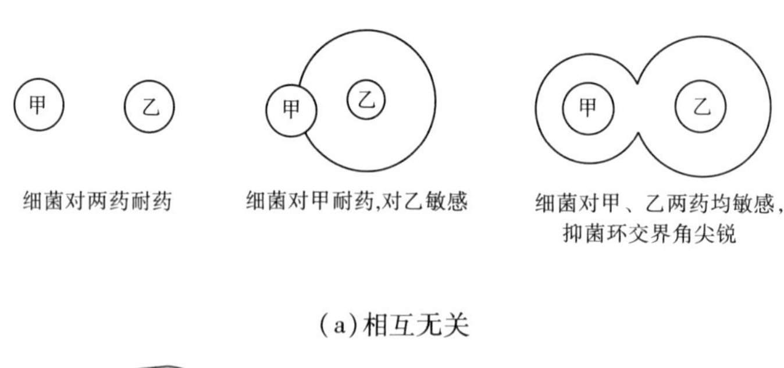

(a)相互无关

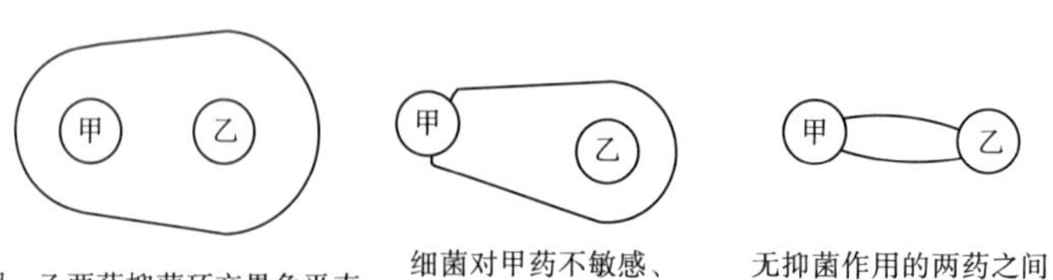

(b)协同作用

图 9-4 纸片扩散联合药敏试验结果判读

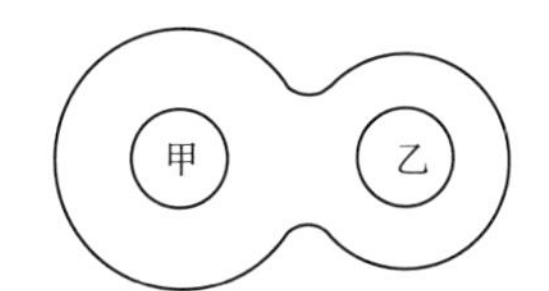

甲、乙两药抑菌环交界角钝圆

(c)累加作用

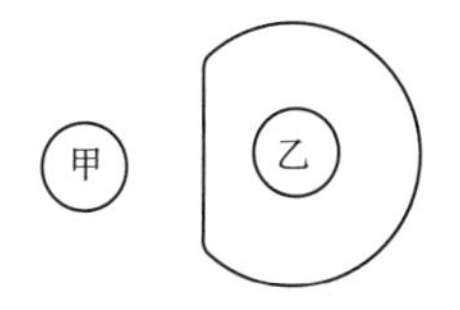

细菌对甲、乙两药均敏感，甲药对乙药发生切割状拮抗现象

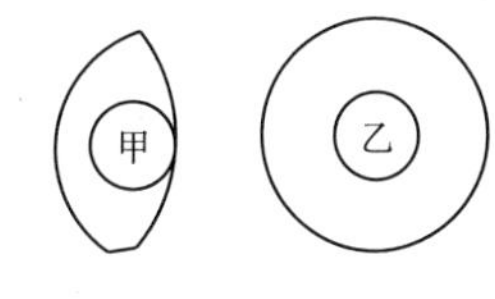

乙药使甲药的抑菌环呈扁圆形的拮抗现象，细菌对甲药耐药，对乙药敏感

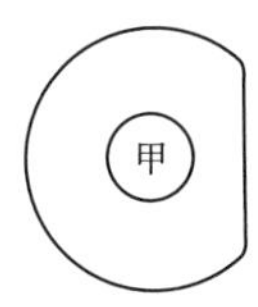

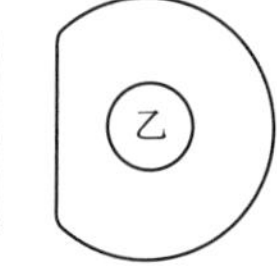

细菌对甲、乙两药均敏感，甲、乙两药发生相互切割拮抗现象

(d)拮抗作用

续图 9-4

(2)被试细菌。

(3)药敏试纸条。

药敏试纸条的制备:将新华 1 号滤纸剪成 20 mm×6 mm 的纸条,用铅笔写上抗菌素名称或代号,每 100 条为 1 组,放在平皿内,高压灭菌、烘干。将抗菌素配成适宜的浓度(如:青霉素 2 000 μg/ml,链霉素、四环素、土霉素为 20 000 μg/ml,磺胺药为 20 000 μg/ml),每 100 条纸片加抗菌素溶液 4 ml,浸透后,放在 37 ℃温箱中烘干,置冰箱中,保存备用。

(二)试验方法

(1)用接种环(或灭菌棉拭子)取被试细菌的培养物,均匀地涂布于灭菌的普通琼脂或血液琼脂平板上。

(2)用灭菌镊子把含药纸条按“田”字形垂直放在接种细菌的平皿上(要密贴),各种抗菌素纸条的间距应在 1~2 mm,可将平皿放在预先画好的图案上,按画好的放纸条位置,准确地将纸条放在平板表面。

(3)将琼脂平板置于 37 ℃温箱中,培养 24 h,观察结果。

(三)结果判定

(1)凡在两个垂直的纸条出现垂直的抑菌时,即为两种药物具有无关作用。

(2)凡在两个垂直的纸条出现抑菌,但在两纸条之间有细菌生长者,即为两种药物具有拮抗作用。

(3)凡在两个垂直的纸条出现抑菌,而生长的细菌呈大小不同的弧形者,即为两种药物具有协同作用或累加作用。在临床上应采用这两种抗菌素为宜。

三、试管法

（一）试验材料

（1）培养基：pH7.4 蛋白胨水（要求过滤灭菌，透明、无沉淀物），如细菌对营养要求较高，可加 0.5% 无菌血清。血液琼脂平板。

（2）抗菌素原液与原液的稀释液：用灭菌生理盐水，按表 9-1 的要求，配制成各种抗菌素的原液和原液的稀释液。抗菌素原液，置冰箱中可保存一个月。

表 9-1　抗菌素原液和原液的稀释液

抗菌素	原液（μg/ml）	原液的稀释液（μg/ml）	高浓度管（μg/ml）	低浓度管（μg/ml）
链霉素	800	200	20	5
四环素	400	80	10	2
多黏菌素	400	40	10	2
红霉素	80	8	2	0.2
新霉素	80	8	2	0.2
夹桃霉素	80	8	2	0.2
新生霉素	80	8	2	0.2
青霉素	40U	4U	1U	1U
杆菌肽	40U	8U	1U	0.2U
三磺胺	160 mg%	16 mg%	4 mg%	0.4 mg%

（3）三磺胺原液：取磺胺嘧啶，磺胺甲基嘧啶和磺胺二甲基嘧啶各 1 g，一起研碎，加 10% 氢氧化钠 0.2 ml 和生理盐水 24.8 ml，配成 4% 的溶液，高压灭菌，以灭菌生理盐水将上清液稀释 25 倍，即成 160 mg% 的原液。

（4）菌液：一般均用幼龄肉汤培养物(37 ℃，18 h)。

（二）试验方法

（1）作两种抗菌素联合敏感试验，每种抗菌素用两个稀释度，有四种不同的组合。

（2）将选用的两种抗菌素原液及原液的稀释液按表 9-2 组合，分别加入 4 支 10 ml 的培养基试管内。

表 9-2　两种抗菌素联合敏感试验　（单位：ml）

抗菌素液	移在培养基内量			
	培养基 1	培养基 2	培养基 3	培养基 4
甲抗菌素原液	0.25	0.25		
甲抗菌素稀释液			0.25	0.25
乙抗菌素原液	0.25		0.25	
乙抗菌素稀释液		0.25		0.25

(3)同时另取4支培养基试管,按表9-2的要求,分别做成两种抗菌素的高浓度管和低浓度管。进行单独敏感性试验。

(4)每管加菌液0.05 ml,于37 ℃温箱中,培养18 h。

(三)结果判定

凡有细菌生长(培养物混浊)者为不敏感,培养物清晰透明者为抑制了细菌生长。从所有透明(不生长菌)的培养物管内,取一接种环培养液,涂布于血液琼脂平板上,培养18 h,记录菌落数。

(1)有效的单独抗菌素。低浓度能抑菌,菌落数<50个。

(2)有效的联合抗菌素。培养物应透明,菌落数<10个。

(3)协同作用。单独抗菌素高浓度能抑菌,而联合抗菌素低浓度即可抑制细菌生长。

(4)拮抗作用。单独抗菌素反较联合抗菌素抑菌能力强。

(5)无关作用。单独抗菌素与联合抗菌素的结果没有很大的差别。

第十章　抗体检测技术

第一节　猪瘟抗体检测

一、被检材料的采集及处理

被检猪群随机抽样，抽样3%～5%，一般种猪群每年监测两次，育肥猪在注苗后20～30 d采血检测抗体。耳静脉采血，每头3～5 ml分离血清，56 ℃水浴灭活30 min作为待检血清，备用。

二、检测方法

（一）猪瘟间接血凝试验

1. 试验材料

96孔V型医用血凝板、10～100 μl可调微量移液器、塑料嘴、猪瘟间接血凝抗原（猪瘟正向血凝诊断液，每瓶5 ml，可检测血清25～30头份）、阳性对照血清（每瓶2 ml）、阴性对照血清（每瓶2 ml）稀释液（每瓶10 ml）、待检血清（每份0.2～0.5 ml，56 ℃水浴灭活30 min）。

2. 操作步骤

（1）检测前，应将冻干诊断液，每瓶加稀释液5 ml浸泡7～10 d后方可应用。

（2）稀释待检血清：在血凝板上的第1孔至第6孔各加稀释液50 μl。吸取待检血清50 μl加入第1孔，混匀后从中取出50 μl加入第2孔，依次类推直至第6孔混匀后丢弃50 μl，从第1孔至第6孔的血清稀释度依次为1∶2、1∶4、1∶8、1∶16、1∶32、1∶64。

（3）稀释阴性和阳性对照血清：在血凝板上的第11排第1孔加稀释液60 μl，取阴性血清20 μl混匀取出30 μl丢弃。此孔即为阴性血清对照孔。

在血凝板上的第12排第1孔加稀释液70 μl，第2至第7孔各加稀释液50 μl，取阳性血清10 μl加入第1孔混匀，并从中取出50 μl加入第2孔，混匀后取出50 μl加入第3孔……直到第7孔混匀后弃50 μl，该孔的阳性血清稀释度为1∶512。

（4）在血凝板上的第1排第8孔加稀释液50 μl，作为稀释液对照孔。

（5）判定方法和标准：先观察阴性血清对照孔和稀释液对照孔，红细胞应全部沉入孔底，无凝集现象（－）或呈“＋”的轻度凝集为合格；阳性血清对照应呈“＋＋＋”凝集为合格。

在以上3孔对照合格的前提下，观察待检血清各孔的凝集程度，以呈“＋＋”凝集的待检血清最大稀释度为其血凝效价（血凝价）。血清的血凝价达到1∶16为免疫合格。

“－”表示红细胞100%沉于孔底，完全不凝集；

"+"表示约有25%的红细胞发生凝集；

"++"表示50%红细胞出现凝集；

"+++"表示75%红细胞凝集；

"++++"表示90%~100%红细胞凝集。

注意事项：①勿用90°或130°血凝板，以免误判；②污染严重或溶血严重的血清样品不宜检测；③冻干血凝抗原，必须加稀释液浸泡7~10 d，方可使用，否则易发生自凝现象；④用过的血凝板，应及时冲洗干净，勿用毛刷或其他硬物刷洗板孔，以免影响孔内光洁度；⑤使用血凝抗原时，必须充分摇匀，瓶底应无血球沉积；⑥液体血凝抗原4~8 ℃贮存有效期为4个月，可直接使用，冻干血凝抗原4~8 ℃贮存有效期3年；⑦如来不及判定结果或静置2 h结果不清晰，也可放置至第二天判定；⑧每次检测，只设阴性、阳性血清和稀释液对照各1孔；⑨稀释不同的试剂要素时，必须更换塑料嘴；⑩血凝板和塑料嘴洗净后，自然干燥，可重复使用。

（二）猪瘟单抗ELISA试验

1. 试验材料

（1）猪瘟弱毒单抗纯化酶联抗原和猪瘟强毒单抗纯化酶联抗原，分别供检测经猪瘟弱毒疫苗免疫后产生的抗体和感染猪瘟强毒后产生的抗体之用。

（2）酶标抗体。

（3）猪瘟阳性、阴性血清。

（4）酶联板及其他必要的试剂。

2. 操作步骤

（1）用包被液将猪瘟弱毒单抗纯化酶联抗原、猪瘟强毒单抗纯化酶联抗原各作100倍稀释，以100 μl分别加入做好标记的酶联板孔中，置湿盒于4 ℃过夜。

（2）弃去孔内液体。用洗涤液冲洗酶联板3次，每次间隔3~5 min，拍干。

（3）用稀释液将待检血清作400倍稀释，每孔加100 μl。同时，将猪瘟阳性、阴性血清以100倍稀释作对照，37 ℃培育1.5~2 h。

（4）重复第（2）步。

（5）用稀释液将兔抗猪IgG－辣根过氧化物酶结合物作100倍稀释，每孔加入100 μl，37 ℃培育1.5~2 h。

（6）重复第（2）步。

（7）每孔加入底物溶液（每块板所需的底物溶液按邻苯二胺5 mg+底物缓冲液5 ml+30%过氧化氢18.75 μl配制）100 μl，室温下观察显色反应（一般阴性对照孔略微显色，立即终止反应，并以阴性孔作空白调零）。

（8）每孔加入终止液50 μl，于酶联读数仪上测定490 nm波长的光密度（OD）。

（三）判定标准

在猪瘟弱毒酶联板上，OD>0.2为猪瘟弱毒抗体阳性，OD<0.2为猪瘟弱毒抗体阴性；在猪瘟强毒酶联板上，OD≥0.5为猪瘟强毒抗体阳性，OD<0.5为猪瘟强毒抗体阴性。

（四）注意事项

（1）运输单抗纯化酶联抗原时，必须使用冰盒低温运输；猪瘟强弱毒单抗纯化酶联抗原在4 ℃保存6个月，在 -18 ℃保存12个月。

（2）配制洗涤液时，应使用新鲜蒸馏水或无离子水，每次洗板后，尽量不使孔中有残余液体，以免影响结果。

（3）底物溶液应临用前配制，待邻苯二胺完全溶解于底物缓冲液后再加过氧化氢，混匀后立即加入孔中。

（4）终止反应后，应立即读数。

三、检测意义

（1）猪瘟间接血凝试验监测猪瘟抗体水平达1∶16以上者，能抵抗猪瘟强毒攻击，可有效预防猪瘟的发生。抗体水平抵于1∶16者免疫失败。此法能够直观地测出抗体，方法简便、快捷易操作，但不能区分是否是野毒感染。

（2）猪瘟单抗ELISA试验可区分免疫抗体和野毒感染而产生的抗体，可用于有散发性猪瘟场的净化和猪瘟的免疫效果的整体评价，但不能直观表现抗体效价，结果易受外界因素影响，且操作烦琐。若条件允许，两种方法结合使用更能表现免疫监测的意义。

第二节　猪伪狂犬病抗体检测

猪伪狂犬病抗体检测主要有猪伪狂犬（PR）乳胶凝集试验、伪狂犬病毒血凝抑制（HI）试验、酶联免疫吸附试验gpI抗体酶联免疫吸附试验等方法，其中以乳胶凝集试验和血凝抑制试验因方法简便而在生产中较为常用。

一、检测材料采集及处理

检测材料为血清时就按常规方法采血、分离血清，要求无腐败；如用全血，则用针尖刺破猪耳静脉，用吸头吸取血液1滴，直接置于载玻片上进行检测。如用乳汁做检测材料，就按常规方法采集初乳，经3 000 r/min离心10 min，取上清液作待测样品。

二、检测方法

（一）乳胶凝集试验（LAT）

伪狂犬病乳胶凝集试验是用伪狂犬病毒致敏乳胶抗原来检测动物血清、全血或乳汁中的抗体，具有简便、快速、特异、敏感之优点。

1. 试验材料

伪狂犬病乳胶凝集试验抗体检测试剂盒包括伪狂犬病毒致敏乳胶抗原，伪狂犬病毒阳性血清和阴性血清、稀释液、玻片、吸头和使用说明书。

2. 操作方法

（1）定性试验。取被测样品（血清、全血和乳汁）、阳性血清、阴性血清、稀释液各一滴，分置于玻片上。各加乳胶抗原1滴，用牙签混匀，搅拌并摇动1～2 min，于3～5 min

内观察结果。

(2)定量试验。先将血清在微量反应板或小试管内作连续稀释,各取1滴依次滴加于乳胶凝集反应板上,另设对照同上。随后各加乳胶抗原1滴,如上搅拌并摇动,判定结果。

3.结果判定

判定标准为:

"＋＋＋＋"全部(100%)乳胶凝集,颗粒聚于液滴边缘,液体完全透明;

"＋＋＋"大部分(75%)乳胶凝集,颗粒明显,液体稍混浊;

"＋＋"约50%乳胶凝集,但颗粒较细,液体较混浊;

"＋"有少许(25%)凝集,液体呈混浊状;

"－"液滴呈原有的均匀乳状。

对照试验出现如下结果试验方可成立,否则应重试。阳性血清加抗原呈"＋＋＋＋";阴性血清加抗原呈"－";抗原加稀释液呈"－"。以出现"＋＋"以上凝集者判为阳性凝集。

(二)血凝(HA)与血凝抑制(HI)试验

1.红细胞的制备

将小鼠尾尖剪断,插入盛有灭菌的阿氏液的离心管的抽气瓶中,负压抽吸,采血完毕后,将离心管取出,用PBS洗涤3次,每次1 500 r/min离心10 min,使用时加PBS配成0.1%的红细胞悬液。

2.待测血清的预处理

取待测血清0.1 ml加PBS 0.3 ml,56 ℃灭活30 min,加入0.4 ml 25%白陶土,25 ℃振荡1 h,离心取上清液加入0.1 ml配好的0.1%红细胞悬液37 ℃作用1 h,离心除去红细胞,上清液作为1∶8稀释的血清用于HI试验。

3.HA试验测定抗原效价测定

选用96孔V型板每孔加入PBS 50 μl,在第1排孔的前6孔内加入50 μl PRV病毒液,后两孔作为空白对照,用微量加样器作倍比稀释,从1∶2至1∶1 024,即将第1排孔病毒液混匀后吸出50 μl至第2排孔均匀混合,再从第2排孔吸出50 μl至第3排孔,依次类推至最后一排孔取50 μl弃掉,每孔加入5 μl 0.1%的红细胞,在振荡器较微振荡混合均匀,以一定的温度作用2 h,观察结果,以完全凝集红细胞的最大稀释倍数作为一个血凝单位。

4.HI试验操作

在96孔V型板中每孔加入50 μl PBS,然后在第1排孔的前6孔内加入50 μl已处理的血清作为对照,用微量加样器将血清倍比稀释,从1∶2至1∶1 024,然后各孔加入50 μl用PBS稀释好的4个血凝单位的病毒液,每孔分别加入50 μl 0.1%红细胞悬液,混合均匀后室温放置2 h,观察结果。

5.判定标准及注意事项

判定时先检查对照是否正确,唯有对照各孔准确方可证明操作和使用材料无误。

红细胞凝集现象的判定:

"＋＋＋＋"红细胞均匀地平均铺于孔底者可判；

"＋＋＋"基本上与上相同，但边缘有下滑皱缩；

"＋＋"红细胞于孔底形成环状或成团，四周有小凝集块；

"＋"红细胞于孔底形成团块，但边缘不整齐或有少量小块；

"－"红细胞于孔底形成小团块，边缘整齐光滑，稀释液清亮；

"＋＋"以上凝集的最高稀释倍数作为HA价。

凝集抑制：本试验红细胞集中于孔底呈团块状，边缘光滑整齐为阳性，以"－"表示，说明抗原凝集红细胞的特性已被抑制，反之红细胞呈"＋＋"以上凝集现象者判为阴性。

凝集抑制价：以被检血清最大稀释倍数能抑制红细胞凝集者为该血清抑制价。

（三）琼脂免疫扩散试验

本方法用于检测猪血清中是否含有伪狂犬病病毒感染相关抗体，以证实被检动物是否感染过伪狂犬病病毒。适用于易感动物检疫、疫情监测和流行病学调查。

1. 材料准备

（1）试剂：Tris、NaCl、NaN_3、HCl、Tris－HCl缓冲液（Tris 6.5 g，NaCl 2.9 g，NaN_3 0.2 g，蒸馏水1 000 ml，用HCl调pH至7.2）。

（2）器材：吸管、量桶、量杯、平皿、三角瓶、金属打孔器、模板（在有机玻璃板上按以下规格打孔：1个中心孔和6个外周孔，所有孔的直径为3 mm，以中心孔边缘到外周孔的距离为3 mm）、伪狂犬病病毒鄂A株浓缩抗原、标准阳性血清（伪狂犬病病毒鄂A株高免血清）、微量加样器及枪头若干、印相暗盒或台灯（供观察沉淀线用）。

2. 操作方法

（1）被检血清于56 ℃灭能30 min。

（2）琼脂平板的制备：取琼脂糖（或进口琼脂粉）1 g，Tris－HCl缓冲液1 000 ml，装入三角瓶中，于沸水中加热或高压，将琼脂糖彻底融化。然后吸取7 ml琼脂液加至直径5.5 cm的平皿中，制成3 mm厚的琼脂板，待琼脂完全凝固后，加盖置于湿盒中，贮藏在4 ℃冰箱中备用。

（3）打孔：将模板放在琼脂板上，用打孔器通过模板的孔在琼脂板上打孔，并挑出孔中的琼脂块。

（4）加样：中心孔加抗原，1孔和4孔加阳性血清，2、3、5、6孔加被检血清。

（5）扩散：将加样的琼脂平皿置于湿盒中于室温（20～25 ℃）任其自然扩散。

（6）观察：于24 h后进行第一次观察，36 h进行第二次观察，48 h作最后观察。观察时可借助灯光或自然光源，特别是弱反应，借助于强烈光源才能看清沉淀线。

3. 结果判定

按照下列标准判定试验结果：当1孔和4孔标准阳性血清与抗原中央孔之间形成沉淀线时，若被检血清孔与中央孔之间也出现沉淀线，并与阳性沉淀线末端相融合，则被检血清判为阳性。被检血清孔与中央孔之间虽不出现沉淀线，但阳性沉淀线的末端向内弯向被检血清孔，则被检血清判为弱阳性。如被检血清孔与中央孔之间不出现沉淀线，且阳性沉淀线指向被检血清孔，则被检血清判为阴性。

（四）猪伪狂犬抗体金标快速检测

1. 试验材料

（1）检测卡：由一特制的塑料检测卡将猪伪狂犬抗体检测试纸夹于卡内，卡面上设有加样孔和观察孔。加样孔用于加入待检血清，观察孔内为试剂检测线（T）、试剂质控线（C）。一个检测试剂卡用一个铝箔袋包装，内装干燥剂。

（2）1个吸样管。

（3）1个1.5 ml的样品管。

（4）1个对照卡。

2. 操作方法

（1）用1.5 ml样品管，采血0.5～1 ml待检血清自然析出或用离心机离心10 min左右，使血清析出。

（2）将检测卡平置于桌面上，用吸样管吸取被检血清，在检测卡的椭圆形加样孔内加入2滴（80～100 μl）。在室温下反应20 min判定结果（检测卡如在4 ℃保存，必须恢复至室温后方可进行检测）。

3. 结果判断

（1）阳性：在检测线（T）、质控线（C）处各出现一条紫红色条带，判定为阳性；检测线（T）处条带色泽的深浅，依检测样品中猪伪狂犬抗体效价的高低而变化，效价越高色带越深，反之越浅。

（2）阴性：在质控线（C）处出现一条紫红色条带，检测线（T）处未出现紫红色条带，说明检测样品中无猪伪狂犬抗体存在。

（3）无效：在检测线（T）、质控线（C）处均无明显条带出现，判定为试纸条无效。

4. 诊断参考

被检样品加样后20 min可与对照卡的色带滴度进行比较。

（1）当被检样品检测线（T）条带的色泽≥对照卡中1∶40效价时，说明检测样品中猪伪狂犬抗体的滴度较高，暂不需要进行猪伪狂犬疫苗的接种免疫。

（2）当被检样品检测线（T）条带的色泽<对照卡中1∶40效价时，说明检测样品中猪伪狂犬抗体效价不能抵御猪伪狂犬强毒攻击的最低保护滴度，为进行猪伪狂犬疫苗的接种时间。

（3）当被检样品检测线（T）处无明显色带出现，说明被检样品中没有猪伪狂犬抗体。如为健康猪群，应当及时进行猪伪狂犬疫苗接种。

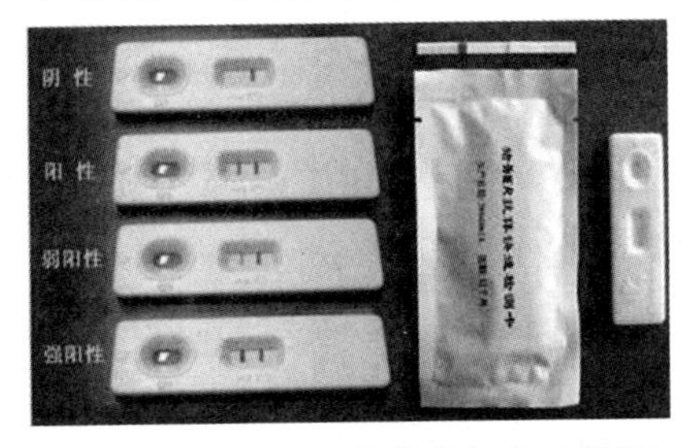

图10-1　猪伪狂犬抗体金标快速检测

三、意义

(1)伪狂犬病乳胶凝集试验和琼脂免疫扩散试验检测血清和乳中的抗体,用于伪狂犬病的检疫、流行病学调查。方法简便快速,结果特异性强。

(2)伪狂犬病微量血凝试验和金标快速检测,定量监测抗体,金标快速检测抗体效价低于1∶40时,不能抵抗伪狂犬病毒强毒攻击,需进行伪狂犬疫苗的免疫接种。

第三节　猪口蹄疫抗体检测

猪口蹄疫抗体检测是猪口蹄实验室快速诊断、易感动物检疫、疫情监测、流行病学调查及口蹄疫与猪水泡病的鉴别诊断的主要方法。猪口蹄疫抗体检测有口蹄疫正向间接红细胞凝集试验、琼脂免疫扩散试验、口蹄疫中和试验、口蹄疫微量补体结合试验和口蹄疫对流免疫电泳等方法。其中琼脂免疫扩散试验被列入农牧渔业部《动物检疫规程》。

一、检测材料采集及处理

常规方法采血分离血清,被检血清要求无污染、无腐败。

二、检测方法

(一)琼脂免疫扩散试验

1. 材料准备

Tris－HCl 缓冲液(Tris 2.42 g,NaCl 3.8 g,NaN_3 0.2 g,无离子水 1 000 ml,用 HCl 调 pH 为 7.6)、口蹄疫 VIA 抗原、标准阳性血清(由中国农业科学院兰州兽医研究所生产)、吸管、量桶、量杯、平皿(直径 5.5 cm)、三角瓶、梅花型金属打孔器(外径 4 mm)、加样器、印相暗盒或台灯等。

2. 操作方法

(1)被检血清和阳性血清均以 56 ℃灭能 30 min。

(2)琼脂平板的制备:取琼脂糖 1 g,Tris－HCl 液 100 ml,装入三角瓶中,于沸水中加热或高压,将琼脂糖彻底溶化。吸取 7 ml 琼脂液加到直径 5.5 cm 的平皿里,制成 3 mm 厚的琼脂板。待琼脂完全凝固后,加盖置于湿盒中,贮藏在 4 ℃冰箱中备用。

(3)打孔:用打孔器在琼脂板上打孔,并挑出孔中的琼脂块。

(4)加样:中心孔加 VIA 抗原,周围 1 孔和 4 孔加 FMD 阳性高免兔血清,2、3、5、6 孔加被检血清。

(5)扩散:将加样的琼脂平皿置于湿盒里于室湿(20～22 ℃)任其自然扩散。

(6)观察:于 24 h 进行第一次观察,72 h 进行第二次观察,168 h 作最后观察,观察时,可借助灯光或自然光源,特别是弱反应须借助强烈光源才能看清沉淀线。

3. 结果判定

当 1 孔和 4 孔标准阳性血清与抗原中心孔之间形成沉淀线时,若被检血清孔与中心孔之间也出现沉淀线，并与阳性沉淀线末端相融合，则被检血清判为阳性；被检血清孔与中心孔之间虽不出现沉淀线，但阳性沉淀线的末端向内弯向被检血清孔，则被检血清判为弱阳性；如被检血清孔与中心孔之间不出现沉淀线，且阳性沉淀线指向被检血清孔，则被检血清判为阴性。

（二）口蹄疫正向间接红细胞凝集试验（间接血凝试验）

该试验是以口蹄疫 O、A、C、Asia－1 型病毒和猪水泡病病毒的细胞培养物（细胞毒）经 PEG 浓缩，蔗糖密度梯度超离后纯化的病毒抗原分别致敏戊二醛鞣酸处理的绵羊红细胞，而制成的血凝抗原，用于快速检测动物血清中的口蹄疫和猪水泡病特异抗体水平。

该法简易、快速、特异、直观，是当前检测抗体的实用方法。

1. 试验材料

V 型 96 孔 110°医用血凝滴定板、玻璃板（与血凝板大小相同）、微量移液器（10～100 μl）、塑料嘴、微量振荡器、1 ml/5 ml 刻度上玻璃管、玻璃中试管（内径 1.5 mm，长度 100 mm）、铝质试管架（40 孔）、口蹄疫各型和猪水泡正向间接血凝诊断液，口蹄疫 O、A、C、Asia－1型阳性血清，SVD 阳性血清、阴性血清、稀释液。

口蹄疫正向间接血凝试验用抗原、阳性血清及配套试剂由中国农业科学院兰州兽医研究所提供。

2. 试验方法

根据试验目的可分为用于鉴别诊断、用于监测疫苗接种动物的抗体水平的检测方法。

1）疫苗接种动物抗体水平监测方法

接种何种疫苗就使用何种正向血凝诊断液。

（1）稀释待检血清：在血凝板上 1～8 孔各加稀释液 50 μl，取待测血清 50 μl 加入第 1 孔，混匀后从中取出 50 μl 加入第 2 孔，混匀后从中取出 50 μl 加入第 3 孔……直至第 8 孔混匀后从该孔中取出 50 μl 丢弃，保持每孔 50 μl 的剂量。此时 1～8 孔的血清稀释度依次为 1∶2、1∶4、1∶8、1∶16、1∶32、1∶64、1∶128、1∶256。

（2）稀释阴性对照血清：取中试管 1 支加稀释液 1.5 ml，再加阴性血清 0.1 ml，充分摇匀，阴性血清的稀释度即为 1∶16。

（3）稀释阳性对照血清：取中试管 5 支，第 1 管加稀释液 3.1 ml，第 2～5 管分别加稀释液 0.5 ml，取阳性血清 0.1 ml 加入第 1 管混匀后从中取出 0.5 ml，加入第 2 管混匀后从中取出 0.5 ml，加入第 3 管……直至第 5 管，此时各管阳性血清的稀释度依次为 1∶32、1∶64、1∶128、1∶256、1∶512。

（4）滴加对照孔：取 1∶16 稀释的阴性血清 50 μl 加入血凝板的第 10 孔；取 1∶500 稀释的阳性血清 50 μl 加入第 11 孔；取稀释液 50 μl 加入第 12 孔。

（5）滴加正向血凝诊断液：取正向血凝诊断液充分摇匀（瓶底应无血球沉淀），每孔各加 25 μl 后立即置微量振荡器上振荡 1 min，取下血凝板放在白纸上观察每孔中的血球是否均匀（孔底应无血球沉淀）。如仍在部分孔底出现血球沉积，应继续振荡直至完全混匀。

（6）静置：将血凝板放在室温下（15～30 ℃）静置 2 h 后判定检测结果，若结果不清晰或来不及判定,也可放置至第二天判定。

(7)判定标准:先观察10~12孔(对照孔),第10孔为阴性血清对照,应无红细胞凝集现象,红细胞全部沉入孔底,形成小圆点或仅有25%红细胞有凝集("+"的凝集);第11孔为阳性血清对照,应出现"++"以上的凝集(50%以上的红细胞发生凝集),证明该批正向诊断液的效价达到1:512为合格;第12孔为稀释液对照,红细胞也应全部沉入孔底或只有"+"的凝集。

在上述对照合格的前提下,观察待检血清各孔,以出现"++"凝集的待检血清最大稀释度为其抗体效价。例如检测接种口蹄O型灭活疫苗的猪群免疫水平时,某份血清1~7孔出现"++"或"++"以上(+++~#)凝集而第8孔仅有"+"凝集,判定该份血清中的O型抗体效价为1:128。

经实验室测定,口蹄疫O型灭活苗的免疫猪群血清中O型抗体效价达到1:128及其以上,猪群可耐受20个O型强毒发病量的人工感染。

2)用于鉴别诊断的正向间接血凝试验

(1)稀释待检血清:取中试管8支列于试管架上,第1管加稀释液1.5 ml,第2~8管各加稀释液0.5 ml,取待检血清0.5 ml加入第1管混匀后从中取出0.5 ml加入第2管……直至第8管,待检血清的稀释度依次为1:4、1:8、1:16、1:32、1:64、1:128、1:256、1:512。

(2)稀释阴性对照血清:取中试管1支加稀释液1.5 ml,再加阴性血清0.1 ml,即成1:16。

(3)稀释阳性对照血清:取中试管5支,列于管架上,每管加稀释液4.9 ml,依次用记号笔标明O、A、C、Asia型和SVD阳血,分别取这5种阳性血清10 μl加入相应的试管中(注意每加一种阳性血清,必须单独使用一根吸管),盖上橡胶塞充分摇匀,阳性血清的稀释度即成1:500。

(4)滴加待检血清和对照血清:取第8管待检血清加入血凝板上的1~5排第8孔,取第7管血清加入1~5排的第7孔,取第6管血清加入1~5排的第6孔……直至第1孔,每孔50 μl。取阴性血清(1:16)稀释液加入1~5排的第10孔,每孔50 μl。取1:500稀释的阳性血清加入1~5排的第11孔,每孔50 μl。取稀释液加入1~5排的第12孔,每孔50 μl。

(5)滴加正向间接血凝抗原(正向诊断液):第1排1~8孔和10~12孔加O型血凝抗原体,每孔25 μl。第3排1~8孔和10~12孔加A型血凝抗原,每孔25 μl。第4排1~8孔和10~12孔加Asia-1型血凝抗原,每孔25 μl。第5排1~8孔和10~12孔加SVD型血凝抗原,每孔25 μl。加毕抗原后立即将血凝板置于微量振荡器上中速振荡1 min,使抗体和抗原充分混匀,各孔不应有红细胞沉淀。

(6)静置:从振荡器上取下血凝板,放在试验台上,盖上玻板,室温(15~30 ℃)静置2 h,判定结果,若结果不清晰或来不及判定,也可放置至第二天判定。

(7)判定标准:先仔细观察每排的10~12孔,10孔为阴性血清对照,12孔为稀释液对照,这两孔均应无凝集现象,或仅出现"+"的凝集。11孔为口蹄疫各型和猪水泡病

1∶500稀释的阳性血清对照,应出现"＋＋"～"＋＋＋"的凝集,证明所使用的5种血凝抗原试剂合格。

在对照孔符合上述标准的前提下,观察1～5排的1～8孔,某排1～8孔出现"＋＋＋＋"～"＋＋"的凝集,其余4排仅在1～3孔现出"＋＋"～"＋"的凝集,便可判定该份待检血清为阳性,其型别与所加的血凝抗原的型别相同。例如第1排的1～3孔出现"#"凝集,4～5孔出现"＋＋＋"的凝集,第6孔出现"＋＋"凝集,第7孔出现"＋"凝集,第8孔无凝集("－"),判定该份待检血清为口蹄疫O型,表明血清中存在O型抗体,其效价为1∶128。如果该份血清采自口蹄疫O型疫苗免疫地的动物,就不能判定空间是自然感染产生的抗体,还是接种过疫苗产生的抗体。因为本法尚不能区分感染性抗体和免疫性抗体,为此,欲使本法用于鉴别诊断,采血时必须弄清该批动物是否接种过口蹄疫或猪水泡病疫苗。

3. 注意事项

①严重污染的血清样品不宜检测,以免产生非特异性反应;②勿用90°和130°血凝板,以免误判;③有时会出现"前带"现象,即第1～2孔红细胞沉淀,而在第3～4孔又出现凝集,这是抗原体比例失调所致,不影响结果的判定;④血清必须来自康复动物,至少是发病后10 d的血清,否则不易检出。

注:稀释配方如下:

$Na_2HPO_4 \cdot 12H_2O$	(磷酸氢二钠)	35.8 g
$NaH_2PO_4 \cdot 2H_2O$	(磷酸二氢钠)	1.56 g
NaCl	(氯化钠)	8.5 g
NaN_3	(叠氮钠)	1.0 g

加双蒸水或去离子水至1 000 ml,718.2 Pa高压灭菌20 min,冷却后取出980 ml加正常兔兔血清20 ml即成,置4 ℃冰箱贮存备用。该配方适用于正向间接血凝试验和反向被动血凝试验,也适用于猪瘟间接血凝试验。

(三)口蹄疫微量补体结合试验

在U型24孔或96孔微量滴定板上每孔滴入生理盐水100 μl。每孔滴入一份经过56 ℃灭活30 min的待检血清25 μl。每板已知阴性、阳性血清两孔对照(与待检血清试验条件相同)。每孔滴入口蹄疫标准抗原25 μl。每孔滴入补体工作浓度50 μl。振荡30 s,37 ℃温箱保温40 min。每孔加深血素工作浓度25 μl和2%绵羊红细胞25 μl,振荡30 s于37 ℃下保温30 min。判定结果,阴性血清对照孔应完全溶血,阳性血清对照孔应不溶血为合格。凡安全溶血的待检血清判为阴性,凡不溶血的待检血清判为阳性。

该法特异性强,但敏感性低,适用于定性检测。

(四)口蹄疫对流免疫电泳

称取1 g琼脂糖加pH7.6的0.1 mol/L PBS 100 ml加热溶解后浇灌在5 cm×13 cm的玻板上,厚度为0.6～0.8 mm,冷却凝固后用打孔器制成两排,其距离为3～4 mm,每5对孔为一组,组间距离为10 mm。每组左边孔,分别加O、A、C、Asia－1型和SVD浓缩抗原,每组右边孔加1∶2的待检血清。每次试验应设阴性、阳性血清对照,抗原孔边用湿滤纸搭桥接阴极；血清孔边用湿滤纸搭桥接阳极。电压为 80 ~ 110 V，电流强度为 15 mA，电泳 90 min 后取出凝胶板，并置于湿盒内 37 ℃放置 3 ~ 4 h 判定结果。先检查对照孔，阴性血清应无沉淀线；阳性血清应出现清晰的沉淀线。凡与标准抗原对应孔的中间形成沉淀线的待检血清判为阳性，其型别与标准抗原的型别相同；反之，则判为阴性。

该法较琼扩灵敏度高，适用于大批血清样品的检测。

（五）猪口蹄疫（O）型抗体金标快速检测

1. 试验材料

（1）检测卡：由一特制的塑料检测卡将猪口蹄疫抗体检测试纸夹于卡内，卡面上设有加样孔和观察孔。加样孔加入待检血清，观察孔内为试剂检测线（T）、试剂质控线（C）。一个检测试剂卡用一个铝箔袋包装，内装干燥剂。

（2）1 个吸样管。

（3）1 个 1.5 ml 的样品管。

（4）1 个对照卡。

2. 操作方法

（1）用 1.5 ml 样品管，采血 0.5 ~ 1 ml 待检血清自然析出或用离心机离心 10 min 左右，使血清析出。

（2）将检测卡平置于桌面上，用吸样管吸取被检血清，在检测卡的椭圆形加样孔内加入 2 滴（80 ~ 100 μl）。在室温下反应 20 min 判定结果（检测卡放在 4 ℃保存，必须恢复至室温后方可进行检测）。

3. 结果判断

（1）阳性：在检测线（T）、质控线（C）处各出现一条紫红色条带，判定为阳性；检测线（T）处条带色泽的深浅，依检测样品中猪口蹄疫（O）型抗体效价的高低而变化，效价越高色带越深，反之越浅。

（2）阴性：在质控线（C）处出现一条紫红色条带，检测线（T）处未出现紫红色条带，说明检测样品中无猪口蹄疫（O）型抗体存在。

（3）无效：在检测线（T）、质控线（C）处均无明显条带出现，判定为试纸条无效。

4. 诊断参考

被检样品加样后 20 min 可与对照卡的色带滴度进行比较。

（1）当被检样品检测线（T）条带的色泽大于等于对照卡中 1∶64 效价时，说明检测样品中猪口蹄疫（O）型抗体的滴度较高，暂不需要进行猪口蹄疫（O）型疫苗的接种免疫。

（2）当被检样品检测线（T）条带的色泽小于对照卡中 1∶64 效价时，说明检测样品中猪口蹄疫（O）型抗体效价不能抵御猪口蹄疫（O）型强毒攻击的最低保护滴度，为进行猪口蹄疫（O）型疫苗的接种时间。

（3）当被检样品检测线（T）处无明显色带出现，说明被检样品中没有猪口蹄疫（O）型抗体。如为健康猪群，应当及时进行猪口蹄疫（O）型疫苗接种。

猪口蹄疫抗体金标快速检测见图 10-2。

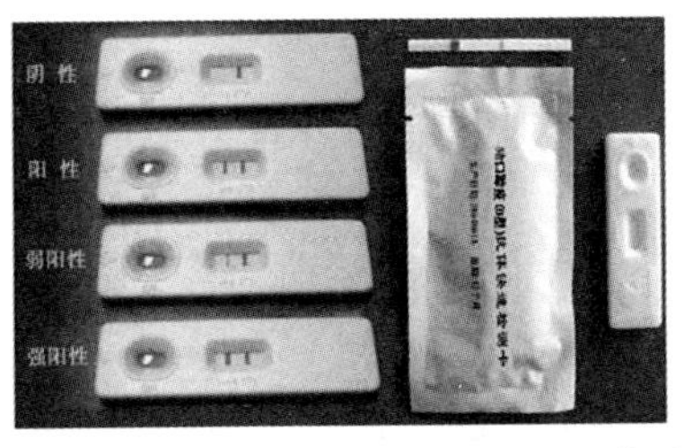

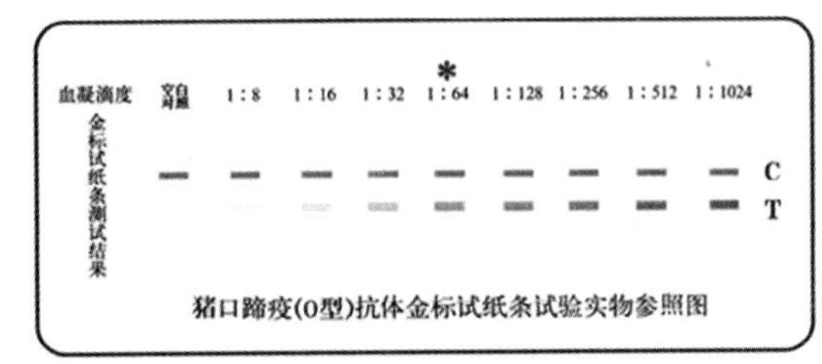

注:以上对照星号(*)处说明,当抗体效价大于或等于此处的效价时,猪对该病毒攻击具有抵抗力。

图 10-2 猪口蹄疫抗体金标快速检测

三、意义

(1)口蹄疫琼脂免疫扩散试验方法简单,适合于口蹄疫的检疫和流行病学调查。

(2)口蹄疫间接红细胞凝集试验可用于免疫抗体检测,也可用于鉴别诊断型。O 型抗体效价 1:128 时,可抗口蹄疫强毒攻击,可有效预防口蹄疫的发生。鉴别试验可用于口蹄疫 O、A、C、Asia 型和水泡病的鉴别诊断。

(3)口蹄疫 O 型抗体金标快速检测效价低于 1:64 时,不能抵抗口蹄疫强毒攻击,需进行疫苗免疫接种。该方法简便易操作。

(4)口蹄疫微量补体结合试验特异性强,适合做口蹄疫定性检测。而免疫电泳则适合大批样品的检测,而且比琼扩试验灵敏度高。

第四节 猪传染性萎缩性鼻炎抗体检测

猪传染性萎缩性鼻炎的抗体检测对该病的诊断和检疫,特别是猪传染性萎缩性鼻炎的净化有着重要意义。抗体检测具有准确率高、特异性强的特点。目前,猪传染性萎缩性鼻炎抗体检测的主要方法为猪传染性萎缩性鼻炎乳胶凝集试验。

猪传染性萎缩性鼻炎乳胶凝集试验是用支气管败血波氏杆菌、致敏乳胶抗原来检测动物血清中的抗体,具有简便、快速、特异、敏感之特点。

一、检测材料采集及处理

常规方法采血分离血清,被检血清要求无污染、无腐败。

二、检测方法

(一)试验材料

猪传染性萎缩性鼻炎乳胶凝集试验抗体检测试剂盒:包括猪传染性萎缩性鼻炎致敏乳胶抗原、阳性血清、阴性血清、稀释液、玻片、吸头。由华中农业大学畜牧兽医学院研制。

(二)操作方法

1. 定性试验

取检测样品(血清)、阳性血清、阴性血清、稀释液各 1 滴,分置于玻片上,各加乳胶抗原 1 滴,用牙签混匀,搅拌并摇动 1 ~2 min,于 3 ~5 min 内观察结果。

2. 定量试验

先将血清作连续稀释，各取 1 滴依次滴加于乳胶凝集反应板上，另设对照同上，随后再各加乳胶抗原 1 滴，如上搅拌并摇动，判定。

（三）结果判定

判定标准：

"＋＋＋＋"全部乳胶凝集，颗粒聚于液滴边缘，液体完全透明；

"＋＋＋"大部分乳胶凝集，颗粒明显，液体稍混浊；

"＋＋"约有 50% 乳胶凝集，但颗粒较细，液体较混浊；

"＋"有少许凝集，液体呈混浊状；

"－"液体呈原有的均匀乳状。

对照试验出现如下结果试验方可成立，否则应重试：阳性血清加抗原呈"＋＋＋＋"，阴性血清加抗原呈"－"，抗原加稀释液呈"－"。

出现"＋＋"以上凝集者判为阳性凝集。

（四）注意事项

（1）试剂应在 2 ~8 ℃冷暗处保存，暂定 1 年。

（2）乳胶抗原在使用前应轻轻摇匀。

三、意义

猪萎缩性鼻炎乳胶凝集试验检测猪萎缩性鼻炎抗体，用于猪群支气管波氏败血杆菌的检测、流行病学调查和净化。该试验具有方法简单、反应快速、结果特异性强、敏感性高的特点。

第五节　猪乙型脑炎抗体检测

猪乙型脑炎抗体检测临床上应用于免疫抗体的检测、流行病学调查和免疫效果评价。猪乙型脑炎抗体检测常用方法有猪乙型脑炎血凝抑制试验和猪乙型脑炎乳胶凝集试验。猪乙型脑炎血凝抑制试验列入中国农牧渔业部乙型脑炎诊断技术规程。

一、检测材料采集及处理

被检样品（血清）按临床常规方法采血分离血清，无需加防腐剂。要求样品无腐败。

二、检测方法

（一）猪乙型脑炎间接血凝抑制试验

1. 试剂

冻干乙型脑炎诊断血球，乙型脑炎抗原，稀释液。由中国预防医学科学院生产。

2. 操作方法

（1）启开乙型脑炎诊断血球，每支加 1 ml 稀释液，摇匀，室温放置至少 5 min 后方可使用。

(2)用滴管向 96 孔 V 型微量血凝板 1 ~ 8 孔内滴加 1 滴稀释液(25 μl)。可根据样品多少,滴加数排。

(3)用 25 μl 微量吸管(移液器)吸取乙型脑炎抗原加入第 1 孔,从每排第 1 孔开始以倍比稀释至第 8 孔。

(4)被检血清用稀释液作 1∶10 稀释,向每排 1 ~ 6 孔内各加 1 滴(25 μl),最后孔为被检血清对照。

(5)每次试验留一排补加稀释液 1 滴,作为抗原对照,最后 1 孔为血球对照。

(6)各孔滴加乙型脑炎诊断血球 1 滴(25 μl),37 ℃放置 30 ~ 60 min,观察结果。

3. 结果判定

(1)抗原对照以最高稀释倍数"＋＋"为终点。

(2)血球凝集抑制程度,以完全抑制为终点。

(3)如果被检血清效价低于抗原对照效价 4 倍以上(两孔以上)为阳性。

(4)本试验的血球对照、血清对照均为阴性方可成立。

(二)猪乙型脑炎乳胶凝集试验

猪乙型脑炎乳胶凝集试验是用乙脑弱毒疫苗毒株纯化、浓缩等程序后致敏乳胶,制成乳胶凝集试验用抗原,用于检测动物血清中的乙脑病毒抗体,可在现场进行,具有安全、简便、快速、特异、敏感的优点。

1. 试剂盒

本品包括猪乙型脑炎致敏乳胶抗原、阳性血清、阴性血清、稀释液、玻片、吸头及使用说明书。该试剂盒由华中农业大学畜牧兽医学院研制。

2. 试验方法

分定性试验和定量试验两种方法。

(1)定性试验:取待检样品(血清)、阳性血清、阴性血清、稀释液各 1 滴(15 μl 左右),分别置于玻片上,再各加乳胶抗原 1 滴,用牙签混匀,搅拌并摇动 1 ~ 2 min,于 3 ~ 5 min 内观察结果。

(2)定量试验:先将血清作连续稀释,各取 1 滴依次滴加于乳胶凝集反应板上,另设对照同上,随后再加各乳胶抗原 1 滴,如上搅拌并摇动,判定。

3. 结果判定

(1)对照试验:出现如下结果试验方可成立,否则应重试:阳性血清加抗原呈"＋＋＋＋",阴性血清加抗原呈"－",抗原加稀释呈"－"。

(2)判定标准:

"＋＋＋＋"全部乳胶凝集,颗粒聚于液滴边缘,液体完全透明;

"＋＋＋"大部分乳胶凝集,颗粒明显,液体稍混浊;

"＋＋"约 50% 乳胶凝集,但颗粒较细,液体混浊;

"＋"有少许凝集,液体呈混浊状;

"－"液滴呈原有的均匀乳状。

以出现"＋＋"以上凝集者为阳性。

（三）猪乙型脑炎酶联免疫（ELISA）试验

用乙脑病毒（JEV）弱毒疫苗毒株经纯化、浓缩制成抗原包被的微孔板和酶标抗猪 IgG 及其他试剂制成，应用间接 ELISA 原理检测猪血清中的抗乙脑病毒的抗体，具有快速、特异性强、敏感性高等优点，可以大量用于疾病的诊断和猪群抗体水平的检测。

1. 试剂盒主要成分（试剂盒由华中农业大学动物医学院动物病毒室研制）

包被抗原的微孔板（12 孔 ×8 条 ×2 块），抗乙脑病毒阴性、阳性对照血清各 1 管（1 ml/管），抗猪 IgG－HRP 结合物 1 瓶（22 ml/瓶），洗涤液浓缩液 1 瓶（50 ml/瓶，使用时用蒸馏水稀释 10 倍），底物 A 液、B 液各 1 瓶（12 ml/瓶），终止液 1 瓶（12 ml/瓶），样品稀释液 1 瓶（50 ml/瓶）。

2. 操作方法

取预包被的微孔条板（根据样品多少，可拆开分次使用），除空白对照孔外，每孔加入取样品稀释液 1∶40 稀释的待检样品，每孔加 100 μl，同样 1∶40 稀释对照血清，设阳性对照 3 孔，阴性对照 2 孔，空白孔不加，轻轻振匀孔中样品（勿溢出），置 37 ℃温育 30 min。甩掉板孔中的溶液，洗涤液洗板 3 次，200 μl/孔，每次静置 3 min 倒掉，最后一次拍干。每孔加酶标二抗 100 μl，置 37 ℃温育 30 min。洗涤 4 次，每孔加底物 A 液、B 液各 1 滴（50 μl），室温避光显色 15 min。每孔加终止液 1 滴（50 μl），15 min 内测定结果。

3. 结果判定

以空白孔调零，在酶标仪上测各孔 OD_{630} 值。阳性成立的条件是阳性对照孔平均 OD_{630} 值必须大于或等于 0.15，通过计算样品与阳性对照的比例（S/P 值）来确定乙脑病毒抗体的有无。

$$\text{S/P 值}=\frac{\text{样品 }OD_{630}\text{ 值}}{\text{阳性对照平均 }OD_{630}\text{ 值}} \tag{10-1}$$

S/P 值小于 0.4，样品确定为 JEV 阴性；S/P 值大于或等于 0.4，样品确定为 JEV 阳性。

三、意义

（1）猪乙型脑炎间接血凝抑制试验可用于流行病学调查和临床诊断。血凝抑制抗体出现较早，临床上可用于早期诊断。该试验具有简单、快速、特异性强的特点。

（2）猪乙型脑炎乳胶凝集试验可用于乙型脑炎抗体的定性和定量试验检测，抗体定量试验检测用于疫苗免疫效果的评价。

第六节　猪传染性胸膜炎抗体检测

猪传染性胸膜肺炎间接血凝试验用于猪传染性胸膜炎抗体检测，本方法系用猪传染性胸膜肺炎嗜血杆菌多血清型抗原致敏戊二醛鞣酸化处理的绵羊红细胞作为抗原，供作间接血凝试验检测猪传染性胸膜肺炎抗体之用。

一、检测材料采集及处理

被检血清按常规方法采血分离血清，无需加防腐剂。要求样品无腐败。

二、检测方法

（一）试验材料

96孔V型医用血凝板、稀释液（含1%健免血清（56 ℃30 min灭活）pH7.2的0.15 mol/L PBS液）、诊断液（1%致敏血球抗原）。

（二）操作步骤

（1）滴加稀释液：用微量移液器每孔加0.025 ml稀释液。

（2）血清稀释：使用微量稀释棒蘸取被检猪血清，置于第1孔中，作倍比稀释至第7孔，第8孔为空白对照，各孔稀释度分别为1∶2、1∶4、1∶8、1∶16、1∶32、1∶64、1∶128。

（3）滴加致敏红细胞：给被检测血清各稀释孔滴加嗜血杆菌致敏的绵羊红细胞悬液25 μl。置于微型振荡器上振荡1～2 min，置37 ℃温箱作用2 h后判定结果。

（4）设对照：在同一V型板上设嗜血杆菌阳性血清对照、阴性血清对照和稀释液对照。在所有对照成立时，方可判定结果。

（三）结果判定

被检测猪血清血凝效价大于或等于1∶8（＋＋）以上者，判为阳性（暂定）；血凝效价小于1∶4（＋＋）者为阴性。

附：玻片沉淀试验

该方法采用环状沉淀试验的胸膜肺炎嗜血杆菌可溶性耐热抗原和玻片凝集试验所用抗血清进行快速玻片试验。

用途：各血清型的定型。

操作方法：将用于环状沉淀试验的1滴抗原与玻片上1滴血清混合，摇动，1～3 min后判定结果。

结果判定：如发生肉眼可见的絮状凝集者为阳性，不凝集者为阴性。

三、意义

猪传染性胸膜肺炎抗体检测主要用于猪场猪群检测，抗体效价1∶8以上者为传染性胸膜肺炎阳性。抗体检测是目前传染性胸膜肺炎检疫的主要方法，淘汰患病猪是猪场净化的主要手段。该方法有简单、快速、特异性强、准确性高的特点。

第七节　猪喘气病抗体检测

一、检测材料采集及处理

被检材血清按常规方法采血分离血清，无需加防腐剂。

二、检测方法

目前常采用间接血凝试验检测猪喘气病抗体。本方法系用肺炎霉形体（M. hopneumetliae）抗原致敏戊二醛处理的绵羊红细胞，冻干后作为抗原，供作间接血凝反应检测猪霉形体肺炎(猪喘气病)抗体之用。

(一)试验准备

(1)冻干的 10% 抗原致敏红细胞。置 6 ~ 8 ℃或低温保存,使用时每支加 1/15 mol/L,pH7.2 PBS 5 ml,即为 2% 抗原致敏红细胞,供作抗原之用。

(2)冻干的阳性、阴性猪血清。在 4 ~ 8 ℃或低温保存,使用时每支各加 PBS 1 ml(已为 2.5 倍稀释),混匀后,供作阳性、阴性猪血清对照之用。

(3)冻干的健康兔血清。在 4 ~ 8 ℃或低温保存,使用时,每支(1 ml)启封后加到 50 ml PBS 中即为 1% 健康兔血清稀释剂,供作稀释被检血清,阳性、阴性对照猪血清及预湿稀释棒之用。

(4)10% 戊二醛化红细胞。在 4 ~ 8 ℃或低温保存,使用时,摇匀后取需要量经低离心去掉上液,将红细胞用 PBS 稀释成 2% 的悬浮液,作吸收初检猪血清中的嗜异性因子之用。

(5)被检猪血清的处理。分离出来的猪血清先经 56 ℃ 30 min 灭活,然后每头猪血取 0.2 ml,加 0.3 ml 2% 戊二醛红细胞 37 ℃吸收 30 min,经低速离心或自然沉淀后,用稀释棒小心地蘸取上面的血清(已为 2.5 倍稀释)作检验抗体之用。

(6)微量反应板。为 72 孔 V 型有机玻璃制品(市售品),供作微量间接血凝反应之用。

(7)微量稀释棒。备有每支载量为 0.025 ml 的微量稀释棒 1 ~ 2 套(每套 12 支),供作稀释血清之用(市售品)。

(8)微量移液器。供滴加稀释剂和抗原致敏红细胞之用(市售品)。

(二)操作方法

(1)首先用记号笔在微量反应板的一边标明被检血清,阳性、阴性对照猪血清及抗原对照,各占一横排孔。

(2)用微量移液器每孔加 0.025 ml 稀释剂。

(3)血清稀释。使用微量稀释棒先在稀释剂中预湿后,以滤纸吸干,再小心地蘸取被检猪血清,立于第 1 孔中,可以同时稀释 11 个血清,以双手合掌迅速搓动 11 根稀释棒,达 60 次,然后将 11 根稀释棒小心移至第 2 孔,搓动同样转速和次数,再移至第 2 孔(被检猪血清可以只测至第 3 孔,即血清稀释到 1∶20),而阳性、阴性对照猪血必须稀释到第 6 孔。

(4)用微量移液器吸取摇匀后的 2% 抗原致敏红细胞,每孔加 0.025 ml。

(5)抗原对照。为 0.025 ml 稀释液 +0.025 ml 2% 抗原致敏红细胞,只用 2 孔。

(6)以上加样完毕后,置微型振荡器上振荡 15 ~ 30 s,静置室温 1 ~ 2 h 观察记录结果。

(三)结果判断

以呈现"+ +"血凝反应的最高稀释度作为血清效价终点。血凝反应强度表示如下:

"+ + + +"红细胞在孔底凝成团块,面积较大;

"+ + +"红细胞在孔底形成较厚层凝集,卷边是锯齿状;

"+ +"红细胞在孔底形成薄层均匀凝集,面积较上二者大;

"+"红细胞不完全沉于孔底,周围少量凝集;

“±”红细胞沉于孔底,但周围不光滑或中心空白;

“-”红细胞呈点状滤于孔底,周边光滑。

“++”以上的凝集为红细胞凝集阳性。

微量反应板静置1~2 h后,正常结果是阳性对照猪血清效价≥1∶10,阴性对照猪血清效价<1∶5,抗原对照无自凝现象。

被检猪血清效价>1∶10(达到第2孔以上)时即判为阳性,效价<1∶5者判为阴性,介于二者之间判为可疑。

(四)注意事项

由于自然感染猪的感染时间不尽相同,一般猪感染后第26 d,血清抗体效价可达到阳性反应阶段。所以,隔离的猪在第一次检后4周,对于可疑和阴性猪必须复查一次。如果两次检查结果均为阴性的猪,则判为无猪霉形体肺炎。

三、意义

间接血凝试验检测猪喘气病抗体,临床上用于猪支原体检疫和病源鉴定。抗体效价在1∶10以上为阳性患猪,对阳性猪,需进行隔离淘汰。这是目前猪喘气病检疫和净化的主要方法。

第八节　新城疫抗体检测

一、被检血清的采集及处理

被检鸡群随机抽样,每群采20~30份血样,分离血清,备用。

采血法:先用三棱针刺破翅下静脉,随即用塑料管引流血液至6~8 cm长(或用塑料离心管引流血液2~3 ml压盖即可),将管一端烧熔封口,待凝固析出血清后以1 000 r/min离心5 min,剪断塑料管,将血清倒入一块塑料板小孔中,备用。若需较长时间保有血清,可在离心后将凝血块一端剪去,滴熔化石蜡封口于0 ℃保存备用。

二、检测方法

一般采用微量血凝抑制试验(HI检测)。

做HI试验之前,需先作微量血凝试验(HA试验)以确定在HI试验中所需要的抗原量。不同国家与实验室在HA试验和HI试验时采用程序不同,国际兽医局所推荐的程序如下:试验所用的是96孔V型微量反应板,两种反应的总体积都是75 μl,试验需用等渗的PBS(0.1 M、pH7.0~7.2)液,红细胞至少应采用3只SPF鸡,然后配制成1%(V/V)悬液备用,每次试验设阴、阳抗原对照和血清对照。

(一)仪器设备

微量血凝板,V型96孔微型振荡器,塑料采血管(塑料离心管),移液器(25~50 μl)。

(二)试剂

0.1M稀释液,pH7.0~7.2PBS液,浓缩抗原,0.5%(或1%)红细胞悬液,标准阳性血清，被检血清。

采 3 只 SPF 鸡血液，用 20 倍量 PBS 液洗涤 3 ~ 4 次，每次以 2 000 r/min 离心 3 ~ 4 min，最后一次 5 min，用磷酸盐缓冲盐水配成 0.5% ~ 1% 悬液。

（三）微量血凝试验操作方法

1. 血凝和血凝抑制试验

1）血凝试验（HA）

（1）在 V 型微量反应板中每孔加 0.025 ml PBS。

（2）第一孔中加入 0.025 ml 病毒悬液（如尿囊液）。

（3）将病毒悬液在反应板上作 0.025 ml 的系列成倍稀释。

（4）每孔再加 0.025 ml PBS。

（5）每孔加入 1%（V/V）鸡红细胞 0.025 ml。

（6）轻叩反应板混合物，室温静置（约 20 ℃）40 min，若室温过高则放于 4 ℃冰箱 60 min，在对照孔的红细胞显著呈纽扣状时判定结果。

（7）HA 判定时，应将反应板倾斜，观察红细胞有无呈泪珠样流淌，完全 HA（无泪珠样流淌）的最高稀释倍数为血凝效价，表示 1 个 HA 单位，再根据开始的稀释倍数计算血凝效价。

2）血凝抑制试验（HI）

（1）反应板中每孔加入 0.025 ml PBS。

（2）第 1 孔中加入 0.025 ml 血清。

（3）在反应板上将血清作 0.025 ml 的倍比稀释。

（4）每反应孔中加入 0.025 ml 含 4 个血凝单位抗原，室温下（20 ℃）不少于 20 min，4 ℃不少于 60 min。

（5）每孔加入 1%（V/V）鸡红细胞 0.025 ml，轻轻混匀后，室温静置（约 20 ℃）40 min，若室温过高则放于 4 ℃冰箱 60 min，以对照孔的红细胞呈显著纽扣状时判定结果。

（6）完全抑制 4 血凝单位抗原的最高血清稀释倍数为 HI 价。确定血凝时需倾斜反应板，只有与对照孔（仅含 0.025 ml 红细胞和 0.05 ml PBS）红细胞流淌相当的孔才可判定为抑制。

（7）结果的正确性应视对照血清，阴性对照血清为阴性，阳性对照血清的效价应符合其已知效价。HI 价在 1∶16（2^4）或以上时为阳性，1∶8（2^3）时为疑似，1∶4 或以下时为阴性。

国内一些实验室的操作与此略有不同：各种液体用量都是 0.05 ml，鸡红细胞含量为 0.5%。

三、检测意义

鸡群免疫后，用 HI 试验可监测鸡的免疫状态，鸡免疫 3 周后，采血测定 HI 价。HI 越高免疫效果越好，免疫最低的 HI 价要求为 16（2^4）×，鸡的 HI 价低于 16（2^4）×时被认为免疫失败，需要重新进行免疫。鸡的用途不同，对 HI 价的要求也不同，幼鸡与后备鸡要求在 16（2^4）×以上，蛋鸡要求在 32（2^5）×以上，种鸡要求在 64（2^6）×以上。

第九节　鸡法氏囊病抗体检测

鸡传染性法氏囊病(IBD 鸡法氏囊病)是由传染性法氏囊病病毒引起的一种急性、高度接触性传染病,是目前危害养鸡业的主要疾病之一。该病主要侵害 3~12 周龄的雏鸡和青年鸡,造成鸡死亡率和淘汰率增加,破坏法氏囊中的 B 淋巴细胞,导致免疫抑制,致使鸡对各种疫苗免疫应答能力下降。在实践中为了了解鸡群的免疫结果或感染情况,常应用各种抗体检测方法检测鸡群的血清抗体和卵黄抗体。

一、检测材料采集及处理

鸡法氏囊病抗体检测材料一般为血清,现在也可检测卵黄抗体。随机鸡翼静脉采血,4 ℃过夜,2 000 r/min 离心 15 min,分离血清,-20 ℃备用。收集卵并编号,分离卵黄。

二、检测方法

(一)琼脂扩散试验(AGP)

1. 试验材料

优质琼脂糖,0.01 M 硫柳汞,pH7.4 磷酸盐缓冲液,洁净平皿,打孔器,酒精灯。

2. 试验步骤

称取优质琼脂糖 1~2 g 于 100 ml 含 0.02% 硫柳汞 0.01 M pH7.4 磷酸盐缓冲液中,水浴加热煮沸。将熔化的琼脂倒入洁净平皿中,室温冷却。用打孔器打 7 孔,中间孔的孔径约 4 mm,周围孔与空间孔距离为 4 mm,其孔径为 6 mm,将孔中琼脂去除,加热平板背面,使底部琼脂轻微熔化,防止抗原或抗体从玻璃板与琼脂之间泄漏。将孔编号,按被检血清的序号依次加入周围的孔中,其中一孔加标准阳性血清。抗原加中间孔,加满为止。然后将琼脂板放置在潮湿的盘中,加盖后于 37 ℃温箱中放置 48 h,观察并记录结果。

3. 结果判定

结果判定如下:

(1)强阳性(+++):被检血清孔与抗原孔间形成明显的沉淀线,并与标准阳性血清沉淀线末端互相连接;

(2)阳性(++):被检血清孔与抗原孔间形成明显的沉淀线,并向标准阳性血清孔弯曲;

(3)弱阳性(+):标准阳性血清孔与抗原孔间出现的沉淀线末端向被检血清孔内侧偏弯;

(4)疑似(±):标准阳性血清孔与抗原孔间的沉淀线末端向被检血清孔内侧偏弯或微弯;

(5)阴性(-):被检血清孔与抗原孔间不形成沉淀线,或标准阳性血清沉淀线向相邻的被检血清孔直伸或向外侧弯。

(二)酶联免疫吸附试验(ELISA)

1. 试验材料

包被液:0.1 M pH 9.5 碳酸盐缓冲液;洗涤液:0.02 M pH 7.2 PBS,0.05% Tween-

20;稀释液:0.02 M pH 7.4, 0.1% 白明胶;兔抗 IBDV IgG,IBDV 阳性对照血清,IBDV 阴性对照血清,待检样品,辣根过氧化物酶(HRP)标记的 IBDV 抗体(酶结合物),pH 5.0 磷酸盐 - 柠檬酸缓冲液,底物溶液,终止液:2 M 硫酸溶液,微量加样器,酶标板,ELISA 检测仪。

2. 试验步骤

(1)包被:将兔抗 IBDV IgG(用 pH 9.5 碳酸盐缓冲液 1:20 稀释)加入到 96 孔酶标板中,每孔 0.1 ml,4 ℃冰箱放置 24 h。

(2)洗涤:去孔中液体,加满洗涤液,放置 3 min,弃洗涤液,用滤纸拍干,反复洗涤 3 次。

(3)加样:于第 1 孔加样品稀释液为空白对照,第 2 孔加阳性对照,第 3 孔加阴性对照,其他孔为被检血清,每孔 0.1 ml,于湿盒中 37 ℃放置 1 h。洗涤 3 次。加酶结合物,每孔 0.1 ml,37 ℃作用 45 min。去液体,洗涤 3 次。后每孔加新配制的底物溶液 0.1 ml,避光,室温作用 20 min。最后每孔加 2 M 硫酸终止液 0.05 ml。

(4)结果判定:用酶标分光光度计测定每孔 OD 值,以空白对照调零,计算 P/N 比值。计算方法如下:

$$\text{P/N 值} = \frac{\text{样品 OD 值} - \text{阴性对照 OD 值}}{\text{阳性对照 OD 值} - \text{阴性对照 OD 值} } \tag{10-2}$$

P/N 值≤0.15 为阴性,0.15 < P/N 值 < 0.2 为疑似,P/N 值≥0.2 以上为阳性。

三、意义

建立 IBD 特异的抗体检测方法,可以及时、准确了解鸡体中抗体水平情况,为 IBD 的预防及指导建立正确合理的免疫程序提供有力的依据。

第十节　禽流感抗体检测

禽流感(AI)是由 A 型流感病毒(AIV)引起的一种禽类的感染和疾病综合征。该病被国际兽医局列为 A 类传染病。禽流感的流行给世界养禽业造成极大危害和巨大经济损失,同时也成为影响人类公众卫生健康的危险。因此,应用抗体检测方法对禽群进行抗体检测,对禽流感的防控十分重要。

一、检测材料采集及处理

禽流感抗体检测所需材料一般采用血清。翅静脉或心脏采取 3 ~ 5 ml 血,37 ℃放置 30 min 或 4 ℃过夜,2 500 r/min 离心 15 min,分离血清, -20 ℃保存备用。

二、检测方法

(一)血凝抑制试验(HI)

1. 试验材料

被检血清,H5/H7/H9 抗原,H5/H7/H9 阳性血清,1% 红细胞悬液,生理盐水,水浴锅，96 孔 V 型微量血凝板，微量移液器，移液塑料吸嘴，微量振荡器等。

2. 试验步骤

1）1% 鸡红细胞悬液制备

采集 SPF 公鸡或健康公鸡（证明无禽流感和新城疫）血液与等量阿氏液混合，加入生理盐水洗涤 3 次，每次均以 2 000 r/min 离心 5 min，去上清液，沉淀的红细胞用生理盐水稀释成 1% 的悬液备用。

2）8 单位和 4 单位抗原的配制

血凝试验中能引起 100% 病毒凝集的最高稀释度作为病毒的血凝效价，血凝效价除以 8 即为含 8HA 单位的抗原。例如，如果血凝效价为 1∶256，则 8 个血凝单位的稀释度应是 1∶32（256 除以 8），此例中将 1 ml 抗原加入 31 ml 生理盐水，即为 8HA 单位抗原。取 8HA 单位的抗原加入等量水，即为 4HA 单位抗原。

3）HI 试验

在微量反应板的第 1 孔加入 0.05 ml 8 单位抗原，第 2 孔加入 0.05 ml 4 单位抗原，第 12 孔加入 0.05 ml 生理盐水。吸取 0.05 ml 待检血清于第 1 孔内，充分混匀后吸 0.05 ml 于第 2 孔，依次倍比稀释至第 10 孔，弃去 0.05 ml；第 11 孔为抗原对照孔，第 12 孔作为生理盐水对照孔。室温（20 ~ 30 ℃）下作用 20 min。每孔加入 0.05 ml 1% 鸡红细胞悬液，在微量振荡器上摇匀，室温静置 30 min 后观察结果。结果判定：以完全抑制红细胞凝集的血清最大稀释度作为该血清的血凝抑制价（用被检血清的稀释倍数或以 2 为底的对数（log2）表示，如血凝抑制价为 1∶64 或 6log2）。判定标准为血凝抑制价小于或等于 3log2 判定 HI 试验阴性；血凝抑制价等于 4log2 为可疑，需重复试验；HI 价大于或等于 5log2 为阳性。

（二）琼脂扩散试验（AGP）检测禽流感病毒抗体

AGP 试验是建立在抗原抗体在琼脂糖介质中同步相对迁移基础上的。介质中含有较高浓度的盐。通过它使抗原抗体复合物免受杂质下沉的影响。因为所有 A 型流感病毒核蛋白和基质都具有相似的抗原性，所以 AGP 可用来检测这两类抗原的抗体。

1. 试验材料

禽流感琼扩抗原，禽流感标准阳性血清，被检血清，琼脂板，打孔器，NaCl，酚，琼脂糖，电炉等。

2. 试验步骤

（1）琼脂平板的配制：称取 NaCl 80 g、酚 5 g 于 1 L 蒸馏水中，使之溶解，用 1 M 的 NaOH 调节 pH 为 7.5，再加入 12.5 g 琼脂糖，加热溶解，倒入平板，厚度 4 mm 左右，室温下冷却凝固。

（2）打孔：用打孔器在凝胶板上打梅花孔，孔径为 5 mm，中间孔和周围孔间的距离约为 3 mm。

（3）封底：将琼脂平板在酒精灯火焰上加热，使板底的琼脂轻微熔化，防止抗原或抗体渗漏。

(4)加样:在周围5孔加入待检血清,孔加禽流感标准阳性血清,约50 μl,加满为止;中间孔加禽流感琼扩抗原。

(5)作用:将加样后的琼脂平板放置湿盒中,在饱和湿度下,于37 ℃放置24 h观察结果。当已知阳性血清孔与抗原间的沉淀线和被检血清与抗原间的沉淀线相连时,则判定为阳性结果。交叉线表明被检血清与阳性对照孔的已知阳性血清间缺乏抗体同一性。

(三)中和试验检测抗体

1. 试验材料

1)细胞培养和试剂

(1)MDCK单层细胞培养(Madin - Darby狗肾细胞):最好用低代次(<25 ~30代)、低分布(70% ~95%融合)的细胞。

(2)MDCK细胞用完全DMEM培养:含500 ml DMEM,5.5 ml 100×抗生素(10 000 IU/ml青霉素和10 000 μg/ml硫酸盐链霉素),13.5 ml 1 M HEPES缓冲液。

(3)细胞生长用DMEM:在上述完全DMEM中加入灭活(56 ℃,30 min)的胎牛血清(FBS),使其终浓度达10%。

(4)胰酶 - EDTA。

(5)病毒生长介质(VGM):含有2 μg/ml TPCK - 胰酶的完全DMEM(0.5 ml 2 mg/ml TPCK - 胰酶原液加入500 ml完全DMEM中)。

(6)96孔平底微量组织培养板。

(7)TPCK - 胰酶:10 ml中含有20 mg TPCK - 胰酶。

2)材料

消毒的带盖试管,消毒的配套移液管和移液装置(包括多孔加样器),用于废弃培养物的高压蒸汽消毒器,水浴锅,细胞培养箱,倒置显微镜,冷冻装置,低速、台式冷冻离心机,液氮。

2. 试验步骤

1)病毒滴定

(1)病毒原液的传代。准备3个T - 75细颈瓶接种MDCK细胞,用40倍显微镜检查细胞,将培养液小心移至一烧杯中,用6 ml VGM(含有2 μg/ml TPCK - 胰酶的DMEM)洗3次。

(2)病毒接种。用VGM将病毒作1∶10到1∶1 000稀释;用灭菌吸管将培养液从瓶中移出;每个稀释度的病毒用灭菌吸管吸取2 ml接种至T - 75瓶中;接种物在37 ℃吸附45 min;向每个T - 75瓶中加入15 ml VGM;观察病毒致细胞病变作用(CPE)。

(3)病毒收获。当50% ~100%的细胞出现CPE时,收获细胞培养物,收集上清液,并加入一种稳定剂,如甘油或牛血清白蛋白明胶至终浓度0.5%;3 000 r/min离心5 min,上清液以每管1 ~2 ml量分装,置 -70 ℃保存。

(4)MDCK细胞微量滴定板的制备。检查在T - 75瓶中的MDCK细胞单层;用5 ml胰酶 - EDTA轻轻清洗细胞单层然后吸掉;加4 ~5 ml胰酶 - EDTA覆盖细胞单层;将培养瓶平放于37 ℃ 5% CO_2温箱中消化至单层脱落(10 ~20 min);每个培养瓶中加入MDCK培养液5 ~10 ml,取出细胞并移到离心管中;细胞用PBS洗2次(12 000 r/min离心

5 min)；将细胞重悬于DMEM细胞生长液中，用血细胞计数器计数细胞量；用 DMEM 生长液将细胞调整为 1.5×10^5 个/ml；向微量滴定板的每孔中加入 200 μl 细胞，一般来说，一个 T－75 cm^2 培养瓶融合的细胞足够接种 3 块微量滴定板（每瓶细胞数约为 1×10^7 个）；细胞在 37 ℃ 5% CO_2 温箱中培养过夜（18～22 h），当细胞刚刚开始融合时即可使用反应板，细胞处于生长期时可获得理想的结果。

(5)病毒滴定。溶解 1 安瓶冻存病毒；用 VGM 将病毒作 1∶10 稀释（1 ml 病毒加 9 ml VGM）；96 孔组织培养板除第 1 列孔外，其他每孔加入 100 μl VGM，病毒滴定应分为 4 组；向第 1 列中每孔加入 146 μl 病毒工作原液浓度，然后作病毒的半对数系列稀释，即从第 1 列孔中取出 46 μl 加入第 2 列孔，混匀后取出 46 μl 加入第 3 列孔，以此类推，直到第 11 列孔，从最后一个稀释孔中取出 46 μl 弃掉，每孔将含有 10^{-1}，$10^{-1.5}$，10^{-2}，$10^{-2.5}$，…，10^{-6}稀释液 100 μl；每孔加入 100 μl 细胞培养液，37 ℃孵育 2 h。

(6)含有接种用融合 MDCK 细胞的 96 孔微量反应板的制备。弃去组织培养板中的细胞培养液，每孔加入 350 μl 不含血清，但含有 TPCK－胰酶（2 μg/ml）的 DMEM，弃去后，加入同样的液体以除去胎牛血清；在上述的病毒滴定板完成 2 h 孵育后，每一病毒稀释度吸取 100 μl 转移到 MDCK 培养板的相应孔中；可在 37 ℃、CO_2 培养箱中吸附 2 h；用多孔加样器吸去培养液，然后用 250 μl VGM 洗涤微量滴定孔；每孔加入 200 μl VGM，在 37 ℃ CO_2 培养箱中培养 3～4 d，在倒置显微镜下观察病毒的 CPE 并记录结果；应用 Reed－Mueneh 方法计算 $TCID_{50}$。

2)病毒中和试验

(1)待检血清的准备：每份血清应该重复试验 4 组，每块板可检测 3 份血清；血清需在 56 ℃加热 30 min 灭活；微量板的每孔加入 60 μl VGM；在 A 行（A_1 孔）再加入 48 μl VGM；在 A 行加入加热处理过的血清 12 μl，每份血清应重复 4 次；将待检血清由 A 向 H 列移液 60 μl 作系列 2 倍稀释，最后一列弃去 60 μl。

(2)病毒的准备：用 VGM 将病毒稀释至 100 $TCID_{50}$/50 μl（每板大约 7 ml）；除细胞对照孔外，在所有加有抗体的孔中均加入 60 μl 稀释的病毒；细胞对照孔中加入 60 μl VGM；设立背景滴定，在第一排 8×1 ml 瓶中加入 438 μl 待检病毒稀释液（100 $TCID_{50}$/50 μl），其他每个瓶中加入 300 μl VGM，从每瓶待检病毒液中分别吸出 138 μl 放入下一排的小瓶中，从而使待检病毒呈对数稀释度。每次吸液必须换移液头；每一病毒背景滴定孔中加入 60 μl VGM，吸取每个背景滴定稀释液 60 μl 到微量滴定板中，需作 4 组试验；轻轻混匀病毒－血清混合物，并置于 37 ℃ 5% CO_2 培养箱中孵育 2 h。

(3)含有接种用融合 MDCK 细胞的 96 孔微量反应板的准备：弃去组织培养板中的细胞培养液；每孔加入 350 μl 不含血清，但含有 TPCK－胰酶（2 μg/ml）的 DMEM，弃去后，加入同样的培养液以洗去胎牛血清。

(4)病毒－抗体混合物接种 96 孔微量板：上述病毒－抗体混合物孵育 2 h 后，用多孔加样器从中和作用板的每一孔中吸取 100 μl 转移到 MDCK 细胞板的相应孔中，每次需换移液头；在 37 ℃ CO_2 培养箱中孵育 2 h，用多孔加样器吸去每孔中的病毒－抗体混合物，然后用 250 μl VGM 洗涤微量滴定孔；每孔加入 200 μl VGM 培养液；在 37 ℃培养 3～4 d，在倒置显微镜下观察病毒的 CPE 并记录结果；接种1 $TCID_{50}$剂量的病毒在细胞单层上，当病毒背景滴定至少半数孔出现50%或更多CPE时,即可对反应板作记录。

(5)数据分析:组织培养半数感染量($TCID_{50}$)是病毒感染一半组织细胞时的病毒稀释度,一般用Reed - Muench方法进行计算,每一血清的最高稀释度能保证4个孔细胞单层中至少2个孔不出现CPE,认为是病毒的抗体效价。

三、意义

运用实验室血清学抗体检测技术是为了能及时掌握禽群的禽流感抗体水平动态,提高对疫病的监控能力,对加强指导生产,提供合理免疫程序具有十分重要的意义。

第十一节 鸡支原体抗体检测

一、检测材料的采集和处理

(一)抗原

首先选择血凝性可靠的菌株,制备血凝性良好的鸡败血支原体抗原。抗原可用新鲜的牛心汤培养物,也可用经洗涤浓缩的菌悬液。

(二)待检血清

无菌采集鸡血液分离血清。

二、检测方法

鸡败血支原体可以凝集鸡(或火鸡)的红细胞,其特异性抗血清对此有抑制作用,利用此反应,可以检测鸡败血支原体的抗体。

(一)血凝抗原效价测定

血凝抗原效价测定按常规方法进行,先将抗原作倍比稀释后,每稀释度抗原加等量0.5%红细胞滴定抗原的血凝价,发生完全红细胞凝集的抗原最小量为1个血凝单位。

(二)血凝抑制试验

试验在V型多孔塑料板上进行,每排第1孔加50 μl缓冲盐水,第2孔加50 μl 8单位血凝抗原,从第3孔至第8孔各加入4单位血凝抗原。待检血清作1∶5稀释后,取50 μl加入第1孔,充分混匀后,从第1孔吸取50 μl转移到第2孔,以此类推至第8孔,随后吸取50 μl弃去。第1孔为血清对照。每孔再加0.5%红细胞悬液50 μl,振荡混合后静置30 min判定结果。

抗原对照需要6个孔,从第2孔到第6孔,每孔各加入50 μl缓冲盐水,从第1孔到第2孔,每孔各加入50 μl含8个血凝单位的抗原。从第2孔混匀后,吸取50 μl转移到第3孔混匀,以此类推至第6孔,吸取50 μl弃去。红细胞对照设2个孔,每孔各加入50 μl缓冲盐水,2孔均加入50 μl 0.5%红细胞。检鸡血清用鸡红细胞,检火鸡血清用火鸡红细胞。

轻轻震动反应板,使孔内液体充分混匀,50 min后观察结果。加缓冲盐水与稀释孔的红细胞发生一致的流动率时,才能认为是抑制。血清对照孔的红细胞呈清晰絮状沉淀。

血清的血凝抑制价为能够引起发生完全血凝抑制的最高血清稀释倍数。通常 HI 价 1∶40 到 1∶80 或更高时，才能判为阳性。

有些血清可能有非特异性血凝作用，对此种血清需先消除此种因子。消除的方法是用 1 ml 血清，向其中加 6～8 滴经洗涤离心沉淀的鸡或火鸡红细胞，37 ℃作用 1 h，低速离心除去红细胞，取上清液用于试验。

第四篇 畜禽疫病实验室检测技术

第十一章 禽病实验室检测技术

第一节 病毒性疾病

一、新城疫(New Castle Disease)

新城疫又称亚洲鸡瘟,是由新城疫病毒引起的鸡的一种高度接触性败血性传染病。新城疫病毒系副黏病毒属,只有一个血清型,其抗原性一致,但毒力差异较大,据不同毒株诱发鸡发生疾病的严重程度和表现出的临床症状不同,可分为五种类型,即:嗜内脏速发型、嗜神经速发型、中发型、缓发型和无症状肠道缓发型。主要感染鸡,发病无季节性,任何日龄的鸡都可感染:以接触传染为主,也可通过器具、空气、粪便及珍禽鸟类传播,其临床表现为:精神沉郁或无症状而死亡;体温升高、食欲减退、精神萎顿、产蛋鸡产蛋减少或停止;口鼻腔分泌物增多,嗉囊胀满,呼吸困难,喉部发出"咯咯"声,下痢粪便绿色;偏头转颈作转圈运动或共济失调。其病理解剖变化为:口腔、咽喉部有黏液,咽部黏膜出血;腺胃乳头肿胀,挤压后有豆腐渣样坏死物流出,乳头有散在出血点;肌胃角质下层有条状或点状出血,有时可见不规则溃疡;小肠前段有大面积散在出血点或肠黏膜有纤维性坏死并形成假膜,假膜下出现红色粗糙溃疡;盲肠和直肠皱褶处有出血,盲肠扁桃体出血坏死,气管黏膜出血、充血,心冠脂肪、心外膜、心尖脂肪上有针尖状小出血点。

根据鸡发病的临床症状及病理解剖病变、流行病学调查,初步诊断为新城疫或疑似病鸡须进行试验诊断。

(一)病料的采集及处理

当鸡群疑似有新城疫发生时,可采集样品进行病毒的分离鉴定。

活禽用气管拭子和泄殖腔拭子或新鲜粪便,死禽以脑为主,也可采心、肝、脾、肾、气囊等组织。

拭子浸入2~3 ml生理盐水中,反复挤压至无水滴出弃之;粪便及组织样品用生理盐水研成1:5乳剂。溶液中加入双抗(青霉素1 000 μl/ml、链霉素1 mg/ml),泄殖腔拭子(或粪便)样品,双抗量提高5倍。然后调pH为7.0~7.4,37 ℃作用1 h,再1 000 r/min离心10 min,取上清液备用。

样品应尽快处理,保存期不得超过4 d。若需保存更长时间,则将样品保存于 -20 ℃以下的冰冻条件,大多数新城疫病毒,冻融一次毒力稍减弱。

(二)病毒的分离鉴定

1. 仪器设备及试剂

注射器(1 ml),针头(5 ~5.5 号),血凝试验板(V 型96 孔),微量移液器(50 ml),恒温箱,无菌室或超净工作台,无菌生理盐水,标准阳性血清。

2. 病毒的分离

取上清液经尿囊腔接种9 ~10 日龄 SPF 鸡胚5 个,0.1 ml/胚,37 ℃孵育4 ~7 d,无菌收集死亡和濒死鸡胚的尿囊液,孵育结束时将存活的鸡胚置4 ℃冰箱存放,收集尿囊液及羊水,随后检查每一胚尿囊液的 HA 活性,阴性者再传代一次,阳性菌检备用。

3. 病毒的鉴定

(1)尿囊液经 HA 试验检测呈阳性时,再用新城疫标准阳性血清作血凝抑制试验,若尿囊液 HA 活性被抑制,则确定分离的病毒为新城疫病毒。

(2)MDT(鸡胚平均死亡时间)的测定:

不同新城疫病毒分离株的毒力差异很大,尚需对分离株进行毒力测定,据毒力测定结果,可以对分离株的致病性作出评估,MDT 是评估新城疫病毒毒力的常用方法。

①用生理盐水将新收的尿囊液连续10 倍稀释至 10^{-6} ~ 10^{-9}。

②每一稀释度接种 5 个 9 ~10 日龄的 SPF 鸡胚,尿囊腔接种 0.1 ml 放置在 37 ℃孵育。

③余下的病毒保存于4 ℃,8 h 后以同样的方法接种第二批鸡胚。

④每日照蛋两次,连续7 d 观察结果。记录每个鸡胚的死亡时间。

⑤最小致死量指引起所有鸡胚死亡的最大稀释度。

⑥MDT 指最小致死量引起鸡胚死亡的平均时间(h)。

利用 MDT 可将新城疫病毒株分为:强毒力型,死亡时间≤60 h;中等毒力型,死亡时间为61 ~90 h;温和型,死亡时间 >90 h。

(三)实验室诊断方法

实验室诊断主要采用血清学诊断方法。

新城疫的血清学诊断方法有很多种,如中和试验和酶联免疫吸附试验,目前较多使用的是血凝抑制(HI)试验,用于检查鸡血清中的新城疫抗体,鸡血清在本试验中没有非特异性反应,血清不需作预处理,除鸡以外,其他禽种的血清有时对鸡的红细胞有凝集作用,试验前需先测定血清有无此凝集特性,如果有则需用鸡红细胞对血清进行吸附,以去掉此种非特异性凝集,然后才能用做试验。

做 HI 试验之前,需先做 HA 试验,以确定在 HI 试验中所需要的抗原量。不同国家与实验室在 HA 和 HI 试验所采用的程序不同,国际兽医局所推荐的程序如下。试验所用的是 V 型底孔微量反应板,两种反应的总体积都是 0.075 ml,试验需用等渗的 PBS(0.1 M pH7.0 ~7.2),红细胞至少应采自3 只 SPF 鸡(也可用未经新城疫免疫的新城疫抗体阴性鸡),红细胞应用 PBS 洗涤3 次,然后配成1% 悬液备用(压积红细胞体积/体积),每次试验都必须适当选用阳性和阴性对照抗原与血清。

1. 血凝和血凝抑制试验

1）血凝试验（HA）

在V型微量反应板中每孔加0.025 ml PBS，第1孔中加入0.025 ml病毒悬液（如尿囊液），病毒悬液在反应板上作0.025 ml的系列成倍稀释，每孔再加0.025 ml PBS，每孔加入1%（V/V）鸡红细胞0.025 ml，轻叩反应板混合物，室温（约20 ℃）静置40 min，若室温过高则放于4 ℃冰箱60 min，在对照孔的红细胞显著呈纽扣状时判定结果。HA判定时，应将反应板倾斜，观察红细胞有无呈泪珠样流淌，完全HA（无泪珠样流淌）的最高稀释倍数为血凝效价，表示1个HA单位，再根据开始的稀释倍数计算血凝效价。

2）血凝抑制试验（HI）

在反应板中每孔加入0.025 ml PBS，第1孔中加入0.025 ml血清，在反应板上将血清作0.025 ml的倍比稀释。每反应孔中加入0.025 ml含4个血凝单位抗原，室温（20 ℃）下不少于20 min，4 ℃不少于60 min，每孔加入1%（V/V）鸡红细胞0.025 ml，轻轻混匀后，室温（约20 ℃）静置40 min，若室温过高则放4 ℃冰箱60 min，以对照孔的红细胞呈显著纽扣状时判定结果。

完全抑制4个血凝单位抗原的最高血清稀释倍数为HI价。确定血凝时需倾斜反应板，只有与对照孔（仅含0.025 ml红细胞和0.05 ml PBS）红细胞流淌相当的孔才可判定为抑制。

结果的正确性应视对照血清，阴性对照血清为阴性，阳性对照血清的效价应符合其已知效价。HI价在1∶16（2^4）或以上时为阳性，1∶8（2^3）时为疑似，1∶4或以下时为阴性。

国内一些实验室的操作与此略有不同：各种液体用量都是0.05 ml，鸡红细胞含量为0.5%。

鸡群免疫后，用HI试验可监测鸡的免疫状态，鸡免疫3周后，采血测定HI价。HI价越高免疫效果越好，免疫最低的HI价要求为16（2^4），鸡的HI价低于16（2^4）时被认为免疫失败，需要重新进行免疫。鸡的用途不同，对HI价的要求也不同，幼鸡与后备鸡要求在16（2^4）×以上，蛋鸡要求在32（2^5）×以上，种鸡要求在64（2^6）×以上。

3）HA试验在诊断中的应用

鸡群发病初期时采血，疫病停息后再采血（约3周以后），对二次血清的HI价作对比观察，若后者血清的HI价较前者高出4倍以上时，则可认为鸡发生了新城疫。若鸡群曾发过病，病的初期时未能采血，病的后期或过了一段时间之后，疑似鸡群发生新城疫，此时可多采一些鸡血（不少于30只），测定其HI价，有1 000以上的HI价出现时，可查问鸡群是否用过新城疫油苗，若未用过油苗，则可判为鸡群发生过新城疫，因新城疫活苗免疫鸡的HI价达不到1 000，此时可查前1～2个月的免疫监测结果。若HI价高出监测结果的4倍以上时，仍可以判为新城疫。

4）HI试验不仅可用于活鸡的抗体检查，也可用于死鸡的抗原检查

取死鸡的肺或盲肠扁桃体组织，用含0.01%硫柳汞的生理盐水作1∶1乳剂，将离心后的上清液视作抗原，作HA试验，如果HA试验阳性时，取4单位抗原与已知的新城疫阳性血清作HI试验，若抗原的HA活性被抑制，则可诊断为新城疫。如果HA试验为阴性，

则不能排除新城疫,因组织中的新城疫病毒含量不够时,则不能发生 HA。

2. 琼脂扩散试验(AGP)

AGP 试验用于检查死鸡体内的新城疫病毒,鸡脏器中需有大量病毒才能将其致死,将脏器中的病毒视作抗原,同已知的新城疫阳性血清作 AGP 试验,如果出现阳性即可作出诊断,方法如下。

1)平板制备

聚乙二醇(6000)2 g(可不加,检出率微低一些),琼脂粉 1 g,氯化钠 8 g,蒸馏水 100 ml。加入 250 ml 三角瓶内,加热熔化后,倒入平皿内 20 ml,冷却后打孔,孔底在酒精灯上微加热封底,放 4 ℃冰箱保存备用。

2)病料采集和处理

采取死鸡的气管黏液、脾、肝、肺、脑、盲肠扁桃体和出血肿大的淋巴结,幼鸡尚可采取胸腺和法氏囊,在乳钵内做成 1∶1乳剂,或将组织块放入小塑料管内,加少量盐水,用眼科剪刀剪碎至呈糊状。

3)试验

每一组孔的中央孔加入新城疫阳性血清,周边孔加入待检脏器乳剂和阳性抗原对照,将平皿放进底层铺有湿纱布的盒内,加盖后置室温或 37 ℃温箱内,24 h 后开始观察结果,观察至 72 h 终止。

4)结果判定

被检器官与阳性血清之间出现沉淀线时可判为阳性,即被检器官中含有新城疫抗原,表明鸡死于新城疫。

由于新城疫毒株的嗜脏器性不同,各脏器中的含毒量存在着多或少的差异,不同毒株在某一脏器中也存在着多或少的差异,所以对结果的判定,不能以某一脏器的结果作为判定的依据,任何一脏器出现阳性都可以判定,若以某一脏器的结果作为判定依据,则新城疫有发生漏检的可能,若以多脏器的结果来判定时,则 AGP 对新城疫死鸡的检出率为 100%。

AGP 对新城疫死鸡的阳性检出率以盲肠扁桃体和淋巴结高一些(90%以上),其他脏器的检出率要低一些(50%以上)。

5)AGP 试验在诊断中的应用

近年来,由于免疫失误而出现了许多的非典型新城疫病例,给诊断工作造成了很大的困难,利用 AGP 试验,检查死鸡脏器内的新城疫抗原(病毒),可以及时作出确诊,解决了非典型新城疫诊断困难这一问题,方法简单易行、快速,有很大的使用价值。

当鸡感染毒力较弱的新城疫病毒时,一般情况下是非致命的,若发生继发感染则往往是致命的,临床上表现出继发病的症状与病变,根据临床表现而采取相应的预防和治疗措施,结果是无效的或效果不满意,这是因为有原发病新城疫存在,首先必须解决原发病,然后对继发病的措施才能有满意的效果。人们在日常工作中较少考虑原发病与继发病的关系问题,只是根据继发病的临床表现而作出诊断,对是否由原发病或因有原发病而导致继发病的发生,则不加以深思或检查,这就是许多疫病发生误诊或治疗无效的原因,AGP 试验解决了这一难题,可以迅速确诊出原发病的存在。

二、传染性法氏囊病（Infectious Bursal Disease）

禽传染性法氏囊病又名腔上囊炎、传染性囊病，是由双 RNA 病毒科、禽双 RNA 病毒属的传染性法氏囊病毒（IBDV）引起的鸡和火鸡的一种急性、高度接触性传染病，IBDV 无囊膜，呈二十面体立体对称，其基因组为双节段双股 RNA，主要侵害 3 ~ 12 周龄的雏鸡与青年鸡，破坏法氏囊中的 B 淋巴细胞，导致免疫抑制，使病鸡对其他致病因子更易感，对某些疫苗的免疫应答能力下降。病鸡剖检见腔上囊严重水肿，有坏死灶，内含大量干酪样渗出物，黏膜有出血点或出血斑，骨胳肌出血，肾小管有尿酸盐沉积。病后期腔上囊迅速萎缩。

（一）病料的采集与处理

IBDV 感染的早期，除脑外，多数器官都含有病毒，其中以脾脏和腔上囊中含毒量最高，其次为肾脏。脾脏是病毒分离的首选标本，因其较少污染细菌。腔上囊也含有较多病毒，但常有较严重的污染。应在病鸡出现最初（发病的早期：感染后 3 ~ 6 d）的一些症状时，采取上述器官组织作病毒分离之用。无菌采集具有典型病变的脾脏或法氏囊，剪碎，研磨，用加有抗生素（1 000 IU/ml 青霉素和 1 000 μg/ml 链霉素）的胰蛋白酶磷酸缓冲液或生理盐水制成 1∶5的组织匀浆液，3 000 ~ 4 000 r/min 离心 20 min，收集上清液，于 4 ℃冰箱中作用 6 ~ 12 h，-20 ℃冻存备用。

（二）病原分离与鉴定

1. 病毒的分离培养

1）鸡胚接种

将上述悬液接种于 9 ~ 11 日龄 SPF 鸡胚（或非免疫未感染过该病的健康鸡胚）绒毛尿囊膜中，每胚 0.1 ~ 0.2 ml。继续放入孵化器内孵化，每天照蛋检查，弃去 24 h 内死亡的鸡胚。接种后 4 ~ 6 d 有部分鸡胚死亡。剖检：可见多数感染的鸡胚发育阻滞，大脑和腹部水肿，体表和皮下有出血，特别是在羽毛囊、趾关节和大脑处。脾脏有时肿大，有时有点状坏死。肝脏有坏死灶，肾脏有出血点，绒毛尿囊膜轻度增厚并混浊。

初次分离并不是所有鸡胚均能死亡或出现病变，可将接种鸡胚制成匀浆，连续传代，传代鸡胚常在接种后 4 ~ 6 d 死亡，观察鸡胚是否有特征性的变化。

接种后 6 ~ 7 d 的鸡胚的绒毛尿囊膜和胚体，包括内脏，常含有高浓度的病毒，可分离到病毒。

2）雏鸡接种

取上述病料上清液 0.5 ml，经点眼或口服感染 5 只 21 ~ 25 日龄易感鸡和 5 只 3 ~ 7 周龄的免疫鸡，通常接种后 2 ~ 3 d 出现症状，第四天将鸡剖杀，检查法氏囊。易感鸡的法氏囊呈淡黄色（有时有出血）、肿大、肿胀，具有条纹状突起，偶尔可见干酪样附着物。易感鸡的法氏囊有病变而免疫鸡无病变，即可作出诊断。

3）细胞培养

适应于鸡胚的 IBDV 可在鸡胚法氏囊细胞、肾细胞和成纤维细胞上繁殖，引起细胞病变。鸡胚适应毒还可在非鸡源性细胞如火鸡和鸭胚细胞、兔肾细胞（RK - 13）、非洲绿猴肾细胞（Vero 细胞）上生长，其中 BGM - 70 细胞已被成功地用于从自然感染的鸡法氏囊中分离IBDV,分离物经2~3代盲传后引起细胞病变。

2.病毒的鉴定

本病根据流行病学、临诊症状和病理剖检变化,可作出初步诊断。必要时可进行电镜检查、血清学检查等实验室诊断。血清学试验常用的有琼脂扩散试验、酶联免疫吸附试验、免疫荧光抗体试验等。

(三)实验室诊断方法

1.电镜负染法检查

将上述被检样品上清液1滴(约20 μl)滴于蜡盘上,用覆盖有Formvar膜的铜网,膜面朝下放到液滴上,吸附2~3 min,取下铜网,将其放到pH7.2的磷钨酸染色液上染色1~2 min,取出铜网,干燥后进行电镜观察,若检测到二十面体对称的病毒粒子,则为阳性。经过纯化的病毒常呈晶格状排列;不经纯化的病毒培养物中,仅能见到散在的病毒粒子。

2.琼脂扩散试验(AGP)

1)主要器材及材料

平皿、打孔器、药品、眼科镊子或小针头、点样毛细管。血清:标准阳性血清,由指定单位提供;待检血清,采自受检鸡。血清应不腐败、不溶血、不加防腐剂和抗凝剂。已知抗原:由指定单位提供,也可自制。

抗原的制备方法:

(1)IBD病毒的繁殖。取3~5周龄的易感小鸡,每只经口服或点眼感染0.2 ml IBD病毒(病毒为IBD病鸡法氏囊1份加3份PBS液制成的组织匀浆),感染后72 h,采集病鸡法氏囊。

(2)抗原的制备方法。取采集的病鸡法氏囊1份加入1份PBS液制成的组织匀浆,为使细胞内病毒充分释放出来,组织匀浆需经细胞裂解器裂解两次(或用反复冻融3次的方法代替)。再以4 000 r/min离心30 min,取上清液并加适量卡那霉素分装。-20 ℃保存备用。

(3)抗原的标化。取已知的IBD阳性血清与上述制备的抗原进行琼脂扩散(AGP)试验,应有明显的沉淀线,若将上述抗原与等量阳性血清中和后,再与阳性血清做AGP试验,应不出现沉淀线。

2)操作方法

(1)琼脂平板的制备:取琼脂粉1 g、氯化钠8 g、苯酚0.1 ml加入100 ml蒸馏水中,加热融化后,用1 M的NaOH调pH值为6.8~7.2,然后倒入直径为9 cm的平皿中,每皿15~20 ml,琼脂平板的厚度约3 mm,待凝固后,置4 ℃冰箱备用。

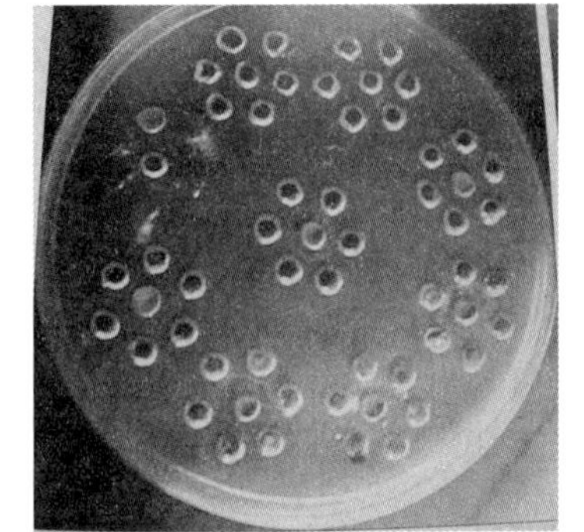

图11-1　MD病鸡羽囊提取物与MDV血清AGP试验结果

(2)打孔、封底:首先将画有图11-1所示图案的纸片放在带有琼脂板的平皿下面,照图案在固定位置上打孔,打梅花孔,中间1孔,孔径3 mm,周围6孔,孔径为2 mm,孔间距为3 mm。打孔切下的琼脂用针头挑出,并用酒精灯封底。

(3)加样及扩散:加样前在装有琼脂的平皿上贴上胶布,并写上日期与编号,中央孔7加满抗原,1、4孔加入阳性血清,2、3、5、6孔各加入待检血清,添加至孔满为止,待孔中液体吸干后将平皿倒置。在37 ℃条件下进行反应,逐日观察,观察3 d,并记录结果。

3)结果判定

阳性:当标准阳性血清与抗原孔之间有明显致密的沉淀线时,待检血清与抗原孔之间形成沉淀线,或者阳性血清的沉淀线末端向毗邻的待检血清孔抗原侧偏弯者,此待检血清判为阳性。沉淀线粗的判为强阳性,沉淀线细的判为弱阳性。

阴性:待检血清与抗原孔之间不形成沉淀线,或者阳性血清的沉淀线向毗邻的待检血清孔直伸或向其外侧偏弯者,此待检血清判为阴性。

3. 酶联免疫吸附试验(ELISA)

1)主要器材及材料

4×10孔凹孔聚苯乙烯微量反应板,酶标测定仪,可调式微量加样器,组织匀浆器等。

包被液:0.05 M pH9.6碳酸盐缓冲液。

PBS-吐温(PBS-T)洗涤液:PBS 1 000 ml+吐温-20 0.5 ml,充分摇匀即可。

底物溶液:取pH5.0磷酸盐-柠檬酸缓冲液5 ml加邻苯二胺2 mg振荡,使之完全溶解后,加入30% H_2O_2 7.5 μl混匀待用(现用现配)。

病毒阳性抗原:由指定单位提供。

鸡抗IBDV阳性血清:由指定单位提供。

高免卵黄IgG:由指定单位提供。

HRP-兔抗鸡IgG及HRP-卵黄IgG酶结合物:由指定单位提供。

待检组织:将病料组织磨碎,加稀释液(法氏囊1:20,脾脏1:5)制成匀浆,为使细胞内病毒充分释放出来,组织匀浆需经细胞裂解器裂解两次(或用反复冻融3次的方法代替)。再以4 000 r/min离心30 min,取上清液作为待检抗原。

IBDV阴性血清:由指定单位提供。

2)操作方法

(1)双抗体夹心法ELISA检测IBDV:

①固相载体的鞣化:在4×10孔凹孔聚苯乙烯微量反应板中加入100 μl 0.1%鞣酸水溶液,37 ℃孵育1.5 h。用蒸馏水冲洗2次,倒置在滤纸片上。

②用包被液(0.05 M,pH 9.6碳酸盐缓冲液)稀释卵黄IgG至10 μg/ml,包被聚苯乙烯微量反应板,100 μl/孔,移入4 ℃冰箱包被过夜。

③PBS-T洗3次,每孔加含0.5%牛血清白蛋白的PBS(0.01 M pH 7.2,含NaCl 0.15 M)的封闭液100 μl,37 ℃ 1 h(或4 ℃冰箱过夜)。

④PBS-T洗3次,每孔加入上述待检抗原100 μl,37 ℃孵育1 h。

⑤PBS-T洗3次,每孔加入100 μl 1:1 280 HRP-卵黄IgG酶结合物(400 μg/ml),37 ℃1 h。

⑥PBS-T洗6次,加底物溶液,每孔100 μl,37 ℃避光反应30 min。再加入2 M H_2SO_4,每孔50 μl,混匀,终止反应。每板均设阳性、阴性、空白对照。

⑦结果判定：在 490 nm 的波长下测定样品的 OD 值，并计算 P/N 比值。

$$P/N\text{ 值}=\frac{\text{待检样品孔 OD 值}-\text{空白孔 OD 值}}{\text{阴性抗原对照孔 OD 值}-\text{空白孔 OD 值}} \tag{11-1}$$

凡 P/N 值 >2.0、OD 值 >0.4 者判为阳性，OD 值在 0.20 ~ 0.4 者判为可疑，若 OD 值 <0.40、P/N <2.0 者则判为阴性。

肉眼判定：待检孔颜色接近阳性对照孔或比阴性对照孔明显深者判为阳性，否则判为阴性。

（2）间接 ELISA 检测 IBDV 抗体：

①用已知纯化的 IBDV 抗原（20 μg/ml）包被聚苯乙烯微量反应板，每孔 100 μl 4 ℃冰箱包被过夜。

②取出用 PBS－T 洗 4 次，每次 3 min。加待检血清（1∶50）100 μl/孔，37 ℃恒温箱 30 min。

③用 PBS－T 洗 3 次，加 HRP－兔抗鸡 IgG 酶结合物（1∶2 000）100 μl/孔，37 ℃恒温箱 30 min。

④用 PBS－T 洗 3 次，加底物，100 μl/孔，37 ℃恒温箱避光反应 15 min。再加入 2 M H_2SO_4，每孔 50 μl，混匀，终止反应。每板均设阳性血清、阴性血清、缓冲液对照。

⑤结果判定：在 490 nm 的波长下测定样品的 OD 值，并计算 P/N 比值。

若待检血清 P/N 值≥2.0 为 IBDV 抗体阳性，若待检血清 P/N 值 <2.0 为 IBDV 抗体阴性。

4.免疫荧光抗体检查

1）主要器材及材料

载玻片和盖玻片若干、冰冻切片机、荧光显微镜、温箱、丙酮、甘油。荧光标记的抗 IBDV 抗体由指定单位提供。

被检材料：无菌采取病鸡法氏囊、脾脏、肾脏、盲肠扁桃体等。

2）操作方法

（1）取病料组织制成冰冻切片，待自然干燥后，用 4 ℃冷丙酮溶液固定 10 min。再用 0.1 M pH7.2 的磷酸盐缓冲液冲洗 2 次，蒸馏水冲洗 1 次。

（2）待自然干燥后，于切片上滴加用 1∶16 稀释的 IBD 荧光抗体，并置湿盒内，在 37 ℃下作用 30 min 后取出。

（3）先用 pH7.2 的磷酸盐缓冲液冲洗，再用蒸馏水冲洗，自然干燥后，滴加缓冲甘油封片（无荧光甘油 9 份，pH7.2 的磷酸盐缓冲液 1 份），用荧光显微镜于暗室中镜检。

（4）结果判定。如见有特异性的荧光细胞则判为阳性；不出现荧光或出现非特异性荧光的则判为阴性。

（5）注意事项。如采用直接荧光法，需设以下对照：标本滴加磷酸盐缓冲液代替荧光抗体溶液，镜检应无荧光现象。标本滴加正常未免疫的同种荧光标记球蛋白溶液，镜检应无荧光现象。滴加标记抗体于已知的阳性标本玻片上，应呈现明显的特异性荧光。滴加标记抗体于已知的阴性标本玻片上，应不呈现特异性荧光。本法对法氏囊、盲肠扁桃体检出率高，出现时间早（感染后 12 h），持续时间长（感染后 120 h），可作为检验时的首选材料。

三、鸡马立克氏病

鸡马立克氏病(Marek's Disease,MD)是鸡的一种由马立克氏病疱疹病毒(MDV)引起的传染性肿瘤性疾病。其病理组织学特征为外周神经、性腺、虹膜、各种内脏器官、肌肉和皮肤的单个或多个组织器官发生肿瘤性淋巴细胞浸润。易感鸡感染本病可导致高死亡率、产蛋率下降、免疫抑制及进行性消瘦。MD传染性强,死亡率高,是鸡的主要传染病之一。

MDV广泛存在于自然界中。除SPF鸡群外,几乎所有的鸡场都不同程度地存在着MDV野外毒株的流行。因此,在商业鸡群中病毒分离并不困难。但由于MD疫苗的广泛使用,特别是近年来MDV Ⅰ型、Ⅱ型疫苗的使用,使MD流行更为严重。病毒的分离作为临床诊断仅具有参考价值,同时该方法费时费力,临床诊断中很少采用,一般多用于以研究为目的的试验中。

(一)病料的采集、处理

在同一鸡群中,往往存在着不同毒力的MDV株流行,从表现MD症状鸡体内分离的病毒为致病性,而从无症状鸡体内分离到的病毒则可能是低毒力的或无毒力的。从病原学诊断角度,只有从表现MD症状或病变的鸡中分离到的MDV才可能具有诊断意义。

用于分离病毒的材料可以采用病鸡的抗凝血或从抗凝血中分离的白细胞,也可以将病鸡的脾采用机械或胰蛋白酶消化的方法制备成细胞悬液,或鸡的羽髓的浸出液。由于MDV具有高度细胞结合性,在分离材料的处理过程中,除保持无菌条件外,还必须保持分离细胞的生理活性。

以采集鸡的羽髓做病料为例:

拔取病鸡的幼嫩羽毛,剪下羽髓丰富的毛根,并把毛根剪碎,称重后以1∶10与0.01 mol/L pH7.2磷酸盐缓冲液混合研磨。研磨彻底后在-20 ℃冻结,再经37 ℃融化,如此反复冻融4次,使羽毛根细胞破碎。再经12 000 r/min离心30 min后,取其上清液,加入双抗,置低温冰箱中保存备用。

(二)病原分离与鉴定

1.病毒分离

1)雏鸡接种

将病料如病鸡的抗凝血等,经腹腔接种于1日龄无特定病原体(SPF)雏鸡,在隔离环境中饲养观察两个月,根据MD的剖检特征发病率情况进行判定。

2)鸡胚接种

将病料接种于4~5日龄的鸡胚卵黄囊内,接种后8~13 d,在绒毛尿囊膜上可出现MDV引起的痘斑。在检察痘斑时应注意区别其他某些病原引起的类似痘斑。

3)细胞培养

鸡肾细胞(CK)或鸭胚成纤维细胞(DEF)对于MDV的初代分离比较敏感,而鸡胚成纤维细胞多用于病毒的传代。将病料如抗凝血中分离的白细胞或脾细胞按10^6~10^7接种剂量,接种于已形成单层CK或DEF细胞培养中,接种后24 h,洗掉接种物,同时更换培养液，继续培养至 5～14 d 即可观察到 MDV 引起的细胞病变。但有时需要进行 1～2 代盲传才能观察到细胞病变。如果从免疫鸡群中分离病毒，也可能分离到疫苗毒，有经验的操作者可以根据蚀斑出现的时间和形态，对 3 种不同血清型产生的蚀斑作出大体的判断。HVT 的蚀斑出现比较早，而且比血清Ⅰ型的大；血清Ⅱ型的蚀斑出现的晚，比血清Ⅰ型的小。但最终血清型的确定还需要用血清学特异性的单克隆抗体、PCR 或致病性试验进行鉴定。

2. 病毒鉴定

1）特异性单克隆抗体鉴定

在 3 种血清型 MDV 之间，既存在着单克隆抗体可以识别的共同抗原，也存在着单克隆抗体可以识别的血清型特异性抗原。将细胞分离的病毒进行蚀斑克隆，通过相应的单克隆抗体荧光检测，可以鉴定出分离物中 MDV 的血清型。该方法特异准确，缺点是不能区别 MDV－1 的强毒株和疫苗株。

2）PCR 鉴定方法

在 MDV－1 DNA 中的长独特区（UL）和短独特区（US）之间存在着一段 132 bp 的重复序列，其重复序列的多少似乎可以作为区别强毒株和弱毒株的标志。一般在 MDV 强毒株或 wMDV DNA 中这段重复序列为 2～3 个，而弱毒株如 CVI－988 或 MDV－1 人工致弱疫苗株的重复序列为 9 个左右。根据这一特征建立的 PCR 检测方法，可以根据 PCR 产物的大小鉴别强弱毒。同时，根据 MDV－1 和 MDV－3（HVT）的 A 抗原基因序列分别设计的特异性引物，可以用于 MDV－1、MDV－2、MDV－3 之间的鉴别。将这些特异性引物配合使用，既可以用于 MDV 不同血清型的鉴别，也可以用于 MDV－1 强弱毒的鉴别。此外，PCR 方法具有很强的特异性和敏感性，适用于 MD 的早期诊断。

（三）实验室诊断方法

1. 病毒粒子的电镜观察

取第 7 代鸡胚病变的绒毛尿囊膜，剪碎，研磨，12 000 r/min 离心，取其上清液，按常规方法固定，超薄切片，磷钨酸负染，电镜观察病毒颗粒。可观察到细胞核内有中空的和实心的、近圆形和六角形的小封套病毒颗粒，其大小为 70～95 nm。

2. 组织学检查

将病死鸡肝、脾等组织按常规方法做切片检查，取待检鸡的肾、肝、脾、心脏等组织切片，用 50 ml/L 甲醛溶液固定，石蜡切片，HE 染色，显微镜下检查，可见肝、肾、脾皆有弥漫性淋巴样细胞浸润，有的可见马立克氏病灶。

3. 血清学诊断

MD 与大多数传染病不同，其疫苗的使用，仅能预防 MD 肿瘤的发生，不能阻止环境中 MD 野外毒株的感染及在体内的复制；同时 MD 血清Ⅰ型疫苗的应用，如荷兰的 CVI－988、中国的“814”疫苗株以及其他的 MDV－1 人工致弱的疫苗株，也可以刺激机体产生相应的抗体，并可以检测到病毒抗原的存在。因此，MD 血清学检测结果，对于 MD 的临床诊断仅具有参考价值。

已建立的 MD 血清学诊断方法有：琼脂扩散试验、间接荧光抗体试验、间接红细胞凝集试验、ELISA。此外，还有一些分子生物学诊断方法如核酸探针诊断、PCR 诊断。这些诊断方法比较，ELISA、核酸探针、PCR 方法均比 AGP 方法敏感，在 MD 病毒攻毒后 10 ~ 18 d 即可在鸡羽毛囊中检到病毒，AGP 的检出时间为 14 ~ 24 d，尽管如此，AGP 作为一种简便快捷的诊断方法既可以用于抗体的检测，也可以用于病毒抗原的检测，在 SPF 鸡群的检测、流行病学调查、进出口检疫中得到了普遍的应用。现将 MD 琼脂扩散试验的方法和判定标准介绍如下。

1）器材

打孔器、微量移液器、塑料吸头、平皿等。

2）试剂

MD 阳性抗原（抗原的制备是将低代次 MDV－1 的细胞培养物经浓缩制备的）、MD 阳性血清（一般为高免 SPF 鸡的血清）。

3）琼脂平板的制备

在 250 ml 容量的三角瓶中分别加入 100 ml pH7.4 的 0.01 M PBS 溶液（在 1 000 ml 无离子水或蒸馏水中分别加入 $Na_2HPO_4 \cdot 12H_2O$ 2.9 g、KH_2PO_4 0.3 g、NaCl 8.0 g）、琼脂糖 1.0 g、氯化钠 8.0 g，将三角瓶在水浴中煮沸使琼脂糖充分熔化，再加入 1% 硫柳汞 1 ml，混合均匀，冷却至 45 ~ 50 ℃，将洁净干热灭菌的直径为 90 mm 的平皿置于平台上，每个平皿加入 18 ~ 20 ml。加盖待凝固后，把平皿倒置以防水分蒸发，放冰箱 4 ℃ 中冷藏保存备用（时间不超过 2 周）。

4）操作方法

在已制备的琼脂板上，用直径 3 mm 或 4 mm 直径的打孔器按六角形图案打孔，或用梅花形打孔器。中心孔与外周孔距离为 3 mm。将孔中的琼脂用 8 号针头斜面向上从右侧边缘插入，轻轻向左侧方向挑出，勿损坏孔的边缘，避免琼脂层脱离平皿底部。用酒精灯火焰轻烤平皿底部至琼脂轻微熔化为止，封闭孔的底部，以防样品溶液侧漏。

马立克氏病抗体检测：用微量移液器吸取用灭菌生理盐水稀释的标准抗原液（按产品使用说明书的要求稀释）滴入中央孔，标准阳性血清分别加入外周的第 1、4 孔中，受检血清按顺序分别加入外周的第 2、3、5、6 孔中。每孔均以加满不溢出为度，每加一个样品应换一个吸头。

马立克氏病病毒抗原检测：用微量移液器吸取用灭菌生理盐水稀释的标准阳性血清（按产品使用说明书的要求稀释）滴入中央孔，标准阳性抗原悬液分别加入外周的第 1、4 孔中，在外周的第 2、3、5、6 孔中按顺序分别插入待检鸡的羽毛髓质端（长度约 0.5mm）或加入受检的羽髓浸出液。每孔均以加满不溢出为度，每加一个样品应换一个吸头。

加样完毕后，静置 5 ~ 10 min，将平皿轻轻倒置，放入湿盒内，置 37 ℃ 温箱中反应，分别在 24 h 和 48 h 观察结果。

5）结果判定及判定标准

将琼脂板置日光灯或侧强光下进行观察，当标准阳性血清与标准抗原孔间有明显沉淀线，而被检血清与标准抗原孔间或被检抗原与标准阳性血清孔之间也有明显沉淀线，则被检样品为阳性。当标准阳性血清与标准抗原孔的沉淀线伸向毗邻的被检血清孔或被检抗原孔的末端向中央孔内侧弯曲时，被检样品为弱阳性。当与标准抗原孔间有明显沉淀线（见图 11-1），而被检血清与标准抗原孔或被检抗原与标准阳性血清孔之间无沉淀线，或标准阳性血清与抗原孔间的沉淀线末端向毗邻的被检血清孔或被检抗原孔直伸或向外侧偏弯曲时,该被检血清为阴性。介于阴、阳性之间为可疑。可疑应重检,仍为可疑判为阳性。

四、传染性支气管炎(Infectious Bronchitis, IB)

传染性支气管炎(Infectious Bronchitis, IB)是鸡的一种急性接触性传染病,病原为禽传染性支气管炎病毒,属于冠状病毒科的冠状病毒属。不同年龄的鸡均可感染发病,但主要侵害1~4周龄的幼鸡。本病传播迅速,几乎在同一时间内,有接触史的易感鸡都可发病。IB病毒主要侵害鸡的呼吸系统(呼吸型)、泌尿系统(肾型)和消化系统(胃肠型),造成呼吸困难、肾肿大、胃肠炎等特征性疾病。幼鸡感染可致死亡,产蛋鸡感染导致蛋的产量和质量下降,特别是近几年流行的肾型毒株可使幼鸡的死亡率高达75%~90%。IB病毒呈近球形,是有囊膜的单股RNA病毒,直径为80~120 nm,囊膜表面有呈花冠状的钉状蛋白。尿囊液中未经处理的IBV不能凝集鸡的红细胞,浓缩的病毒每毫升加入2单位Ⅰ型磷脂酶C在37 ℃下处理2 h,病毒具有凝集鸡红细胞的作用,这种反应并不是特异性的,但它可以被免疫血清所抑制。目前IB发生呈世界性分布,并鉴定出多种血清型,但自然感染或接种产生的免疫力都不能抵抗其他血清型的感染,给养鸡业造成了严重的危害。

(一)病料的采集与处理

气管是分离该病毒的首选采样部位,也可以从肺脏、肾脏、腺胃、泄殖腔、输卵管、盲肠、扁桃体等部位采样。

用灭菌的棉拭子擦取发病急性期病鸡的气管分泌物或从刚剖杀的病死鸡中,无菌采取气管、肺组织;在疑似肾病变型、腺胃型病例可采集肾脏、腺胃;其他组织如输卵管、盲肠、扁桃体等作为病料。气管棉拭子置于装有2~3 ml无菌的、冷的磷酸胰蛋白胨肉汤(TPB pH7.0~7.2,每毫升肉汤含青霉素1万单位、链霉素10 mg、两性霉素B250单位)中,并于液体中用力挤压棉拭子,弃去棉拭子,将样品3 000 r/min离心15 min,吸出上清液,置4 ℃冰箱过夜以灭杂菌。

组织材料经称重、剪碎、研磨,用pH7.2的磷酸缓冲液制成1∶5悬液,每毫升加1 000单位青霉素和1 000 μg链霉素,置室温孵育30 min。将样品3 000~5 000 r/min离心15~30 min,取上清液,后经平均孔径0.3~0.65 μm滤膜过滤,收集滤液作病毒接种培养用。

(二)病原分离与鉴定

分离出本病病毒是诊断该病的可靠方法之一。由于使用新城疫疫苗,病料常被NDV污染,造成分离困难,因此建议按下列程序分离病毒更为有效。

1. 病毒的分离培养

IBV容易在鸡胚中生长,是分离该病毒的最好方法之一。如进行细胞培养,可用鸡胚肾细胞、鸡胚肝细胞、鸡肾细胞、肝细胞、肺细胞培养,最初几代不产生细胞病变,随着传代次数增多,开始出现细胞病变。鸡胚气管环培养病毒的方法,也常用于病毒的分离鉴定及血清分型的研究。

(1)鸡胚接种:将上述悬液接种于9~11日龄SPF鸡胚(或非免疫的健康鸡胚)的尿

囊腔中,每胚0.1~0.2 ml。鸡胚可能于接种后7 h发生死亡,或发育停滞,羊膜增厚或纤维变性。由于新分离的IBV,在最初几代鸡胚中,常不发育、停滞和死亡,可能看不到病变,所以最好在接种后48~72 h收获鸡胚尿囊液,处理后,接种于另一新的鸡胚,如此盲传3~5代,可使鸡胚停止生长,卷曲呈球形,即呈现特征性的"卷曲胚"变化。一般随着传代次数的增多,鸡胚的死亡率增高,鸡胚变化明显。

(2)细胞培养:将经过鸡胚适应后的IBV在SPF鸡胚肾或鸡肾细胞等培养物上多次继代(6~10代)后可产生致细胞病变作用,使细胞出现空斑,表现为胞浆融合,形成合胞体,继而细胞坏死。

(3)气管环器官培养(TROC):野外病料能直接适应气管环器官培养物进行IBV分离,而不需要预先适应鸡胚。

①TROC的准备:将18~20日龄的SPF鸡胚或1~5日龄的SPF雏鸡致死,其颈部用75%酒精消毒,于无菌室内将气管剥离取出,放入事先加有37 ℃组织培养液的RPMI1640(成品,有售)的平皿中,随后用21号无菌刀片将气管剥离干净,切成1 mm厚的气管薄片,放入另一个含有37 ℃组织培养液RPMI1640的平皿中,然后立即分装培养。使用24孔的组织培养板,每孔放2个气管环,0.5 ml组织培养液,培养液由pH7.2~7.4 RPMI1640加入5%灭活的犊牛血清、100 IU/ml青霉素和100 μg/ml链霉素组成。每两天换培养液一次,气管环上皮纤毛可持续存活摆动2周以上。

②病毒接种及观察结果判定:将上述经处理的拭子肉汤或组织上清液0.2 ml/孔接种培养板,于37 ℃含5% CO_2 的培养箱中培养,每天镜检一次,每两天换一次培养液。如为阳性,一般3~4 d后气管环上皮纤毛将停止摆动并脱落。并设阳性病毒和阴性对照组。

(4)易感鸡接种试验:直接用病料的匀浆或接种鸡胚的尿囊液经气管内接种非免疫易感鸡,如有本病毒存在,则被接种的鸡在18~36 h后可出现典型的呼吸道症状。

2. 病毒的鉴定

根据本病的流行病学、临床症状、病理变化,可作出初步诊断,确诊须进行病毒分离和血清学试验。血清学检测常用病毒中和试验(VN)、血凝(HA)和血凝抑制试验(HI)、酶联免疫吸附试验、琼脂扩散试验、免疫荧光试验等,也可采用电镜鉴定和核酸探针检测等。其中病毒中和试验(VN)和血凝抑制试验(HI)是目前对该病毒血清分型的唯一方法,酶联免疫吸附试验、琼脂扩散试验和免疫荧光试验有利于IBV的鉴定,但不能用作该病毒的血清型鉴定。

(三)实验室诊断方法

1. 病毒中和试验(固定血清,稀释病毒法)

1)主要器材及材料

主要器材:剪子、镊子、刀子,孵化器,倒置显微镜,CO_2 培养箱,24孔细胞培养板。

主要材料:标准种毒,由指定单位提供,标准阳性血清,由指定单位提供;SPF种蛋,由指定单位提供。

2)操作方法

先将血清置56 ℃水浴中灭活30 min。另外将病毒原液作10倍递进稀释,分装三例无菌试管。第一例加等量正常血清(阴性对照组),第二例加等量阳性血清(阳性对照组)，第三例加待检血清(试验组)，混合后置 37 ℃温箱 1 h，分别接种 9～11 日龄 SPF 鸡胚 4～5 枚，每枚接种 0.1 ml(或接种鸡肾细胞、鸡胚气管环培养物)。记录每组死亡数，分别计算 LD_{50}或 $TCID_{50}$和中和指数。中和指数为阴性对照组与试验组 LD_{50}或 $TCID_{50}$的差数的反对数。

3)结果判定

中和指数小于 10 为阴性，10～49 为可疑，50 以上为阳性。

2. 病毒的血凝(HA)和血凝抑制试验(HI)

1)主要器材及材料

主要器材：孵化器，加样器，96 孔聚苯乙烯微量反应板，微量振荡器，普通离心机，16 mm 透析袋等。

主要材料：标准种毒，由指定单位提供；标准阳性血清，由指定单位提供；0.5% 鸡红细胞悬液(CRBC)，按常规方法以生理盐水(或 pH 7.2 PBS)配制而成；Ⅰ型磷酸酯酶 C (PLC_1)，由 Sigma chemical Co 生产；9～11 日龄 SPF 鸡胚，供种毒的增殖和传代；非免疫鸡胚，用未接种过任何疫苗、无任何临床症状的健康鸡群提供的种蛋孵化，供制备 IBV 红细胞凝集(HA 或 HI)抗原用。

IBV－HI(或 HA)抗原的制备：将 IBV 种毒作 20 倍稀释，尿囊腔接种 10 日龄非免疫鸡胚，每胚 0.2 ml，38 ℃孵育，收获 24～48 h 的尿囊液，分装尿囊毒；将 IBV 尿囊毒分别低速离心，去掉沉渣，上清液装入透析袋中，用食用蔗糖 4 ℃下直接浓缩至原体积的 1/10；将浓缩的 IBV 吸出，加入 PLC_1，使其最终浓度为 2.5 U/ml，置于 37 ℃水浴中作用 2.5 h，其间不时振荡，取出后即为 IBV－HI(或 HA)抗原；保存于 4 ℃冰箱，备用。

2)操作方法

(1)IBV 血凝试验(HA)：

①在 96 孔聚苯乙烯微量反应板内，每行从第 1 孔开始，每孔滴加 50 μl 生理盐水。

②每行第 1 孔滴加 50 μl HA 抗原，混匀，从第 2 孔开始，倍比稀释到第 11 孔，混匀，弃掉 50 μl。第 12 孔不加病毒抗原，作为阴性对照。

③每孔滴加 50 μl 0.5% 鸡红细胞悬液(CRBC)，振荡混匀，经 4 ℃ 45 min 后，判定结果。以能使红细胞完全凝集的抗原最大稀释倍数作为该抗原的 HA 效价。

(2)IBV 血凝抑制试验(HI)：

①在 96 孔聚苯乙烯微量反应板内，每行从第 1 孔开始，每孔滴加 25 μl 生理盐水至第 12 孔。

②每行第 1 孔内加入待检血清 25 μl，混匀后，从第 2 孔开始，倍比稀释血清到第 10 孔，混匀后，弃掉 25 μl。

③再向第 1～11 孔内各加入 4 单位抗原 25 μl，充分振荡，室温作用 30 min。

④向每孔滴加 50 μl 0.5% 鸡红细胞悬液(CRBC)，振荡混匀，经 4 ℃ 45 min 后判定结果。以能完全抑制红细胞凝集的血清最高稀释倍数，作为待检血清的 HI 效价。HI 效价在 1:8以下者为阴性，1:16 及其以上者为阳性。

⑤结果判定时，以抗原对照孔(第 11 孔)中红细胞完全凝集而阴性对照孔(第 12 孔)中的红细胞完全不凝集时为合格，否则重做。

3. 酶联免疫吸附试验(ELISA)

1)主要器材及材料

4×10 孔凹孔聚苯乙烯微量反应板;酶标测定仪;可调式微量移液器;组织匀浆器;751 分光光度计等。病毒抗原:由指定单位提供。鸡抗 IBV 阳性血清:由指定单位提供。兔抗 IBV 血清 IgG:由指定单位提供。HRP - 兔抗鸡 IgG 酶结合物:由指定单位提供。待检组织及待检血清阴性血清:由指定单位提供。

2)操作方法

(1)双抗体夹心法检测 IBV 抗原:

①将兔抗 IBV 血清 IgG 包被 4×10 孔聚苯乙烯板,每孔 100 μl(10 μg),4 ℃过夜。

②PBS - Tween - 20 洗板(倒尽板中各孔液体,加满洗涤液,放置 3 min,弃去洗涤液,用滤纸拍干),反复 3 次,每孔加封闭液(含 1% 牛血清白蛋白)100 μl,37 ℃ 1 h。

③PBS - Tween - 20 洗 3 次,加 1∶10 待检样品 100 μl,37 ℃ 2 h。

④PBS - Tween - 20 洗 3 次,加鸡抗 IBV 血清 100 μl,37 ℃ 2 h。

⑤PBS - Tween - 20 洗 3 次,加入 1∶2 500 辣根过氧化物酶标记的兔抗鸡 IgG,每孔 100 μl,37 ℃ 1 h。

⑥PBS - Tween - 20 洗 6 次,加底物(OPD - H_2O_2),37 ℃作用 10 min,2 M 硫酸终止反应,用酶标自动测试仪于 490 nm 波长处测 OD 值。

每板均设空白对照、已知病毒抗原阳性对照和阴性抗原对照。P/N 值≥2.1 为阳性。

$$\text{P/N 值} = \frac{\text{待检样品孔 OD 值} - \text{空白孔 OD 值}}{\text{阴性抗原对照孔 OD 值} - \text{空白孔 OD 值}} \tag{11-2}$$

(2)间接 ELISA 检测 IBV 抗体:

①用 IBV 抗原(浓度为 10 μg/ml)包被微量板,0.1 ml/孔,置 4 ℃ 12 h,取出后洗板 4 次,每次 3 min。

②加待检血清(1∶50 稀释)0.1 ml/孔,37 ℃温育 1 h,取出后洗板 4 次,每次 3 min。

③加 HRP - 兔抗鸡 IgG 酶结合物(1∶2 500)0.1 ml/孔,37 ℃温育 1 h,取出后洗板 4 次,每次 3 min。

④加底物(OPD - H_2O_2)0.1 ml/孔,37 ℃反应 10 min(避光),以 2 M 硫酸(0.05 ml/孔)终止反应。用酶标自动测试仪于 490 nm 波长处测 OD 值。本试验以 P/N 值判定结果,若待检血清 P/N 值≥1.66 为 IBV 阳性抗体;若 P/N 值<1.66 为 IBV 阴性抗体。每块微量反应板均设阳性血清、阴性血清和稀释液对照。

4. 琼脂扩散试验(AGP)

1)主要器材及材料

主要器材:平皿,打孔器,药品,眼科镊子或小针头,点样毛细管。待检抗原:取病料组织或接种后的鸡胚绒毛尿囊膜,剪碎,研磨,并以生理盐水制成 1∶5倍稀释液,为使细胞内病毒充分释放出来,该稀释液需经细胞裂解器裂解两次(或用反复冻融 3 次的方法代替)。再以 4 000 r/min 离心 30 min,取上清液并加适量卡那霉素分装。-20 ℃保存备用。阳性血清:由指定单位提供。

2)操作方法

(1)琼脂平板的制备:取琼脂粉 1 g,氯化钠 8 g,溶于 100 ml pH6.4 的 0.01 M PBS 液

中,摇匀,加热灭菌后加入0.1%硫柳汞,摇匀,然后倒入直径为9 cm的平皿中,每皿15～20 ml,琼脂平板的厚度约3 mm,待凝固后,置4 ℃冰箱备用。

(2)打孔、封底:将制备好的琼脂平板,打梅花孔,中间1孔,孔径3 mm,周围6孔,孔径为2 mm,孔间距为3 mm。打孔切下的琼脂用针头挑出,并用酒精灯封底。

(3)加样及扩散:中间孔加满已知的IBV阳性血清,周围6孔加满待检抗原,待孔中液体吸干后将平皿倒置,置湿盒内,并放入37 ℃温箱,经24～48 h的扩散后,观察结果。

3)结果判定

当抗原孔与阳性血清孔之间出现特异性沉淀线时,判为阳性;不出现沉淀线者判为阴性。

5. 电镜负染检查

将上述被检样品上清液1滴(约20 μl)滴于蜡盘上,用覆盖有Formvar膜的铜网,膜面朝下放到液滴上,吸附2～3 min,取下铜网,将其放到pH7.2的磷钨酸染色液上染色1～2 min,取出铜网,干燥后,进行电镜观察,若检测到有囊膜且囊膜上具有花瓣样的纤突并呈日冕状的病毒,则为阳性。

6. 反转录－聚合酶链反应(RT－PCR)

1)主要器材及材料

主要器材:PCR扩增仪,恒温水浴箱,电泳仪,真空干燥仪,Eppendorf离心机,微量移液器及吸头。试剂:引物,四种脱氧核糖核苷酸(超级纯度,4dNTP),RNasin,禽源反转录酶,TaqDNA聚合酶,DTT,二甲苯蓝,溴酚蓝等。

2)操作方法

(1)第一步:反转录合成第一链cDNA。

取一反应管,分别加入适量的IBDV RNA,5 μl 10×反转录反应缓冲液,8 μl 2.5 mM dNTP,0.5 μl正向引物,0.5 μl反向引物,40单位RNasin,10单位反转录酶(AMV),最后加去离子水至终体积50 μl,42 ℃水浴1 h后,煮沸5 min,立即冰浴。

(2)第二步:PCR扩增。

于一PCR反应管中分别加入上述适量反转录产物,5 μl 10×PCR反应缓冲液,2 μl 2.5 mM dNTP,0.5 μl正向引物,0.5 μl反向引物,2单位TaqDNA聚合酶,最后加去离子水至终体积50 μl,混匀,置PCR扩增仪上,用选定的变性、退火和延伸温度及时间,进行30～40次循环反应。取5～10 μl反应产物,进行电泳、观察、拍照和记录。

3)结果判定

在设定处出现亮带判为阳性。

五、传染性喉气管炎

传染性喉气管炎是由传染性喉气管炎病毒(infectious laryngotracheitis virus)又称鸡疱疹病毒Ⅰ型(gallid herpes virus Ⅰ,GaHV Ⅰ)引起的鸡的一种急性呼吸道传染病。以呼吸困难、咳嗽、气喘、咳出血样渗出物为特征。病理变化主要集中在喉和气管,受侵害的气管黏膜细胞肿胀、水肿、坏死和出血。病的早期病变部细胞可检出核内包涵体。

本病最早由May和Jittsler(1925)在美国发现,1930年Beaudettf证明本病的病原体是病毒,1931 年被命名为传染性喉气管炎。目前,在世界各地均有本病的报道,如美国、英国、德国、瑞典、荷兰、澳大利亚、新西兰、波兰、保加利亚、罗马尼亚等国。我国早在 20 世纪 60 年代前就有报道,呈地方性流行。本病是危害养鸡业的重要疫病。

根据临床症状、流行病学、病理剖检可作初步诊断,确诊需进行病原分离鉴定并结合实验室诊断。

(一)病料的采取及处理

(1)病料的采取。

①活体采样:用灭菌棉拭子伸入口咽或气管采集分泌物,放入含青霉素 4 000 IU/ml、链霉素 4 000 μg/ml 的无菌生理盐水中。也可用棉拭子刮取眼分泌物,处理方法同上。

②尸体采样:无菌采取病死鸡喉头和气管,放入无菌的平皿或烧杯中,密封。

(2)样品的运送。

采集的样品应立即放入 4 ℃冰箱保存,24 h 内送到实验室;不能在 24 h 内送到实验室时,应将所采样品冷冻保存和运输。

(3)样品处理。

①收到棉拭子样品后,先经冻融两次,并充分振动、挤干棉拭子,将样品液经 10 000 r/min 离心 10 min,取上清液,加入青霉素 4 000 IU/ml、链霉素 4 000 μg/ml,于 37 ℃作用 30 min,作为接种材料。

②组织样品:无菌条件下将组织剪碎,按 1∶4加入生理盐水后用研磨器研磨制成 20%的匀浆悬浮液,再经 10 000 r/min 离心 10 min ,取上清液,加入青霉素 4 000 IU/ml、链霉素 4 000 μg/ml,于 37 ℃作用 30 min ,作为接种材料。

(4)采取有病变的气管组织,固定后作病理组织学检查,以观察其核内包涵体。

(5)采取血液分离血清,用已知 ILTV 作病毒中和试验,以便查出早期的感染。

(二)病原分离鉴定

1. 鸡胚接种

取经处理过的样品,接种 9 ~ 12 日龄的鸡胚绒毛尿囊膜。每枚 0. 2 ml,接种后的鸡胚在 37 ℃孵育,每天观察鸡胚 2 次,连续观察 7 d,弃去 24 h 内死亡的鸡胚,24 ~ 120 h 内死亡的鸡胚,放 4 ℃冷却后,72 h 后观察鸡胚绒毛尿囊膜上有无见到边缘混浊、中央坏死且凹陷、数量不等的痘斑形成;120 h 仍不死亡的鸡胚,亦取出,置 4 ℃冷却后,观察鸡胚绒毛尿囊膜上有无痘斑形成。有痘斑者,取出鸡胚绒毛尿囊膜和尿囊液,无菌研磨后,置 - 20 ℃冻存备用,将有病变的 CAM 收获作传代、组织病理学检查和制备抗原用;无痘斑者,亦取出鸡胚绒毛尿囊膜和尿囊液,无菌研磨,反复冻融,离心后,接种 9 ~ 12 日龄的鸡胚绒毛尿囊膜盲传。如此盲传 3 代以上,如仍无病变,则判为鸡传染性喉气管炎阴性。

2. 细胞培养

病料接种于长成单层的鸡胚肾细胞及鸡胚肝细胞或鸡肾细胞中培养,在接种后 12 h 就能看到核内包涵体,30 ~ 36 h 后可看到浓集的包涵体。早期的细胞病变是出现大量的多核细胞或巨细胞,这些细胞继续培养后长大、融合至最后脱落。

3. 易感鸡试验

用 50 日龄的免疫的健康鸡和未免疫的健康鸡各 10 只,分为 2 组。将感染鸡胚的绒毛尿囊膜上的痘斑制成乳剂,用棉签蘸取,涂擦于第1组鸡的泄殖腔,于4 d后发现泄殖腔红肿。在涂擦泄殖腔后20 d,再涂擦两组鸡喉头与下颚,观察12 d,结果第一组鸡因有免疫力而不发病,第2组于攻毒后第4 d出现与原病鸡相同的症状和病理变化。

(三)诊断方法

1. 血清学诊断

1)琼脂扩散试验

所用抗原是以病毒感染鸡胚,待绒毛膜上出现大片融合性病变时,将其做成组织悬液,经离心沉淀,除去大块颗粒,取其上清液用作抗原,也可用病鸡气管渗出物制备抗原。如果抗原浓度适当,则抗原孔和抗体孔之间应在24 h内出现沉淀线,用琼脂扩散试验诊断本病,虽较快速简便,但检出率不高。

(1)试剂:

抗原与标准阳性血清,由中国农业科学院哈尔滨兽医研究所生产。

(2)操作方法:

①pH 6.4 0.01 mol/L PBS液;

甲液:$Na_2HPO_4 \cdot 12H_2O$ 3.85 g,加蒸馏水至1 000 ml;

乙液:$KH_2PO_4$1.36 g,加蒸馏水至1 000 ml;

充分溶解后分别保存备用。

②制板:

取甲液24 ml、乙液76 ml放于三角瓶中混合,加0.8 g或1 g琼脂糖,8 g氯化钠,三角瓶在水浴中煮沸使琼脂糖等熔化,再加1%硫柳汞1 ml。取直径90 mm的平皿,每个平皿中加20 ml,待凝固后放于冷藏冰箱中保存备用。

③打孔与加样:

用直径4 mm的打孔器按六角形图案打孔或用梅花形打孔器打孔。中心与周围孔距离为3 mm。中心孔加满抗原,周围孔分别加满待检血清和标准阳性血清,置湿盒中放于37 ℃温箱中过夜,经24~48 h观察结果。

(3)结果判定:

当抗原孔与阳性血清孔之间出现特异性沉淀线时,待检血清孔与抗原孔之间也出现沉淀线,判为阳性,不出现沉淀线者判为阴性。

2)中和试验

病毒中和试验可鉴定血清中是否存在抗体。取患病鸡或试验的血清样品,混合后作1∶2稀释,与每0.1 ml含有200个EID50的标准毒悬液等量混合,在室温下静置1 h,接种于9~11日龄鸡胚绒尿膜培养5 d后开胚检查,用绒尿膜痘斑计数法可测定病毒中和抗体。也可将分离毒用已知毒株制备的免疫血清在鸡胚或细胞培养上进行病毒中和试验来检查被检病毒,同时需设被检病毒对照和正常对照。根据试验结果可鉴定出所分离的病毒是否为喉气管炎病毒。被检病毒对照出现典型病变,而试验和正常对照组不出现病变。

3)荧光抗体试验

应用异硫氰酸盐荧光素标记的抗喉气管炎特异抗体进行染色,可通过直接和间接荧光抗体技术,在发病早期(感染后 2 ~8 d)检出受感染的气管涂片或切片中的病毒抗原,也可检出受感染的绒毛尿囊膜和鸡肾细胞单层中的细胞内抗原。在受感染的细胞中可检出胞浆和核的荧光。

4)间接血凝试验

间接血凝抗原的制备是将纯化的鸡胚尿囊液增殖的病毒致敏醛化的绵羊红细胞制成,待检血清灭活与否均可。试验操作有白瓷板法和微量法。

(1)白瓷板法:将冻干致敏的细胞抗原稀释后与待检血清按 1∶1 比例滴入反应板,用牙签轻轻混匀后经 2 min 判定结果。在 2 min 内发生凝集者判为阳性,经 2 min 不易判断者为疑似反应。

(2)微量法:将待检血清用 0.01 M pH7.2 PBS 作 2 倍连续稀释,每孔 0.025 ml,再加入致敏红细胞抗原 0.025 ml,在微量振荡器上振荡均匀后在 20 ~25 ℃下放置 2 h 判定结果。出现 50% 以上凝集的判为阳性,其最高稀释倍数为其凝集价。

以上两种方法均设阳性血清对照、阴性血清对照及抗原自凝对照。

5)酶联免疫吸附试验(ELISA)

有直接法和间接法,并可用单克隆抗体检测 ILTV 抗原。

2. 包涵体检查

在发病早期(1 ~5 d),从有病变的气管喉头或眼结膜上皮组织中刮取一片完整的上皮(尽可能不含血液或渗出物),置于清洁载玻片上,压上另一块清洁载玻片,并用轻轻的旋转力压紧,然后将两块载玻片拉开。将涂片在无水甲醇中固定(3 ~5 min),经姬姆萨氏染色(2 h 或过夜),自来水冲洗,以无水甲醇脱色(快速浸入 3 ~5 次)至品红色为止,冲洗、干燥后,镜检。

可见细胞核内包涵体呈紫色,有粉红色色调,周围有晕。有一种快速诊断包涵体的方法,就是将有病变的组织用石碳酸 - 石蜡包埋、切片、染色、镜检,此法可在 3 h 内得出诊断结果。

六、禽流感

禽流感(俗称真性鸡瘟或欧洲鸡瘟)是由 A 型流感病毒(AIV)引起的一种禽类的感染和/或疾病综合征,该病毒隶属正黏病毒科流感病毒属。鸡、火鸡、鸭和鹌鹑等家禽及野鸟、水禽、海鸟等均可感染,而对家养的鸡和火鸡引起的危害最为严重。本病的症状极为复杂,家禽感染后,出现不显性感染、亚临床感染、轻度呼吸道疾病、产蛋量下降或急性全身致死性疾病等多种形式。本病无特征性症状。病禽出现体温升高、精神沉郁、食欲减少、消瘦、母鸡产蛋量下降;有时也可出现呼吸道症状、咳嗽、喷嚏、呼吸困难、流泪、羽毛松乱等症状。鸡高致病力禽流感后,可出现头和面部水肿、冠和肉垂肿大发绀、脚鳞出血。鸭、鹅等水禽有明显神经和腹泻症状,可出现角膜炎症,甚至失明。

(一)病料的采集、处理

1. 病料的采集

一般应在感染初期或发病急性期从死禽或活禽采取。死禽采集气管、肺、肝、肾、脾、泄殖腔等组织样品；活禽用大小不等的灭菌棉拭子涂擦喉头、气管或泄殖腔，带有分泌物的棉拭子放入每毫升含有 1 000 IU 青霉素、2 000 μg 链霉素 pH7.2 ~ 7.6 的肉汤中，无肉汤时可用 Hank′s 液或 25% ~ 50% 的甘油盐水。小珍禽用拭子取样易造成损伤，可以采集新鲜粪便取而代之。

2. 样品处理

将棉拭子充分捻动、拧干后除去拭子，样品液经 1 000 r/min 离心 10 min，取上清液作为接种材料。组织样品先用肉汤培养基或 PBS 制成 10% ~ 20%（W/V）的悬液，1 000 r/min离心 10 min，取上清液作为试验样品。为防止细菌污染应加入以下抗生素：青霉素 2 000 IU，链霉素 2 000 μg，卡那霉素 1 000 μg（每毫升培养液中所含）。样品离心后也可用细菌过滤器过滤除菌。

（二）病毒的分离鉴定

1. 病毒的分离

取经处理的样品，以 0.2 ml 的量尿囊腔途径接种 9 ~ 11 日龄 SPF 鸡胚，每个样品接种 4 ~ 5 个胚，于 37 ℃孵化箱内孵育。每日照蛋。无菌收取 18 h 以后的死胚及 96 h 活胚的鸡胚尿囊液，测血凝价，若无血凝价或血凝价很低，则用尿囊液继续传 2 代；若仍为阴性，则认为病毒分离阴性。

2. 病毒鉴定

将收获的鸡胚尿囊液分别采用全量法或微量法按常规进行血凝价检测，当血凝滴度达 1∶16 以上时，确定病毒分离为阳性。分别用鸡新城疫（ND）、减蛋综合征 EDS76 和支原体（MG）等疫病的标准阳性血清进行中和，若该病毒不被 ND、EDS76 和 MG 等阳性血清抑制，则可初步认定分离到的病毒为禽流感病毒。病毒分型工作需在专门实验室进行。

（三）实验室诊断方法

1. 电镜观察

将分离物的尿液按常规处理方法进行电镜观察，若见到直径为 80 ~ 120 nm、呈球形或丝状体形态等典型的禽流感病毒特征的病毒粒子，则认为分离到的病毒为禽流感病毒。

2. 血清学诊断

目前，用于禽流感检测的方法有禽流感病毒分离技术、琼脂扩散（AGP）试验、血凝抑制（HI）试验、神经氨酸酶抑制（NI）试验、酶联免疫吸附试验（ELISA）、病毒中和试验（SN）、反转录聚合酶链式反应（RT－PCR）、免疫荧光技术（IF）及核酸探针技术。

其中，NI 试验和 SN 试验受禽流感亚型众多的限制，必须有全套的标准血清，需在专门的实验室进行；RT－PCR、IF 和核酸探针技术还有待于进一步完善。因此，我们主要介绍以下几种血清学诊断方法，其中 AGP 试验不适合用于水禽血清的检测。

1）血凝试验（HA）（微量法）

在微量血凝板的 1 ~ 12 孔均加入 0.05 ml 生理盐水。用微量移液器吸取 0.05 ml 抗原加入第 1 孔，混匀。从第 1 孔吸取 0.05 ml 抗原液加入第 2 孔，混匀后吸取 0.05 ml 加入第 3 孔，如此进行倍比稀释至第 11 孔，从第 11 孔吸取 0.05 ml 弃之，第 12 孔加入 0.05 ml 生理盐水作为对照。每孔均加入 0.05 ml 1% 鸡红细胞悬液，在微量振荡器上振荡 1 min，使其混合均匀；在室温（20 ~ 30 ℃）下作用 20 ~ 30 min 后观察结果。

结果判定:红细胞凝集呈薄膜状,均匀地覆盖孔底,强凝集时凝集块皱缩呈团状或边缘呈锯齿状,即 100% 的红细胞凝集;红细胞凝集呈薄层,但是面积较小,孔底中央有红细胞沉积呈小圆点状,即 50% 的红细胞凝集;红细胞全部沉于孔底中心呈小圆点状,周围光滑,无分散的红细胞,即无凝集现象。能使红细胞 100% 凝集的病毒最高稀释度作为该病毒的血凝价。

2)血凝抑制试验(HI)(微量法)

在微量反应板的第 1 孔加入 0.05 ml 8 单位抗原,第 2 ~ 11 孔加入 0.05 ml 4 单位抗原,第 12 孔加入 0.05 ml 生理盐水。吸取 0.05 ml 待检血清于第 1 孔内,充分混匀后吸 0.05 ml 于第 2 孔,依次倍比稀释至第 10 孔,弃去 0.05 ml;第 11 孔为抗原对照孔,第 12 孔作为生理盐水对照孔。室温(20 ~ 30 ℃)下作用 20 min。每孔加入 1% 鸡红细胞悬液 0.05 ml,在微量振荡器上摇匀,室温静置 30 min 后观察结果。

结果判定:以完全抑制红细胞凝集的血清最大稀释度作为该血清的血凝抑制价。判定标准为 HI 价小于或等于 3log2 判定 HI 试验阴性;HI 价等于 4log2 为可疑,需重复试验;HI 价大于或等于 5log2 为阳性。

3)琼脂扩散试验(AGP)

(1)琼脂板的制备:

称量琼脂糖 0.8 g,加入 100 ml 的 pH 6.4 0.01 M PBS 液(甲液:3.58 g $Na_2HPO_4 \cdot 12H_2O$ 加蒸馏水至 1 000 ml;乙液:1.36 g KH_2PO_4 加蒸馏水至 1 000 ml;待甲乙二液充分溶解后,分别保存,用时取甲液 24 ml、乙液 76 ml 混合即可。将琼脂糖在水浴中煮沸充分熔化,加入 8 g NaCl,充分溶解后加入 1% 硫柳汞溶液 1 ml,冷至 45 ~ 50 ℃时,将洁净干热灭菌直径为 90 mm 的平皿置于平台上,每个平皿加入 18 ~ 20 ml,加盖待凝固后,把平皿倒置以防水分蒸发,放普通冰箱中保存备用(时间不超过 2 周)。

(2)操作方法:

在制备的琼脂板上按 7 孔一组的梅花形打孔(中间 1 孔,周围 6 孔),孔径 4 mm,孔距 3 mm,将孔中的琼脂用 8 号针头斜面向上从右侧边缘插入,轻轻向左侧方向将琼脂挑出,勿伤边缘或使琼脂层脱离皿底。用酒精灯轻烤平皿底部至琼脂刚刚要熔化为止,封闭孔的底部,以防侧漏。用微量移液器或带有 6 ~ 7 号针头的 0.25 ml 注射器,吸取抗原悬液滴入中间孔,标准阳性血清分别加入外周的 1、4 孔中,受检血清按顺时针顺序分别加入 4 个外周孔。每孔均以加满不溢出为度,每加一个样品应换一个滴头。加样完毕后,静止 5 ~ 10 min,将平皿轻轻倒置,放入湿盒内置 37 ℃温箱中作用,分别在 24 h、48 h 和 72 h 观察并记录结果。

(3)结果判定:

将琼脂板置日光灯或侧强光下观察,标准阳性血清(图 11-3 中的 1、4 号)与抗原孔之间出现一条清晰的白色沉淀线,则试验可成立。

若被检血清(图 11-3 中的 2 号)孔与中心抗原之间出现清晰致密沉淀线,并与阳性血清的末端相吻合,则被检血清判为阳性。若被检血清(图 11-3 中 3 号)与中心孔之间虽不出现沉淀线,但阳性血清的沉淀线一端弯向被检血清孔,则此孔的被检样品判为弱阳性(凡弱阳性者应重复试验)。如被检血清(图 11-3 中的 5 号)孔与中心孔之间不出现沉淀线，呈阳性血清沉淀线指向被检血清孔，则被检血清判为阴性。若被检血清孔（图 11-3 中的 6 号）与中心孔之间沉淀线粗而混浊或和标准阳性血清与抗原孔之间的沉淀线交叉并直伸，被检血清孔为非特异反应，应重做，若仍出现非特异反应则判为阴性。

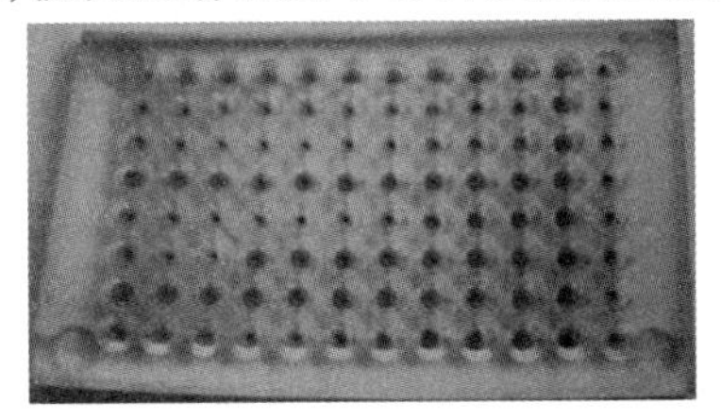

图 11-2　HI 试验结果

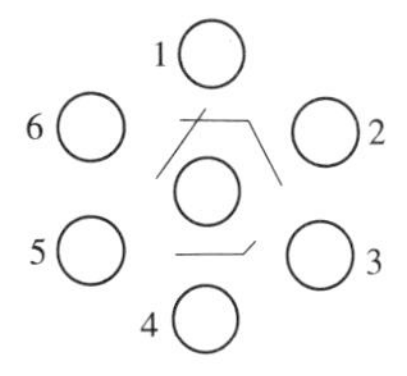

图 11-3　AGP 试验结果

4）酶联免疫吸附试验（ELISA）

ELISA 具有较高的敏感性，既可以检测抗体，又可以检测抗原。尤其适合于大批样品的血清学调查，可以标准化而且结果易于分析。在流感的控制、扑灭、检疫中很有用途。

试验表明，直接 ELISA 可于感染后 6 d 检出 AIV 的抗体，敏感性也高于 AGP 及 HI 试验。简单程序（直接 ELISA）为：从感染尿囊液中超速离心制备抗原，以抗原包被酶标反应板，加入待检血清后，再加入抗抗体（酶标），最后以酶标仪检测结果。

（1）间接 ELISA：

①间接 ELISA 试剂盒：由中国农业科学院哈尔滨兽医研究所提供。

②操作：将被检血清用稀释液做 1∶200 稀释。除酶标板 A1、B1、C1 和 D1 孔不加样品，留做空白调零用，阴性血清和阳性血清做对照各占 1 孔外，其余孔加 1∶200 稀释的被检血清，每孔 100 μl，37 ℃放置 60 min。倒掉孔内液体，在滤纸上控干，每孔加满洗液，3 min 后倒掉，甩干，再重复洗涤 2 次。除 A1、B1、C1 和 D1 孔外，其他每孔加酶标抗体液 100 μl，37 ℃置 60 min 后洗涤 3 次。每孔加底物使用液 90 μl，置室温避光显色 8 ~ 10 min。每孔加入 8 号液 90 μl，使其终止反应。

③结果判定：用酶标测定仪在波长 492 nm 下，测各孔 OD 值，OD≥0.2 者判为阳性，OD <0.2 者判为阴性。

（2）斑点 – ELISA：

①斑点 – ELISA 试剂盒：可购自中国农业科学院哈尔滨兽医研究所。

②操作：将被检血清用稀释液作 1∶200 稀释。快诊膜按号剪开，将印有“ + ”和“ – ”两种膜分别浸入阳性、阴性对照血清中，印号膜依次浸入作 1∶200 稀释的被检血清液中，做好记录，37 ℃置 60 min。将膜全部取出，投入有洗液的杯里，漂洗 3 次，每次 2 ~ 3 min，在滤纸上吸干。将膜全部浸入酶标抗体液中，37 ℃置 60 min，然后漂洗 3 次。将膜全部浸入底物使用液中，室温避光 3 ~ 5 min 后倒掉，加入 8 号液摇晃浸泡 3 min，将膜取出，晾干后判定。

③结果判定：膜面呈现明显清晰的斑点者判为阳性，膜面不出现斑点或呈现极模糊的斑点轮廓而中央呈本底色者判为阴性。

七、产蛋下降综合征

鸡产蛋下降综合征（Egg Drop Syndrome，EDS76）是由禽腺病毒引起的一种传染病。

该病在临床上主要表现为群发性产蛋下降，以产薄壳蛋、退色蛋或畸形蛋为特征的病毒性传染病。该病在世界范围内已成为引起产蛋损失的主要原因。本病可使产蛋率下降20%～30%，蛋的破损率达20%～40%，被列为世界上危害养禽业最严重的病毒性传染病之一。产蛋下降综合征的特征性病理变化主要集中在生殖道、输卵管和卵巢。卵巢的生殖上皮细胞变性坏死，输卵管黏膜上皮纤毛变性、坏死，固有层水肿，子宫部的蛋壳腺有萎缩现象。

感染鸡群没有明显的临床症状，常常是26～36周龄产蛋突然出现群特异性的产蛋下降，产蛋率可比正常下降20%～30%。与此同时，出现薄壳蛋、软壳蛋、无壳蛋、小蛋、畸形蛋，蛋壳表面粗糙，如白灰、灰黄粉样。褐色蛋则色素丧失，颜色变浅，蛋白水样，蛋黄色浅或蛋白中混有血液异物等。异常蛋占产蛋率15%以上。

对临床初诊病例需采集病料，进行实验室检验。

（一）病料采集与处理

采集病死鸡的输卵管、变形卵泡、无壳软蛋、泄殖腔、鼻咽黏膜、肠内容物等病料，用组织研磨器研碎，用PBS或生理盐水或肉汤制成1∶5的混悬液后冻融2～3次，3 000 r/min离心20 min，取上清液，加入青霉素（使终浓度为3 000 U/ml）、链霉素（使终浓度为2 000 U/ml），37 ℃作用1 h。

采减产鸡的咽喉部、泄殖腔拭子，浸入3～5 ml PBS中充分刷洗挤压后弃去拭子。冻融2～3次，3 000 r/min离心20 min，取上清液，加入青霉素（使终浓度为3 000 U/ml）、链霉素（使终浓度为2 000 U/ml），37 ℃作用1 h。

采劣质蛋清，加等量PBS和青霉素（使终浓度为3 000 U/ml）、链霉素（使终浓度为2 000 U/ml），37 ℃作用1 h。

采减产鸡抗凝血，2 000 r/min离心20 min，弃去上清液，吸取沉淀上层灰白色的白细胞层，用PBS洗涤、离心2次，弃上清液，再用1 ml PBS悬浮白细胞，冻融3次，加入青霉素（使终浓度为3 000 U/ml）、链霉素（使终浓度为2 000 U/ml），37 ℃作用1 h。

（二）病毒分离鉴定

1. 病毒接种

取来自产蛋下降综合征红细胞凝集抑制抗体阴性鸭场10～12日龄的鸭胚4～5枚，绒毛尿囊腔接种，接种剂量为0.2 ml/枚，37 ℃孵育。弃48 h内死亡的鸭胚，收获48～120 h死亡和存活的鸭胚尿囊液。用0.8%～1%的红细胞悬液测其血凝性，若接种样品的鸭胚尿囊液能凝集红细胞，进一步进行病毒鉴定；若不能凝集红细胞，连续用鸭胚盲传3代，若仍不能凝集红细胞，则判为病毒分离阴性。

2. 电镜观察

将高效价鸭胚尿囊液经过负染色法处理，用电镜观察，可见典型的腺病毒形态。病毒粒子大小不一，成堆排列，无囊膜，衣壳结构清晰，呈正二十面体，立体对称，大小一般75～85 nm。

3. 血清学鉴定

用HA—HI试验对分离到的病毒进行鉴定，若此病毒能被标准EDS76阳性血清抑制，而不被新城疫、禽流感、传染性支气管炎和支原体标准阳性血清所抑制，可判为阳性。

4. 回归鸡试验

用所分离的病毒，经结膜和口腔人工感染22周龄以上的蛋鸡，观察症状。7 d后蛋壳颜色变浅，9 d后出现软壳蛋和无壳蛋。7 d后可查到HI抗体。

（三）血清学检测

目前，血清学检验方法有血凝抑制试验（HI）、琼脂扩散试验（AGP）、酶联免疫吸附试验（ELISA）、中和试验（SN）、荧光抗体技术（FA）和全血平板凝集试验。

试验表明：HI、ELISA、FA具有相同的敏感性，而AGP试验的敏感性稍差。HI试验简便易行，适用于商业鸡群抗体的检测，因而目前在生产中得到广泛应用。

1. 微量血凝试验（HA）和血凝抑制试验（HI）

1）材料与试剂

（1）1%鸡红细胞悬液制备：

采集SPF公鸡或健康公鸡血液与等量阿氏液混合，4 ℃保存，红细胞在阿氏液中可保存约1个月。使用前吸取红细胞悬液至离心管中，加入生理盐水洗涤3次，每次均以2 000 r/min离心5 min，将血浆、白细胞等充分洗去，沉积的红细胞用生理盐水稀释成1%的悬液备用。

（2）8单位和4单位抗原的配制：

以能引起100%血凝的病毒最高稀释度作为终点，即1个HA单位，终点滴度除以8即为含8 HA单位的抗原。例如，如果血凝的终点滴度为1∶256，则8个血凝单位的稀释度应是1∶32（256除以8），此例中将1 ml抗原加入31 ml生理盐水即为8 HA单位抗原。取8 HA单位的抗原加入等量水即为4 HA单位抗原。

（3）试剂：

鸡产蛋下降综合征血凝素抗原和标准阳性血清（中国农业科学院哈尔滨兽医研究所提供，按说明书操作）。

2）血凝试验（HA）（微量法）

（1）方法：在微量血凝板的1～12孔均加入0.05 ml生理盐水。用微量移液器吸取0.05 ml抗原加入第1孔，混匀。从第1孔吸取0.05 ml抗原液加入第2孔，混匀后吸取0.05 ml加入第3孔，如此进行倍比稀释至第11孔，从第11孔吸取0.05 ml弃之，第12孔加入0.05 ml生理盐水作为对照。每孔均加入0.05 ml 1%鸡红细胞悬液，在微量振荡器上振荡1 min，使其混合均匀；在室温（20～30 ℃）下作用20～30 min后观察结果。

（2）结果判定：红细胞凝集呈薄膜状，均匀地覆盖孔底，强凝集时凝集块皱缩呈团状或边缘呈锯齿状，即100%的红细胞凝集；红细胞凝集呈薄层，但是面积较小，孔底中央有红细胞沉积呈小圆点状，即50%的红细胞凝集；红细胞全部沉于孔底中心呈小圆点状，周围光滑，无分散的红细胞，即无凝集现象。能使红细胞100%凝集的病毒最高稀释度作为该病毒的血凝价。

3）血凝抑制试验（HI）（微量法）

（1）方法：在微量反应板的第1孔加入0.05 ml 8单位抗原，第2～11孔加入0.05 ml

4单位抗原,第12孔加入0.05 ml生理盐水。吸取0.05 ml待检血清于第1孔内,充分混匀后吸0.05 ml于第2孔,依次倍比稀释至第10孔,弃去0.05 ml;第11孔为抗原对照孔,第12孔作为生理盐水对照孔。室温下20~30 ℃下作用20 min。每孔加入1%鸡红细胞悬液0.05 ml,在微量振荡器上摇匀,室温静置30 min后观察结果。

(2)结果判定:完全抑制红细胞凝集的血清最大稀释度作为该血清的血凝抑制价。判定标准为HI价小于或等于2log2判定HI试验阴性;HI价等于3log2为可疑,需重复试验;HI价大于或等于4log2为EDS 76阳性。上述标准适用于EDS 76病毒鉴定或非免疫鸡及SPF鸡的监测。对于免疫鸡,应根据HI抗体效价结合流行病学等情况进行综合判定:HI抗体效价≤3对EDS76野毒抵抗力低,可能发病。HI抗体效价≥11可能为EDS76野毒感染。HI抗体效价4~10则免疫力强。

八、禽网状内皮组织增殖病

禽网状内皮组织增殖病(Reticuloendotheliosis,RE)是由禽网状内皮组织增殖病病毒(REV)引起的火鸡、鸡、鸭及其他禽类的一组病理综合征,包括急性致死性网状细胞瘤、矮小综合征、淋巴组织和其他组织的慢性肿瘤。本病病原REV属于反转录病毒科,哺乳动物C型反转录病毒属禽网状内皮组织增殖病病毒群成员。本病临床上常表现为急性致死性网状细胞瘤、矮小综合征以及淋巴组织和其他组织的慢性肿瘤。

急性网状细胞瘤病禽可见肝、脾肿大,有时有局灶性或弥散性浸润病变。胰、心、肌肉、小肠、肾及性腺也可见灰白色的结节性肿瘤。法氏囊常有萎缩现象。矮小综合征剖检可见胸腺、法氏囊发育不全或萎缩,腺胃炎、肠炎,肝、脾肿大,呈局灶性坏死。慢性肿瘤病理剖检最明显的变化是胸腺充血、出血、肿大,肝脏、脾脏、肾脏肿大,在器官表面及其实质内可见灶状或弥散性灰白色肿瘤病灶。肝颜色变淡或呈淡褐色,在肝的肿瘤灶中常见坏死。

(一)病料的采集和处理

选做病毒分离的样品可以来自任何年龄的可疑病鸡的全血、新鲜脾脏和含有完整活细胞的肿瘤组织等。采集全血加肝素(50单位/ml)抗凝剂不用稀释。由于采血和对血细胞处理很方便,所以一般选全血或淋巴细胞作为分离病毒的材料。

(二)病原学诊断

1.病毒的分离

REV可以在鸡胚绒毛尿囊膜上产生痘样病变,并常导致鸡胚死亡。REV野外毒株也能很容易地在禽细胞培养中增殖复制。鸡肾、鸭胚成纤维细胞、火鸡胚成纤维细胞和鹌鹑成纤维细胞都适用于病毒的分离培养,但通常使用次代鸡胚成纤维细胞。

初次分离是在长成单层的培养瓶中,不倒掉培养液,接种0.1 ml细胞试验样品。无细胞样品应接种于倒掉液体的培养物上,以后每隔2~3 d换液一次。一般在接种14 d以后,病毒滴度达到最高峰。

2.鸡体回归感染试验

按上述方法培养的病毒,腹腔接种1日龄雏鸡,每只雏鸡接种0.2 ml,置隔离器中饲养观察8周以上，可复制出典型病例。

3. 电子显微镜检查

取病毒细胞培养物做超薄切片，电子显微镜观察，REV 病毒粒子直径约100 nm。核心具有链状或假螺旋状结构。表面附有6～10 nm 的突起。病毒以出芽方式从感染细胞的胞膜上释放。

（三）血清学检验

用血清学方法，可以从待定分离物接种禽或田间可疑禽群的血清中查到抗体或抗原。抗体出现的时机和持续时间不一。应用间接免疫荧光法、病毒中和试验、琼脂扩散试验、酶联免疫吸附试验等，可以在感染禽的血清中或卵黄中查到特异性抗体。用含有抗体的阳性血清作琼脂免疫扩散试验可以测定待检血清中的病毒抗原。

1. 琼脂免疫扩散试验

1）材料准备抗原和标准阳性血清

由中国农业科学院哈尔滨兽医研究所提供。

被检血清先经56 ℃水浴灭活30 min 待检，血清应不溶血和腐败。

2）操作方法

1%琼脂糖板的制备：取pH7.0 的0.01 M PBS 液100 ml，加琼脂糖1 g，氯化钠8.0 g，煮沸熔化后滤去沉淀，加0.01%硫柳汞防腐，冷却到50 ℃左右倒制琼脂板。在直径90 mm 平皿中注加熔化的琼脂糖16 ml。琼脂糖厚度不小于2.8 mm，4 ℃冷却后打孔。

取琼脂板用六角形七孔模具打孔，孔径5 mm，孔距为3 mm。中间孔加抗原，第1、3、5孔分别加入标准阳性血清，第2、4、6孔分别加入被检血清，每孔加液50 μl，加样完毕后，将琼脂糖板放在铺有湿纱布的带盖容器内，并用支持物将琼脂糖板水平放稳。然后置于37 ℃温箱中培养24～48 h 后判定结果。

3）结果判定

阳性血清对照应与抗原孔中间形成一条清晰、致密的沉淀线时，才能进行判定。阳性被检血清孔与抗原孔中间形成沉淀线，并与阳性血清沉淀线弯曲环连，判为阳性（+）。可疑沉淀线不清晰或阳性对照沉淀线向被检血清孔微弯时，判为可疑（±）。可疑血清样品应予重检，重检结果相同时应判定阳性（+）。无沉淀线出现为阴性。沉淀线与阳性对照沉淀线交叉或不相连时，均属非特异性反应，判定为阴性（-）。

2. 间接免疫荧光法

1）材料

荧光显微镜、载玻片、盖片、温箱、滴管等。标准阳性血清、兔抗鸡Ⅰ号荧光抗体由指定生物制品厂供应。被检血清要先经56 ℃水浴灭活30 min 待检，血清应不溶血和腐败。

2）抗原标本片制备

REV 接种生长良好的SPF 鸡胚传代成纤维细胞，37 ℃培养10 d，倒出维持液，用PBS 洗1～3 次，加0.25%胰酶1.5～2.0 ml，让胰酶液黏附细胞层后，弃去多余的胰酶液，待细胞层出现裂隙时，加入10 ml PBS 吹打，取细胞悬液1 000 r/min 离心10 min，弃去上清液，用少量PBS 悬浮，吸取10 μl 滴在玻片上，以视野（400 倍）中有100～200 个细胞为较合适的细胞浓度,室温下干燥,丙酮固定 10 min, -20 ℃冻存备用。取未接毒的细胞涂片作阴性对照片。

3)阳性血清和荧光抗体工作浓度的滴定

将第1抗体和第2抗体做倍比系列稀释,进行方阵滴定,选择合适的工作浓度(见表11-1)。

表 11-1 间接免疫荧光试验中抗体最佳工作浓度的选择

第1抗体	荧光抗体					
	1:4	1:8	1:16	1:32	1:64	1:128
1:4	+ + +	+ + +	+ + +	+ + +	+ + +	+ +
1:8	+ + +	+ + +	+ + +	+ + +	+ + +	+ +
1:16	+ + +	+ + +	+ + +	+ + +	+ + +	+ +
1:32	+ + +	+ + +	+ + +	+ + +	+ + +	+ +
1:64	+ + +	+ + +	+ + +	+ + +	+ +	+
1:128	+ +	+ +	+ +	+	+	+
1:256	+ +	+	+	+	-	-

4)间接免疫荧光染色

在 REV 抗原细胞涂片和未接毒细胞涂片上滴加 1:64 倍稀释的被检血清,标准阳性血清和阴性血清,放入恒湿盒内 37 ℃作用 30 min。用 0.01 M PBS (pH7.4)漂洗 3 次,每次 20 min,最后用无离子水洗 1 次。干燥后滴加用 0.02% 伊文思蓝溶液 1:32 倍稀释的兔抗鸡 IgG 荧光抗体于标本上,置恒湿盒内 37 ℃作用 30 min。PBS 漂洗同前。室温干燥后滴加碳酸缓冲甘油封片。

5)结果判定

阳性用免疫荧光抗体染色的 REV 感染细胞内可见弥散性黄绿色荧光颗粒,背景清晰。阴性用免疫荧光抗体染色的 REV 感染细胞内无荧光,呈暗红色。

九、鸡病毒性关节炎

病毒性关节炎是由禽呼肠孤病毒引起的一种传染病。本病毒的唯一宿主是鸡。该病造成的损失是使鸡发生跛行、减少增重、降低饲料转化率 ,从而导致总体生产性能下降。

根据临床症状、流行病学、病理剖检可作初步诊断,确诊需进行病原分离鉴定并结合实验室诊断。

(一)病料的采取

以无菌棉拭子由胫跗关节或胫股关节收集滑液,或将有水肿的滑膜用营养肉汤或细胞培养营养液制成 10% 悬液,也可取脾脏制备悬液,把处理好的病料放 -20 ℃保存备用。

(二)病原分离培养

1. 鸡胚接种

病毒能在发育鸡胚的卵黄囊内、绒毛尿囊膜上增殖,初次分离选用卵黄囊内接种。所用鸡胚应是 SPF 胚或来自无呼肠孤病毒感染的鸡群。将病料 0.2 ml/每胚接种于 5 ~7 日龄鸡胚的卵黄囊内,35.5 ℃恒温孵化,鸡胚于接种后 3 ~5 d 死亡,胚体出血,内脏器官充血或出血。存活胚发育不良,肝、脾、心脏肿大,并含有坏死灶。鸡胚于绒毛尿囊膜接种后 7 ~8 d 内死亡,在绒毛尿囊膜出现痘斑及产生胞浆包涵体。但鸡胚死亡率不稳定。

2. 细胞培养

呼肠孤病毒能在多种细胞(如原代鸡胚细胞、肾、肝、肺、巨噬细胞、绿猴肾、兔肾等细胞)上生长。以 2 ~6 周龄原代鸡肾细胞或肝细胞培养物为最合适。鸡肾细胞在接种病毒 24 ~48 h 后形成合胞体,脱落后形成多核巨细胞,在细胞单层上留下空斑。在感染细胞内可见到嗜酸性或嗜碱性胞浆包涵体。

3. 致病性检查

由于呼肠孤病毒普遍存在于禽体内,所以分离到病毒尚不能证明其就是临床疾病。还需测定病毒的致病性,方法是:应用上述分离的毒株给 1 日龄或 2 周龄易感雏鸡做足垫内接种,24 ~96 h 后足垫肿胀,可蔓延到跗关节和趾上,逐渐出现跛行等症状,则表明分离物具有致病力。

4. 病毒的耐热性测定

将上述分离毒株置于 60 ℃作用 1、2、4 h,然后对鸡胚卵黄囊或 2 周龄雏鸡接种,如仍保留病毒活性,说明该分离毒株耐热。必要时可以用已知鸡病毒性关节炎阳性血清对分离毒株做病毒中和试验或琼脂扩散试验鉴定。

(三)诊断方法

1. 琼脂扩散试验

本试验最常用,可以检出群特异性抗原或抗体,这对血清型众多的 Ⅰ 群腺病毒感染的检查尤为适宜。由于禽腺病毒又是普遍存在的,所以应注意对其结果作正确解释。琼脂扩散抗原是用接病毒的鸡胚绒毛尿囊膜或细胞培养物(胚肝细胞、胚肾细胞和肾细胞)来制备的,可以用抗原检测病禽双份血清的抗体效价,也可以用特异性免疫血清检出病变脏器以及细胞培养物或鸡胚中的病毒抗原。

1)试剂

抗原与标准阳性血清:由中国农业科学院哈尔滨兽医研究所生产。

2)操作方法

(1)制备琼脂板。

(2)pH6.4 0.01 mol/L PBS 液。

甲液:$Na_2HPO_4 \cdot 12H_2O$ 3.85 g,加蒸馏水至 1 000 ml。

乙液:KH_2PO_4 1.36 g,加蒸馏水至 1 000 ml。

充分溶解后分别保存备用。

(3)制板:取甲液 24 ml、乙液 76 ml 放于三角瓶中混合,加 0.8 g 或 1 g 琼脂糖,8 g 氯化钠,将三角瓶放入水浴中煮沸使琼脂糖等熔化,再加 1% 硫柳汞 1 ml。取直径 90 mm 的平皿,每个平皿中加 20 ml,待凝固后放于冷藏冰箱中保存备用。

(4)打孔与加样:用直径 4 mm 的打孔器按六角形图案打孔或用梅花形打孔器打孔。中心孔与周围孔孔距为 3 mm。中心孔加满抗原,周围孔加满待检血清和标准阳性血清,置湿盒中放于 37 ℃温箱中过夜,经 24 ~48 h 观察结果。

3)结果判定

当抗原孔与阳性血清孔之间出现特异性沉淀线时,待检血清孔与抗原孔之间也出现沉淀线,判为阳性,不出现沉淀线者判为阴性。

2. 病毒中和试验

本试验是一种测定抗体型和腺病毒分离物定型的标准方法,但需要有一定数量血清型的血清(例如鸡腺病毒至少有12个血清型)。常用微量试验,血清作连续2倍稀释,病毒用200个$TCID_{50}$,在微量板上进行。能被20单位的抗血清中和的病毒,则属于该血清型的病毒。鸡体内的中和抗体在感染后2~4 d开始出现。

3. 荧光抗体试验

此法可检出病鸡肝、感染的培养细胞、鸡胚的绒尿膜等细胞内的特异荧光,是测定Ⅰ群病毒抗体的一种敏感方法。可采用病料冰冻切片或触片、微量滴定板或盖玻片上的细胞培养物,用丙酮固定后荧光抗体染色,镜检。用大量病毒注射鸡的静脉和皮下时,可在肝、胰、肾实质和肠黏膜上皮细胞中检出荧光抗原(在接种后1~6 d出现)。肝细胞核内与细胞质中均能出现荧光抗原。鸡肾细胞感染病毒后10~12 h,核内出现颗粒状特异荧光,16~24 h在细胞质中也能见到弱的弥漫性反应。

4. 其他血清学诊断方法

本病也可用酶联免疫吸附试验(ELISA)等方法诊断。其中,ELISA已被用于测定腺病毒的群特异性抗体和型特异性抗体。

十、鸡包涵体肝炎

鸡包涵体肝炎(Avian Inclusionbody Hepatitis)又叫鸡贫血综合征(Ahemia syndrome),是由禽腺病毒引起的鸡的一种急性传染病,以病鸡死亡突然增多,严重贫血、黄胆,肝脏出血和坏死灶,可见肝细胞核内有包涵体。本病主要感染鸡和鹑、火鸡,多发于3~15周龄的鸡,其中以3~9周龄的鸡最常见。

根据临床症状、流行病学、病理剖检可作初步诊断,确诊需进行病原分离鉴定并结合实验室诊断。

(一)病料的采取和处理

在包涵体肝炎的早期,肝脏、法氏囊产生的病毒浓度最高。可以无菌采取病变肝脏、法氏囊、肾以及粪便作为病料。将病料制成1:5乳剂(粪便作适当处理),3 000 r/min离心15 min,取上清液用50%氯仿室温下处理15 min,3 000 r/min离心1.5 min,取最上层水相加入抗生素,27 ℃作用2 h,即可供接种用。

(二)分离培养和鉴定

鸡包涵体肝炎的病原是腺病毒科的Ⅰ群禽腺病毒。病毒粒子无囊膜,二十面体,表面为252个壳粒组成的对称结构。病毒核酸为双股DNA。病毒在核内复制,产生嗜碱性包涵体。有个别血清型的毒株能凝集大鼠红细胞,多数血清型毒株都无血凝性。病毒的血清型较多,已认定的有12种。病毒分离可用鸡肾或鸡胚肝细胞,病毒在鸡肾细胞上形成蚀斑。

禽腺病毒可在鸡胚肾、鸡胚肝细胞及鸡肾细胞内增殖。对CEF细胞不敏感,所以一般常用鸡胚肝、鸡肾细胞来分离病毒。病料接种已长成单层的鸡胚肝细胞或鸡肾细胞，培养7 d，盲传2代，细胞出现CPE时，细胞变圆、折光性增强、脱落。另外，可用伊红—苏木精染色单层细胞，来证实核内嗜碱性包涵体的存在。用鸡胚接种分离病毒时，应选用SPF胚或来自腺病毒阴性鸡群的胚，将病料接种5～7日龄鸡胚的卵黄囊内，在接种后2～10 d可见胚胎死亡和发育停滞，胚体出血，肝坏死灶，在肝细胞中存在核内包涵体。本病特征性的组织学变化是肝细胞内出现包涵体，常见的是呈圆形均质红染的嗜酸性包涵体，与核膜间有一透明环，少数病例可见到嗜碱性包涵体，其肝细胞核比正常大2～3倍。肝组织结构完全破坏，肝细胞严重空泡变性，部分坏死，并见大量红细胞。

（三）诊断方法

1. 荧光抗体试验

本病的血清学诊断应用荧光抗体法最为适宜。其中直接法用来检测抗原，一般用肾脏，鸡在感染病毒后1～7 d在细尿管上皮细胞的胞质中可检出荧光抗原，间质则检不出。出现CPF的CK细胞、卵黄囊接种发生死亡的鸡胚等均可检出荧光抗原。间接法可检出感染鸡血清中的抗体。一般的方法是采发病期和恢复期双份血清作对比检查。

2. 其他血清学诊断方法

可用常规病毒中和试验，但因自然病例少，血清型问题尚未解决，因此诊断价值不大，琼脂扩散试验的应用尚未确立。

十一、鸭瘟

鸭瘟又称为鸭病毒性肠炎，病原为鸭瘟病毒（Duck Plaque Virus, DPV），属疱疹病毒甲亚科。鸭瘟是鸭的一种急性、热性传染病，由于患病鸭的头、颈部肿大，因此又称大头瘟。本病主要发生于鸭，不同年龄、性别、品种的鸭都可感染。鹅虽然也可感染发病，但远不及鸭敏感，也很少形成广泛流行。本病一年四季均可发生，以春末秋初流行严重。病鸭的特征为体温升高、两脚发软无力、下痢、流泪和部分病鸭头颈肿大。食道黏膜有小出血点，并有灰黄色假膜覆盖或溃疡，泄殖腔黏膜充血、出血、水肿和坏死。肝脏有不规则的大小不等的坏死灶及出血点。本病传播迅速，发病率和死亡率都有很高。

本病由Baudet等1923年首次报道荷兰家鸭暴发鸭瘟。我国于1957年在广东首次发现了本病，目前我国各地均有流行。对本病的诊断可根据其流行病学、临床症状、病理变化等进行综合分析，作出初步诊断。但确诊必须进行实验室诊断。

（一）病料的采集与处理

将可疑鸭瘟的病鸭或尸体，采用无菌操作打开胸腹腔，采取小块肝、脾组织病料于无菌容器中，将病料剪碎、研细磨匀后，加入10倍无菌生理盐水（青、链霉素终浓度为1 000 IU/ml）或按1∶5比例加入含庆大霉素（浓度为1 000 IU/ml）无菌PBS（0.01 mol/L pH7.0），制成悬液，冻融3次后，2 500 r/min离心20 min，取上清液作为病毒分离鉴定材料。

（二）病原分离与鉴定

1. 病毒的分离培养

（1）鸭胚接种：取上述病毒上清液0.2 ml，接种于9～14日龄鸭胚的绒毛尿囊腔内，接种后 3 ~6 d 有部分鸭胚死亡,致死的胚体可见广泛的出血和水肿,胚肝有坏死灶,部分鸭胚的绒毛尿囊膜上发生水肿、充血出血,有的还有灰白色坏死斑点。也可用鸭胚绒毛尿囊膜接种。收获培养后的绒毛尿囊液、绒毛尿囊膜内含有大量的病毒。

(2)雏鸭接种:取上述病毒上清液 0.5 ml,腿部肌肉注射 1 日龄雏鸭,3 d 后雏鸭呈现流泪、眼睑水肿、呼吸困难等特征性症状,最后多以死亡告终。

(3)细胞培养:按常规方法制备鸭胚成纤维细胞,37 ℃长成细胞单层后,接种上述病毒上清材料,盲传 6 代后才能出现细胞病变(CPE)。出现细胞病变(CPE)的细胞,于接种后 24 ~36 h 形成极小的葡萄状集团,引起细胞明显变圆,并可形成核内包涵体。

2. 病毒的鉴定

本病根据流行情况、临床症状,综合分析后可作出初步诊断,但要注意与鸭巴氏杆菌病和仔鸭传染性肝炎相鉴别。初次发生本病的地区,须进行病毒分离鉴定和血清学试验,血清学试验常用病毒中和试验(VN)、免疫荧光抗体检查试验等来确诊。

(三)实验室诊断方法

1. 病毒中和试验

1)试验准备

待检抗原:取用上述方法制成的病料组织上清液,接种于 9 ~14 日龄鸭胚的绒毛尿囊腔内,接种后 3 ~6 d 部分鸭胚死亡,并收获其尿囊液供作血清中和试验。

抗鸭瘟血清:由指定单位提供。或经多次基础免疫后,再用强毒攻击制备的高免血清。

鸭胚成纤维细胞:用非免疫鸭胚制备。

雏鸭:选取非疫区未经免疫的母鸭所产的受精蛋孵出的雏鸭。

2)操作方法

取病料培养物(1∶100 倍稀释)1 ml 与已知抗鸭瘟血清 1 ml 充分混匀,置 37 ℃条件下感作 30 min,将此混合液接种于鸭胚成纤维细胞培养瓶内,每瓶滴加 0.2 ml,置 37 ℃温箱中 60 min,然后将此混合液吸出加入维持液,在 37 ℃继续培养,并设不加抗鸭瘟血清作为对照管,观察 4 d,或将病料培养物与已知抗鸭瘟血清的混合液,接种于雏鸭,每只雏鸭肌肉注射 0.2 ml,观察 1 周。

3)结果判定

(1)加入抗鸭瘟血清的细胞培养物不出现细胞病变,而不加抗鸭瘟血清的细胞培养物则出现细胞病变。

(2)病料培养物与已知抗鸭瘟血清的混合液,接种雏鸭 1 周后仍健活,而只用病料培养物(不与抗鸭瘟血清混合)接种于雏鸭,则雏鸭死亡。

以上两项试验均可证明鸭瘟病毒的存在。

2. 免疫荧光抗体检查

1)试验准备

(1)鸭瘟荧光抗体:由指定单位提供。

(2)玻片鸭胚成纤维细胞培养物:将细胞培养瓶内放入盖玻片,待盖玻片上细胞长成单层后,倾出培养液,接种病鸭肝悬液(1∶10),在 37 ℃温箱中吸收 60 min,倾出接种物。并用汉克氏液洗 1 次,再加入维持液,在 37 ℃温箱中继续培养。

2）操作方法

将感染病毒的玻片细胞培养物取出，干燥后浸入冷丙酮液固定 5 min，取出后立即浸入 PBS 液中洗去残留丙酮。待干后将细胞培养物放在清洁的载玻片上，取标记的荧光抗体 2～3 滴，覆盖于玻片细胞培养物上，平放在湿盒内，置 37 ℃温箱中 30 min，然后在 3 杯 PBS 液中荡洗，每杯 3～5 min，将多余荧光抗体洗掉。

3）结果判定

在玻片细胞培养物上滴加缓冲甘油，在暗室中，放荧光显微镜下观察，在玻片细胞培养物上如见有亮绿色特异性荧光，则证明有鸭瘟病毒存在，但在镜检时应注意与阴性材料作对照。

十二、鸭病毒性肝炎

鸭病毒性肝炎（Duck Virual Hepatitis，DVH）是由鸭肝炎病毒（Duck Hepatitis Virus，DHV）引起雏鸭的一种高度致死、高度传播性的病毒性传染病，其特点是发病急、传播迅速、病程短和死亡率高。临床上以具有明显神经症状、角弓反张、肝脏肿大、表面呈斑点样出血为特点。其主要侵害 6 周龄以内的雏鸭，尤以 2 日龄至 3 周龄的雏鸭最为易感，成年鸭有抵抗力。不同日龄的雏鸭发病后，死亡率不同，有的高达 95%，有的低于 15%。耐过鸭成为僵鸭，生长和发育受到阻碍。

本病最早于 1945 年 Levine 在美国发现，随后英国、加拿大、德国、意大利、印度、法国均陆续报道了本病的流行情况。我国黄均建等首次报道了上海某鸭厂于 1958 年秋到 1962 年春本病的暴发和流行情况。此后，全国各地都发现了本病的流行。本病给养鸭业造成了巨大的经济损失，严重影响了养鸭业的发展，是养鸭业的主要威胁之一。

鸭病毒性肝炎发病急，传播快，死亡率高，1 周龄左右雏鸭可在 2～3 d 内死亡 90% 以上，这在其他疫病是少见的，加上本病的特征性症状，如角弓反张以及肝肿胀和出血斑点等病理变化是不难作出诊断的。只有在少数情况下，才需作病原学诊断。

（一）病料的采集、处理

无菌操作采取病死雏鸭肝脏于无菌研钵中，用研钵研碎，加入 5 倍的灭菌生理盐水成 1:5匀浆，冻融 2 次，3 000 r/min 离心 30 min，取上清液，加青、链霉素，使最终浓度为 2 000 U/ml，37 ℃作用 30 min。放置冰箱中过夜，备用。

（二）病毒的分离与鉴定

1. 病毒分离培养

将上述被处理的病料，分别接种发育良好的非免疫母鸭的 9～11 日龄鸡胚或 10～12 日龄鸭胚，尿囊腔接种，0.2 ml/胚，放置 37 ℃温箱内培养，弃去 24 h 死亡鸭胚，以后每隔 12 h 观察一次，收取 24～72 h 死亡鸡胚或鸭胚尿囊液及胚体，并观察鸭胚病变。尿囊腔内尿囊液少而清亮，呈现淡红色，胚体皮下出血、水肿，呈现透明状，较脆，稍碰即碎，肝脏稍肿，灰色，有针尖大小的出血点且有坏死灶，其他无明显病变。

2. 病毒的鉴定

1）电镜观察

含病毒尿囊液先以 1 000 r/min 离心 30 min，取上清液，再以 25 000 r/min 离心 90

min，弃上清液，沉淀物用双蒸水重悬，2%磷钨酸负染，透射电镜 H－600 观察病毒。镜下可见 20～40 nm 的病毒颗粒，颗粒结构清晰。

2）雏鸭保护试验

取 6 日龄雏鸭 20 只，分为两组，第 1 组每只肌肉注射Ⅰ型 DHV 特异性高免血清 2 ml，24 h 后用 0.2 ml 尿囊液经肌肉注射攻毒；第 2 组不注射Ⅰ型 DHV 特异性高免血清，24 h 后同样用 0.2 ml 尿囊液经肌肉注射攻毒。二组试验鸭均隔离饲养观察。注射高免血清后的雏鸭，攻毒后观察 4 d，全部存活，解剖后无鸭病毒性肝炎的病变。对照组死亡 9 只，死前有鸭病毒性肝炎的特征神经症状，死后解剖有 DHV 特征性的病变。

（三）实验室诊断方法

1. 鸭胚中和试验

将收获传代尿囊液作 1∶10、1∶100、1∶1 000 稀释，分别与Ⅰ型 DHV 高免血清等体积混合，在 37 ℃作用 1 h，经尿囊腔途径分别接种 10 枚 11 日龄鸭胚，接种后继续孵育，观察鸭胚死亡情况。接种传代尿囊液稀释液与Ⅰ型 DHV 高免血清混合液的鸭胚 96 h 全部存活，接种传代尿囊液的鸭胚，72 h 全部死亡，接种Ⅰ型 DHV 高免血清的鸭胚 96 h 全部存活。

2. ELISA 检测 DHV

应用单克隆抗体进行 ELISA 夹心法，可用于鉴定鸭胚或鸡胚的 DHV 分离物。

3. ELISA 检测 DHV 抗体

应用 ELISA 和间接 ELISA 法检测 DHV 抗体，是一种敏感、快速、准确而简便实用的方法。

4. Dot－ELISA 诊断 DHV

应用单克隆抗体直接检测病死雏鸭肝、鸭胚及鸡胚尿囊液中 DHV 的斑点试验法，是一种微量、快速、特异、简便的诊断方法。

5. 胶体金免疫电镜技术检测 DHV

应用胶体金免疫电镜技术检测 DHV 强毒和弱毒，具有简便、快速、灵敏、直观等特点，可作为检测 DHV 的常规方法。

6. SPA 协同凝集试验快速检测 DHV

应用 SPA 协同凝集试验快速检测 DHV，具有高度特异性。人工感染强毒致死雏鸭肝脏病料检出率为 100%，QL79 疫苗毒株致死鸡胚尿囊液的检出率为 100%，强毒样品中含毒量达 10 000 LD_{50}/0.2 ml（1 日龄雏鸭）时才出现阳性；弱毒疫苗样品中需含 10 000 LD_{50}/0.2 ml（9 日龄鸡胚）才出现阳性。该法具有特异、简便、快速、敏感等优点，特别适合于临床应用及实践中对疫苗含毒量的检测。

十三、小鹅瘟

小鹅瘟（Gosling Plaque）是雏鹅的一种急性、败血性传染病。病原为小鹅瘟病毒，属于细小病毒科的细小病毒属。该病毒为球形，无囊膜，单股 DNA，在细胞核内复制，无凝血作用。该病的传染性和死亡率都很高。该病主要发生于 1 月龄以内的雏鹅和雏番鸭，并能引起大批死亡，对其他家禽无致病性，发病周龄越小，损失也越大。1 月龄以上的雏鹅和成鹅很少发病。病的特征是精神萎靡，食欲废绝，发生渗出性肠炎，严重时有下痢，排黄白色或黄绿色水样粪便，并有心肌炎和全身败血性病变。有时呈现神经症状，颈扭转，抽搐、瘫痪。病程在3 d以上者，剖检时可见在回肠部肠管中形成特征性的香肠状栓塞，其外包有灰白色假膜，内含黑色芯子。根据以上特征一般可作出初步诊断，确诊需进行实验室检查。特别是病程短，病变不明显时，更需进行实验室检查。

（一）病料的采集与处理

本病为病毒性败血病，所以病毒存在于病死雏鹅的全身脏器、组织和肠内容物中。可无菌采取病雏鹅的脑、肝和脾等组织，组织材料经称重、剪碎、研磨，用生理盐水制成1∶5悬液，每毫升加500单位青霉素和500 μg链霉素，置4 ℃作用1～2 h，将样品3 000～5 000 r/min离心30 min，取上清液作为接种材料。如病料污染严重，可用离心上清液经孔径为0.22 μm滤膜过滤除菌后使用。

（二）病原分离与鉴定

1.病毒的分离培养

初次分离时本病毒只能在活的非免疫鹅胚或番鸭胚中生长，也能在鹅胚或番鸭成纤维细胞中繁殖，盲传后可致细胞病变，但不能在其他禽胚或细胞中繁殖。

（1）鹅胚培养：将上述病毒上清液绒毛尿囊腔接种12～14日龄的易感鹅胚（无母源抗体胚），每胚0.2 ml，每日观察1次，共计8 d。3 d前死亡者丢弃，一般在接种后5～7 d死亡，收获鹅胚尿囊液即获得鹅胚初次分离毒液。并可见死胚的绒毛尿囊膜增厚，头部水肿，全身皮肤充血，翅尖、两蹼、喙、背和胸部羽囊孔等处均有出血点，胚肝充血并有边缘出血，心脏和后脑出血。7 d后死亡胚发育受阻，胚体小。

（2）细胞培养：取12～14日龄的鹅胚（无母源抗体胚），以常规消化处理后，用生长液制成50万个/ml成纤维细胞悬液，分装细胞瓶，37 ℃温箱培养，等细胞处于有丝分裂旺盛期（一般培养12～18 h）而尚未完全形成细胞单层时即接种鹅胚初次分离毒液或鹅胚适应毒，并以细胞维持液于37 ℃下继续培养。也可在分装细胞瓶时即接种病毒液进行同步培养，待形成细胞单层后更换维持液。初次分离的本病毒在细胞中可生长，但不出现细胞病变。故可培养3 d后，吸出培养液，于同样细胞中盲传直至适应时（一般为6～8代以上），可使单层细胞出现病变，即细胞变圆，有分散的颗粒病变及脱落，并形成细胞融合和多粒细胞。若用玻片培养，并染色镜检，可见细胞核内有嗜酸性包涵体。待细胞产生明显细胞病变时，收获培养细胞连同上清液一起冻融或超声波裂解，即获得细胞培养分离毒液。

2.病毒的鉴定

本病根据流行病学、临床症状、病理变化，可作出初步诊断，确诊须进行实验室诊断。实验室检测常用被动免疫试验、病毒中和试验（VN）、牛精子凝集抑制试验、琼脂扩散试验、酶联免疫吸附试验、免疫荧光试验等。

（三）实验室诊断方法

1.被动免疫试验

首先测定待检病毒液对易感雏鹅的半数致死剂量（LD_{50}）。取10只5日龄的易感雏鹅，其中5只皮下注射0.5 ml鹅细小病毒高免血清，另5只皮下注射0.5 ml生理盐水作为对照组。注射后 6 ~ 12 h 内,均皮下或肌肉注射待检病毒液 100 LD_{50}剂量,观察 10 d。如果血清组雏鹅无死亡,而对照组雏鹅死亡,即可判定为鹅细小病毒。

2. 病毒中和试验

病毒中和试验既可用于检测病死鹅体内的抗原,也可用于检测鹅血清中的抗体。

(1)检测病毒抗原:将待检病毒液分成相等的两份,一份加入 4 倍量的鹅细小病毒高免血清作为血清组,另一份加入 4 倍量的生理盐水作为对照组,混匀后,放 37 ℃条件下作用 60 min,然后各分别接种 5 个 12 ~ 14 日龄的易感鹅胚(无母源抗体胚),每胚 0.2 ml,置 37 ~ 38 ℃继续孵化,每日观察 1 次,共计观察 7 d。如果血清组鹅胚健活,而对照组大部分或全部死亡且胚胎病变典型,即可判定为鹅细小病毒。也可用易感雏鹅代替鹅胚进行中和试验,方法和结果判定基本相同。

(2)检测鹅血清中的抗体:将待检血清与阴性对照血清 56 ℃灭活 30 min,然后将 5 倍稀释的血清与等量连续 10 倍稀释的鹅细小病毒液混合,摇匀后,放 37 ℃条件下作用 60 min,取 12 ~ 14 日龄的易感鹅胚,每一稀释管混合液,尿囊腔接种 5 个鹅胚,剂量为每胚 0.2 ml。置 37 ~ 38 ℃继续孵化,每日照蛋 1 次,连续 7 d。前 3 d 死亡者不计算,根据第 4 d 后死亡和出现鹅细小病毒感染典型病灶来计算 ELD_{50},对照血清组的 ELD_{50}减去被检血清组的 ELD_{50},所获得数值的反对数即为中和指数。中和指数大于 50,表示被检血清中有中和抗体,10 ~ 49 为可疑,小于 10 时表示被检血清中无中和抗体。

3. 牛精子凝集抑制试验

鹅细小病毒可以凝集黄牛精子,利用此特性可作病毒鉴定。将待检病毒液与生理盐水作 1∶5稀释,分别加入 2 支小试管中,每管 0.25 ml,第 1 管中加入鹅细小病毒阳性血清 0.25 ml,第 2 管中加入生理盐水 0.25 ml 作为对照管,混匀后,放 37 ℃条件下感作 50 min,然后每管内加入黄牛精液 0.25 ml(1 粒冻精加入 42 ℃的 2.9% 柠檬酸三钠溶液中速溶而成),充分混匀,置室温 6 h 后观察结果。如第 1 管不凝集,而第 2 管凝集,则待检病毒可判定为鹅细小病毒。

4. 琼脂扩散试验(AGP)

本试验既可用于检测血清中的抗体,也可用于检测病死鹅脏器中的抗原。

1)试验准备

血清:标准阳性血清,由指定单位提供。

被检鹅血清:采自被检鹅血分离的血清。

已知诊断抗原:由指定单位提供,也可自制。

诊断抗原的制备:用鹅胚细小病毒尿囊液作 1∶100 倍稀释接种于 12 ~ 14 日龄的易感鹅胚,每胚尿囊腔内接种 0.2 ml,收取 72 ~ 144 h 的死胚,放于 4 ℃冰箱内 4 h 以上,然后收取有典型病灶胚的胚体、尿囊膜、尿囊液,将胚体和尿囊膜细细研磨,与尿囊液一起,在组织捣碎机内将其制成匀浆,反复冻融 2 ~ 3 次,经 3 000 r/min 离心 30 min,取上清液加入等量氯仿后振摇 30 min,再经 3 000 r/min 离心 30 min,最后取上清液装入透析袋内,置于有干燥硅胶的密闭玻璃缸内,数小时后达原量 1/5 时取出,与 1∶8以上阳性血清作琼脂扩散试验,出现一条明显沉淀线时即为诊断抗原。如果沉淀线不明显,可继续浓缩至沉淀线明显为止。

被检抗原的制备:取病死雏鹅的肝、脾、脑、胸腺和肠道病料,磨细后用生理盐水作1∶2～1∶3倍稀释,冻融2～3次,经3 000 r/min离心30 min,取上清液加入等量氯仿后振摇30 min,再经3 000 r/min离心30 min,最后取上清液,即为被检抗原。

2)操作方法

(1)琼脂平板的制备:取琼脂粉1 g,8%氯化钠溶液100 ml,加热使其完全溶解后,再加入1%硫柳汞溶液1 ml,向平皿内倒入20 ml,冷却后备用。

(2)打孔、封底:首先将画有图11-1所示图案的纸片放在带有琼脂板的平皿下面,照图案在固定位置上打孔,打梅花孔,中间1孔,孔径3 mm,周围6孔,孔径为2 mm,孔间距为3 mm。打孔切下的琼脂用针头挑出,并用酒精灯封底。

(3)加样及扩散:加样前在装有琼脂的平皿上贴上胶布,并写上日期与编号。

检测抗体:用已知的琼脂扩散诊断抗原,可以检测主动免疫鹅血清中的抗体、检测病愈鹅血清中的抗体、检测制备的高免血清的效价或作小鹅瘟的流行病学调查。可在中央孔加已知的诊断抗原,周边孔加被检血清,在37 ℃条件下进行扩散,逐日观察,观察3 d,并记录结果。

若要检测血清中的抗体效价,可在中央孔加已知的诊断抗原,周边孔加倍比稀释的被检血清(1∶2、1∶4、1∶8、…),在37 ℃条件下进行扩散,逐日观察,观察3 d,并记录结果。以同抗原出现沉淀线的血清最高稀释倍数,作为该血清的效价。

检测抗原:取病死雏鹅的肝、脾、脑、胸腺和肠道病料,按前述方法制备待检抗原,同已知的小鹅瘟阳性血清作琼脂扩散试验。中央孔加阳性血清,周边孔加待检抗原,在37 ℃温箱中进行扩散,逐日观察,观察3 d,并记录结果。

(4)结果判定:将加完抗原与血清的平皿放37 ℃温箱中扩散,24～48 h后观察结果并判定,在抗原与血清孔之间出现沉淀线时,即判为阳性反应。

检测病死鹅体内的抗原时,用单一脏器的检出率不能达到100%,如果对同一只鹅的多个脏器作检测,有一个脏器出现阳性反应,则对小鹅瘟的检出率可达100%。

5. 直接免疫荧光抗体检查

1)试验准备

小鹅瘟种毒:包括强毒、弱毒,由指定单位提供。标准小鹅瘟阴性、阳性血清:由指定单位提供。病料的采集:采自强毒感染和自然发病鹅的肝、脾、肾、心、脑等组织脏器作为被检材料。小鹅瘟荧光抗体:由指定单位提供,或自制。自制时,可采用标准小鹅瘟强毒、弱毒作为抗原,按短期间隔、大剂量注射的原则,免疫接种于健康公鹅,制取高免血清。经提纯鉴定后,浓缩,标记异硫氰酸荧光黄制得的效价均在16倍以上的小鹅瘟荧光抗体。

2)操作方法

(1)制备切片:

①制备冰冻切片:采取被检鹅新鲜的肝、脾、肾、心、脑等组织脏器,直接制作冰冻切片,厚度为3～5 μm,干燥后,用丙酮固定10～12 min,待干后,待荧光抗体染色,或装入塑料袋中于4 ℃保存备用。

②制备触片：采取被检鹅新鲜的肝、脾、肾、心、脑等组织脏器，用锐刀切成整齐的断面，用滤纸吸去切面上的血液或组织液，然后在载玻片上触印，使形成单层细胞层。放丙酮固定 10 ~ 12 min，待干后，待荧光抗体染色，或装入塑料袋中于 4 ℃保存备用。

（2）荧光染色：将固定好的组织切片或触片滴加工作浓度的荧光抗体，置 37 ℃温箱中染 30 min，再放入盛有 pH8.0 的 PBS 液的玻璃缸中洗 20 min，再用蒸馏水洗 3 次，每次 10 min，洗去多余的荧光抗体，滴加缓冲甘油，置荧光显微镜下检查。

（3）结果判定：特异性荧光的颜色为黄绿色，位置在组织细胞核中，形态呈颗粒状或颗粒形状的斑块，并在组织中呈局灶性分布或散在性分布。根据特异性荧光的亮度分为：

"＋＋"表示可见耀眼的黄绿色特异性荧光颗粒；

"＋"表示清晰可见的黄绿色特异性荧光颗粒；

"±"表示隐约可见的黄绿色荧光颗粒；

"－"表示未见到黄绿色特异性荧光颗粒。

凡"＋"号以上者判为阳性，"＋"号以下者判为阴性。

第二节　细菌性疾病

一、大肠杆菌病

禽大肠杆菌病是由特定血清型大肠杆菌引起的一种传染病。该病病型较多，临床表现复杂，包括雏鸡的脐炎、气囊炎、急性败血症，青年鸡及成年鸡的气囊炎、腹膜炎、输卵管炎、滑膜炎、眼球炎、大肠杆菌肉芽肿、多发性浆膜炎等，在应激或有其他病原感染及不良饲养环境条件下，表现更严重，常见的病理变化为肝脾肿大，肝周炎、气囊炎、心包炎、腹膜炎、输卵管炎、大肠杆菌肉芽肿及不常见的肺炎、眼炎、骨髓炎及脑炎变化。

（一）病料的采集及处理

病禽死后，从新鲜尸体中采样，急性败血症型，无菌采集心血及肝脏，或用灭菌棉拭子或接种环刺入肝实质取肝样做分离培养；脓性纤维渗出物出现，用棉拭子从心包脏、气囊及关节中取样做细菌分离；发病超过一周，死后剖检病变明显，可采集骨髓作分离样品；输卵管炎、腹膜炎的干酪样物；脐炎的卵黄物质。采集的新鲜病料（如肝、心、肺、脾等）用甘油生理盐水保存送检。

（二）病原的分离与鉴定

分离鉴定程序见图 11-4。

1. 镜检

病料或培养物涂片后，用革兰氏染色后镜检（见图 11-5），大肠杆菌为粗短两端钝圆的小杆菌，革兰氏染色阴性，多单个散在，个别成双排列，无芽胞。病料涂片，瑞氏染色后镜检，可

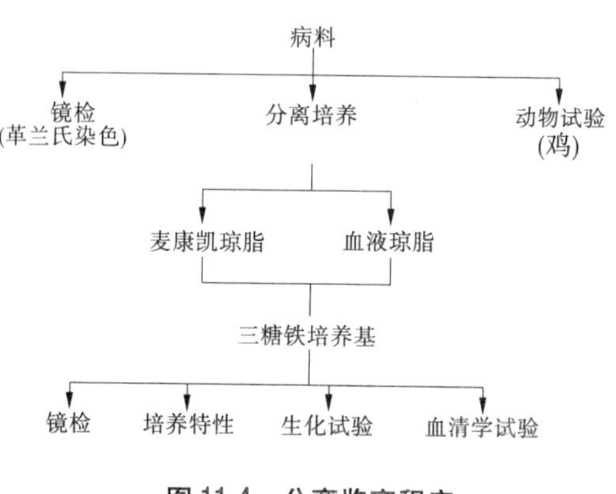

图 11-4　分离鉴定程序

见菌体两极着染。

2. 分离培养

将病料直接划线接种于血液琼脂平板、麦康凯琼脂平板或伊红美蓝琼脂平板或中国蓝琼脂平板,置37 ℃温箱中培养24 h观察。在血液琼脂平板上菌落呈圆形,直径为2 mm,稍凸,边缘整齐、灰白色,不透明(见图11-6),少数菌株产生β溶血环;在麦康凯琼脂平板上形成不透明、红色菌落(见图11-7),部分不发酵乳糖的菌株呈无色菌落(见图11-8),少数呈黏稠状菌落(见图11-9);在伊红蓝平板上菌落呈紫黑色,并有金属光泽(见图11-10);在中国蓝琼脂平板上菌落呈蓝色(见图11-11)。

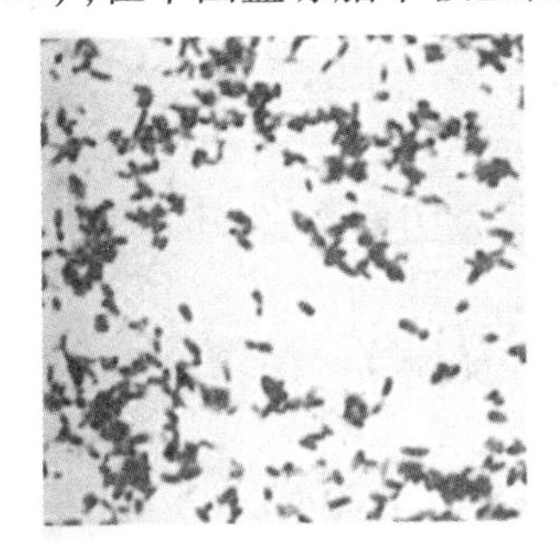

图11-5　大肠杆菌纯培养的镜下形态

图11-6　大肠杆菌在血液琼脂平板上的菌落特征(18~24 h)

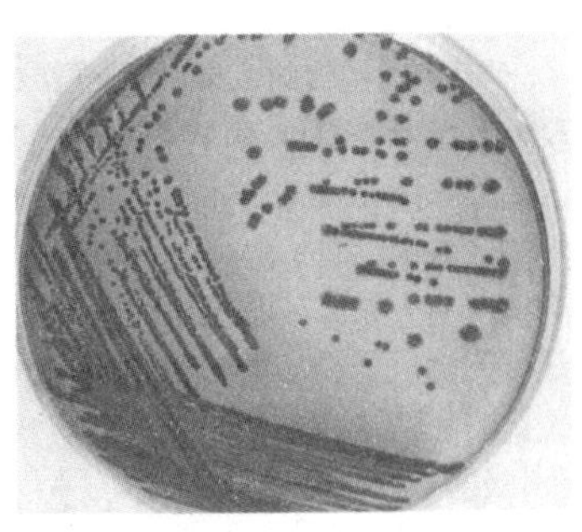

图11-7　大肠杆菌在麦康凯琼脂平板上的菌落特征(18~24 h)

图11-8　大肠杆菌不发酵乳糖菌株在麦康凯琼脂平板上的菌落特征

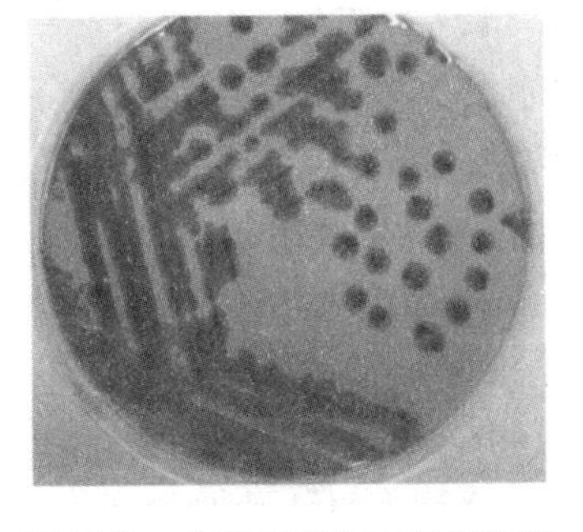

图11-9　大肠杆菌在麦康凯琼脂平板上的黏稠菌落的特征

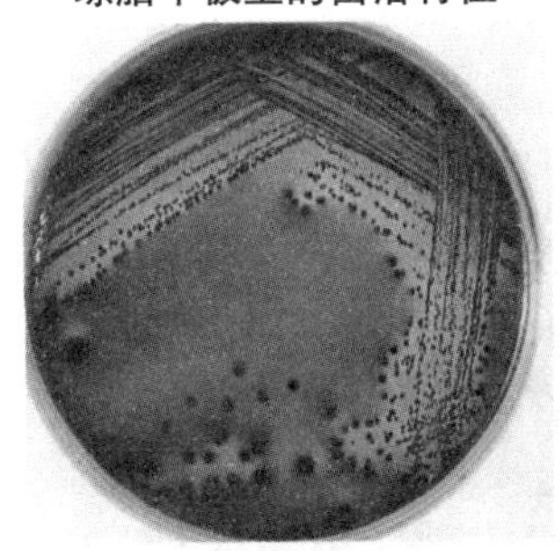

图11-10　大肠杆菌在伊红美蓝琼脂平板上的菌落特征

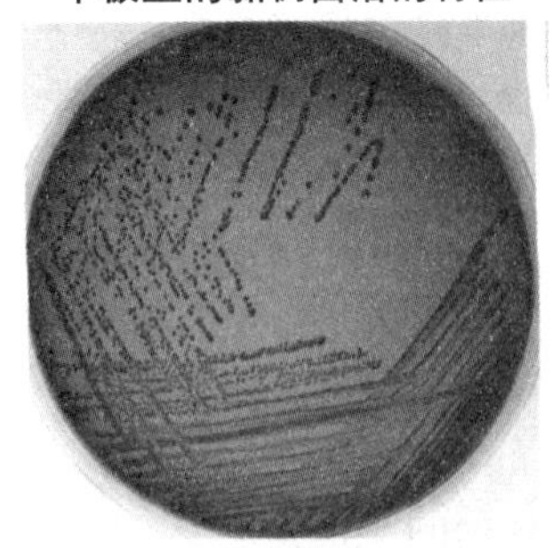

图11-11　大肠杆菌的中国蓝琼脂平板上的菌落特征

3. 生化试验

将上述分解乳糖(红色)的菌落,接种在三糖铁培养基上,置37 ℃温箱中培养24 h,

如底部产酸、产气，不产生硫化氢，斜面上产酸则可疑为大肠杆菌，需利用生化试验继续鉴定，其生化特性见表 11-2。

表 11-2　大肠杆菌生化特性

项目	葡萄糖	乳糖	甘露醇	阿拉伯糖	吲哚	甲基红	V－P	尿素酶	明胶液化	硫化氢	运动力	柠檬酸盐利用
结果	⊕	⊕	⊕	+	+	+	－	－	－	－	+/－	－

（1）典型乳糖发酵型大肠杆菌生化特征：氧化酶试验阴性，三糖铁琼脂（TSl）为 A/A；发酵葡萄糖、乳糖、甘露醇等多种：糖类，产酸产气；IMViC + + － －（占 94.6%），动力试验和硝酸盐还原试验阳性，尿素酶试验、丙二酸盐试验、苯丙氨酸脱氨酶试验均为阴性，大部分菌株不产硫化氢（H_2S）。

（2）不发酵或迟发酵乳糖（不产气）大肠杆菌生化特征：TSI 为 K/A，葡萄糖产酸不产气，不发酵乳糖和甘露醇。

（3）致病性大肠杆菌：包括肠产毒型大肠杆菌（enterotoxigenic E. coli，ETEC）、肠致病型大肠杆菌（enteropathogenic E. coli，EPEC）、肠侵袭型大肠杆菌（enteroinvasive E. coli，EIEC）、肠出血型大肠杆菌（enterohemorrhagic E. coli，EHEC）和肠凝聚型大肠杆菌（entero-aggregative E. coli，EAggEC）5 群。与普通大肠杆菌的生化反应相似，应结合血清反应（O、H 和 K 抗原）、毒性试验（ST 和 LT 肠毒素）和临床症状，分别鉴定 5 型致病性大肠杆菌。

4. 病原性检查

怀疑大肠杆菌分离物是致病的，可以接种鸡进行检查。

（1）分离物来自脐炎、心包炎、全眼球炎、滑膜炎、输卵管炎或菌血症的鸡。取 24 h 的肉汤培养物 0.1 ml，接种到 4 周龄的雏鸡或雏火鸡的静脉中，静脉注射后，每日进行观察，对 72 h 内不死亡的鸡应检查其病理变化，尤其是注意心包炎和滑膜炎。

（2）分离物来自死胚或早期死亡的雏鸡。取 24 h 的肉汤培养物 0.1 ml，接种到 1 日龄雏鸡的卵黄囊中，如果分离物是致病的，雏鸡应在 72 h 内死亡，尤其在 30 ℃温度下育雏。幸存者应检查脐炎或心包炎的病变，如果病变不明显，应培养卵黄囊内容物，如果分离物能从卵黄囊内容物中复制，那么这个分离物有感染卵黄囊的能力。

（3）分离物来自败血症（心包炎、肝周炎和气囊炎）的鸡。取 24 h 肉汤培养物 0.5 ml 皮下接种 1～2 周龄雏鸡。24 h 内死亡的雏鸡无明显病变，但是，从肝脏中可分离到本菌；72 h 以后死亡的雏鸡，不仅从肝脏中分离到本菌，而且可见到不同程度的心包炎、肝周炎等病理变化。

5. 血清学检查

大肠杆菌的血清型较多，目前分类表包括 154 个 O 抗原（菌体抗原）、89 个 K 抗原（荚膜抗原）和 49 个 H 抗原（鞭毛抗原），某些菌株尚有 R 抗原和 M 抗原。从禽体中分离到的致病性大肠杆菌抗原血清型为 O_{78}、O_2、O_1、O_{35} 和 O_{36} 等。因为 O 抗原是分型的基础、定型的主要依据，所以本节只介绍 O 抗原的鉴定。

（1）O 抗原的制备：待检细菌经形态学检查、培养特性检查和生化试验鉴定为大肠杆菌后,取其光滑型菌落,接种营养肉汤或普通琼脂斜面。测定 O 抗原的菌悬液可用 16～18 h 的新鲜肉汤培养物或用 16～18 h 新鲜斜面培养物制备浓的盐水菌悬液,在 100 ℃水浴中加热 1 h,以破坏 K(R 或 L)抗原。假如用这样的菌液仍然发生不凝集现象而考虑到 A 抗原存在时,则将菌液高压蒸汽加热,0.1 MPa 压力 2 h,重做试验。

(2)O 多价和单价因子血清:已知的 O 多价和单价因子血清可到有关的生物制品研究所及其门市部购买。

(3)O 抗原的鉴定法:O 抗原的鉴定有试管法和玻片法,玻片凝集试验具有简单、快速的特点。

首先用大肠杆菌未知菌株制备的加热处理的 O 抗原悬液与多价的 O 抗血清(多价因子血清)作玻片凝集试验。将一滴菌悬液(O 抗原悬液)置玻片上,再滴入等量的多价因子血清,用牙签混匀,同时,作抗原加盐水的对照,在带灯光的暗盒上观察凝集情况,若菌液与多价因子血清发生凝集,而对照菌液无自凝现象,则待试菌包括在该多价抗原中。

多价抗原确定后,用该多价血清中所包括的单因子血清,按上述方法分别与菌液作玻片凝集试验,与某个单价因子血清发生凝集时,即为该因子血清的抗原,从而确定该菌的血清型。若发生两个以上的单价凝集,仍需用试管法鉴定之。多价测定见表 11-3,单价测定见表 11-4。

表 11-3　多价测定

O 多价血清	1A	2A	3A	4A	5A	6A	7A	1B	2B	3B～7B	1C～7C
O 抗原悬液	—	—	—	—	##	—	—	—	—	—	—

表 11-4　单价测定

5A 单价 O 血清	O_{62}	O_{75}	O_{78}	O_{86}	O_{126}	O_{127}	O_{128}
O 抗原悬液	—	—	##	—	—	—	—

结论:被试菌株血清型为 O_{78}。

二、禽沙门氏菌病

禽沙门氏菌病指沙门氏菌属中的细菌引起的禽类一大群急性或慢性病。禽不分日龄、品种、季节对本菌易感,既可垂直传播,又可水平传播。本病遍布于世界各地,不仅严重危害养禽业的发展,而且还威胁到人类的健康,是一种人禽共患的传染病,在公共卫生学上有重要意义。

(一)病料的采取

无菌采取病、死禽的肝、脾、肺、心血、胚胎,未吸收的卵黄,脑组织及其他有病变的组织,成年鸡取卵巢、输卵管及睾丸等组织作为病料。

(二)镜检

用病料直接涂片,然后经瑞氏或姬姆萨氏或革兰氏染色后,镜检,沙门氏菌为革兰氏阴性的直杆状菌，无荚膜，不形成芽胞，有鞭毛（除鸡白痢沙门氏菌和鸡伤寒沙门氏菌外），具活泼的运动性（见图11-12）。

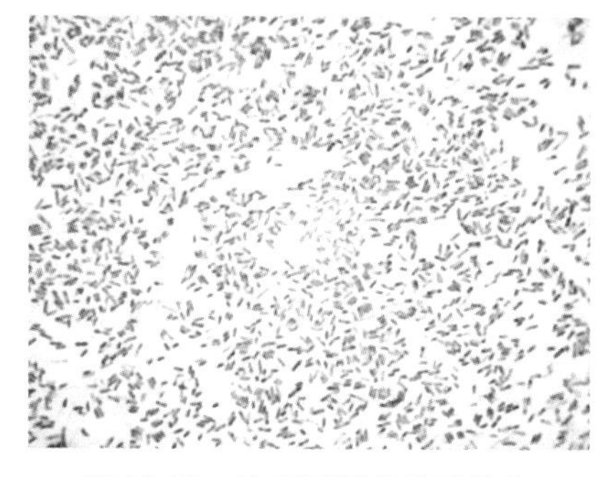

图11-12　沙门氏菌革兰氏染色

1. 细菌的分离培养

取病料直接接种在普通肉汤、营养琼脂平板、SS或麦康凯琼脂平板（见图11-13、图11-14）、鲜血琼脂培养基上，37 ℃培养18～24 h，在肉汤中呈轻度均匀混浊生长；在营养琼脂平板上生长贫瘠；在SS或麦康凯琼脂平板上长成圆整、光滑、湿润和半透明的无色小菌落（见图11-13），在鲜血琼脂平板上生长良好，菌落呈灰白色不溶血。

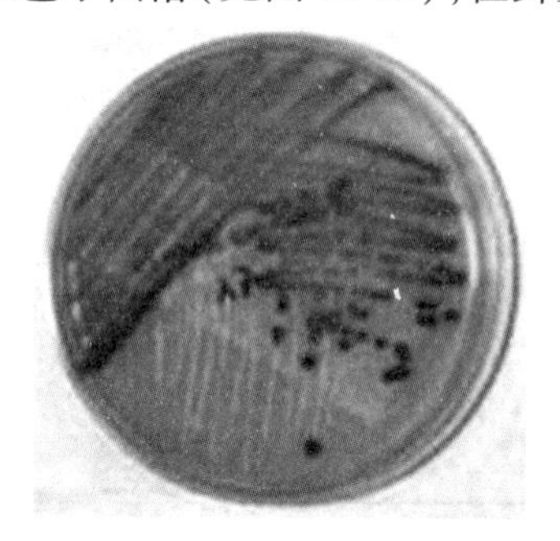

图11-13　SS琼脂

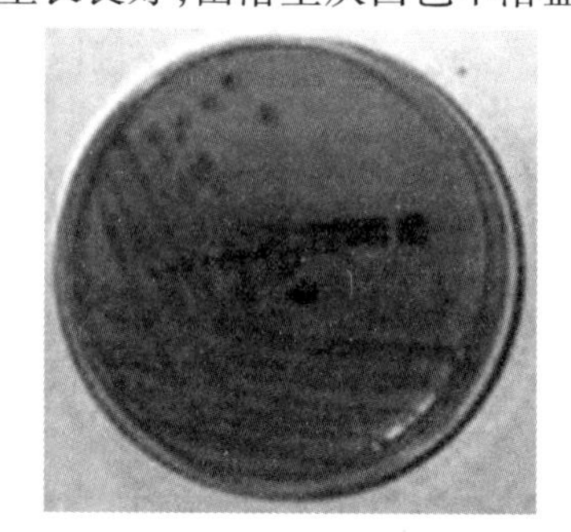

图11-14　麦康凯琼脂

如所取病料中含菌量太少，可以先在四硫磺酸钠肉汤或胆汁肉汤中进行增菌，然后再接种于选择培养基进行培养。

2. 生化反应

禽沙门氏菌能发酵葡萄糖、甘露醇，不发酵乳糖、蔗糖、麦芽糖和卫矛醇（鸡伤寒沙门氏菌产酸，副伤寒沙门氏菌产酸产气），不产生吲哚，不分解尿素，产生硫化氢。

潘孝彰等（1988）所研制的华山－86快速生化鉴定系统，不仅操作简便，而且快速（4 h可观察结果），本系统与常规方法、美国的AMS对比，其符合率都比较高。生化反应后，对鸡白痢和鸡伤寒沙门氏菌可以用D群多价抗血清或单因子血清与分离到的细菌纯培养物做玻片凝集试验。

3. 动物接种试验

必要时可取分离菌液经口服或腹腔注射易感雏鸡，若鸡表现与自然病例相同的症状及病理变化，又从病死鸡中分离到沙门氏菌即可确诊。

（三）血清学诊断

1. 白痢的血清学诊断

血清学诊断主要用于检出鸡群中的鸡白痢带菌者，是目前控制本病的有效方法。常用的血清学诊断方法有平板凝集试验、试管凝集试验和琼脂扩散试验，临床应用时可根据不同目的和要求选择适宜的方法。

1）平板凝集试验

取洁净无油渍玻板一块，用玻璃笔划成2 cm×3 cm小格，每一被检鸡占一小格，每小格内先加已知鸡白痢平板凝集抗原 1 滴(约 0.05 ml),然后加等量待检全血(血清或卵黄),将二者充分混匀,在 20 ℃条件下 2 min 内观察结果。若抗原在 2 min 内形成块状凝集则为阳性,不形成凝集块为阴性。本法具有操作简单、反应快的特点,尤其全血平板凝集试验应用最为普遍,可以直接在现场检测,对于大批散养蛋种鸡和平养肉种鸡的净化检疫尤为适合。血清平板凝集试验具有特异性强、敏感性高、检出阳性率高的特点,适用于 135 日龄以上笼养蛋种鸡和肉种鸡的大群净化检疫。卵黄平板凝集试验只适用于种蛋的检疫,对于单笼饲养的种鸡采用此法检疫,可以消除检疫时因抓鸡而给鸡群带来的应激反应。平板凝集试验的不足之处是只能用于 3 月龄以上的鸡群检疫。

2)试管凝集试验

首先用 0.5% 石炭酸生理盐水将待检血清稀释成 1:20、1:40、1:80 或更高的稀释度,各取 1 ml 分装试管,然后每管中加入试管凝集抗原 1 ml,充分混匀,血清最终稀释度分别为 1:40、1:80、1:160、1:320 等。然后放入 37 ℃温箱中作用 24 h,取出判断结果,凡是 1:80 出现 50% 凝集(++)以上者为阳性反应。此法不仅可以定性检测,还可以定量检测,且具有特异性强、敏感性高、检出阳性率高的特点。由于此法的操作比较复杂,需要时间较长,所以对于鸡群的净化检疫应用的不是很普遍。

3)琼脂扩散试验

采集鸡血清(卵黄)与琼脂扩散抗原作试验,若血清(卵黄)孔与抗原孔之间出现沉淀线,此血清(卵黄)为阳性反应。此法适用于 3 月龄以下的鸡只检疫,卵黄琼脂扩散试验适用于种蛋的检疫。

2. 鸡伤寒的血清学诊断

我国目前所用的抗原是用鸡白痢沙门氏菌和鸡伤寒沙门氏菌制备的混合抗原,既可用于检出鸡白痢病,也可用于检出鸡伤寒病,操作方法基本同鸡白痢的血清学诊断。

3. 鸡副伤寒的血清学诊断

由于副伤寒菌包括了许多沙门氏菌,它们的血清型彼此不相同,所以用单一阳性血清与分离出的纯培养物作血清学反应是不适当的,同样用单一抗原来检查慢性带菌鸡也是不适用的,那样将会产生误诊和漏检。

有些地区流行的副伤寒沙门氏菌病常为一固定的血清型,可用此血清型的菌制备抗原或阳性血清,供给本地区对该血清型沙门氏菌的检疫或诊断。

三、葡萄球菌病

本病主要发生于肉用仔鸡、笼养鸡及饲养条件较差的鸡,由金黄色葡萄菌引起,以病鸡的关节炎或皮肤发生水疱性炎症为特征。

根据临床症状、流行病学、病理剖检可作初步诊断,确诊需进行病原分离鉴定并结合实验室诊断。

(一)病料的采取

无菌采取病鸡、死鸡的心血、肝、脾、关节液、发炎皮肤、皮下渗出液、雏鸡的卵黄作为待检材料。

（二）镜检

用上述病料涂片、染色、镜检，可见单个、成双或葡萄串状排列的球菌（见图 11-15）。

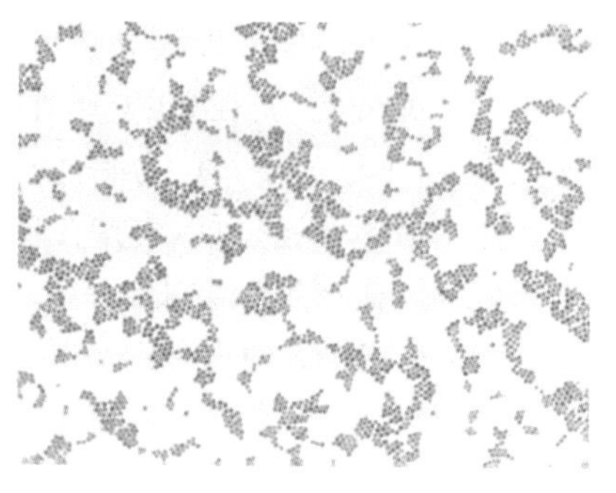
图 11-15 金黄色葡萄球菌

（三）分离培养与鉴定

1. 分离培养

将病料直接接种于普通肉汤、营养琼脂平板或 5% 羊血琼脂平板上，37 ℃培养 24 h，生长良好。普通肉汤呈均匀一致混浊，管底有少量灰白色沉淀物；在营养琼脂平板上形成圆形、光滑、湿润、凸起、边缘整齐、直径 1.5 ~2 mm 的菌落。菌落颜色多为橘黄或金黄色；血琼脂平板置 4 ℃冰箱过夜后观察，大多数金黄色葡萄球菌能产生 β 溶血，而其他葡萄球菌不能。

2. 生化特性检查

葡萄球菌能发酵葡萄糖、麦芽糖、蔗糖、甘露醇，产酸不产气，多数菌株能分解乳糖，不分解水杨苷、卫矛醇。接触酶试验阳性，能使石蕊牛乳变红，但不凝固。能分解甘露醇的多为致病菌。

3. 凝血浆酶试验

凝血浆酶试验分为玻片法和试管法。

（1）玻片法：在玻片上放生理盐水稀释的菌悬液或肉汤培养物 1 滴，在菌液附近滴兔血浆 1 滴，用接种环将菌液混入血浆中，经 10 ~ 30 s 肉眼观察，如细菌聚集成堆者为阳性。

（2）试管法：在小试管内加 0.5 ml 兔血浆，再加一菌落或 0.5 ml 肉汤培养物，混匀后，37 ℃水浴中培养，每隔 30 min 将试管倒置一次，观察血浆是否凝固，连续观察到 4 h 为止，血浆凝固酶阳性者为致病性葡萄球菌。

4. 动物感染试验

取待检肉汤培养物接种 20 ~ 50 日龄的雏鸡，每只肌肉或皮下注射 0.2 ml。如接种 24 h 后开始发病死亡，从中又分离到金黄色葡萄球菌，即可确诊。

5. 血清学诊断

血清学试验还未作为本病的常规诊断方法，但微量凝集试验已有报道。

四、禽巴氏杆菌病

禽巴氏杆菌病又称禽霍乱，是禽类的一种常见病，由多杀性巴氏杆菌引起的一种传染病。各种类型的禽均可感染并导致死亡。最急性者无任何临床症状，死后尸体外表和内脏均无明显变化。急性者则临床上表现无神、厌食和腹泻等症状，死后可见败血症变化，内脏器官有充血和出血变化，肝和脾肿大并有坏死灶。慢性者则表现为消瘦、精神不振和冠苍白等症状。急性死亡禽的血液、肝或脾的涂片染色后，可见到两极浓染的小杆菌。据此并结合症状和病变可作出初步诊断，确诊则需分离出多杀性巴氏杆菌。

本病呈世界性分布，在国外的鸡场较少发生，其原因有二：一是因饲料中含有抗菌药物而起到预防的作用，另一是因隔离消毒条件较好，鸡没有同病菌接触的机会。只是在火鸡场时有发生的报道，因火鸡多为散养放牧，同外界有较多的接触机会。我国一些条件较好的大型鸡场也很少有此病的发生，但一些中、小型鸡场则因隔离、消毒条件差，时有发病的报告，此病在我国农村更是多有发生，南方诸省市一年四季均有发生，北方诸省市则多在秋季发生流行。此病为危害养禽业发展的重要疫病之一。

（一）病料采集、处理

最急性型和急性型死亡鸡的全身脏器中都可以分离出病菌，一般从肝、脾和心脏中分离菌，尸体腐败时，可从白骨髓中分离。慢性型病例则从局部病变组织中分离。

（二）细菌分离与鉴定

1. 细菌分离培养

将供分离菌的组织表面用热铁片烧烙，取内部组织接种至血琼脂和马丁汤中，37 ℃培养 18 ~24 h 即可见到细菌生长。病菌在普通琼脂上也可生长，但不旺盛。在血琼脂和葡萄糖淀粉琼脂上生长良好。在马丁汤和普通肉汤中可生长。培养基中加 5% 灭活血清可提高分离率。最适生长温度为 35 ~37 ℃，pH 为 7.2 ~7.4。

2. 细菌鉴定

1）菌落和细菌形态

禽霍乱的病原菌是多杀性巴氏杆菌，它是兼性厌氧菌，菌体呈球杆状或短杆状，大小为（0.2 ~0.4）μm ×（0.6 ~2.5）μm，革兰氏染色阴性，单个或成对存在。新分离的菌两极浓染，死鸡的血液涂片或肝、脾触片染色后，可见到此种两极浓染的短杆菌（见图 11-16）。新分离的菌种有荚膜。在血琼脂上菌落为圆形，微突起，呈灰白色奶油状，相邻的菌落常融化在一起，菌落间的界限不清。在马丁汤中生长呈均匀轻度混浊，培养时间较长则在底部形成沉淀。轻轻摇动则沉淀呈线状上升而不扩散。在含 0.1% 血红素马丁琼脂上，菌落光滑，半透明，在暗室内经 45°折射光照射平皿上的菌落时，可观察到菌落有橘红色荧光。

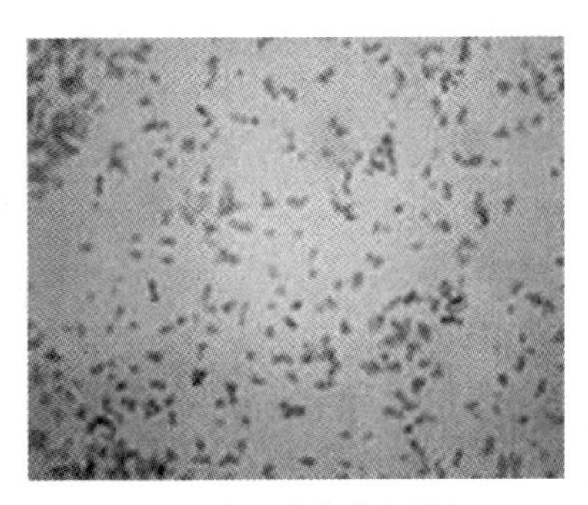

图 11-16　美蓝染色结果

2）生化试验

多杀性巴氏杆菌不引起溶血，不能运动，在麦康凯培养基上不生长，对糖发酵和酶产生情况如表 11-5 和图 11-17 所示。

表 11-5　糖发酵和酶产生情况

试验	多杀性巴氏杆菌	鸭疫巴氏杆菌	溶血巴氏杆菌	鸡巴氏杆菌
溶血	–	–	+	–
麦康凯琼脂	–	–	+u	–
吲哚	+	–	–	–
运动力	–	–	–	–

续表 11-5

试验	多杀性巴氏杆菌	鸭疫巴氏杆菌	溶血巴氏杆菌	鸡巴氏杆菌
明胶	−	+u	−	−
过氧化氢酶	+	+	+u	−
氧化酶	+	v	+	+
尿素酶	−	−	−	−
葡萄糖	+	−	+	+
乳糖	−u	−	+u	−
蔗糖	+	−	+	+
麦芽糖	−u	−	−u	+

注：+反应，−无反应，−u 通常无反应，+u 通常有反应，v 可变性反应。

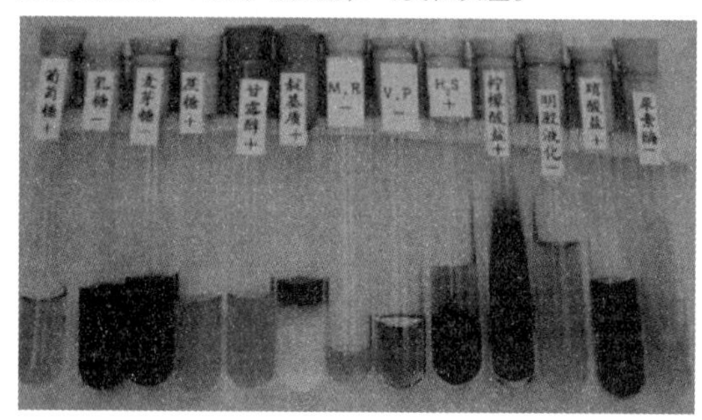

图 11-17　生化试验结果（注：+反应，−无反应）

3）血清学试验

多杀性巴氏杆菌的荚膜血清组共分为 A、B、C、D、E 和 F 组，除 E 外，其他各组均曾从禽体内分离到，菌体共分 1～16 型，除 8 型和 13 型外，也均从禽体中分离到。对新分离的菌种测定血清组和血清型时，需要专门的实验室来进行工作。因多杀性巴氏杆菌是最容易鉴定的细菌，通过观察菌落形态及革兰氏染色的菌体形态即可鉴定，一般不需要作血清学试验鉴定。

禽霍乱很少用血清学试验来诊断，通过病原菌的分离与鉴定即很容易确诊。血清学试验如凝集试验、琼脂扩散试验和被动血凝试验等可用来检测血清中的抗体，但敏感性都不高。目前，应用较多的诊断方法是琼脂扩散试验。

五、鸡传染性鼻炎

传染性鼻炎（Infectious Coryza）是鸡的一种急性上呼吸道病，该病的病原体曾认为是鸡嗜血杆菌，到 20 世纪 60 年代，发现自病鸡分离到的所有菌株都只需要 V 因子就可以生长良好，因此对传染性鼻炎的病原菌改称之为副鸡嗜血杆菌（Htaemophilus Paraga Uinarum）。本病在世界范围内普遍存在，主要特征为眼和鼻黏膜发生不同程度的炎症，发病率很高,可以引起幼鸡发育受阻,蛋鸡的产蛋率下降 10% ~40%,造成很大的经济损失。

（一）病料的采集和处理

剖检 2 ~3 只急性发病鸡,用灼热的刀片烫烙窦部皮肤,以无菌手术刀切开皮肤,将灭菌的棉拭子插入窦腔内部,取出棉拭子在有培养基的平皿表面涂抹,一般在窦腔内的取样都可以获得副鸡嗜血杆菌的纯培养。副鸡嗜血杆菌对外界环境抵抗力很弱,离开鸡体后最多能存活 5 h。如果在短时间内无法培养时,可将病料冰冻保存,以备日后分离病原菌。

（二）病原菌分离与鉴定

1. 病原菌分离

副鸡嗜血杆菌在普通琼脂培养基上不能生长,培养基中需含有血液或其成分参与,因此常用巧克力琼脂、鸡血清鸡肉汤琼脂和鸡血清鸡肉汤培养基。副鸡嗜血杆菌在培养过程中需要 5% ~10% CO_2,如没有 CO_2 培养箱,可用燃烛法:将培养物放入玻璃缸内,在缸内点燃一支蜡烛,然后将缸加盖密封即可,在液体培养基中培养时不需加 CO_2,液体呈均匀混浊。

2. 病原菌鉴定

1）形态及染色

副鸡嗜血杆菌为革兰氏染色阴性杆菌,形态呈多样性,自球状至长杆状,长短不一,长 1 ~3 μm,宽 0.4 ~0.8 μm,在窦分泌物的涂片中可见到该菌的两极染色(见图 11-18)。在固体培养基上的初代菌落有荧光性和荚膜,多次传代之后,荧光性与荚膜均消失,在鲜血琼脂培养基培养 24 h 后,形成细小透明针尖大的菌落,不溶血。

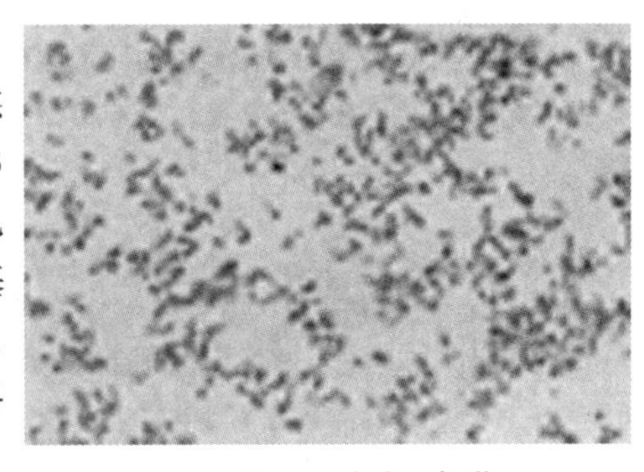

图 11-18　副鸡嗜血杆菌

2）“卫星现象”观察

本菌生长时需要 V 因子,葡萄球菌生长时可产生 V 因子扩散至培养基中,因此在平皿上将葡萄球菌与分离菌交叉画线,培养 24 h 后,如分离菌为副鸡嗜血杆菌,则可见在葡萄球菌菌落附近生长的菌落旺盛,菌落呈小露珠样,菌落直径 0.3 mm,离葡萄球菌菌落越远则菌落越小,此种现象称为“卫星现象”,它是本菌鉴定的重要依据。

3）理化特性

副鸡嗜血杆菌离开宿主之后,很快即死亡。悬浮于自来水中的排泄物,室温下 4 h 即失去活性,排泄物或组织在 37 ℃下感染性仅保持 24 h,在 44 ~55 ℃的培养物于 2 ~10 min 即死亡。副鸡嗜血杆菌在血液琼脂上,可每周传代一次保存,通过 5 ~7 日龄鸡胚卵黄囊接种可大量繁殖,收获卵黄冰冻 -70 ℃保存或冻干保存。副鸡嗜血杆菌的主要生化特性:还原硝酸盐,不产生吲哚,不产生硫化氢,过氧化氢阴性,分解葡萄糖产酸不产气,不发酵海藻糖,对其他糖的发酵则随菌种而异。

4）动物试验

用 4 ~6 只幼鸡,每只鸡窦内接种 0.2 ml 分离菌培养物,如在 2 ~7 d 内出现流鼻液和面部肿胀等传染性鼻炎的症状,则此培养物为副鸡嗜血杆菌。

5)血清学鉴定

血清学鉴定方法见“血清学检验”中所述。

(三)血清学检验

血清学方法有很多种,常用于鉴定培养物和检测抗体的方法有玻片凝集试验和琼脂扩散试验,前者可用于血清学分型,后者只能用于本病的定性试验。

1. 玻片凝集试验

用已知的传染性鼻炎抗血清检验分离的被检菌。在载玻片上放1滴抗血清和1滴生理盐水,然后向其中分别加入用被检菌制备的抗原(每毫升抗原约含60亿个菌)各1滴,充分混合后,转动玻片3~5 min,如果血清滴处出现凝集而生理盐水滴处不凝集时,即可判定被检菌为副鸡嗜血杆菌。反之,用副鸡嗜血杆菌制备抗原,即可用于检测鸡血清中的抗体。利用玻片凝集试验可以把副鸡嗜血杆菌分为A、B、C三个血清型,在我国分离出的副鸡嗜血杆菌,多数为A型,少数为C型。

2. 琼脂扩散试验

本试验可用已知抗血清检验被检细菌,也可用已知抗原检测被检血清中的抗体。本法只能用于细菌和抗体的定性,不能用于细菌或血清的分型。首先将副鸡嗜血杆菌(或待检细菌)制成每毫升含菌2 000亿~3 000亿个的悬液,用超声波或反复冻融将菌体裂解制备琼扩抗原,琼脂板是用PBS(pH7.4)配制1%琼脂,内含8%氯化钠和0.01%硫柳汞制备。中央孔加抗原,周边孔加血清,琼脂板放湿盒内,放置于37 ℃或室温(20~25 ℃),24~72 h检查沉淀线,阳性血清可出现2~3条沉淀线。鸡在感染或疫苗接种2周后,血清即可出现阳性反应,并且持续时间最少为11周。反之,若用分离出的待检菌制备琼扩抗原,同已知的阳性血清作琼扩试验,如果出现阳性反应,则待检菌即可鉴定为副鸡嗜血杆菌。

六、支原体病

鸡败血支原体病感染统称为慢性呼吸道疾病;鸡慢性呼吸道病是由鸡败血支原体引起的鸡的一种慢性呼吸道传染病,其特征是咳嗽、喷嚏和气管啰音,上呼吸道炎症及气管中有干酪样物,成年鸡呈隐性感染。本病在许多地区的鸡群中长期存在,鸡慢性呼吸道病发生以后,可以导致免疫抑制,容易与大肠杆菌合并感染,产生严重的呼吸道症状,给养鸡生产造成很大的损失,是目前养鸡生产面临的严峻疾病之一。

(一)病料的采取

无菌采取病死鸡的气管或气囊渗出物、鼻甲骨、鼻窦的渗出物或肺组织等作为病料。

(二)病原体的分离和鉴定

将病料制备成混悬液,加入青、链霉素各1 000~2 000 μg/ml处理后,直接接种于液体培养基中,37 ℃培养5~7 d,若在培养基中加有酚红指示剂,待培养基由红变黄后,移植到固体培养基上,在37 ℃非常潮湿的环境中培养3~5 d,即可得到具有“油煎蛋状”典型的支原体菌落。而后可做鸡红细胞吸附试验进行鉴定。

(1)镜检:取培养物制备涂片,姬姆萨染色,镜检,可见到卵圆形或小球状的病原菌,常呈丝状。

(2)鸡红细胞吸附试验:取 15 ~20 ml 0.25% 鸡红细胞悬液于培养好的支原体平皿中;室温放置 15 ~20 min,弃去红细胞液,用生理盐水冲洗培养基表面 2 ~3 次,低倍镜检查,致病性菌落表面吸满红细胞,而非致病性菌不能吸附红细胞。

此外,还可以用培养物做雏鸡接种试验、支原体菌落直接免疫荧光试验、琼脂凝胶沉淀试验等。直接免疫酶法也可用于鉴定败血支原体培养物。

(三)鸡败血支原体病(MG) 血清学诊断

对鸡群感染败血支原体的监测,通常采用以下几种方法。

1. 全血凝集反应

这是目前国内外用于诊断该病的简易方法,在 20 ~25 ℃室温下进行,先滴两滴染色抗原于白瓷板或玻璃板上,再用针刺破翅下静脉,吸 1 滴新鲜血液滴入抗原中,轻轻搅拌,充分混合,将玻板轻轻左右摇动,在 1 ~2 min 内判断结果。在液滴中出现蓝紫色凝块者可判为阳性,如仅在液滴边缘部分出现蓝紫色带,或超过 2 min 仅在边缘部分出现颗粒状物时可判定为疑似,经过 2 min,液滴无变化者为阴性。

2. 血清凝集反应

本法用于测定血清中的抗体凝集效价。首先用磷酸盐缓冲盐水将血清进行 2 倍系列稀释,然后取 1 滴抗原与 1 滴稀释血清混合,在 1 ~2 min 内判定结果。能使抗原凝集的血清最高稀释倍数为血清的凝集效价。平板凝集反应的优点是快速、经济、敏感性高,感染禽可早在感染后 7 ~10 d 就表现阳性反应。其缺点是特异性低,容易出现假阳性反应,为了减少假阳性反应的出现,试验时我们一定要用无污染、没冻结过的新鲜血清。

3. 血凝抑制试验

本法用于检测血清中的抗体效价或诊断本病病原。测定抗体效价的具体操作与新城疫血凝抑制试验方法基本相同。反应使用的抗原是将幼龄的培养物离心,将沉淀细胞用少量磷酸盐缓冲盐水悬浮并与等体积的甘油混合,分装后于 -70 ℃保存。使用时首先测定其对红细胞的凝集价,然后在血凝抑制试验中使用 4 个血凝单位,一般血凝抑制价在1∶80以上判为阳性。诊断本病病原时可先测其血凝价,然后用已知效价的抗体对其做凝集抑制试验,如果两者相符或相差 1 ~2 个滴度即可判定该病原菌为本菌。

此方法特异性高,但敏感性低于平板凝集试验,一般鸡只感染 3 周以后才能被检出阳性。

4. 琼脂扩散试验

用兔制备抗支原体的特异性抗血清,主要用于各种禽支原体的血清分型,也可用于检测鸡和火鸡血清中的特异性抗体。

5. 酶联免疫吸附试验(ELISA)

本试验具有很高的特异性,而且敏感性比 HI 试验高许多倍。其抗体在感染后约与 HI 试验相同时间测得,其缺点是容易出现假阳性反应,这个问题可以通过使用改进的抗原制剂来消除。

(四)鸡滑膜支原体

1. 病料的采取

无菌采取病鸡的关节液、肝、脾、胸部水泡作病料。

2. 病原分离和鉴定

将病料用营养肉汤作1:5稀释,然后接种于5～7日龄鸡胚的卵黄囊,接种后4～10 d鸡胚死亡,收获其尿囊液,同时检查胚体有无水肿、出血等病变,再将收获的尿囊液接种于琼脂平板进行培养,作进一步鉴定。此外,可用病料混悬液或收获的鸡胚尿囊液做鸡足底接种试验;也可用菌落压印或接触菌落进行荧光抗体检查作鉴定。

3. 滑膜囊支原体病(MS)血清学诊断

检测鸡群血清抗体常用的方法是血清平板凝集试验和琼脂扩散试验,受感染的鸡一般需要2～4周才能产生抗体,所以第一次血清学检查阴性,不能就此了事,还需要间隔数日再做几次重复检查。另外,鸡败血霉形体抗原与滑膜囊支原体抗原之间有交叉反应,对此情况可用HI试验进一步确认,因两者在此反应中无交叉反应。

用血清学检测本病感染情况时,需要注意的是平板凝集试验常会出现非特异性凝集反应,尤其是注射过油乳剂疫苗的鸡,有这种情况发生时,需要用琼脂扩散或血凝抑制试验证实反应的特异性。

七、鸭传染性浆膜炎

鸭传染性浆膜炎又称为鸭疫里默氏菌病,是由鸭疫里氏杆菌（RA)引起的鸭的一种接触性急性或慢性败血性的传染病,主要侵害27日龄的小鸭,本病特征为纤维素性心包炎、肝周炎、气囊炎、干酪性输卵管炎、关节炎及麻痹。1932年首次在美国纽约长岛发现,随后英国、澳大利亚、加拿大、德国、新加坡、泰国、韩国等均有报道,目前本病已成为世界性疫病。我国邝荣禄等于1975年首次报道本病发现于广州,1982年郭玉璞等在北京郊区首次分离鉴定出鸭疫里氏杆菌,并成功复制出该病原。

本病在易感雏鸭群中的发病率和死亡率都很高,常引起小鸭大批死亡及导致鸭的发育迟缓,是造成小鸭死亡最严重的传染病之一,严重影响到养鸭业的发展。

(一)病料的采集、处理

将初步诊断为鸭浆膜炎的病鸭或死亡鸭,在无菌条件下剖解,取血、肝、脾、脑的样品以供病原的分离与鉴定。

(二)病原的分离与鉴定

1. 直接镜检

1)染色法

无菌取病鸭肝脏涂片,革兰氏染色镜检见两极浓染的革兰氏阴性的短小杆菌,菌体较小,呈单个存在(见图11-19)。无菌取血、肝、脾、脑的样品,制成涂片,用瑞氏染色法或美蓝染色法染色,风干后镜检,可见两极着色的小杆菌。

2)荧光抗体法

取备检鸭的脑、肝组织和渗出物做涂片,火焰固定,用特异荧光抗体染色,在荧光显微镜下检查,可见黄绿色环状结构,多为单个散在,个别呈短链排列,其他细菌不着色(见图11-20)。此方法快速、准确,并可区分大肠杆菌、多杀性巴氏杆菌和沙门氏菌等。

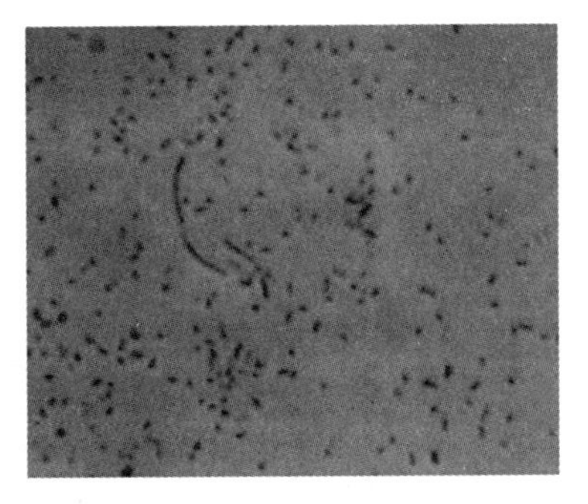
图 11-19　革兰氏染色结果

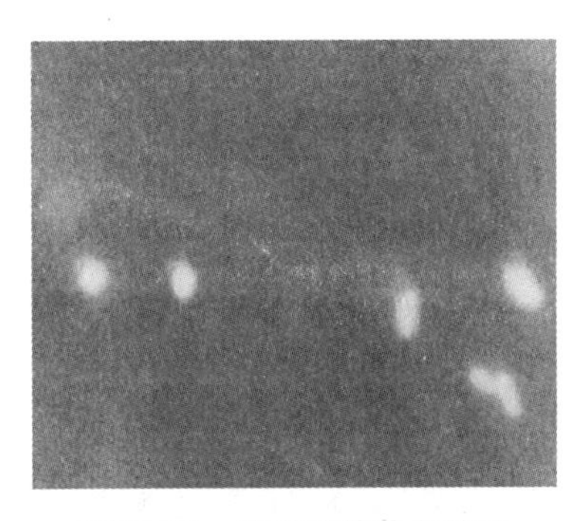
图 11-20　荧光抗体染色结果

2. 细菌分离培养

无菌采取病鸭肝脏，分别接种鲜血琼脂斜面平板、胰酶大豆琼脂平板和麦康凯琼脂平板，置于蜡烛缸内 37 ℃培养 24 ~ 48 h，鲜血琼脂斜面上可见 2 ~ 3 mm 隆起、灰白色、半透明、圆形微凸的小菌落，不溶血，奶油色的细小菌落（见图 11-21）。胰酶大豆琼脂上菌落约 2 mm，圆形，奶白色，突起，光滑，边缘整齐，斜光观察时菌落发绿光，有时培养基亦被衬成绿色，不同菌株绿光深浅程度不同。在麦康凯琼脂平板上未见细菌生长。取鲜血琼脂和胰酶大豆琼脂平板上的菌落涂片染色镜检，见革兰氏阴性细小杆菌，呈单个或成对分布，瑞氏染色见两极浓染。

图 11-21　血琼脂培养上的菌落

3. 生化试验

对上述培养的细菌进行纯化，用其纯培养物分别做吲哚试验、MR 试验、V－P 试验、枸橼酸盐利用、三糖铁试验、明胶液化试验、接触酶试验、尿素酶分解，葡萄糖、蔗糖、乳糖、麦芽糖、阿拉伯糖、甘露醇、卫矛醇、鼠李糖、果糖、木糖、棉实糖和山梨醇发酵试验，37 ℃烛缸培养，连续观察 7 d，接触酶试验和尿素酶分解皆为阳性，其余各项全为阴性。

4. 血型鉴定

(1)琼脂扩散试验(AGP)：此方法用于分离物的血清学鉴定。具体操作方法按常规进行。

(2)平板凝集试验：是一种快速特异的方法，可用于血清型的鉴定。基本方法按常规进行。

第三节　真菌性疾病

一、曲霉菌病

曲霉菌病是多种禽类、人和其他哺乳动物共患的一种真菌病，主要侵害呼吸系统，在肺和气囊发生炎症和小结节，导致呼吸困难，甚至窒息死亡。病原体主要为曲霉属中的烟曲霉和黄曲霉,其次为构巢曲霉、黑曲霉和土曲霉等。本病发生于世界各地,对雏鸡的危害最大,可引起幼雏大批死亡,造成重大经济损失。对曲霉菌病的诊断,近年来提出了一些新方法。但是,各国确定的常用方法,仍是标准中规定的病理学检查和病原学检查。病理学检查(包括在病变组织内发现曲霉菌)可以确定病性(如图 11-22、图 11-23 所示),病原学检查不仅可以提高诊断率,而且能够鉴定曲霉菌菌种。

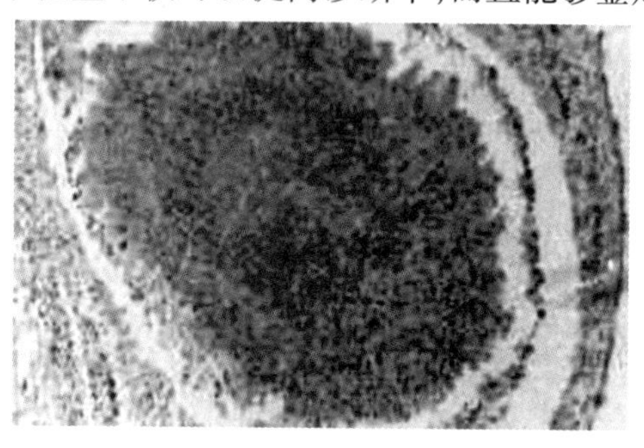

图 11-22　显微镜下患鸡肺内的霉菌性坏死结节形态,中心坏死组织内见多量曲霉菌

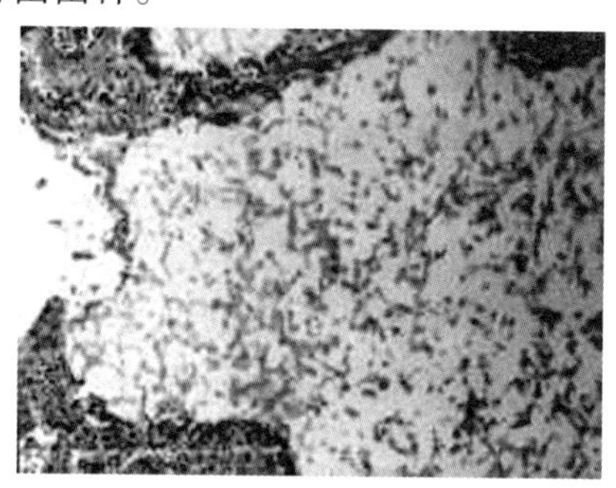

图 11-23　生长在曲霉菌病患鸡肺内的曲霉菌

(一)病料采集、处理

对病理学检查可疑的病禽,应无菌操作采取带有病变(如结节、霉菌斑等)的组织各数小块,置于灭菌容器(如中试管)内冷藏,并尽快送检,如果不能立即送检,可暂时保存于 30% 甘油缓冲液中。

(二)检查方法

1. 压滴标本法

取结节置于载玻片上,用手术刀切开,由切面刮取干酪样坏死组织,或由病变组织表面刮取霉菌斑,或用铂金针钩取纯培养物置于载玻片中央,加 1 ~ 2 滴乳酸酚棉蓝染色液或生理盐水,用大头针将组织块或菌团撕扯开,压上盖玻片(注意勿产生气泡),制成压滴标本。如果组织碎块较硬,可改用 1 ~ 2 滴 20% 氢氧化钾(KOH)溶液,并在火焰上微微加温后压片。显微镜检查时,先用低倍物镜发现目标,再用高倍物镜详细观察菌体形态。经棉蓝染色的菌体呈蓝色。

2. 分离培养法

取沙保劳(Sabouraud)氏葡萄糖琼脂培养基或改良察贝克培养基平皿若干个(通常每份样品用 4 个),做好标记。将铂金耳在火焰上烧灼灭菌,冷却后钩取干酪样坏死组织或霉菌斑,均匀涂抹于培养基表面;或者用铂金针蘸取样品,小块点播刺种于培养基表层。接种完毕,将铂金耳或针在火焰上烧灼灭菌,将接种过的培养皿放在 27 ℃或 37 ℃恒温箱内进行培养。通常于 36 h 后即可见菌落出现。观察菌落形态。

3. 结果判定

在可疑病禽(鸟)的病变组织中,观察到或分离出曲霉菌,即可确诊为禽曲霉菌病。如要确定为何种曲霉菌所感染,要依据菌落和菌体的形态特征,对所分离的曲霉菌进行菌种鉴定(见图 11-24、图 11-25)。

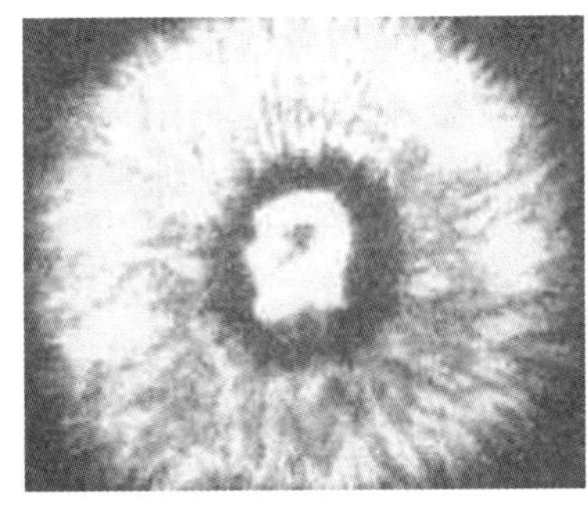

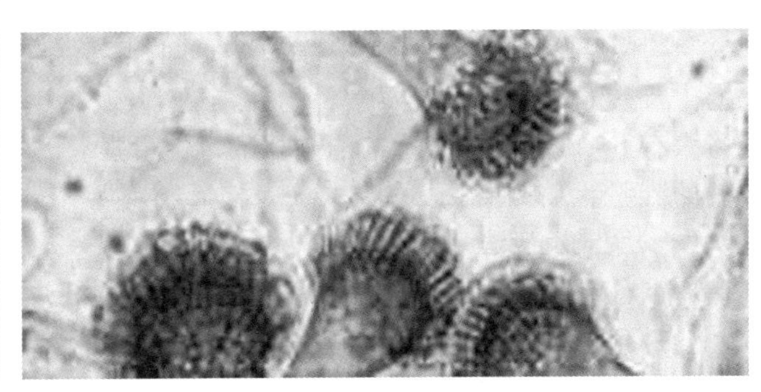

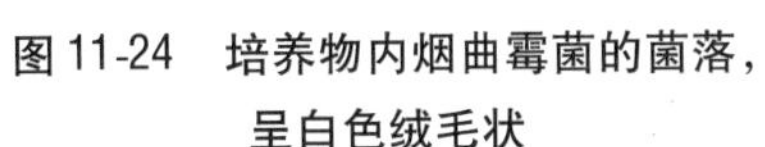

图 11-24　培养物内烟曲霉菌的菌落，呈白色绒毛状

图 11-25　烟曲霉菌的分生孢子梗头顶部（头囊）

二、念珠菌病

禽念珠菌病又称霉菌性口炎、白色念珠菌病，俗称鹅口疮，其特征是在上消化道黏膜发生白色假膜和溃疡。

（一）病料的采集镜检

取病变部位的棉拭子或痰液、渗出物等涂片，可见到革兰氏染色阳性，有芽生酵母样细胞和假菌丝（见图 11-26）。

（二）分离培养

将上述样品培养在沙氏培养基上，置于室温或 37 ℃培养，然后检查典型菌落中的细胞和假菌丝（见图 11-27）。

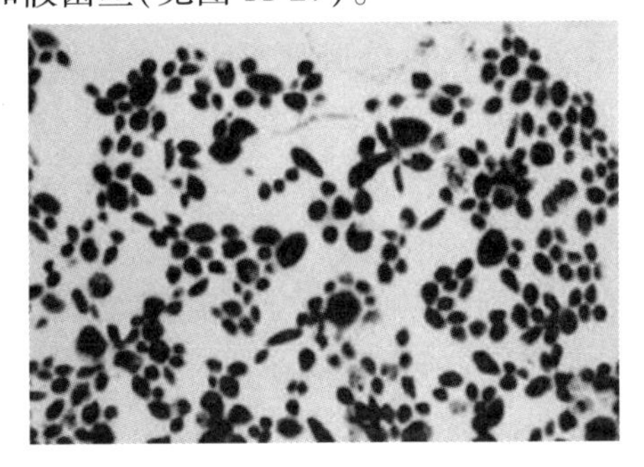

图 11-26　白色念珠菌革兰氏染色

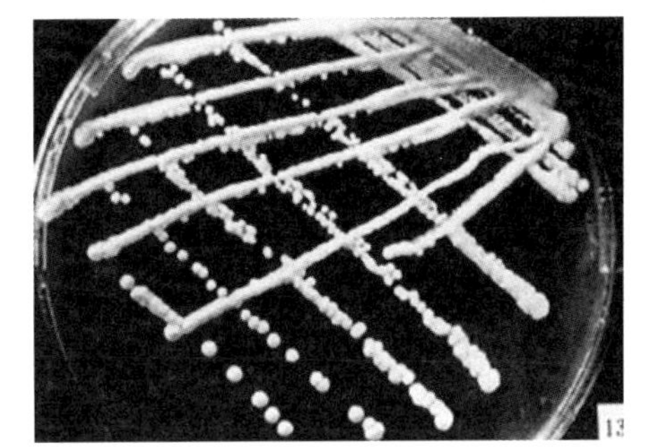

图 11-27　白色念珠菌菌落

在含有 0.5% 吐温 -80 的玉米粉琼脂培养基上，对白色念珠菌作特异性鉴定时，可在 2 ~3 d 后用低倍目镜的焦点对准划线处的培养皿背面或划线边缘的盖玻片上，沿着此线的边缘可看到菌丝顶端和两边有典型的细胞壁很厚的圆形厚膜孢子，两边还有成串的芽，这是白色念珠菌的特征，其他念珠菌不产生厚膜孢子。

（三）动物接种试验

将病料或培养物制成 10% 混悬液给家兔肌肉注射 1 ml。经 1 ~5 d 死亡，剖检可见肾肿大，在肾的皮质部散布许多小脓肿。

三、真菌毒素中毒

采食了被黄曲霉菌或寄生曲霉等污染的含有毒素的玉米、花生粕、豆粕、棉籽饼、麸皮、混合料和配合料等，可引起中毒。黄曲霉菌广泛存在于自然界，在温暖潮湿的环境中最易生长繁殖，产生黄曲霉毒素。黄曲霉毒素及其衍生物有 20 余种，引起家禽中毒的主要毒素有 B_1、B_2、G_1、G_2、M_1、M_2，以 B_1 的毒性最强。以幼龄的鸡、鸭和火鸡，特别是 2～6 周龄的雏鸭最为敏感。

（一）荧光反应法

取饲料样品 2.5 kg，分别盛于几只盘内，摊为薄层，放在 365 nm 波长的紫外线灯下观察。如果有些饲料颗粒发生蓝色荧光，是含有黄曲霉毒素 B 族，发生黄绿色荧光是含有黄曲霉毒素 G 族。

如果几盘样品都不出现荧光，可加工磨细再观察，仍无荧光则可判断为阴性。

（二）雏鸭中毒试验

雏鸭对黄曲霉素极为敏感，1 日龄雏鸭一次口服该毒素 12～28 μg，约 72 h 有半数试验鸭死亡。据此可取饲料样品用普通霉苗培养基进行培养，待培养出菌丝再进一步鉴定它是不是产毒菌株。可取培养物少许，给 7 日龄以下雏鸭数只分别口服，观察毒性反应。发生中毒时，雏鸭表现为步态不稳，继而瘫痪，腿脚皮下出血，外观呈紫红色，最后头向后仰，呈角弓反张而死亡。

第十二章　猪病实验室检测技术

第一节　病毒性传染病

一、猪瘟(Hog Chorera,HC)

猪瘟又称猪霍乱,是由猪瘟病毒引起的猪的一种急性热性接触性传染病。猪瘟病毒只有一个血清型,只感染猪,任何年龄的猪都易感,发病无季节性,以直接接触传播为主,也可通过器具、空气、胎盘感染,其临床表现为体温40.5 ℃以上,倦怠,食欲不振,精神萎顿,可视黏膜充血、出血或有不正常分泌物,发绀,便秘、腹泻交替;仔猪有衰弱、震颤或发育不良现象,成活率低。其病理剖检变化为:肾皮质色泽变淡,有点状出血;淋巴结外观充血肿胀,切面周边出血,呈红白相间的大理石样;脾不胀大,边缘发现楔状梗死区;喉头、膀胱有小点出血;全身出血性变化,多呈小片或点状;回盲瓣、回肠、结肠形成纽扣状肿;公猪包皮积尿。

据流行病学、发病猪的临床症状、病理剖检变化可初步诊断为猪瘟;母猪繁殖障碍和仔猪先天性痉挛;发现疑似猪瘟暴发流行;重大疫病发生须作鉴别诊断的须进行实验室诊断。

(一)病料采集处理

应采集病理组织有淋巴结、扁桃体、脾、肾及回肠末端。扁桃体是猪瘟病毒感染后最先出现的病毒抗原阳性材料。回肠末端是慢性病例的首选材料。病料应从多个病猪采集,采集的病料不加防腐剂,置低温(冰盒)尽快送检,用于荧光法的病料要新鲜,用于病毒分离的病料尽量无菌。

(二)病毒的分离及鉴定

用猪肾、睾丸的原代或传代细胞均可。病料经研磨、离心,除菌过滤后接种细胞、培养,细胞不出现细胞病变。

用荧光抗体法检测细胞培养中盖玻片上细胞浆内的病毒抗原。

用鸡新城疫病毒强化试验检测猪瘟病毒的存在。将被检测材料先接种细胞37 ℃培养4 d后,再接种新城疫病毒并继续培养3 d,如细胞出现病变,则检测材料含有猪瘟病毒。

(三)实验室诊断

1. 猪体回归感染试验

用易感幼猪,试验分3组,每组3~5头。第一组接种猪瘟疫苗,第二组注射猪瘟抗血清(1 ml/kg体重),第三组空白对照组,1周后三组同时接种被检材料(血毒或病料乳剂1 ml/头),继续饲养2~3周,第一、二组不发病,第三组呈现明显临床症状和病理变化,即可确诊为猪瘟。本试验敏感性高,特异性强,但耗资耗时,需严格的隔离条件。

2. 免体交叉免疫试验

将病猪的淋巴结和脾脏研磨后用生理盐水制成 1∶10 悬液，备用。

选用体重 2 kg 左右的健康家兔 6 只，分 2 组，每组 3 只，第一组为试验组，肌肉注射被检材料的上清液 5 ml/只，第二组为空白对照组，5 d 后对所有试验家兔静脉注射 1∶20 稀释的猪瘟兔化病毒（淋巴脾脏毒）1 ml/只。24 h 后，每隔 6 h 测体温一次，连测 96 h，对照组 2/3 出现定型热或轻型热，试验组试验结果判定如下：接种前后体温均无变化，含猪瘟病毒；接种病料后体温无变化，接种兔化弱毒后体温升高，不含猪瘟病毒；接种病料后体温升高，接种兔化弱毒后体温无变化，含猪瘟兔化弱毒；接种前后体温均升高，含非猪瘟病毒的热原性物质。

3. 免疫酶染色试验

（1）（淋巴结、扁桃体、脾、肾）作压印片或冰冻切片，自然干燥后，用 2% 戊二醛和甲醛等量混合液固定 10 min，置冰箱中待检。

（2）将标本片浸入 0.01% H_2O_2 或 0.01 叠氮钠的 Tris – HCl 缓冲液中室温作用 30 min。

（3）用 pH7.4 0.02 mol/L PBS 液漂洗 5 次，每次 3 min，风干。

（4）将标本片置于湿盒内，滴加 1∶10 酶标记抗体，覆盖标本面上置 37 ℃作用 45 min。

（5）用 pH7.4 0.02 mol/L PBS 液 – 1% 吐温缓冲液漂洗 5 次，每次 2 ~ 3 min。

（6）将标本放入 DAB（4 – 二甲氨基偶氮苯）Tris – HCl 液内，置 37 ℃温箱作用 3 min。

（7）用 pH7.4 0.02 mol/L PBS 液冲洗 3 ~ 4 次，每次 2 ~ 3 min，再用无水酒精、二甲苯脱水，封片检查。

（8）镜检，如细胞浆染成深褐色为阳性，黄色或无色为阴性。猪瘟兔化弱毒接种的猪组织细胞浆呈微褐色。

4. 免疫荧光抗体试验

（1）切片。采取新鲜病料（扁桃体、淋巴结、肾脏），将样品组织修切成 1 cm × 1 cm 的面，不经任何固定处理，直接冻贴于冰冻切片托上，进行切片，切片厚度 5 ~ 7 μm，将切片展贴于 0.8 ~ 1 mm 厚的洁净载玻片上。

（2）固定。将切片置纯丙酮中固定 15 min，取出用 pH7.4 0.01 mol/L 的 PBS 液轻轻漂洗 3 ~ 4 次，取出自然干燥后，尽快用荧光抗体染色。

（3）染色。将猪瘟荧光抗体滴加于切片表面，置湿盒内于 37 ℃作用 30 min，取出用 PBS 液充分漂洗 5 次，再用 0.5 mol/L pH9.0 ~ 9.5 碳酸盐缓冲甘油封固盖片（0.17 mm 厚）。

（4）镜检。将染色后的切片标本置激发光为蓝光或紫外光的荧光显微镜下观察。

（5）结果判定。于荧光显微镜视野中，见扁桃体上皮细胞或肾曲小管上皮细胞浆内呈明亮的黄绿色荧光，判为猪瘟病毒感染阳性。

5. 分子生物学诊断

分子生物学为猪瘟的诊断提供了基因分析的多种方法。

有条件的实验室可用逆转录 PCR 试验，以及限制内切酶谱等对病毒特定基因节段及相应的蛋白质进行分析，可快速确定被检猪瘟病毒。

二、猪口蹄疫(Foot and Mouth Disease,FMD)

口蹄疫是由口蹄疫病毒引起的偶蹄兽共患的急性、热性、接触性传染病。共有7种血清主型(包括O型、A型、C型、Asia1型、SAT_1型、SAT_2型、SAT_3型),不同血清型之间无交叉免疫,但感染动物引起的临床症状基本相似。

口蹄疫主要感染猪、牛、羊等偶蹄兽,也可感染人。该病在全世界分布广泛,危害性大,国际兽疫局把该病列为A类传染病中的第一个动物病害。

口蹄疫病毒属微核糖核酸科口蹄疫病毒属,病毒粒子呈20面体对称的近似球形,直径20~30 nm。猪口蹄疫的临床症状主要表现为蹄冠、蹄叉、吻突皮肤、口腔及舌面黏膜出现大小不等水泡和溃疡,常导致蹄壳变形或脱落。猪口蹄疫的临床特征与猪水泡病、猪水泡性口炎、猪水疹极为相似,临床症状通常难以作出鉴别,对临床初诊的疑似病例,必须采集病料进行实验室诊断才能确诊。

(一)病料的采集与处理

1.被检材料的采取、保存和运送

(1)水泡皮:牛采取舌面、蹄、蹄叉或母畜乳头;猪采取鼻镜、蹄部;羊采取上齿龈等新鲜水泡皮。样品采集量为0.5 g以上。放入存有50%甘油、pH7.6的磷酸缓冲甘油液中。

(2)水泡液:先将水泡表面用75%酒精棉球消毒后抽取水泡液,放入一消毒瓶中,避光、低温保存。

(3)采集的病料应注明病料名称、采集时间和地点,放入装有冰块的冰瓶中封口送检。

2.被检材料处理

(1)水泡皮的处理:将水泡皮用pH7.2的0.1 mol/L PBS洗涤2~3次,用消毒滤纸吸去水分,称重。病料加少量石英砂或玻璃砂置乳钵中研磨,配成1∶2~1∶5的悬液(W/V),放室温浸毒1 h或4 ℃冰箱中过夜。3 000~5 000 r/min离心20~30 min,取上清液备用。

(2)水泡液的处理:不作处理直接检测。

(二)病原分离与鉴定

1.病毒的分离培养

口蹄疫病毒可在牛舌上皮细胞、牛甲状腺细胞、猪和羊胎肾细胞、豚鼠胎儿细胞、仓鼠肾细胞等增殖,并常引起细胞病变。

选择已长好的单层细胞,去原培养液,用Earle氏液洗涤两次。每瓶接种病毒液1 ml,于37 ℃培养箱中作用60 min,后加入不含血清的维持液1 ml,于37 ℃培养箱继续培养36~48 h,细胞出现明显的细胞病变。病变细胞以圆缩和核致密化为特征。吸出感染细胞培养液置-20 ℃保存备用。

2.电镜检查

取感染细胞培养物作超薄切片,进行电镜检查,常可在细胞浆中见到呈晶格状排列的口蹄疫病毒,病毒粒子直径为20~25 nm,呈大致的圆形或六角形。

（三）诊断方法

实验室检验猪口蹄疫的方法较多，常用的有以下几种。

1. 口蹄疫反向间接红细胞凝集试验

红细胞膜具有吸附抗原或抗体的特性，将提纯的口蹄疫抗体（IgG）在 pH4.0 醋酸盐缓冲液中致敏绵羊红细胞，当这种被致敏的红细胞（红细胞表面均带有口蹄疫抗体），遇到相应的口蹄疫病毒抗原时，便产生抗原抗体的特异性反应，从而使红细胞发生肉眼可见的凝集现象。该法快速、简便、准确，可同步鉴定出口蹄疫毒型和鉴别口蹄疫、猪水泡病病原。

（1）试验材料：V 型 96 孔 130°血凝滴定板、玻璃吸管（1 ml、5 ml 规格）、玻璃中试管（内径 15 mm、长度 100 mm）、试管架、微量振荡器、微量移液器、塑料嘴、玻璃板（与血凝板大小一致），口蹄疫 O、A、C、Asia-1 型，SVD（猪水泡病）反向被动血凝诊断试剂及其配套用的口蹄疫各型，猪水泡病阳性抗原、阴性抗原、稀释液、待检抗原。

（2）试验方法：

①稀释待检抗原：取中试管 8 支，横列于试管架上，每管各加入稀释液 1 ml，取待检抗原 1 ml 加入第 1 管，混匀后从中取出 1 ml 加入第 2 管，混匀后取 1 ml 加入第 3 管……直至第 8 管，此时待检抗原的稀释度依次为 1∶6、1∶12、1∶24、1∶48、1∶96、1∶192、1∶384、1∶768。

②稀释阴性抗原：取中试管 1 支用记号笔标明“阴抗”字样，加入稀释液 390 μl，加入阴性抗原 10 μl，充分混匀，此时阴性抗原的稀释度为 1∶40。

③稀释阳性抗原：取中试管 20 支，横列于管架，标明“阳抗”字样，每排 4 支（O 型 4 支、A 型 4 支、C 型 4 支、Asia－1 型 4 支、SVD 4 支）。每种阳抗第 1 管加稀释液 4.7 ml，第 2～4管各加稀释液 0.5 ml。取 O 型阳性抗原 0.1 ml(100 μl)加入第 1 排的第 1 管中，混匀后取出 0.5 ml，加入第 1 排的第 2 管并充分混匀，取出 0.5 ml 加入第 1 排的第 3 管，混合后取出 0.5 ml 加入第 1 排的第 4 管并混匀。

其他阳性抗原均按上法稀释，注意每稀释一种阳抗必须更换 1 支吸管，切勿混杂，以免影响反应的特异性。经过上述稀释，各阳性抗原的稀释度依次为 1∶48、1∶96、1∶192、1∶384。用于阳抗对照孔的只加第 4 管(1∶384)的阳抗。

④滴加待检抗原和对照抗原：取第 8 管稀释的待检抗原（1∶768）加入血凝滴定板上的 1～5 排的第 8 孔，每孔 50 μl，取第 7 管待检抗原（1∶384）加入 1～5 排的第 7 孔，取第 6 管待检抗原（1∶192）加入 1～5 排的孔……直至第 1 孔，每孔均为 50 μl。1～5 排的第 10 孔加入 1∶40 的阴性抗原，每孔 50 μl。1～5 排的第 11 孔依次加入 O、A、C、Asia-1 型和 SVD 1∶384 稀释度的阳性抗原，每孔 50 μl(第 1 排的第 11 孔加 O 型抗原；第 2 排的第 11 孔加 A 型抗原；第 3 排的第 11 孔加 C 型抗原；第 4 排的第 11 孔加 Asia-1 型抗原；第 5 排的第 11 孔加 SVD 抗原）。1～5 排的第 12 孔各加稀释液 50 μl 作为稀释液对照。

⑤滴加反向被动血凝诊断液：血凝板上的第 1 排 1～8 孔和 10～12 孔加 O 型诊断液，每孔 25 μl；第 2 排 1～8 孔和 10～12 孔加入 A 型诊断液，每孔 25 μl；第 3 排 1～8 孔和 10～12孔加入 C 型诊断液，每孔 25 μl；第 4 排 1～8 孔和 10～12 孔加入 Asia-1 型诊断液，每孔 25 μl；第 5 排 1～8 孔和 10～12 孔加入 SVD 诊断液，每孔 25 μl。

⑥振荡血凝板:加毕诊断液后,立即将血凝板置于微量振荡器上,中速振荡 30 s,取下血凝板放在白纸上观察各孔的红细胞是否均匀悬浮,孔底应无红细胞沉淀,若全部或部分孔底尚有红细胞沉积,应继续在振荡器上振荡,直至充分混匀为止。

室温下静置,将混匀的血凝板盖上玻璃后静置 2 h,判定检测结果,若对照孔红细胞沉降不清晰或因故来不及判定,也可静置第二天判定。

(3)结果判定标准:

先观察血凝板上 1 ~5 排的 10 ~12 孔,每排的第 10 孔为阴性抗原对照孔,应无凝集现象,红细胞应全部沉入孔底,形成边缘整齐的小圆点;每排的第 11 孔为阳性抗原对照孔,应出现"＋＋"至"#"的凝集现象(有 50% ~100% 红细胞发生凝集,红细胞悬于孔中,不沉入孔底),证明所加的反向诊断液对照孔,也应无凝集现象,红细胞应全部沉入孔底,形成小圆点。

在上述对照孔判定合格的前提下,仔细观察血凝板上的 1 ~5 排的 1 ~8 孔,某排 1 ~8 孔或 1 ~6 孔均有"＋＋"~"＋＋＋＋"凝集现象,而其余 4 排仅在 1 ~2 孔出现"＋"~"＋＋"的凝集,即可判定该份待检抗原为阳性。其型别与所加的反向诊断液的型别相同。比如第 1 排 1 ~8 孔出现"＋＋"以上的红细胞凝集,第 2 ~5 排无此现象,便可判定该待检抗原为 O 型口蹄疫。

以出现"＋＋"以上凝集的待检抗原最大稀释度为其抗原滴度。例如第 1 排的 1 ~4 孔出现"＋＋＋＋"凝集,第 5 孔出现"＋＋＋"凝集,第 8 孔无凝集现象,即判定该待检抗原为 O 型,滴度为 1∶192(以第 6 孔出现"＋＋"凝集为滴度的终点)。

(4)注意事项:

①勿用 90°和 110°血凝板,防止误判。

②阴性抗原、阳性抗原和稀释液 3 孔对照全部或部分出现不合格时,检测结果不能判定,应更换试剂重新检测,以免错判。

③严重腐败变质的病料不宜检测,以防非特异反应。

④病料太少无法检测时,可制成 1∶10 或 1∶20 悬液,先接种 3 ~5 日龄小鼠,连传 3 代后,用鼠组织制成待检抗原,再进行检测。

⑤检测过程中,有时出现前带现象,即第 1 孔或第 2 孔的红细胞沉淀形成小圆点,第 3 孔以后又出现"＋＋"以上的凝集,这是抗原抗体比例失调所致,不影响结果判定。

2. 口蹄疫酶联免疫吸附试验(ELISA)

20 世纪 80 年代以来,国外常采用 ELISA 鉴定口蹄疫和猪水泡病病毒。国内也有人试用该法对 FMDV 和 SDV 进行检测,由于 IgG 的纯度不高,经常出现非特异性反应,影响检测的准确性,使推广应用受到限制。

ELISA 技术虽然多种多样,但一般以双抗体夹心法居多。用最适浓度抗口蹄疫血清的 IgG 包被酶标板孔 4 ℃过夜,经洗涤后加入待检抗原 37 ℃保温 1 h,洗涤后再加辣根过氧化物酶标记的兔抗鼠血清的 IgG 37 ℃保温 1 h,洗涤后加底物溶液(邻苯二胺和双氧水),30 min 后用 2 mol/L 的硫酸中止反应,751 型分光光度计 492 nm 测定光密值或在酶标检测仪上直接测定。阳性 OD 值为 0. 7 ~0. 9,阴性 OD 值为 0. 1 ~0. 3。

3. 免疫荧光直接检测口蹄疫带毒肉品的操作方法

1)试验材料

荧光显微镜及自动照相装置、冰冻组织切片机、电热恒温箱、玻璃染色缸、玻璃片、组织切片盒、抗体(O 型、A 型、Asia-1 型、SVD 等 4 种)、0.01 mol/L pH7.2 ~ 7.4 的 PBS、丙酮、伊文斯蓝(0.02% 浓度)。

2)操作方法

(1)剥离淋巴结周围的脂肪及被膜,将淋巴结剪成长 1.5 ~ 2 cm、宽 0.8 ~ 1 cm、厚 0.3 ~ 0.5 cm 的组织块。

(2)在冷冻组织切片机上,低温切成 5 ~ 6 μl 的薄片,每份淋巴结切片 8 张,迅速粘贴在洁净的载玻片上,并用记号笔编号。

(3)冷丙酮固定(室温下 20 min 或在 4 ℃下 30 min)。

(4)0.01 mol/L pH7.2 ~ 7.4 PBS 漂洗 3 次,每次 1 min,用滤纸吸去样品周围水分,切勿碰损样品,再用吹风机吹干样品。

(5)滴加荧光抗体工作液,以覆盖样品为度,置 37 ℃温箱保温 30 min。

(6)PBS 洗 3 次,滤纸吸水并吹干。

(7)荧光显微镜下观察。

3)结果判定标准

(1)先判定已知阴性淋巴结切片染色结果,仅见组织细胞的轮廓,应无翠绿色光点出现,或见少数(视野内少于 5 个)橙黄色小点,视为合格。

(2)细胞质内出现成堆的有时呈放射状翠绿色亮点,判为"#";胞质内出现 5 个以上翠绿色荧光点为"+ + +",胞质内出现 2 ~ 3 个绿色荧光点为"+ +";视野中仅见 1 ~ 2 个绿色荧光点"+",未见任何荧光点则为"-"。

(3)出现"+ +"以上(含"+ +")的荧光判为阳性,"+"判为可疑,"-"为阴性。

4)注意事项

(1)根据本地及邻近地区的疫情,认为有必要时,每份样品应切片 8 张,每种荧光抗体染色 2 张切片进行观察。无必要时,每份样品只切 2 张,用 O 型荧光抗体染色亦可。

(2)每次检测应选 1 ~ 2 份阴性淋巴结在相同条件下切片染色和观察,以作阴性对照。

(3)每次均应照相保存,以备查考。

(4)为慎重判定起见,检出的阳性样品应冻结保存,并应接种 3 ~ 5 龄日小鼠盲传 2 ~ 3 代,每代 72 h 扑杀,注意观察症状,最后反向间接血凝诊断液复检判定。

(5)采集的淋巴结应新鲜(冻肉内的淋巴结亦可),避免反复冻融,尽量保持样品细胞的完整性。腐败变质的淋巴结不宜检测。

(6)荧光染色前,可用 0.02% 的伊文斯蓝染液浸染 1 min,立即以 PBS 洗 3 次,可降低样品自发荧光的强度。

4. 口蹄疫中和试验

病毒或毒素与相应抗体结合后,能使其失去对易感动物的致病力或对细胞的感染力,称为中和试验,中和试验不仅可在易感的试验动物体内进行,亦可在细胞培养或鸡胚中进行。

1)细胞中和试验

一般采用固定病毒稀释血清法,该法须在无菌条件下操作,亦须细胞适应毒。

(1)取两列无菌试管,第1列为正常血清对照组,第2列为待检血清中和组。先在两列试管中的第1管加含有0.5%水解乳蛋白的汉克氏液(乳汉液)3 ml;第2~6管各加乳汉液2 ml。

(2)取正常血清1 ml加入第1列的第1管,取待检血清1 ml加入第2列的第1管,混匀后,以同法等倍稀释,1~6管的正常和待检血清稀释度依次为1:4、1:8、1:16、1:32、1:64、1:128。

(3)两列试管中的1~6管分别加入200 $TCID_{50}$细胞适应毒2 ml充分摇匀,置37 ℃水浴中保温60 min。

(4)取各稀释度的血清分别接种3瓶长满单层的细胞,倾去旧的细胞营养液,每瓶接种1 ml,置37 ℃恒温箱内静置培养3 d,每日镜检一次并详细记录细胞病变情况。

(5)细胞培养3 d后判定结果,正常血清对照组的细胞应全部出现病变;中和组的血清1:8以上无细胞病变,判为阳性。1:8的血清出现细胞病变则判为阴性,该法特异性强,结果可靠,但要求无菌设备和培养细胞的条件,操作烦琐,基层难以应用。

2)乳鼠中和试验

5~7日龄乳鼠对人工接种口蹄疫病毒易感染,产生特征性症状和规律性死亡。因此,利用这一特性可进行乳鼠中和试验。操作步骤如下:

(1)将待检血清用生理盐水或pH7.6的0.1 mol/L PBS稀释成1:4、1:8、1:16、1:32、1:64,分别与等量的10^{-3}口蹄疫乳鼠适应毒混合,37 ℃水浴保温60 min。

(2)每次试验应设阴性血清(1:8)与10^{-3}病毒的混合液作为病毒对照;已知阳性血清与10^{-3}病毒的混合液作为阳性对照,37 ℃水溶保温60 min。

(3)每一稀释度血清中和组分别于颈背皮下接种5~7日龄乳鼠4只,对照组接种2只,0.2 ml/只,由母鼠哺乳,观察5 d判定结果。

(4)判定标准:先检查对照鼠,阴性对照鼠应于48 h内病死;阳性对照鼠应健活。待检血清任何一组的乳鼠健康活着或仅死2只,判定该份血清为阳性。以能保护50%接种乳鼠免遭病毒感染的血清最大稀释度为乳鼠中和效价。

该法特异性强,结果可靠,简单易行,基层可采用。但存在需时较长、敏感性低等缺点。

猪口蹄疫抗体检测方法见第十章第三节内容。

三、猪圆环病毒病

猪圆环病毒病是由猪圆环病毒(Porcine Circo Virus,PCV)引起的猪的一种传染病。主要感染8~13周龄猪,特征为体质下降、消瘦、腹泻、呼吸困难。

PCV是1974德国学者Tischer首次从猪肾传代细胞系PK15细胞中发现的一种污染病毒,后证实为PCV1。由于该病毒不产生细胞病变,一直未被重视,因而在猪群中广泛传播。PCV有PCV1和PCV2两个型,二者血清抗体之间有部分交叉反应,基因组结构有显著差别。ORF1、ORF2为2个主要的开放阅读框,ORF1在两株PCV间相对保守,而ORF2

可变性大。新发现的几种疾病,如猪断奶多系统衰竭综合征(PMWS)、猪皮炎与肾炎综合征、繁殖障碍、仔猪的先天性震颤、增生性坏死性肺炎都与 PCV2 有关。

猪断奶多系统衰弱综合征(Postweaning Multisystemic Wasting Syndrome, PMWS)是由猪圆环病毒(Porcine Circo Virus,PCV)Ⅱ型引起的一种传染病。由于经济损失惨重,引起各国的广泛重视。PMWS 呈进行性消瘦,皮肤苍白或黄染,呼吸综合症,皮肤炎,肾炎,脾大面积坏死,仔猪先天性震颤,断奶猪发育不良、咳喘、黄疸。目前,加拿大、美国、法国、德国、意大利、北爱尔兰、西班牙、新西兰、丹麦等国家对该病进行了广泛深入的研究和报道,韩国、日本和我国台湾也有该病的报道。目前该病呈世界性分布,给养猪业造成巨大的经济损失。

根据临床症状和淋巴组织、肺、肝、肾特征性病变和组织学变化,可作出初步诊断。确诊依赖病毒的分离鉴定及其实验室诊断。

(一)病料的采集、处理

采集病死猪组织(主要采集肺、淋巴结等)于无菌容器中,按 1:10(W/V)加入 DMEM 培养液,将组织研磨后,反复冻融 3 次,3 000 r/min 离心 30 min,取上清液用氯仿抽提后,过滤除菌,-80 ℃保存备用。

(二)病原分离与鉴定

1. 病毒分离

待 PK15 细胞贴壁生长至半融合状态,弃去营养液,按照病毒液:营养液为1:(5~10)的比例加入上述处理的病料上清液,37 ℃吸附 1 h,弃去接毒液,加入 MEM 营养液继续培养,待细胞接近长成单层时,弃去营养液,加入适量 D-氨基葡萄糖(以能完全覆盖细胞单层为准),于 37 ℃作用 20 min,弃去 D-氨基葡萄糖,用 Hank′s 液洗涤细胞 4 次,加入 10% 新生牛血清 MEM 营养液继续培养至细胞长成单层,倾掉营养液,加入 5% 新生牛血清 MEM 维持液继续培养。在用 D-氨基葡萄糖作用 48~72 h,收获病毒,于 -20 ℃冰箱保存备用。长期保存需放置于 -80 ℃。培养过程中同时设立不接毒的细胞培养物作为阴性对照。由于病毒在培养细胞上不出现细胞病变,通常在病料接种后 3 d,通过间接免疫荧光试验(IFA)、免疫组织化学染色法(IHC)、PCR 或电子显微镜观察,确认病毒分离情况。病毒分离费时费力,不适于疾病的快速诊断。

2. 电镜观察

脾和淋巴结样品用2% 戊二醛固定,制成超薄切片,进行电镜观察,在电镜下可以看到细胞核内堆积大量的无囊膜的病毒粒子,其直径约为 17 nm 的球形结构。

(三)诊断方法

1. 间接免疫荧光试验(IFA)

IFA 主要用于病毒分离效果的鉴定及检测病变组织或猪源细胞 PCV 的感染情况,既可检测群特异性抗原又可检测型特异性抗原。具体操作:将已被胰酶消化的单层 PK-15 细胞制成细胞悬液(4×10^5 个/ml),按 10:1的比例加入 PCV2,配成细胞病毒悬液,加入到 96 孔板中,同时设立 PCV1 和未接种 PCV2 孔作对照,37 ℃培养 48 h,待 PK-15 细胞长成半融合状态时,用 300 mmol/L D-葡萄糖胺处理 15 min,37 ℃继续培养 48 h,长成单层的 PK-15 细胞用 80% 的丙酮固定,-20 ℃保存备用。按 1:20 和 1:100 稀释待检血清,加入 96 孔板中,37 ℃作用 1 h,冲洗 3 次,加入按工作浓度稀释的 FITC 标记的羊抗猪 IgG (1:40),37 ℃作用 30 min,冲洗并用吸水纸吸干,荧光显微镜观察。

判定标准:1:100 稀释的样品有特异性荧光为阳性;1:100 稀释的样品没有特异性荧光,而在 1:20 稀释的样品有特异性荧光为弱阳性;1:20 稀释的样品没有特异性荧光为阴性。

2. 免疫组织化学技术

免疫组织化学技术是在抗原抗体特异反应存在的前提条件下,借助于酶细胞化学的手段,检测某种物质(抗原/抗体)在组织细胞内存在部位的一门新技术,即预先将抗体与酶连接,再使其与组织内特异抗原反应,经细胞化学染色后,于光镜或电子显微镜下观察分析的形态学研究方法。其具体操作:病变组织经过福尔马林固定,常规制备石蜡切片,用体积比 0.5% H_2O_2 甲醇溶液封闭内源性酶,自来水洗涤 5 min,0.5 g/L 蛋白酶 XIV 在 37 ℃消化 40 min,自来水冲洗,加 PBS(pH 7.2)作 1/2 000 倍稀释的兔抗血清,37 ℃孵育 5 min,用 PBS 洗涤 5 min,加生物素标记的抗兔 IgG 孵育 30 min,用 PBS 洗涤 5 min,室温作用 10 min,用 PBS 洗涤 5 min,再用 DAB 室温作用 5 min,洗涤,用苏木精染色 5 min,用显微镜观察。

取病猪组织样品,制成 100 g/L 组织悬液,加青、链霉素,4 ℃ 3 000 r/min 离心 20 min,取上清液接种敏感细胞 Dulac 或 PK－15,接种后 6 h 用 3 000 mmol/L D－葡萄糖胺 37 ℃处理 30 min,继续培养,将病毒液接种细胞玻片,37 ℃培养 24～72 h 室温下丙酮固定 10 min,在细胞玻片上加 PCV2 抗体,37 ℃孵育 60 min,用 0.15 mol/L PBS 洗涤 3 次,自然干燥,用荧光显微镜观察,同时设 PCV2 抗体阴性血清对照和细胞对照。

3. PCR

PCR 是一种快速简便特异的敏感检测方法,可直接检测组织病料及其细胞培养物中的病毒核酸,在 PCV 的检测及 PCV2 相关疾病的诊断中发挥了重要作用。经过多年的研究,国内外建立了多种形式的 PCR 方法,包括常规 PCR、复合 PCR、套式 PCR 等,可用于特异区分 PCV1 与 PCV2。

1)常规 PCR

设计一对 PCV2 特异引物,直接从病料或细胞中扩增 PCV2 特异的基因组片段,以达到特异检测 PCV2 感染的目的。

2)复合 PCR

复合 PCR 方法在 PCV 的检测中应用非常广泛,通过该方法可以很好地对 PCV1 与 PCV2 进行检测分型,从而为 PCV2 相关疾病的确诊打下良好基础。该方法也应用于 PCV2 与其他病毒混合感染的检测,在准确诊断疾病上发挥了重要作用。

3)套式 PCR

套式 PCR 较常规 PCR 及复合 PCR 更为敏感,当组织病料或细胞中的 PCV2 模板 DNA 含量太少时,需通过这一方法才可检测到 PCV2 基因组的存在。该方法只能扩增靶序列,不能扩增无关序列,从而具有很高的检出率。然而,由于该法极为敏感,在采样或试验过程中稍有不慎,极易产生假阳性结果,限制了该法在常规诊断中的应用。

四、伪狂犬病

伪狂犬病又称阿氏病。病原为伪狂犬病毒,属于疱疹病毒科、疱疹病毒属。自然发生于猪、牛、绵羊、猫等,除成猪外,对其他动物均是高度致死性疾病,病畜极少康复,但成猪症状轻微,很少死亡。本病多发生于冬、春两季,特征为发热、奇痒及呈脑脊髓炎的症状。但成猪常为隐性感染,不出现剧痒,可见有流产、死胎及呼吸系症状,新生仔猪除有神经症状外,还可侵害消化系统。

根据本病流行病学、临床症状、病理剖检等可作出初步诊断,确诊需进行病原分离鉴定和结合实验室诊断。

(一)病料的采集、处理

本病的病毒主要存在于脑脊髓组织中,因此常采取各种脑组织进行检验。如出现败血症,由于病毒也常存在于血液和乳汁中,故也可采取血液和乳汁。病毒经常存在于猪的实质脏器、肌肉和皮肤内,可采取肝、脾、肺、脑等脏器。

(二)病原分离与鉴定

1. 病料处理

取从病死猪采集的内脏样本(包括心脏、肝脏、肺脏、脾脏、扁桃体和淋巴结)与 PBS (0.1M,pH7.2)以 V/V1:5制成匀浆,反复冻融 3 次,3 000 r/min 离心 15 min,取上清液中加双抗,37 ℃感作 1 h,经 0.22 μm 滤膜过滤除菌。

2. 细胞接种试验

接种 1 ml 病毒滤液于长成单层的 Vero 细胞,盲传三代,观察细胞病变(CPE).

3. PCR 鉴定

将出现 CPE 的细胞培养液反复冻融 3 次,再将细胞培养液分装保存至 -70 ℃ 备用,采用猪伪狂犬荧光 PCR 试剂盒对收获的细胞培养液进行猪伪狂犬病的 PCR 鉴定。

(三)诊断方法

1. 动物试验

无菌操作取出死亡或发热期病畜的脑,剪取脑组织 1 小块,称重后将其剪碎并研成糊状,再用无菌生理盐水制成 10% 的悬浮液。并于每毫升悬浮液中加青、链霉素各 1 000 单位,静置 2 h,以 1 500 r/min 离心沉淀 10 min,然后取上清液接种家兔 2 只,每只 5 ml,皮下或臀部肌肉接种。如病料中含有伪狂犬病毒于接种后 3 ~5 d 发病,体温升高,食欲废绝,精神狂暴,出现惊恐,呼吸促迫,转圈运动,并在接种局部呈现特殊的奇痒,用牙啃咬接种局部,最后角弓反张、抽搐死亡。

2. 微量琼脂扩散试验

1)试验准备

(1)琼脂板的制备:在 pH7.2 的 0.05 M 三羟甲基氨基甲烷(Tris) - 盐酸缓冲液中,加入 0.69% 琼脂糖和 0.025 g 叠氮钠,加热溶解,在清洁的玻片上注入 2.25 mL 融化的凝胶,制成平板。

(2)抗原:用猪肾(PK - 15)细胞培养的狂犬病病毒,经反复冻融后,再用超声波处理,离心除去细胞残屑,最后用硫酸铵沉淀法浓缩而成。

2）操作方法

（1）打孔：在制备好的琼脂平板上打7孔，中心1孔，外周6孔，孔径均为4 mm，孔距2.5 mm，打孔后，将孔内切下的琼脂取出，勿使琼脂膜与玻璃面离动。为防止试剂和样品漏掉，可将琼脂平板浮于热水（80 ℃）半分钟封底。

（2）加样：中央孔注入伪狂犬病病毒抗原约0.02 ml，周围1、3、5孔滴加已知阳性血清，2、4、6孔滴加被检血清，加入量均为加满不溢出为宜，然后置于带盖的容器内，25 ℃温箱中，于12 h、24 h各观察1次，并判定结果。

3）结果判定

（1）阳性：已知阳性血清孔与抗原孔之间，形成一条明显沉淀线时，被检血清与抗原孔之间也形成一条沉淀线，则被检血清可判为阳性。

（2）弱阳性：在靠近被检血清孔的已知阴性血清孔，形成一弯曲的沉淀线，则判为弱阳性。

（3）阴性：已知阳性血清孔与抗原孔之间已出现明显沉淀线，而被检血清孔与抗原孔之间不出现沉淀线时，则被检血清判为阴性。

3.中和试验

本法是哈尔滨兽医研究所研究成功的一种诊断伪狂犬病方法，现摘要介绍于下：

（1）伪狂犬病中和试验指示毒：抗原直接用于中和试验时，必须用原代乳兔肾（5日龄以内乳兔）或鸡胚（10日龄）单层细胞进行测毒。中和试验适用滴度为100 $TCID_{50}$/0.1 ml（$TCID_{50}$即半数细胞培养物感染剂量）。

（2）被检血清稀释灭活：取被检血清用汉克氏（Hank's）液（含100单位青、链霉素pH7.2）或PBS液进行等量递增稀释2倍、4倍，每份血清除稀释2倍的为2管（其中1管做细胞毒检查）外，其他各种稀释倍数均为1管。对照的阴性血清稀释2倍，阳性血清稀释成4倍，均为1管，然后均置于56 ℃水浴中灭活30 min，取出备用。

（3）病毒、血清感作：取上述灭活的稀释不同倍数的被检血清各1管及阴性对照、阳性对照血清分别加入等量的100 $TCID_{50}$/0.1 ml的指示毒液，振荡混合后及不加指示毒的2倍稀释被检血清，每头份各1管，均放于37 ℃温箱中感作1 h。

（4）吸附及培养：取感作后的病毒血清混合液及作细胞毒检查的未加指示毒稀释2倍被检血清，分别接种于20 ml组织培养瓶中的单层细胞表面上，每瓶0.2 ml，每个倍数2瓶，接种后于37 ℃吸附30 min，然后每个瓶中加入3.8 ml维持液，同时取2瓶同批未接毒的健康细胞换液，加维持液4 ml，做细胞对照，全部放入37 ℃温箱中培养。

（5）观察及记录：上述培养的细胞，用显微镜每天观察1次，并记录本病毒所致细胞产生的CPE和程度，记录方法如下：

"－"　细胞不产生CPE（细胞病变）；

"＋"　产生CPE细胞数约为25%以内；

"＋＋"　产生CPE细胞数为25%～50%；

"＋＋＋"　产生CPE细胞数为51%～75%；

"＋＋＋＋"　产生CPE细胞数为76%～100%。

（6）结果判定：对照细胞无CPE，阳性血清抑制细胞产生CPE，阴性血清、病毒对照细胞产生 CPE 的条件下，进行被检血清的判定。

①疑似：仅接种稀释 2 倍的被检血清抑制病毒引起细胞产生 CPE 者。

②阳性：接种稀释 4 倍的被检血清或以上者，抑制病毒引起细胞产生 CPE 或上述疑似经两次采血做中和试验结果抗体中和价上升者，亦判定为阳性。

③细胞毒判定：仅接种稀释 2 倍的被检血清而产生 CPE 者，此批试验按无结果处理。

4. 注意事项

根据哈尔滨兽医研究所检验实践结果来看，用乳兔肾细胞比用鸡胚细胞观察时间长。

中和试验适用的滴度为 100 $TCID_{50}$/0. 1 ml，具体可根据测定指示毒结果而定，如抗原测毒最高毒价为 10^{-5}，适用滴度用 10^{-3}作指示毒；假如抗原测毒最高毒价为 10^{-4}，适用滴度用 10^{-2}作指示毒。

五、猪传染性胃肠炎

猪传染性胃肠炎（Transmissible Gastroen Teritis，TGE）是由冠状病毒属中的猪传染性胃肠炎病毒导致的高度传染性猪胃肠道病。以呕吐、水样腹泻为临床特征，不同年龄的猪都易感，但一周龄以内的仔猪死亡率可达 100%，随着年龄的增大，死亡率逐渐下降。大多数养猪国家都有本病发生，给养猪业造成巨大的经济损失。世界动物卫生组织（World Organization for Animal Health（英），Office Intentional des Epizootic（法），OIE）将 TGE 定为 B 类传染病，是我国法定检疫的疫病。

根据本病流行病学、临床症状、病理剖检等可作出初步诊断，确诊需进行病原分离鉴定和结合实验室诊断。

（一）病料采集、处理

1. 病料采集

采病仔猪空肠两端扎住，取其内容物及小肠用于分离病毒，样品冷冻保存。

2. 病料处理

将采集的小段空肠剪碎及肠内容物，用含青霉素 10 000 IU、链霉素 10 000 μg/ml 的磷酸盐缓冲液（PBS）制成 5 倍悬液，在 4 ℃条件下 3 000 r/min 离心 30 min，取上清液，经 0. 22 μm 微孔滤膜过滤，分装，－20 ℃保存备用。

（二）病原分离与鉴定

1. 接种及观察

将过滤液（病毒培养液的 10%）接种细胞单层上，在 37 ℃吸附 1 h 后补加病毒培养液，逐日观察细胞病变（CPE），连续 3 ~4 d，按 CPE 变化情况可盲传 2 ~3 代。

2. 病毒鉴定

CPE 变化的特点：细胞颗粒增多，圆缩，呈小堆状或葡萄串样均匀分布，细胞破损、脱落。对不同细胞培养物，CPE 可能有些差异。分离病毒用细胞瓶中加盖玻片培养，收毒时取出盖玻片（包括接毒与不接毒对照片）用直接荧光法作鉴定。

(三)诊断方法

1. 直接免疫荧光法

1)样品

组织标本:从急性病例采取空肠(中段)、扁桃体、肠系膜淋巴结任选一种组织;慢性、隐性感染病例采取扁桃体。

2)操作方法

(1)标本片的制备:将组织样本制成4 ~7 μm冰冻切片,或将组织标本制成涂片;扁桃体、肠系膜淋巴结用其横断面涂抹片;空肠则刮取黏膜面做压片。标本片制好后,风干。于丙酮中固定15 min,再置于PBS中浸泡10 ~15 min,风干。

细胞培养盖玻片:将接毒24 ~48 h的盖玻片及阳性、阴性对照片在PBS中洗3次,风干。于丙酮中固定15 min,再置于PBS中浸泡10 ~15 min,风干。

(2)染色:用0.02%伊文斯蓝溶液将荧光抗体稀释至工作浓度(1∶8以上合格)。4 000 r/min离心10 min,取上清液滴于标本上,37 ℃恒温恒湿染色30 min,取出后用PBS冲洗3次,依次为3 min、4 min、5 min ,风干。

(3)封固:滴加磷酸盐缓冲甘油,用盖玻片封固。尽快做荧光显微镜检查。如当日检查不完,则将荧光片置4 ℃冰箱中,不超于48 h内检查。

3)结果判定

被检标本的细胞结构应完整清晰,在阳性、阴性对照片成立时判定,细胞核暗黑色,胞浆呈苹果绿色判为阳性,所有细胞浆中无特异性荧光判定为阴性。

按荧光强度划为四级:

①+ + + +:胞浆内可见闪亮的苹果绿色荧光;

②+ + +:胞浆内为明亮的苹果绿色荧光;

③+ +:胞浆内呈一般苹果绿色荧光;

④+:胞浆内可见微弱荧光,但清晰可见。

凡出现①~④不同强度荧光者均判定为阳性,当无特异性荧光,细胞浆被伊文思蓝染成红色,胞核黑红色者则判为阴性。

2. 双抗体夹心ELISA

1)材料准备

(1)洗液、包被稀释液、样品稀释液、酶标抗体稀释液、底物溶液、终止液自购。

(2)待检样品:取发病猪粪便或仔猪肠内容物。用浓盐水1∶5稀释,3 000 r/min离心20 min,取上清液,分装,-20 ℃保存备用。

2)操作方法

(1)冲洗包被板:向各孔注入洗液,浸泡3 min,甩干,再注入洗液,重复3次。甩去孔内残液,在滤纸上吸干。

(2)包被抗体:用包被稀释液稀释猪抗TGE - IgG至使用倍数,每孔加100 μl,置4 ℃过夜,弃液,冲洗同上。

(3)样品:将制备的被检样品用样品稀释液做5倍稀释,加入两个孔,每孔100 μl,每块反应板设阴性抗原、阳性抗原及稀释液对照各两孔,置37 ℃作用2 h,弃液,冲洗同

(1)。

(4)酶标抗体:每孔加 100 μl 经酶标抗体稀释液稀释至使用浓度的猪抗 TGE - IgG - HRP,置 37 ℃ 2 h,冲洗。

(5)加底物溶液:每孔加新配制的底物溶液 100 μl,置 37 ℃ 30 min。

(6)终止反应:每孔加终止液 50 μl,置室温 15 min。

3)结果判定

用酶标测试仪在波长 492 nm 下,测定吸光度(OD)值,阳性抗原对照两孔平均 OD 值 >0.8(参考值),阴性抗原对照两孔平均 OD 值≤0.2 为正常反应。按以下两个条件判定结果:P/N(被检抗原 OD 值/标准阴性抗原 OD 值)值≥2,且被检抗原两孔平均 OD 值≥0.2 判为阳性,否则为阴性。如其中一个条件稍低于判定标准,可复检一次,最后仍按两个条件判定结果。

3. 血清中和试验

1)样品

被检血清,同一动物的健康(或病初)血清和康复 3 周后血清(双份),单份血清也可以进行检测,被检样品需 56 ℃水浴灭活 30 min。

2)溶液配制

稀释液、细胞培养液、病毒培养液、HEPES 液。

3)操作方法

(1)常量法:用稀释液按倍比法稀释血清,与稀释至工作浓度的指示毒等量混合,置 37 ℃感作 1 h(中间摇动 2 次)。选择长满单层的细胞瓶,每份样品接 4 个培养瓶,再置 37 ℃吸附 1 h(中间摇动 2 次)。取出后加病毒培养液,置 37 ℃温箱培养,逐日观察细胞病变化(CPE)72 ~96 h 最终判定。每批试验设标准阴、阳性血清对照,病毒抗原和细胞对照各 2 瓶,均加工作浓度指示毒,阴性、阳性血清做 2 ~6 倍稀释。

(2)微量法:用稀释液倍比稀释血清,每个稀释度加 4 孔,每孔 50 μl,再分别加入 50 μl 工作浓度指示毒,经微量振荡器振荡 1 ~2 min ,置 37 ℃中和 1 h 后,每孔加入细胞悬液 100 μl(15 万 ~20 万个细胞/ml),微量板置 37 ℃ CO_2 培养箱,或用胶带封口置 37 ℃温箱培养,72 ~96 h 判定结果,对照组设置同常量法。

4)结果判定

在对照系统成立时(病毒抗原及阴性血清对照组均出现 CPE,阳性血清及细胞对照组均无 CPE),以能保护半数接种细胞不出现细胞病变的血清稀释度作为终点,并以抑制细胞病变的最高血清稀释度的倒数来表示中和抗体滴度。

发病后 3 周以上的康复血清抗体滴度是健康(或病初)抗体滴度的 4 倍,或单份血清的中和抗体滴度达 1:8或以上,则判为阳性。

4. 间接 ELISA

1)操作方法

(1)冲洗包被板:向各孔注入洗液,浸泡 3 min,再注入洗液,重复 3 次,甩干孔内残液,在滤纸上吸干。

(2)抗原包被:用包被稀释液稀释抗原至使用浓度,包被量为每孔 100 μl,置 4 ℃冰箱湿盒内 24 h,弃掉包被液,用洗液冲洗 3 次,每次 3 min。

(3)加被检及对照血清:将每份被检血清样品用血清稀释液做 1:100 稀释,加入 2 个孔,每孔 100 μl,每块反应板设阳性血清、阴性血清及稀释液对照各 2 孔,每孔 100 μl。盖好包被板置 37 ℃湿盒内 1 h,冲洗。

(4)加酶标抗体:用酶标抗体稀释液将酶标抗体稀释至使用浓度,每孔加 100 μl,置 37 ℃湿盒内 1 h,冲洗。

(5)底物溶液:每孔加新配制的底物溶液 100 μl,在室温下避光反应 5 ~ 10 min。

(6)终止反应:每孔加终止液 50 μl。

2)结果判定

(1)目测法:阳性对照血清孔呈鲜明的橘黄色,阴性对照血清孔无色或基本无色,被检血清孔凡显色者即判抗体阳性。

(2)比色法:用酶标测试仪,在波长 492 nm 下,测定各孔 OD 值,阳性血清对照两孔平均 OD 值 >0.7(参考值),阴性血清对照两孔平均 OD 值≤0.183 为正常反应。按以下标准判定结果:OD 值≥0.2 为阳性,OD 值 <0.183 为阴性,OD 值在 0.183 ~0.2 为疑似。对疑似样品可复检一次,如仍为疑似范围,则看 P/N 值,P/N≥2 判为阳性,P/N <2 判为阴性。

六、猪细小病毒感染

猪细小病毒感染是由细小病毒科(Parvovirioae)、细小病毒属(Parvovirus)成员猪细小病毒(Porcine Parvo Virus,PPV)引起的,是以胚胎和胎儿感染及死亡而母体本身不显症状的一种母猪繁殖障碍性传染病。

Carteright(1967)报道了本病,并从猪的流产胎儿中分离到 PPV。血清学调查表明,抗阳性率为 40% ~47%,是造成母猪繁殖障碍的主要原因之一。目前,世界各地的猪群中普遍存在此病。潘雪珠(1983)首次从上海分离到 PPV。

(一)病料的采集和处理

取初产母猪的流产胎儿、死胎、木乃伊胎及弱仔的脑、肾、睾丸、肺、肝、肠系膜淋巴结或母猪的胎盘和阴道分泌物等,病料按 1:(5 ~10)比例,加入含青霉素(1 000 IU/ml)、链霉素(1 000 IU/ml)、卡那霉素(1 000 IU/ml)的 0.5% 水解乳蛋白溶液,研磨制成无菌乳剂,冰箱过夜,3 000 r/min 离心 10 min 取上清液 -20 ℃保存备用。

(二)病毒的分离与鉴定

1.病原的分离

细胞培养:按细胞培养液的 1/10 比例,将上述病料的上清液接种于幼龄生长旺盛而又未形成单层的原代仔猪肾细胞,37 ℃吸附 90 min,中途轻摇数次,去掉接种液,加入维持液(为 0.05% 水解乳蛋白 -199 溶液,内含 2% 的犊牛血清 1% 的丙酮酸钠,青霉素 100 IU/ml,链霉素 100 mg/ml,制霉菌素 50 IU/ml),37 ℃静止培养,每天观察一次,连续培养 7 ~10 d,盲传 3 代,同时设立对照组,观察细胞有无细胞病变(CPE)及血凝素出现。如病料中有 PPV 时,在培养 16 ~36 h 时,可观察到细胞核内出现包涵体,5 ~10 d 可见特征性的 CPE,开始细胞中出现弥漫性颗粒,继而细胞变圆、丛集、固缩,崩解的细胞外形不整,最后脱离瓶壁。出现 CPE 的培养液再用已知的特异性血清进行血清学诊断。

2. 病毒鉴定

将被检样品用磷钨酸染色液进行负性染色 1 ~ 2 min,在电镜下进行检查,可见到有椭圆形或六角形病毒粒子,直径为 18 ~ 20 nm,病毒粒子无囊膜结构。

(二)诊断方法

1. 间接免疫荧光法

1)材料准备

(1)病毒抗原的制备:将 PPV 细胞培养液反复冻融 4 次,3 000 r/min 离心 30 min,去除细胞碎片,冻干浓缩 12 倍。血凝效价(HA)达 1∶1 024,加双抗(400 IU/ml),置 -20 ℃保存。

(2)PPV 高免血清的制备:选用 4 月龄的健康仔猪,经血检 HI 效价 1∶20 以下,首次免疫用 PPV 浓缩病毒,口服和滴鼻分别为 20 ml 和 10 ml,第二次免疫肌肉注射 20 ml,三免后海穴注射 5 ml,四免,耳静脉注射 10 ml。在最后一次免疫一周后采血,HI 效价达 1∶1 024,由颈静脉采血,分离血清,过滤除菌、分装,-20 ℃保存备用。

(3)兔抗猪 IgG 荧光抗体(商品化试剂)。

(4)阳性对照:已知的 PPV 感染细胞培养盖玻片,加 PPV 高免血清(1∶40)感作后,经洗涤,再加兔抗猪 IgG 染色及观察。

(5)阴性对照:无 PPV 感染细胞培养盖玻片,加 PPV 高免血清(1∶40)感作后,经洗涤,再加兔抗猪 IgG 染色、观察。

(6)标本自发荧光对照:空白细胞培养盖玻片后镜检。

(7)荧光抗体对照:空白细胞培养盖玻片,再加兔抗猪 IgG 染色、观察。

(8)病料的采集及冰冻切片的制备:采取死胎、胎儿的肝、肺、肾组织制成冰冻切片,丙酮固定,供观察用。

2)操作程序

将细胞盖玻片或 4 μm 厚的组织冰冻切片,用冷丙酮固定 10 min,每个样品取 2 张片,分别滴加 PPV 高免血清(1∶40),置 37 ℃恒湿恒温厚箱中,感作 30 min 后缓冲液(0.01 M pH7.2 PBS)洗 3 次。每次 15 min,无离子水冲洗、风干,再加兔抗猪 IgG - FA 染色,置 37 ℃恒湿恒温厚箱中,感作 30 min 后,,缓冲液(0.01 M pH7.2 PBS)洗 3 次,每次 3 min、5 min、8 min,风干,加碳酸盐缓冲甘油封片,用荧光显微镜在放大 250 ~ 500 倍下镜检。

3)结果判定

当阴性和阳性对照均成立的条件下,被检样品的判定结果有效。

阳性:在加 PPV 高免血清的标本上,细胞核或细胞浆内呈闪亮苹果绿荧光为“+++”,明亮荧光为“+.+”,较弱而鲜明的绿色颗粒型荧光为“+”。

阴性:在加 PPV 高免血清和阴性血清的(同一样品)两个标本上,镜下观察相同,如细胞和核细胞浆内均无苹果绿色颗粒荧光时,本检验样品判为阴性。

2. 间接 Dot - ELISA

1)材料准备

PPV 抗原:PPV 大量繁殖后,离心纯化制备。

兔抗 PPV 血清 IgG:抗原样本即将所有的待检样本分别制成匀浆,加少量双抗,室温作用 2 h,－20 ℃反复冻融 3～4 次,室温下 5 000 r/min 离心 30 min,取上清液分别加入终浓度为 0.5 M 的 NaCl 和 8%～10%(W/V)的 PEG－6000(聚乙二醇),4 ℃过夜,次日 4 ℃下 8 000 r/min 离心 1.5 h,弃去上清液,沉淀物用少量 PBS 溶解,加等量的氯仿充分振荡后,10 000 r/min 离心 20 min,小心吸取上清液,－30 ℃保存备用。

酶标抗体:羊抗兔的酶标抗体,辣根过氧化物酶标记。

稀释液 TBS:0.02 M Tris－HCl,0.5 M NaCl pH7.5。

TTBS:含 0.05%吐温－20 的 TBS。

TTGBS:含 1%白明胶的 TTBS。

底物溶液:DBA 10 mg,TBS 20 ml,30% H_2O_2 19 μl。

硝酸纤维素膜(NC 膜):NC 膜剪成适当大小,用笔尖圆尾在其正面压成直径 3 mm、间距 5 mm 的圆形痕迹。置蒸馏水中浸泡 10 min,取出晾干备用。

2)操作程序

将受检抗原样品点在 NC 膜圆迹内,点样 1～2 μl,置室温或 37 ℃下晾干。把 NC 膜浸入含 0.3% H_2O_2 TBS 中约 30 min,然后将 NC 膜在 TBS 中洗 3 次,共 5 min。将 NC 膜置于含 3%明胶的 TTBS 中室温下封闭 30～40 min,其间人工振荡 2～3 次。用 TBS 浸洗 3 次,每次 3 min。将 NC 膜置于 TTBS 稀释的兔抗 PPV 血清 IgG 中,37 ℃作用 1 h,其间人工振荡 3～5 次,用 TTBS 浸洗 3×5 min。将 NC 膜置于 TTGBS(含 1%白明胶的 TTBS)酶标羊抗兔 IgG 中,37 ℃作用 1 h,其间人工振荡 3～5 次,用 TTBS 浸洗 3×5 min,再用 TBS 洗 3×3 min。然后,将 NC 膜浸入新鲜的底物溶液中显色 15～30 min,然后,将 NC 膜置蒸馏水中浸泡 2～3 min 终止显色。室温下自然干燥,观察结果。

3)结果判定

阴阳性抗原对照均成立的条件下判断结果。

阳性:呈现均匀的深棕色或浅棕色斑点,且与背景对比度清晰者判为阳性(＋);

阴性:与阴性对照相同不呈现斑点者判为阴性(＋　－);

疑似:介于上述两者之间者判为疑似。

3.血凝抑制试验(HI)

1)材料准备

(1)抗原:用对红细胞凝集价高的毒株接种于胎猪肾或未吃初乳仔猪肾细胞单层制备。

(2)阳性血清、阴性血清和被检血清:阴性、阳性血清由生产单位提供。被检血清按常规方法采自被检猪的前腔静脉或耳静脉采血并分离血清,各种血清在使用前 56 ℃灭活 30 min。

(3)红细胞:按实验室常规方法自 HA 效价高的青年成鸡或豚鼠的心脏采血,收取沉淀的红细胞配成 0.4%红细胞悬液备用。

(4)稀释液:为灭菌的 pH7.2 磷酸盐缓冲液或巴比妥缓冲液。

(5)25%白陶土溶液:取白陶土 25 g 加入适量 1 M 盐酸溶液搅匀,2 000 r/min 离心 10 min,弃上清液,再加 1 M 盐酸,如此离心 3 次。取沉淀白陶土用 0.85%生理盐水 100

ml 配成 25% 溶液(呈糊状),然后用 5 M 氢氧化钠溶液调整 pH 为 7.2,高压灭菌,置 4 ℃备用。保存不得超过 4 个月。

(6)被检血清处理:吸取 0.1 ml 血清加稀释液 0.4 ml,再加白陶土溶液 0.5 ml,置室温充分摇动 20 min,以 2 000 r/min 离心 20 min 以除去血清中非特异性抑制物质。然后向上清液加入 0.1 ml(1 滴)洗过的豚鼠红细胞泥,轻轻摇动,于室温下吸附 20 min,2 000 r/min 离心10 min,以除去血清中可能存在的血凝素。

2)操作程序(试验采用 96 孔 U 型微量反应板滴定法)

(1)HA 试验:用定量滴定管从第 1 孔至试验所需稀释倍数孔,每孔滴加稀释液 1 滴(0.025 ml),于第 1 孔滴加抗原 1 滴,用稀释液从第 1 孔开始,依次稀释后,每孔补加稀释液 1 滴,置微量振荡器上震荡 15 s,最后滴加 0.4% 红细胞悬液 1 滴,振荡 30 s,置室温 1 h 判定结果。如果 HA 效价为 128 倍,则进行 HI 使用的 8 个单位抗原,应把抗原稀释为 128/8 = 16(倍)。

(2)HI 试验:用定量滴管从第 1 孔至试验所需稀释倍数孔,每孔滴加稀释液 1 滴,于第 1 孔滴加被检血清或滤纸片浸出液 1 滴,从第 1 孔开始依次倍比稀释,然后每孔加 8 单位抗原 1 滴,振荡 15 s,置 4 ℃18 h 或室温 4 h,每孔滴加 0.4% 红细胞悬液 1 滴,振荡 30 s,置室温 1 h 判定结果。

在进行 HI 试验时,应设已知阳性血清、阴性血清、不加抗原的被检血清及抗原、红细胞对照。在进行结果判定时,在对照各孔准确无误的条件下,以完全抑制的最高血清稀释倍数作为 HI 效价。应用本法检查被检血清的红细胞凝集抑制价在 1:40 以上者判为阳性。

七、猪生殖 - 呼吸道综合征

猪生殖 - 呼吸道综合征(Porcine Reprodlmtive and Respiratory Syndrome, PRRS)又称蓝耳病,是 1987 年新发现的一种传染病,其临床特征是厌食、发热、繁殖和呼吸障碍。

PRRS 由动脉炎病毒属中猪生殖与呼吸道综合征病毒(PRRSV)引起。PRRS 于 1987 年在美国首次发现,先后在北美洲和欧洲大面积暴发流行。1992 年欧共体将该病毒命名为“猪生殖与呼吸道综合征病毒(PRRSV)”。我国于 1996 年由郭宝清等首次在国内分离到 PRRSV。

PRRSV 只感染猪,PRRSV 携带者与敏感猪接触是 PRRS 的主要传播途径。空气传播是另一主要传播途径,特别是短距离传播。冬季气温降低,风速大及紫外线照射强度下降可加剧 PRRS 空气传播。人工授精也可传播本病,猪群规模、卫生条件、引进动物数量、猪群密度也是影响 PRRS 的重要因素。

PRRS 急性期可持续数月,之后出现长期性呼吸道病。断乳是 PRRS 发病的一个主要应激原因。PRRS 导致猪健康状况不佳,能持续整个育成期,抵抗力下降,对抗生素治疗和疫苗接种反应差,零星发生死亡。PRRS 暴发期间和之后出生的仔猪肺部病变发病率从 30% 增加到 70%,仔猪生产能力降低 5% ~20%,但大多数育成猪群可能感染 PRRS 而无临床症状。猪群一旦感染 PRRSV,可迅速传播至全群,2 ~3 个月内血清阳性率可达 85% ~95%,随后可持续感染数月。

该病主要临床表现是发病猪均拒食,母猪流产,仔猪出生后呼吸困难。死胎率和哺乳仔猪的死亡率均极高。所有年龄猪均易感,繁殖猪群可出现各种症状。急性发病期常见厌食、发热、无乳、昏睡,有时出现皮肤变蓝、呼吸困难、咳嗽。母猪和仔猪皮肤损伤包括耳部、外阴变蓝,区域性、菱形块状皮肤变蓝,皮肤红疹斑。母猪发病出现流产、早产和产期延迟、死胎、木乃伊胎儿、弱仔,母猪还可出现延迟发情、持续性不发情。公猪还可出现性欲降低,暂时性精子数量和活力降低。仔猪断乳前后发病率和死亡率升高,大多数猪在生后 1 周内死亡,仔猪呼吸困难,出现结膜炎、眼窝水肿,新生仔猪表现出血素质。

本病临床症状和病理剖检特异性不强,临床疑似病例需进实验室检验。

(一)病料的采集和处理

采集病猪、疑病猪、新鲜死胎或活产胎儿组织的病料,哺乳仔猪的肺、脾、脑、扁桃体、支气管淋巴结、血清和胸腔液等,木乃伊胎儿和组织自溶胎儿不宜用于病毒分离。用含抗生素的维持液(含 2% 胎牛血清的 MEM 营养液)做 1∶10 稀释,4 500 r/min 离心 30 min,经 0.45 nm 滤膜过滤,上清液用 MEM 做 1∶30 稀释,制成悬液,供分离病毒接种之用。

(二)病原的分离与鉴定

1. 细胞培养

将用病料制备的上清液接种于猪肺巨嗜细胞(PAM)或 CL2621 和 MAl04 细胞单层,于 35 ℃吸附 24 h,加含 4% 胎牛血清的 MEM,培养 7 d,观察 CPE。每份样品可盲传一代,出现 CPE 并能被特异性的抗血清中和的样品即为 PRRSV。

2. 动物试验

选取 6 日龄 SPF 猪或无 PRRS 血清中和抗体的仔猪,鼻内接种抗生素处理过的病料悬液,可于接种后 1 d 于肺前叶尖部出现 2 cm×2 cm 的肺炎病灶,接种后 3 d 肺有轻度肝样变,接种后 6~8 d 病灶几乎覆盖整个肺前叶,同时,接种后 2~3 d 可见腹膜及肾周围脂肪、肠系膜淋巴结及皮下脂肪和肌肉发生水肿。

3. 病原的鉴定

1)电子显微镜检查

将被检验品(病毒细胞培养物冻融后的离心上清液)悬浮液 1 滴(约 20 μl)滴于蜡盘上。将被覆 Formvar 膜的铜网,膜面朝下放到液滴上,吸附 2~3 min,取下铜网,用滤纸吸掉多余的液体。再将该铜网放到 pH7.0 2% 的磷钨酸染色液上染色 1~2 min,取下铜网,用滤纸吸掉多余的染色液,干燥后,放入电镜进行检查可见带有纤突,呈球形或卵圆形,具有囊膜,20 面体对称。病毒粒子的直径 30~35 nm,纤突长为 5 nm。

2)RT-PCR 方法

取病料(组织按 10 mg/ml 加变性缓冲液制成匀浆,血清加 16% PEG-4000,4 ℃放置过夜,12 000 r/min 离心 10 min,沉淀加变性缓冲液),加入 1/10 体积的 2 M NaAc,等体积的酚∶氯仿∶异戊醇(25∶24∶1),混匀,水浴 15 min,5 000 r/min 4 ℃离心 20 min,取水相,然后加入等体积的异丙醇,混匀。置 -20 ℃ 1 h,4 ℃ 5 000 r/min 离心 20 min,弃上清液,沉淀加入 1/10 体积的变性缓冲液,加入等体积的异丙醇,轻轻混匀,-20 ℃放置 1 h,4 ℃ 5 000 r/min 离心 20 min,弃上清液,用 75% 冷乙醇冲洗沉淀,离心,真空抽干,沉淀溶解适量 DEPC 处理水中,取 RNA 少量,加入 dNTP、TE buffer、下游引物,70 ℃水浴 10 min,加反转录酶、RNAsin，置 37 ℃ 1 h，94 ℃ 5 min 灭活反转录酶，取适量 cDNA，加 dNTP、$MgCl_2$、上下游引物、PCR buffer、Taq 酶，DEPC 处理水、矿物油。95 ℃ 3 min，94 ℃ 1 min，60 ℃ 1 min，72 ℃ 2 min，共 35 个循环。最后 72 ℃ 10 min，取少量 PCR 产物，用 1% 琼脂糖凝胶电泳，紫外灯光观察，可见到与目的基因长度一致的片段。

（三）诊断方法

1. 间接荧光抗体试验

1）材料准备

待检样品稀释液：$Na_2HPO_4 \cdot 12H_2O$ 2.85 g，KH_2PO_4 0.20 g，NaCl 8.5 g 加无离子水或蒸馏水至 1 000 ml。洗液：同待检样品稀释液。荧光抗体稀释液：$Na_2HPO_4 \cdot 12H_2O$ 2.85 g，KH_2PO_4 0.20 g，NaCl 8.5 g，伊文思蓝 0.10 g，加无离子水或蒸馏水至 1 000 ml。甘油缓冲液：取 0.1 M 碳酸钠－碳酸氢钠缓冲液（pH9.5）1 ml 与 9 ml 中性甘油混匀后即为缓冲甘油。0.1 M 碳酸钠－碳酸氢钠缓冲液由 0.1 M 碳酸钠溶液和碳酸氢钠溶液以 4:6 比例混合配制。标准阳性血清：用已知纯化的 PRRSV 免疫血清抗体阴性猪制备。标准阴性血清：无 PRRSV 中和抗体健康猪血清或 SPF 猪血清。标准阴性抗原：用正常细胞培养物按抗原制备程序制备。荧光抗体：生产厂家提供。其他：荧光显微镜等。

2）试验方法

分别将每份待检血清、阳性血清和阴性对照血清用样品稀释液在 1 ml 离心管内以 1:20 倍稀释。分别吸取 30～50 μl 稀释后的待检血清、阳性血清和阴性血清加到阳性和阴性抗原涂片上，置湿盒内 37 ℃恒温箱感作 45 min。然后用洗液将抗原片上的样品稀释液洗掉，将抗原片放入标本洗涤缸内用洗液洗涤 3 次，每次 5 min，吹干。再将荧光抗体用荧光抗体稀释液适当稀释，取 30～50 μl 滴加到抗原片上，在湿盒内 37 ℃感作 45 min，然后，按上述冲洗方法处理，吹干的抗原片用缓冲甘油封片。

3）结果判定

将染色后的抗原片置 6.3×40 倍荧光显微镜下观察。

判定标准：在荧光显微镜下，背景应为橘红色或褐色，视野内分布有单个或团块细胞浆呈黄绿荧光着染判为阳性，未见胞浆呈黄绿荧光着染判为阴性。阳性血清对阳性抗原涂片染色应为阳性，阳性血清对阴性对照抗原涂片染色和阴性血清对阳性、阴性抗原涂片染色应为阴性。

待检样品结果判定：在阳性和阴性血清分别对阳性和阴性抗原片结果成立的条件下，若样品对阴性抗原涂片染色细胞浆无黄绿荧光着染、对阳性抗原片染色细胞浆有黄绿荧光着染判为阳性，细胞浆无黄绿荧光判为阴性。

2. 免疫过氧化物酶单层试验

1）材料准备

待检样品稀释液：$Na_2HPO_4 \cdot 12H_2O$ 2.85 g，KH_2PO_4 0.20 g，NaCl 8.5 g，加无离子水或蒸馏水至 1 000 ml。酶标抗体稀释液：同待检样品稀释液。标准阳性血清、标准阴性血清、标准阳性抗原、标准阴性抗原：同间接荧光抗体试验。酶标抗体：过氧化物酶标记兔抗猪 IgG 抗体或蛋白 A（由美国 SIGMA 公司生产）。30% H_2O_2 溶液、中性甘油。底物：AEC（由美国 SIGMA 公司生产）。衬染液：$Na_2HPO_4 \cdot 12H_2O$ 2.85 g，KH_2PO_4 0.20g，NaCl 8.5

g,伊文思蓝 0.10 g,加无离子水或蒸馏水至 1 000 ml。待检血清:同间接荧光抗体试验。器械:普通光学显微镜、1 ml 吸管、1 ml 离心管、橡皮吸头、50 μl 微量取液器、标本洗涤缸、盖玻片等。

2)试验方法

分别将待检血清、阳性血清和阴性对血清用样品稀释液在 1 ml 离心管内以 1∶20 倍稀释。分别吸取 30 ~50 μl 稀释后的待检血清、阳性血清和阴性血清加到阳性和阴性抗原涂片上,置湿盒内 37 ℃恒温箱感作 60 min。然后用稀液将抗原片上的样品稀释液洗掉,将抗原片放入标本洗涤缸内用稀液洗 3 次,每次 5 min,吹干。再将酶标抗体用稀释液适当稀释后取 30 ~50 μl 滴加到抗原片上,置湿盒内 37 ℃恒温箱感作 60 min。然后,按上述方法用洗液洗涤吹干。取 0.5 ml 4% AEC 二甲基甲酰胺溶液加 9.5 ml 醋酸缓冲液和 5 μl 30% H_2O_2 配成底物溶液。取 30 ~50 μl 底物溶液加到涂片上,在室温下作用 3 ~10 min。然后用蒸馏水冲洗,再用衬染液衬染 3 ~5 min,用蒸馏水洗涤,然后用中性甘油封片。

3)结果判定

将抗原片置 10 ×10 倍镜下观察。背景为蓝色,视野内分布有单个细胞或团块状细胞,细胞胞浆呈棕红色染判为阳性,未见细胞胞浆呈棕红色着染判为阴性。

阳性血清对阳性抗原涂片染色应为阳性,阳性血清对阴性对照抗原涂片染色和阴性血清对阳性、阴性抗原涂片染色应为阴性。

待检样品结果判定:在阳性和阴性血清分别对阳性和阴性抗原片结果成立的条件下,若样品对阴性抗原涂片染色细胞浆无棕红色着染、对阳性抗原片染色细胞浆有棕红色着染判为阳性,细胞浆无棕红色着染为阴性。

八、猪乙型脑炎

猪乙型脑炎是由日本脑炎病毒引起的一种人畜共患病,猪主要表现为高热、喜卧、粪便干燥及神经症状;妊娠猪流产、死胎,公猪睾丸炎。蚊子是其传播媒介,发病有明显季节性。日本脑炎病毒属黄病毒科黄病毒属,呈球形,直径 35 ~40 nm,有囊膜能凝集鸡、鸭、鹅及绵羊红细胞。本病根据流行病学和临床症状可作出初诊,确诊需作出实验室检查。

(一)标本的采集和处理

1.标本的采集

在流行季节从猪血清、蚊及患病动物脑组织很容易分离到乙脑病毒。采集标本的时间对能否采集到足够量的病毒是重要的。一般大部分易感猪在流行季节都感染。它们有 3 ~4 d 的毒血症,此时分离病毒的阳性率较高。在整个流行季节中,由于一些带母体抗体的猪不断阴转,因此也能分离到病毒,但阳性率低于前者。蚊一般在人的流行高峰前半月至一个月易分离到病毒,如华北地区一般 7 月下旬分离率最高,不同地区因气候条件不同稍有差异。

从病死猪的脑组织分离病毒,越早取材越好,一般不超过死后 6 h。由于乙脑病毒对热不稳定,一般 37 ℃ 48 h 或 56 ℃ 30 min 即可灭活,故以立即接种为最好。如需运送或保存,必须在冷的条件下尽快送至实验室。一般放在 50% 中性甘油中,4 ℃保存最好。如需要保存较长时间才能进行检查，最好放在 -30 ℃的低温冰箱或干冰中保存。

2. 标本的处理

猪血清一般不用特殊处理，用血浆或血清脑内接种 3 周龄小白鼠即可，采血时尽量避免或减少细菌污染，在血中不加抗凝剂。

脑：用 0.5% LH（或碱性肉汤或 10% 脱脂奶生理盐水）研磨成 10% 悬液，3 000 r/min 离心 20 min，脑内接种 3 周龄鼠和组织培养。

（二）病毒的分离与鉴定

1. 病毒的分离

要分离到病毒，首先要采集到含有足够量的活病毒标本，用敏感的动物或细胞进行病毒分离。

2. 标本的接种

1）动物接种

小白鼠（乳鼠及 3 周龄鼠）脑内接种最敏感，金黄色地鼠次之。一般潜伏期 4 d，主要症状为毛松，活动减少，震颤，绕圈，背弓，尾部强直，后肢麻痹，作回旋试验（手提尾部，将鼠倒悬、旋转）则症状加重，严重的可抽搐至死。乳鼠主要表现为离群，痛觉迟钝以至消失。脑内接种一般观察两周，发病的小白鼠死前取出鼠脑，一半冰冻保存，另一半继续传代。如果分离到病毒，则发病的潜伏期和死亡较为规律。

2）组织培养接种

可接种于地鼠肾细胞、鸡胚纤维母细胞，以及一些蚊细胞株、BHK21（传代地鼠肾细胞）。一般将材料接种于单层细胞后，37 ℃孵育 1 h，用 Hank′s 液洗两次，加维持液 37 ℃培养。地鼠肾细胞及 BHK21 细胞于接种后 3 ~4 d 可出现病变（以圆缩、脱落为主要病变），即可收获，放 4 ℃或冰冻待检。如需等待较长时间才能检定则最好干燥保存。用鸡胚纤维母细胞和 C6/36 蚊细胞株分离病毒时最好作空斑法。

3）鸡胚接种

主要是卵黄囊接种，2 ~3 d 能引起鸡胚死亡，取全胚冰冻保存待检。

一般初次分离病毒，经盲传二代为阴性时，才能判为阴性。有时第一代病毒引起的动物死亡或细胞病变不规律，常只有个别死亡或出现病变，应抓紧时机收获和盲传，才能分离到病毒。因此，在分离病毒时应细致观察。

3. 病毒的鉴定

经动物、鸡胚或组织培养分离到能稳定传代的病原，在细菌培养基上不生长或经除菌过滤（玻璃滤器 5 G）仍无碍其繁殖力与致病力，就可以认为已分离到病毒。

1）初步鉴定

可将待检病毒制备抗原，用血凝抑制试验和补体结合试验作初步鉴定，可用间接荧光抗体测细胞内的病毒抗原。

间接免疫荧光测抗原法：

（1）试验材料：免疫荧光抗体及配套试剂。

（2）待检的感染细胞和细胞涂片的制备：将感染的细胞做成 10^6 个/ml 的细胞悬液，滴 1 ~2 滴于玻片上，37 ℃晾干，或用发病的鼠脑压制成压片，37 ℃晾干后，用冷丙酮固定

10 min，立即进行检查或置 -20 ℃冰冻保存。

（3）荧光染色：用一定稀释度的特异性抗体（如抗体效价为1/80则可用1/20）56 ℃加热灭活20 min，滴1～2滴于经丙酮固定过的细胞片上，室温作用5 min，弃抗体。用PBS浸泡5 min（中间换2次PBS）加结合荧光素抗体5 min，弃荧光素，用PBS浸泡10 min（中间换2次PBS），取出玻璃薄片，滴1滴甘油缓冲液于玻璃片上，加上盖玻片观察，一般1～2 h就可以出结果，可达到快速诊断的目的。无论血凝抑制试验还是免疫荧光法，在鉴定和分析结果时都要注意交叉反应的问题，进一步再作中和试验。

2）最后鉴定

主要靠中和试验，一般用稀释病毒固定血清法：①已知病毒＋阴性血清……病毒对照组；②已知病毒＋阳性血清……阳性血清对照组；③未知病毒＋阳性血清……试验组。

3）结果判定

（1）（LD_{50} -2）LD_{50} = 阳性血清中和已知标准病毒的中和指数；

（2）（LD_{50} -3）LD_{50} = 阳性血清中和未知病毒的中和指数。

两者中和指数接近（相差≤0.5 LD_{50}）即可诊断分离的病毒为乙脑病毒。

如对中和试验的结果有怀疑，可用新分离到的病毒制备免疫血清，再与标准株和新分离的病毒株进行交叉中和试验。

（三）诊断方法

1. 血凝及血凝抑制试验

乙脑病毒在适当条件下能凝集鹅、鸭、鸽等动物的血球，这种现象称为乙脑病毒的血球凝集反应（简称血凝或HA）。动物和人受乙脑病毒感染或人工接受乙脑疫苗，可产生血球凝集抑制抗体（IgM、IgG），能特异性地抑制血凝反应，称为乙脑病毒的血球凝集抑制试验（简称血抑或HI）。

1）材料

乙脑血凝素、0.5%鹅红细胞、pH7.5 PBS溶液、血凝板、移液器等。

2）血清处理

血清中存在非特异性抑制物质和非特异性凝集物质，因此试验前必须处理，以高岭土法较简便，效果也好。

3）正式试验

（1）血凝素滴定：取血清塑料板（大孔的）每孔加0.2 ml pH 7.5 PBS，以无菌吸管吸血凝素0.2 ml，作倍比稀释，一般作15孔，最后一孔吸出0.2 ml弃去，每孔再加pH 7.5 PBS 0.2 ml，振荡混匀，加0.5%红细胞0.4 ml（用pH 5.3 PBS稀释），置室温1 h观察结果。

（2）血凝抑制试验：每次试验前必须作血凝素滴定，用pH 7.5 PBS将血凝素稀释成8单位。将处理好的血清用pH 7.5 PBS作倍比稀释，每孔0.2 ml，再加8单位血凝素，振荡后室温放1 h，加0.5%血细胞0.4 ml，1 h后看结果。以恢复期血清的血抑抗体滴度为急性期的4倍以上者有诊断意义。

2. 酶联免疫吸附试验

它的特点是需要有一个固体的支持物（又称载体），一般是由聚苯乙烯或聚氯乙烯制成微型平碟，将可溶性抗原或抗体被动吸附到表面，待加入待检抗体或抗原，经适当的孵育和洗涤后，加入过氧化物酶或碱性磷酸酶标记的抗原或抗体，用相应的底物显色，根据颜色反应的程度判定抗原、抗体的含量。

1）材料

（1）乙脑酶联试剂盒。

（2）溶液配制：

抗原稀释液 pH 9.6：Na_2CO_3 1.59 g，$NaHCO_3$ 2.93 g，加双蒸水至 1 000 ml；洗涤液：PBS 吐温 pH 7.4，NaCl 8.0 g，KH_2PO_4 0.2 g，$Na_2HPO_4 \cdot 12H_2O$ 2.9 g，KCl 0.2 g，吐温－20 0.5 ml，加双蒸水至1 000 ml；底物的稀释液：pH 10.4，Na_2CO_3 0.53 g，$MgCl_2$ 0.020 3 g，加水至 100 ml；STE 缓冲液（Sodium－Tris－EDTA buffer pH7.7）。

2）试验方法

（1）将抗原加入载体盒吸附（37 ℃）1～2 h，4 ℃过夜，用 PBS－吐温洗 3 次。

（2）加待检血清：室温作用 1 h，用 PBS－吐温洗 3 次。

（3）加酶结合抗抗体，室温作用 1 h，用 PBS 吐温－80 洗 3 次。

（4）加底物：P－Nitrophenyl—Phosphate + H_2O→P—Nitrophenyl + phosphate。

3）结果判定

在 400 nm 波长的比色计上读结果，肉眼观察变黄色，为阳性结果。

九、猪水泡病

猪水泡病（Swine Vesicular Disease，SVD）是一种接触性急性传染病，流行性强，发病率高，以蹄、口、鼻、腹部和乳头周围等部位的皮肤发生水泡为特征。临床症状与口蹄疫非常相似，但不感染牛、羊等偶蹄兽。猪水泡病的病原是猪水泡病病毒（Swine Vesicular Disease Virus，SVDV），该病毒属微核糖核酸病毒科的肠病毒属。病毒呈球形，直径 28～32 nm，主要存在于水泡液和水泡痂中。本病主要以直接接触传染，病程 14～21 d，呈地方性流行，但死亡率不高。

（一）病料采集与处理

无菌采取患猪水泡液或刚破溃的水泡皮，加入抗生素液（水泡皮先研磨），用 PBS 作 5～10 倍稀释。4 ℃浸泡过夜，或置室温 4 h，离心除沉淀物，上清液即为待检病毒液。

（二）病原分离与鉴定

1. 病毒分离

用待检病毒液接种猪源原代或传代细胞单层，37 ℃培养，一般 20～24 h 内可出现典型 CPE。也可接种白鼠或乳鼠肾原代细胞或人羊膜传代细胞单层，如果初代无 CPE 出现，盲传 2～3 代。

2. 电镜观察

可用病毒液初提纯物在电镜下观察病毒粒子，作为病原学诊断参考。

3. 动物试验

将病毒液接种 1～3 日龄乳鼠或乳白鼠，应出现特异性麻痹症状，四肢强直。经 2～3 d 死亡。其他试验动物，3 日龄以上乳鼠或 2 周龄以上白鼠均不发病。

(三)诊断方法

1. 中和试验

中和试验是诊断猪水泡病的常用方法,较易得出确切的诊断结果。

用已知阳性血清鉴定未知病毒:选用1~2日龄乳鼠10只。其中7只颈部皮下注射猪水泡病高免血清0.1 ml,18~24 h后其中5只接种待检病毒液,2只作不接种的血清健康对照,未接种高免血清的3只也同样接种待检病毒液。接种待检病毒液后,每天观察2~3次,连续6 d。如注射高免血清的乳鼠,血清对照鼠均健活,病毒对照鼠死亡,则被检样品(病毒液)含猪水泡病病毒。

用已知病毒鉴定未知血清:方法可参照猪传染性胃肠炎中和试验。SVDV中和抗体出现很快,病猪在出现水泡的当天血清中即可测出相当水平的中和抗体,2 d达高峰,持续40 d后稍有下降。

2. 反向间接血凝试验

将水泡皮做成3倍稀释的悬液,制成待检抗原。然后在小试管中用含1%兔血清、0.05%聚乙二醇、0.1% NaN_3 的PBS(pH 7.2,0.1 mol/L)作倍比稀释。于96孔微量滴定板的第1排1~8孔内分别滴加8个不同稀释度的抗原,每孔2滴,第9孔加稀释液2滴,作为阴性对照。第10孔加水泡病标准抗原30倍稀释液2滴,作为阳性对照。于1~10各孔内滴加水泡病红细胞诊断液1滴(用提纯的豚鼠抗水泡病IgG致敏的醛化绵羊红细胞),轻轻摇动,使红细胞均匀悬浮后,置室温下经1.5~2 h判定结果。结果判定:有2孔出现"++"以上凝集者,即可判为猪水泡病阳性,但阴性对照孔应不凝集,阳性对照孔应凝集。红细胞凝集"++"以上的抗原最高稀释度,即为该被检抗原的效价。

反向间接血凝虽然灵敏度较高,但个别被检抗原可能在低稀释度孔内出现非特异性凝集。必要时,应以正常豚鼠的IgG同样致敏已固定的绵羊红细胞,制成正常红细胞液为对照。根据水泡病诊断液和对照液两排凝集滴度之差进行判定,以相差两孔以上者为阳性。

3. 补作结合试验

一般用微量法(方法同口蹄疫检验)。将水泡皮等被检病料如上做成浸出液后直接检测。也可先行细胞培养,待出现明显CPE后,取细胞培养物检测病毒抗原。

4. 荧光抗体法

加有盖玻片的猪源细胞培养接种如上述处理的10倍稀释的水泡皮浸出液0.2 ml,吸附并加维持液后于37 ℃孵育,经不同时间后取出盖玻片,用直接或间接荧光抗体法检测病毒抗原。

第二节　细菌性疾病

一、猪大肠杆菌病(Escherichia Coli Infection of Swine)

猪大肠杆菌病是由埃希氏大肠杆菌(Escherichia Coli)感染引起的一类猪的传染病。由于猪生长期不同及病原菌血清型的差异,产生的疾病也不相同,本病仅侵害仔猪,对成年猪不致病。根据发病仔猪的临床表现，猪大肠杆菌病分为仔猪黄痢、白痢和仔猪水肿病。

仔猪黄痢是初生仔猪多发的一种急性、高度致死性的疾病，以发生腹泻排黄色液状粪便为特征。该病在初生1周以内的幼猪发生，以1～3日龄为多见，7日龄以上很少发生。一旦感染，发病率很高，窝仔猪发病率常在90%以上。死亡率也很高。

仔猪白痢是吮乳期仔猪的一种常见腹泻病，以排泄乳白色或灰白色带有腥臭的糨糊状的稀软粪便为特征。发病率高而病死率低，影响仔猪的生长发育。

猪水肿病又称猪溶血性大肠杆菌病、胃水肿、肠毒血症，是由致病性大肠杆菌引起断乳后幼猪的一种急性、散发性肠毒血症。其特征为胃壁和其他一些部位发生水肿。本病常突然发生。发病率不高，但病死率很高，常出现肉毒素中毒的休克症状而迅速死亡。

仔猪黄痢、白痢和仔猪水肿病临床诊断不难，但是，若对病原菌进行分型，需进行实验室检验。

（一）病料采集和处理

采取发病仔猪或其新鲜尸体小肠前部内容物，为了避免杂菌污染，最好无菌采取肠系膜淋巴结、肝、脾、肾等实质器官做病原分离的材料。如果送检可将病料放在灭菌的试管中，用冰瓶尽快送到实验室。

（二）病原分离与鉴定

1. 细菌分离培养

1）细菌分离

划线接种于麦康凯琼脂平板、普通琼脂平板、血液琼脂平板上，于37 ℃培养24 h，在普通营养琼脂上形成直径约2 mm的圆形、光滑、隆起、湿润、半透明、淡灰色的菌落。在麦康凯琼脂上菌落为红色（见图12-1），部分致病性菌株在血液琼脂平板上呈β－溶血。

细菌形态学检验：选可疑菌落涂片染色镜检，如为革兰氏染色阴性、散在、中等大小的杆菌（见图12-2），将进行纯培养。

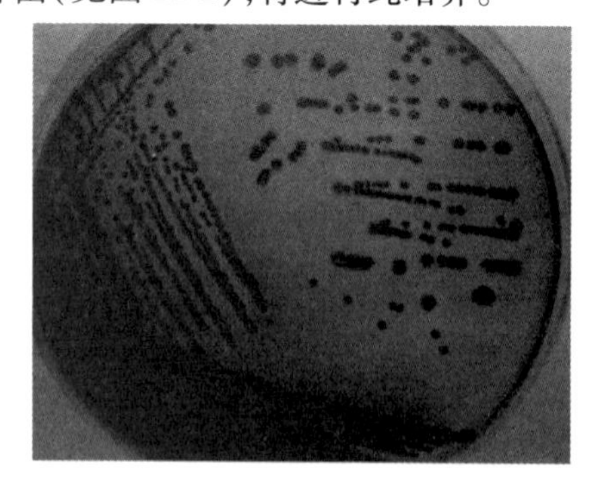

图12-1　麦康凯琼脂上菌落特点

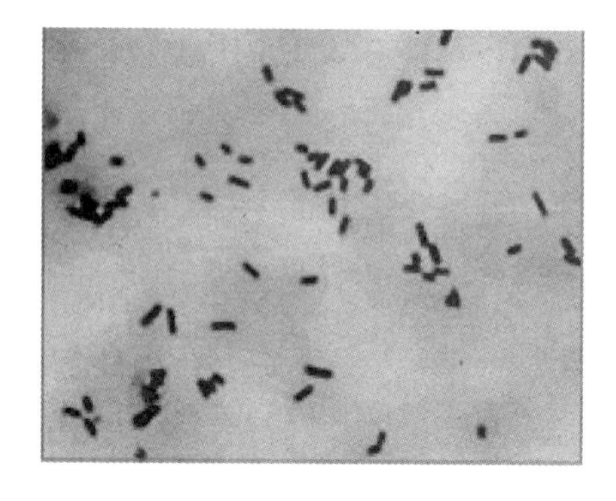

图12-2　大肠杆菌革兰氏染色

2）生化试验

将可疑菌落接种生化管做生化鉴定：如果糖、乳糖、葡萄糖产酸产气，β－半乳糖苷酶试验阳性，产生吲哚，MR 阳性，VP 阴性，不利用柠檬酸盐，不产生 H_2S，不分解尿素，具有运动性，在含有 KCN 的培养基上不生长，就可鉴定为埃希氏大肠杆菌。分离物有无致病性需做动物学试验或用因子血清做平板凝集试验。

2. 病原鉴定

1）血清学分型

对已经生化试验鉴定的大肠杆菌纯培养物，仔猪黄痢、白痢用 K88、K99、987P、F41、O141 等因子血清，仔猪水肿病用 O138：K81、O139：K85 及 O141：K85 有关的因子血清进行玻片凝集试验作血清型鉴定。做活菌平板凝集试验定型检查。

取一滴标准因子血清于平板上，用接种环取少许待鉴定培养物，与血清混合均匀，在室温下于 3 min 内判定完毕。出现凝集团块者为阳性，同时设盐水对照以检查待检细菌有无自凝。也可将待检菌的 18 h 固体培养物用生理盐水洗下制成菌悬液，分成两份。一份经 121 ℃处理 2 h，为热处理菌液，目的是破坏 K 抗原。另一份经福尔马林（最终含量 0.5%）37 ℃处理 24 h，为非热处理菌液，目的是保留 O 抗原。然后分别用上述方法做凝集试验检查。

2）K_{88}抗原红细胞凝集阻断试验

带有 K_{88}抗原的菌株是仔猪黄白痢的重要病原，有 K_{88}抗血清可对分离菌株直接检测有无 K_{88}抗原，如无此血清，可利用大肠杆菌 K_{88}能低温凝集豚鼠红细胞并不能被甘露醇所阻止的特性，进行间接推断检查。试验如下：

（1）材料准备：菌液的制备，即将待检大肠杆菌接种于肉汤中培养 18 h，移植于牛心汤琼脂斜面上，37 ℃培养 18 h，用灭菌生理盐水洗下菌苔，配成 6 亿/ml 的菌液，相当于麦氏比浊管第二管的浓度，此为生理盐水菌液。同样，用含 0.5% 甘露醇的生理盐水洗下菌苔并制备同样浓度的菌液一份。

3% 豚鼠红细胞的制备：从豚鼠心脏无菌采血 1 ~ 2 ml，置于含 5% 柠檬酸钠的生理盐水中，混匀，用生理盐水以 5 000 r/min 离心 20 min，洗涤 3 次，取最后一次离心浓缩的红细胞沉淀物 0.3 ml 加到 9.7 ml 无菌生理盐水中混匀即成。

（2）试验方法：将等量的菌液与豚鼠红细胞液混合，如在试管中进行各取 0.5 ml；如用微量凝集板，各取 0.025 ml。充分混匀，于 0 ~ 3 ℃条件下作用 1 h 后，观察结果。同时设等量生理盐水与红细胞液的对照，此对照应不发生凝集。

（3）结果判定：如无甘露醇的菌液与红细胞凝集，而有甘露醇的菌液与红细胞不凝集，该菌株为甘露醇敏感菌株，无 K_{88}抗原。如有甘露醇和无甘露醇的菌液都与豚鼠红细胞发生凝集，则这样菌株为甘露醇抵抗菌株，带有 K_{88} 抗原。而且这种凝集发生在低温 0 ~ 3 ℃，低温下凝集的红细胞，于 37 ℃放置 30 min，凝集现象就消失了，再置于 0 ℃条件下 1 h，凝集现象又出现了。

3）肠毒素检验

致病性大肠杆菌可产生两种肠毒素，其主要差异在对热的抵抗力不同，耐热毒素（ST）能抵抗 100 ℃ 15 min，而热敏毒素（LT）在 60 ℃条件下 15 min 失活。

常用的检查 LT 或 ST 的方法为回肠结扎试验以及乳鼠胃内接种试验，还有用 Y－1 肾上腺细胞或中国仓鼠卵细胞的组织培养法来检查 ST，下面介绍一下回肠结扎试验和乳

鼠胃内接种试验:

(1)LT 的检测:

①LT 的制备:将被检大肠杆菌接种于 1 ml 酪蛋白酵母浸膏培养基,37 ℃培养 18 h 后,将此培养物全部移入装有 15 ml 同样培养基的 100 ml 三角瓶中,再经 37 ℃培养 18 h 后,加入 1% 硫柳汞 0.15 ml,于 4 ℃冰箱中过夜,以 3 500 r/min 离心 20 min,取上清液做 LT 检测用。检测最好用新制备的样品,在冰箱中保存不宜超过 3 d。

②回肠结扎试验:取体重为 2 kg 以上的健兔,给水饥饿 2 d。以外科手术刀切开腹壁,自盲肠游离端的回肠开始,沿向心方向结扎,每结扎 8 ~ 10 cm 一段,间隔 3 ~ 5 cm,再结扎 8 ~ 10 cm,再间隔 3 ~ 5 cm……向其中一段肠腔注射被检热敏肠毒素 1 ml,向另一段肠腔注射 1 ml 培养基作为对照。注完后缝合,给饮水饥饿 12 h,将兔扑杀,测结扎肠段内的液体量(ml)与结扎肠段长度(cm)的比值,ml: cm > 1 者为阳性,培养基对照段的比值应小于 1。

(2)ST 的检测:

①ST 的制备:将被检菌接种于胰胨大豆汤中,37 ℃培养 16 h,取 0.5 ml 移植到含同样培养液的 100 ml 三角瓶中,37 ℃培养 16 h,取其一半在 56 ℃条件下加热 10 min,另一半不加热。两样均做检测用。

②乳鼠胃内接种:加热样和未加热样各胃内接种 3 ~ 5 日龄乳鼠 5 只,为了证实接种是否入胃,接种前各样滴加一小滴 2% 伊文思蓝,每鼠接种 0.1 ml。同时设培养基或不产生肠毒素的细菌培养物接种的对照组。

③结果判定:接种后 2 ~ 3 h 将鼠麻醉致死,取出肠道及其内容物,并称出其质量(X)和剩余残体重(Y),计算 X 与 Y 的比值。如果 $X: Y \geq 0.085$ 者为阳性,$X: Y < 0.074$ 者为阴性,比值介于 0.075 ~ 0.084 为可疑。对照应为阴性,有 ST 时加热和不加热的菌液均应为阳性。

二、猪肺疫

猪肺疫(Swine Pasterellosis)又称猪巴氏杆菌病,是由多杀性巴氏杆菌引起的一种传染病,呈急性或慢性经过,俗称“锁喉风”。本病的特征是最急性呈败血症变化,咽喉部急性水肿,高度呼吸困难。多杀性巴氏杆菌有 5 个荚膜型和 16 个菌体型,其中荚膜型 A、B、D 型菌株和菌体型 3、5 型是本病的病原。急性型呈纤维素性胸膜肺炎症状,均由 B 型引起;慢性型症状不明显,逐渐消瘦,有时伴发关节炎,多由 D 型引起。我国的猪肺疫由 B 型菌株引起。

本病的流行依据猪体的抵抗力和细菌的毒力强弱而有地方性流行和散发两种。近几年来,本病一般呈散发,发病率和死亡率较低。

(一)病料的采集、处理

病猪采取耳静脉血,病死猪剖检尸体尽可能无菌采取新鲜病料如心血、颈部水肿液、胸水、肝、脾、淋巴结等作为细菌分离鉴定的材料。

（二）病原的分离与鉴定

1. 涂片镜检

无菌取病死猪的肝、肺及脾脏或浸出液等制成涂片，自然干燥，用甲醇固定 2～3 min，用碱性美蓝染色液染色，或以瑞氏染液染色 5 min，经水洗、干燥后镜检。显微镜下可见大量典型的两极着色的短小杆菌。采取肝脏病料做组织触片，革兰氏染色镜检后，呈革兰氏阴性（见图 12-3）。菌体周围有荚膜，两端钝圆而粗短，中央微凸的中等杆菌。

2. 细菌分离培养

无菌取病死猪的肝、肺、淋巴结等器官的病料接种普通培养基平板、血琼脂平板和麦康凯琼脂平板进行培养，37 ℃恒温培养 24 h 后，在普通培养基上形成无色、圆形、湿润、边缘整齐、露珠样透明小菌落，以后呈淡灰白色；在血琼脂培养基上不溶血，形成较平坦的水滴样菌落（见图 12-4），在 45 ℃折射暗光线下观察有蓝绿色荧光。继续挑取线上菌落接种于伊红美蓝琼脂平板上，27 h 后培养基表面长出细小为针尖状菌落，经革兰氏染色和美蓝染色后可见有多量呈革兰氏阴性两极浓染的小球杆菌。在麦康凯琼脂培养基上无菌生长。挑取分离到的菌落涂片，进行美蓝染色，显微镜见到与病料中同样的两端浓染的短小杆菌。

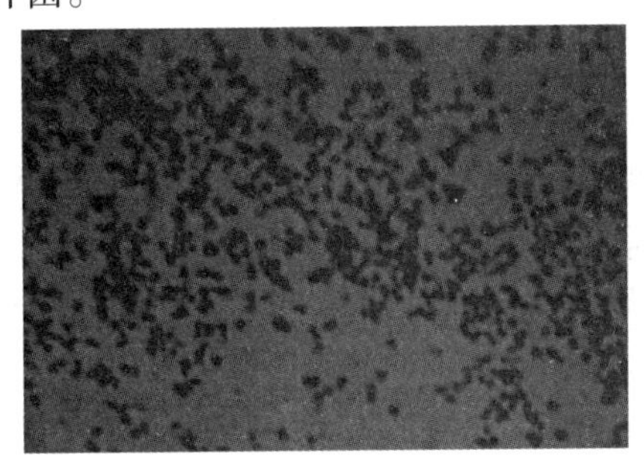

图 12-3　巴氏杆菌形态（革兰氏染色）

图 12-4　巴氏杆菌在血平板上的菌落形态

3. 生化反应

将分离培养的细菌进行生化反应接种于葡萄糖、蔗糖、麦芽糖、甘露醇、阿拉伯糖、乳糖、木糖 7 种糖发酵管，于 37 ℃培养 24 h 后，发现葡萄糖、麦芽糖产酸产少量气，甘露醇、阿拉伯糖、蔗糖产酸，乳糖、木糖不产酸产气。MR 试验、VP 试验、靛基质试验阴性；能产生 H_2S。

4. 动物回归试验

取病死猪肝、脾于无菌容器中研碎，加生理盐水制成 10% 的悬液或取 90 h 肉汤纯培养液肌肉接种 4 只健康野鸭（每只攻毒 1 ml）和腹腔接种 6 只健康小白鼠（每只攻毒 0.5 ml），经死后剖检，取死亡动物的肝、脾涂片，瑞氏染色镜检见两极着色的小杆菌。

5. 血清型鉴定

1）荚膜物质鉴定

可用间接血凝试验鉴定荚膜物质，将待检菌株接种于血液琼脂或马丁琼脂上，用 3～4 ml生理盐水洗下培养物，经 56 ℃水浴处理 30 min，离心，去上清液作为致敏红细胞抗原；若为黏液状菌落，可先用透明质酸酶处理，即用 0.1 mol/L pH 为 6.0 的磷酸缓冲液洗下菌落，在悬液中再加内含 15 个国际配制方的睾丸透明质酸酶 1 ml。悬液于 37 ℃水浴3 ~4 h。然后 56 ℃水浴作用 30 min，离心，取上清液作为致敏红细胞抗原。按常规方法进行抗原致敏红细胞。致敏红细胞用生理盐水配制成 0.5% 悬液。正式试验是用生理盐水将 A、B、D、E 抗血清在试管内分别按 1∶10、1∶20、1∶40、1∶80、1∶160 和1∶320 进行稀释，然后取各稀释度的抗血清 0.25 ml 与等量的 0.5% 致敏红细胞混合，则抗血清的最后稀释度为1∶20、1∶40、1∶80、1∶160、1∶320 和 1∶640，用力振摇试管架，使各成分充分混合，室温放置2 h，观察结果。然后将试管于室温过夜第二次观察结果。阳性反应出现明显的凝集。

2）菌体血清群抗原的鉴定

用 AGP 鉴定菌体血清型。将待检菌株接种于葡萄糖淀粉琼脂平板上培养 18 h，用 0.3% 甲醛生理盐水 1 ml 洗脱菌落，于 100 ℃水浴中放置 1 h，离心沉淀，取上清液作为抗原。用 8.5% 氯化钠溶液中加入 1% 琼脂和 0.01% 硫柳汞，加热熔化，按常规方法倒板打孔。标准抗血清加入外周孔，待检抗原加中间孔，后置 37 ℃ 24 ~48 h 观察结果，出现明显沉淀线则判为阳性。

三、猪丹毒

猪丹毒是由猪丹毒杆菌引起的一种急性、热性传染病。本病可分为最急性、急性的败血症、亚急性的疹块型和慢性的关节炎及心内膜炎型。亚急性最为常见，以体温 42 ℃以上，皮肤上出现紫红色疹块，零星散发，很少呈暴发流行为特征，用大剂量的青霉素极易治愈。急性败血型以体温高、死亡快、呈暴发流行为特征，往往造成严重的经济损失。

本病已经存在有 100 多年的历史了，但至今未被完全控制，有时仍在一些国家暴发流行，给养猪业造成了严重的经济损失。本病呈世界分布。1878 年 Koch 首先发现了本病，但直到 1882 年才由巴斯德等阐明了其病原。我国最早在四川发现了本病，1946 年后全国各省均有发生和流行，是威胁养猪业的一种主要传染病。

（一）病料的采集、处理

无菌采集发病猪的耳静脉血和切开疹块挤压出的血液或渗出液，或者病死猪的心血、肝、脾、肾及淋巴结，慢性病例的心瓣膜增生部和关节液，作为被检病料，可直接涂片镜检或将病料放于低温杯中送到实验室做细菌的分离与鉴定。

（二）病原的分离与鉴定

1. 镜检

采取病猪耳静脉血及肝、脾、肾制成的涂（触）片，用革兰氏染色镜检，该菌为革兰氏阳性菌，视野可见单个或成对的细小杆菌（见图 12-5）。

图 12-5 猪丹毒杆菌镜下形态（革兰氏染色）

2. 分离培养

采取肝、淋巴结磨细，用生理盐水按 1∶10 制成悬液，接种于营养琼脂和营养肉汤，置37 ℃温箱中培养48 h，肉汤呈轻度混浊，无菌膜，有少量沉淀，静置于 4 ℃冰箱中 3 h，在管底可见白色沉淀。取针尖大、光滑、透明、边缘整齐的露滴状菌落接种于鲜血琼脂、血清琼脂、麦康凯琼脂，培养

24 h，在鲜血琼脂上形成 1 mm 左右、淡蓝色、光滑、边缘整齐的小菌落，并呈 α 溶血；血清琼脂平板培养基上，生长出圆形、透明、露珠状针尖大小菌落；麦康凯琼脂培养基上不生长。挑起肉汤沉淀物和琼脂培养物，涂片，革兰氏染色，镜检，检出同样大小的革兰氏阳性细小杆菌。

3. 生化试验

将分离到的可疑菌落进行纯培养，挑取分离培养后的菌落接种于葡萄糖、乳糖、木糖、蔗糖、鼠李糖、果糖、山梨醇、甘露醇、蕈糖、肌醇、甘油、杨苷、菊糖、淀粉作糖发酵试验，结果发酵葡萄糖、乳糖、果糖产酸不产气；不发酵甘油、山梨醇、甘露醇、鼠李糖、蔗糖、蕈糖、菊糖、淀粉、杨苷，能产生硫化氢，不产生靛基质，不分解尿素，石蕊牛乳不发生变化，接触酶试验阴性，MR、V－P 试验阴性，硝酸盐还原试验阴性，明胶穿刺培养 2～3 d 后，可沿穿刺线横向生长，呈试管刷状，不液化明胶。

4. 动物接种

取血液、脾、肝、肾等脏器或病变组织，用生理盐水制成 1∶5或 1∶10 的悬液，或用培养 24 h 肉汤培养物分别皮下接种小鼠 0.2 ml，胸肌接种鸽子 1 ml，同时以 1 ml 皮下接种豚鼠为对照。接种后 2～5 d，若接种过的小鼠或鸽子死亡，并从其心血和实质脏器中检出大量的丹毒菌丝，而对照组豚鼠不死亡，则可证明被检病料中含有丹毒丝菌。

5. 血清学诊断

诊断猪丹毒血清的方法有很多，如平板凝集、试管凝集、微量凝集、生长凝集、间接血凝、血凝抑制、ELISA 和免疫荧光试验，但目前还没有一种有效的血清学试验可以用于诊断急性猪丹毒和区别野毒感染与疫苗免疫猪。

1）生长凝集试验

本方法是用生长培养物作凝集原，其操作为：在培养猪丹毒液体培养基中按 1∶40～1∶80加入猪丹毒高免血清，再加入卡那霉素 400 μl/ml 和万古霉素 25 μg/ml（也可用 0.05%叠氮钠及 0.05%结晶紫代替）作为猪丹毒血清诊断液。取病猪耳尖血 1 滴或病死猪肝、脾、心血少许，接入上述液体中，37 ℃培养 14～24 h，管底出现凝集颗粒或团块则判为阳性。

2）免疫荧光试验

用异硫氰酸荧光黄标记猪丹毒免疫球蛋白制成荧光抗体，可与病料涂片中的本菌发生特异性结合，在荧光显微镜下可见呈亮绿色的菌体。

四、猪传染性胸膜肺炎

猪传染性胸膜肺炎（Porcine Infectious Pleuropneumonia）是由胸膜肺炎放线杆菌引起的猪呼吸系统的一种严重的接触性传染病。本病以急性出血性纤维素性和慢性的纤维素性坏死性胸膜肺炎病变为特征。

本病首先由 Pattison 1957 年报道，以后在英国、德国、瑞士、丹麦、澳大利亚、加拿大、阿根廷、瑞典、波兰、日本和美国等均有发生。目前本病广泛存在于全世界所有养猪国家，特别是对现代集约化养猪业危害更大，是影响现代养猪业发展的五大疫病之一。在我国 1987 年首次发现本病，此后临床发病猪群越来越多，其危害已经被养猪业者所重视。

（一）病料的采集、处理

无菌采取病死猪的肺脏病变组织块或急性死亡猪的心血、胸水、鼻腔血色分泌物，立即接种培养基或放入低温容器中 12 h 内送检。

（二）病原的分离鉴定

1. 细菌分离培养

无菌切开死猪肺病变部位，取组织块或结节脓性物质接种培养基（为加入生长因子和灭活马血清的牛心浸汁的琼脂培养基：在牛心浸汁中加入 1% 大豆蛋白胨、0.5% 肺蛋白胨、0.5% 胰蛋白胨、0.5% 氯化钠、0.1% 葡萄糖、1.3% 的琼脂粉，调节 pH 为 7.2，121 ℃高压灭菌 15 min，到板前加入 10% 的灭活马血清，100 μg 烟酰胺腺嘌呤二核苷酸即可制板），如果是心血、胸水和鼻分泌物可直接涂于培养基上。每份病料接种培养平板，一个做浓厚接种，一个做稀薄接种。37 ℃培养 17 ~ 24 h，培养板放在实体显微镜下以 45°折射观察菌落，可见典型的猪传染性胸膜肺炎放线杆菌菌落，菌落为黏液型蜡样菌落，圆整、中央凸起，直径 1 ~ 1.5 mm，闪光不透明，呈鲜明的金红色带蓝虹光，结构细致，底部陷入培养基表层（蚀刻性），不易刮下。

2. 镜检

取纯培养的菌落，涂片做革兰氏染色镜检，胸膜肺炎放线杆菌为 G -，两极着染略深的小球杆菌或纤细杆菌（见图 12-6）。

3. 生化特性

糖发酵和尿素酶检查使用常规培养基，在接种前于糖管中加入 NAD 100 μg/ml，于 Christensen 尿素琼脂斜面上涂一层 1% NAD 溶液。将待检物浓厚接种各生化管，37 ℃培养 4 ~ 6 h 初判结果，24 h 复判，同时设不接种及接种标准菌株的对照。胸膜肺炎放线杆菌对葡萄糖、麦芽糖、蔗糖和果糖发酵产酸，个别菌株对乳糖、甘露醇、木糖和伯胶糖发酵产酸。尿素酶试验阳性反应为呈粉红色（见图 12-7），可在浓厚接种后几分钟出现，随后越来越明显。

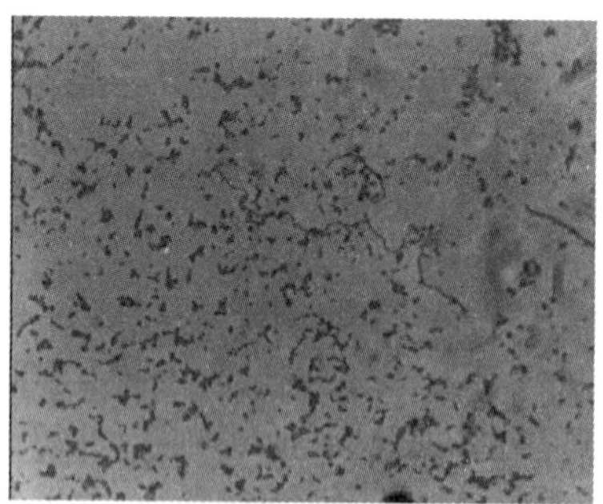

图 12-6　胸膜肺炎放线杆菌镜下形态（革兰氏染色）

图 12-7　尿素酶试验结果（左：尿素酶试验阳性；右：阴性对照）

4. 卫星生长现象和 NAD 生长依赖试验

用前述不加 NAD 和马血清的牛心浸汁琼脂培养基，将待检物均匀涂布于琼脂面上，用能够产生生长因子的金黄色葡萄球菌 ATCC25923 菌株培养物划线接种，37 ℃培养过夜。在 ATCC25923 生长线附近生长较好，离线越远生长越差，乃至远部无生长，即为卫星现象。也可以用 NAD 溶液代替 ATCC25923 菌株。确定有卫星现象的菌株，亦即 NAD 生长依赖株。

5. 血清学诊断

猪传染性胸膜肺炎的血清学诊断方法比较多，国际上公认的方法是改良补体结合试验。改良补体结合试验（采用半微量法）的操作程序如下。

1）材料

（1）稀释液：多采用含有 Ca^{2+}、Mg^{2+} 的明胶巴比妥缓冲液（GVB 液）。首先配制巴比妥缓冲液（VB 液）：称氯化钠 85 g 和巴比妥钠 3.75 g 溶于 1 000 ml 无离子水中，再称取巴比妥 5.75 g 溶于 500 ml 热无离子水中。两种溶液缓慢混合，冷却后加无离子水至 2 000 ml。配制 GVB 溶液：取 VB 溶液 200 ml、0.03 M 氯化钙和 0.1 M 氯化镁溶液各 5 ml、2% 明胶 50 ml 混合，加无离子水至 1 000 ml，分装灭菌。使用时还要在稀释液中加入 1% 新鲜犊牛血清。

（2）溶血素：由生物制品厂生产供应，按照说明书在规定的时间内使用。

（3）补体：可用新鲜补体，采自 3 头以上成年雄性豚鼠血，分离血清，混合，保存于冰箱，在 24 h 内使用；也可购自生物制品厂，按说明书要求使用，其保存期 1 年以上。抗原由生物制品厂或由指定的部门提供。

（4）红细胞溶液制备：在用前几天，采取绵羊血液于阿氏液中，用 GVB 液离心洗涤 3 次，取红细胞泥配制成 2.8%（V/V）红细胞液。

2）预备试验

（1）溶血素滴定：将溶血素经 56 ℃ 30 min 灭能。将其做 1:100 基础稀释，即取 0.1 ml 溶血素加入 9.9 ml 稀释液。再按表 12-1 将溶血素做系列稀释后滴定（见表 12-2）。

表 12-1　溶血素的稀释

管号	1:100 基础稀释的溶血（ml）	稀释液（ml）	稀释度
1	0.1	0.9	1:1 000
2	0.1	1.1	1:1 200
3	0.1	1.4	1:1 500
4	0.1	1.7	1:1 800
5	0.1	1.9	1:2 000
6	0.1	2.4	1:2 500
7	0.1	2.9	1:3 000
8	0.1	3.4	1:3 500
9	0.1	3.9	1:4 000
10	0.1	4.9	1:5 000

按照表 12-1 加入各成分,振动混合均匀,置 37 ℃水浴箱中,10 min 后观察结果。

表 12-2 溶血素的滴定

管号	溶血素		2.8% 红细胞液(ml)	1:20 补体(ml)	稀释液(ml)
	稀释液	(ml)			
1	1:1 000	0.5	0.5	0.5	1.0
2	1:1 200	0.5	0.5	0.5	1.0
3	1:1 500	0.5	0.5	0.5	1.0
4	1:1 800	0.5	0.5	0.5	1.0
5	1:2 000	0.5	0.5	0.5	1.0
6	1:2 500	0.5	0.5	0.5	1.0
7	1:3 000	0.5	0.5	0.5	1.0
8	1:3 500	0.5	0.5	0.5	1.0
9	1:4 000	0.5	0.5	0.5	1.0
10	1:5 000	0.5	0.5	0.5	1.0
11	1:100	0.5	0.5	—	1.5
12	—	—	0.5	0.5	1.5
13	—	—	0.5	—	2.0

表 12-2 最后 3 管为对照管,13 管为盐水对照管,不应出现溶血,如果发生溶血,说明稀释液配制不合格,应重新配制。12 管为补体对照管,因缺少溶血素,不应该溶血,如发生溶血,说明补体不合格。11 管为溶血素对照管,也不应该发生溶血,否则说明溶血素有问题。

溶血素效价及溶血单位:在 37 ℃条件下,有充足的补体存在时,能在 10 min 内使定量的绵羊红细胞完全溶解的最小溶血素量,为一个溶血素单位。假如在溶血素滴定表中,1 ~7 管完全溶解,8 管不完全溶解,9 管以后完全不溶解,此溶血素的单位是 1:3 000 的溶血素 0.5 ml,此溶血素的效价即 1:3 000。一般情况下,正式试验用两个单位的溶血素,故应用时用 1:1 500 稀释的溶血素 0.5 ml。

(2)溶血系补体滴定:按照溶血系补体滴定表 12-3 加入各种成分,充分混合后于 37 ℃水浴箱中,10 min 后观察结果。

表 12-3 中第 12 管为补体对照,第 13 管为溶血素对照,14 管为稀释液对照,均应为完全不溶血。如果出现溶血,对应找出不合格的成分,重新做溶血系补体滴定。对照完全合格的情况下,在有两个单位溶血素存在时,于 37 ℃ 10 min 能使 2.8% 绵羊红细胞 0.5 ml 完全溶解的最小补体量为一个溶血素补体单位。此溶血系补体滴定为溶菌系补体滴定提供用量的参考。

表 12-3 溶血系补体滴定 （单位：ml）

管号	1∶20 补体	稀释液	二单位溶血素	2.8%红细胞液
1	0.10	1.40	0.5	0.5
2	0.13	1.37	0.5	0.5
3	0.16	1.34	0.5	0.5
4	0.19	0.31	0.5	0.5
5	0.22	1.28	0.5	0.5
6	0.25	1.25	0.5	0.5
7	0.28	1.22	0.5	0.5
8	0.31	1.19	0.5	0.5
9	0.34	1.16	0.5	0.5
10	0.37	1.13	0.5	0.5
11	0.40	1.10	0.5	0.5
12	1.00	1.00	—	0.5
13	—	1.00	1.0	0.5
14	—	2.00	—	0.5

(3)溶菌系补体滴定：溶菌系补体滴定所用的补体量应从溶血系补体单位的前一管开始，假如一个溶血系补体单位为 1∶20 补体 0.16 ml，在溶血系补体滴定表中可以看出，滴定溶菌系补体时从 1∶20 补体 0.13 ml 开始。溶菌系补体滴定，需用两个灭能的阳性血清，即一份强阳性和一份弱阳性血清，还需要两份阴性血清。表 12-4 中所示，每个血清做两列试管，从 1～8 共需 16 支管。每个血清做一个血清对照管，即表 12-4 中的 9 号各管。4 个血清共做一套对照管，即共同对照的 5 支管。

表 12-4 溶菌系补体滴定 （单位：ml）

成分		各列试验管								血清对照				共同对照管				
		1	2	3	4	5	6	7	8	9_1	9_2	9_3	9_4	1	2	3	4	5
各列试管均加	1∶20 补体	0.13	0.16	0.19	0.22	0.25	0.28	0.31	0.34	—	—	—	—	—	0.5	—	—	0.5
	稀释液	0.37	0.34	0.31	0.28	0.25	0.22	0.19	0.16	1.0	1.0	1.0	1.0	1.0	1.5	1.5	2.0	1.0
强阳性血清	1∶10 血清	0.5	0.5	0.5	0.5	0.5	0.5	0.5	0.5	1.0	—	—	—	—	—	—	—	—
	工作量抗原	0.5	0.5	0.5	0.5	0.5	0.5	0.5	0.5	—	—	—	—	1.0	—	—	—	—
	1∶10 血清	0.5	0.5	0.5	0.5	0.5	0.5	0.5	0.5	—	—	—	—	—	—	—	—	—
	稀释液	0.5	0.5	0.5	0.5	0.5	0.5	0.5	0.5	—	—	—	—	—	—	—	—	—

续表 12-4

成分		各列试验管								血清对照				共同对照管				
		1	2	3	4	5	6	7	8	9_1	9_2	9_3	9_4	1	2	3	4	5
弱阳性血清	1∶10 血清	0.5	0.5	0.5	0.5	0.5	0.5	0.5	0.5	—	1.0	—	—	—	—	—	—	—
	工作量抗原	0.5	0.5	0.5	0.5	0.5	0.5	0.5	0.5	—	—	—	—	—	—	—	—	—
	1∶10 血清	0.5	0.5	0.5	0.5	0.5	0.5	0.5	0.5	—	—	—	—	—	—	—	—	—
	稀释液	0.5	0.5	0.5	0.5	0.5	0.5	0.5	0.5	—	—	—	—	—	—	—	—	—
阴性血清甲	1∶10 血清	0.5	0.5	0.5	0.5	0.5	0.5	0.5	0.5	—	—	1.0	—	—	—	—	—	—
	工作量抗原	0.5	0.5	0.5	0.5	0.5	0.5	0.5	0.5	—	—	—	—	—	—	—	—	—
	1∶10 血清	0.5	0.5	0.5	0.5	0.5	0.5	0.5	0.5	—	—	—	—	—	—	—	—	—
	稀释液	0.5	0.5	0.5	0.5	0.5	0.5	0.5	0.5	—	—	—	—	—	—	—	—	—
阴性血清乙	1∶10 血清	0.5	0.5	0.5	0.5	0.5	0.5	0.5	0.5	—	—	—	1.0	—	—	—	—	—
	工作量抗原	0.5	0.5	0.5	0.5	0.5	0.5	0.5	0.5	—	—	—	—	—	—	—	—	—
	1∶10 血清	0.5	0.5	0.5	0.5	0.5	0.5	0.5	0.5	—	—	—	—	—	—	—	—	—
	稀释液	0.5	0.5	0.5	0.5	0.5	0.5	0.5	0.5	—	—	—	—	—	—	—	—	—
置 37 ℃水浴箱中 20 min，然后按下表对应加入溶血素和红细胞液																		
两个单位溶血素		0.5	0.5	0.5	0.5	0.5	0.5	0.5	0.5	—	—	—	—	—	—	0.5	—	0.5
2.8% 绵羊红细胞		0.5	0.5	0.5	0.5	0.5	0.5	0.5	0.5	0.5	0.5	0.5	0.5	0.5	0.5	0.5	0.5	0.5

置 37 ℃水浴箱中 20 min，观察结果。表 12-4 中的血清对照管，是检查各血清本身的溶血程度，应不溶血。共同对照管中的 1 是抗原对照，2 是补体对照，3 是溶血素对照，4 是稀释液对照，均应不溶血。5 是溶血系对照，应完全溶血。观察结果时，应先检查各对照管，各对照管正确、符合标准后再看 1～8 各试验管。在加有抗原的强阳性血清管中完全不溶血，加有抗原的弱阳性血清管中有 50%～75% 溶血，未加抗原的阳性血清管和加抗原的阴性血清管应完全溶血或前面管子溶血不完全，可能是补体太少全给溶血系用都不够。能够使有抗原的弱阳性血清发生 50% 溶血的补体量为一个 50% 溶血补体单位，正式试验时用 5 个 50% 溶血补体单位。

（4）抗原滴定：将抗原和已知阳性血清均做 1∶5、1∶10、1∶20、…系列稀释，采用方阵滴定法做抗原滴定。同时设下列对照：有 1∶10 抗原和红细胞存在的抗原不溶血对照管，有 1∶10 抗原、5 个 50% 溶血系补体和溶血素致敏红细胞存在的抗原不抗补体对照管，只有溶血系存在的溶血对照管，无补体的不全溶血系对照管，仅有补体和红细胞的对照管及仅有红细胞存在的自溶对照管。一个抗原单位即是在强阳性血清的低稀释度中完全抑制溶血，即完全不溶血，在阴性血清中完全溶血，而在弱阳性血清管中或强阳性血清的最高稀释度中出现50%溶血的最小抗原量。

3）正式试验

正式试验需要已知强阳性血清和已知阴性血清作对照，被检血清和对照血清均需同时灭活，按照补体结合反应正式试验的操作表12-5进行。需要特别提出的是，从预备试验到正式试验所用的溶血素、红细胞液、补体、抗原和已知的阴阳性血清，都必须是同一批次，决不能中途更换。如果以新鲜的豚鼠血清做补体，必须在24 h内做完。

表12-5　补体结合反应正式试验

用量及成分	被检血清			各项对照管（无论是多少份被检血清只做一套）											
	正式试验管	被检血清对照管		阳性血清对照			阴性血清对照			其他对照管					
	1	2	3	4	5	6	7	8	9	10	11	12	13	14	15
1:10血清（ml）	0.5	1.0	1.0	0.5	1.0	1.0	0.5	1.0	1.0	—	—	—	—	—	—
一个抗原单位（ml）	0.5	—	—	0.5	—	—	0.5	—	—	—	1.0	1.0	—	—	—
溶菌系5个50%溶血补体单位（ml）	0.5	0.5	—	0.5	0.5	—	0.5	0.5	—	0.5	0.5	—	1.0	—	—
稀释液（ml）	—	—	0.5	—	—	0.5	—		0.5	1.0	—	0.5	0.5	1.5	1.0
置37 ℃水浴箱中20 min															
两个单位溶血素（ml）	0.5	0.5	—	0.5	0.5		0.5	0.5	—	0.5	0.5	—	—	—	1.0
2.8%绵羊细胞（ml）	0.5	0.5	0.5	0.5	0.5	0.5	0.5	0.5	0.5	0.5	0.5	0.5	0.5	0.5	0.5
稀释液（ml）	—	—	0.5	—	—	0.5	—	—	0.5	—	—	0.5	0.5	0.5	—
置37℃水浴箱中20 min，观察结果															
各对照管应有的结果		完全溶血	完全不溶血	完全不溶血	完全溶血	完全不溶血	完全溶血	完全溶血	完全不溶血	完全溶血	完全溶血	完全不溶血	完全不溶血	完全不溶血	完全不溶血

判断被检血清结果的先决条件是2～15各对照管均应合格，即符合表中所列结果，然后再观察第1管的结果。如果第1管溶血程度低于50%直至不溶血，即判该血清为传染性胸膜肺炎阳性；如果溶血程度大于50%直至完全溶血，判为阴性（见图12-8）。

五、猪链球菌病

图 12-8　补体结合试验结果

猪链球菌病(Swine Streptococcosis)是由多种不同群的链球菌引起的不同临床类型传染病的总称。常见的有败血性链球菌病和淋巴结脓肿两种类型,其特征为:急性病例常为败血症和猪脑膜炎,由 C 群链球菌引起的发病率高,病死率也高,危害大;慢性病例则为关节炎、心内膜炎及组织化脓性炎,以 E 群链球菌引起淋巴脓肿最为常见,流行最广。

本病分布广泛,除英国、美国、法国、日本外,俄罗斯、印度、丹麦、澳大利亚、加拿大等 22 个国家均有报道。我国最早由吴硕显(1949)报道在上海郊区发现本病的散发病例,1963 年广西部分地区开始流行,继之蔓延至广东、四川、福建、安徽、辽宁、吉林等我国大部分省(区、市),流行范围大,而且发病猪场发病率较高。特别是急性败血型和脑膜炎型链球菌病,其病死率较高,笔者曾调查某暴发脑膜炎型链球菌病猪场,其病死率可达 78%,由此说明该病对我国养殖业造成很大危害,已愈来愈引起人们的关注。

根据本病流行病学、临床症状、病理剖检等可作出初步诊断,确诊需进行病原分离鉴定和结合实验室诊断。

(一)病料的采集和处理

根据不同病型采取不同的病料。败血症型病猪,无菌采取心、脾、肝、肾和肺等。淋巴结脓肿病猪可用无菌的注射器吸取未破溃淋巴结脓肿内的脓汁。脑膜炎型病猪,则以无菌操作采取脑脊髓液及少量脑组织。直接涂片镜检或进行细菌分离培养或鉴定试验。

(二)病料涂片检查

将上述采集到的病料或脓汁制成涂片,用碱性美蓝染色或革兰氏染色法染色后镜检。

如见到多数散在的或成双排列的短链圆形或椭圆形球菌,无芽孢,有时可见到带荚膜的革兰氏阳性球菌(见图 12-9),可作初步诊断。但成对排列的往往占多数。注意与双球菌和两极着色的巴氏杆菌相区别。

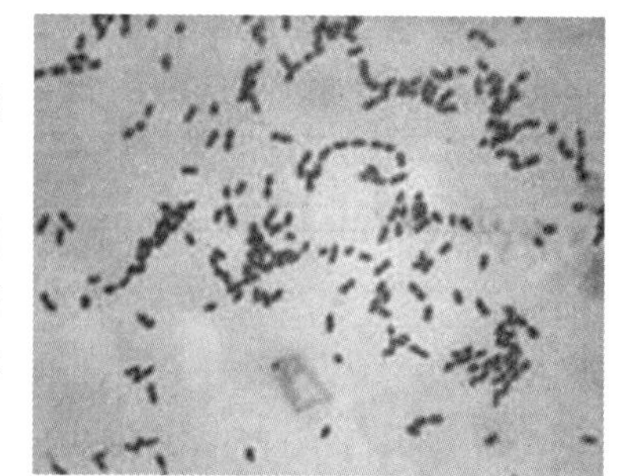

图 12-9　猪链球菌镜下形态
(革兰氏染色)

(三)分离培养和鉴定

1. 分离培养

怀疑为败血症病猪的,可先采取血液用硫乙醇盐肉汤增菌培养后,再转种于血液琼脂平板上;若为肝、脾、脓汁、炎性分泌物、脑脊髓液等可直接用铂耳钩取少许病料直接划线接种于血液琼脂平板上进行分离培养,37 ℃培养 24 ~ 48 h,形成大头针帽大小、湿润、黏稠、隆起、半透明的露滴样菌落。菌落周围有完全透明的 β 溶血环,少数菌落呈现绿色溶血环。可进一步做涂片镜检和纯培养以及生化特性检查。

2. 生化试验

链球菌的某些致病菌株可产生许多毒素和酶类,如溶血素、杀白细胞素、透明质酸酶、蛋白酶、链激酶、脱氧核糖核酸酶、核糖核酸酶、二磷酸吡啶核苷酸酶等。不同菌株其产生的毒素和酶也不同,因此反映出的理化特性亦有很大差异。

3. 动物接种试验

用病料(肝、脾、脑或血液等)制成5～10倍乳剂或培养物,给1.5～2 kg家兔腹腔或皮下注射1～2 ml,或给小鼠皮下注射0.2～0.5 ml,接种后家兔和小鼠均于12～48 h死亡。但应注意不同菌株其敏感性有差异。

4. 耐胆汁水解七叶苷试验

将被检菌接种于胆汁七叶苷琼脂斜面,于37 ℃培养24～48 h,所有D群链球菌在此培养基上生长,并能水解七叶苷使培养基变黑。本试验对检测鉴定D群链球菌有100%的敏感性和特异性。

(四)血清学诊断

1. 免疫荧光抗体技术

1)材料准备

荧光显微镜、组织培养箱、胶头、滴管、封片用缓冲甘油、0.1%伊文思蓝、搪瓷盘(带盖)、pH7.1 PBS(0.01 M PBS,NaCl 8.5 g,$Na_2HPO_4 \cdot 12H_2O$　2.7 g,$Na_2HPO_4 \cdot 12H_2O$ 30.39 g,加无离子水1 000 ml制成),链球菌A、B、C、D、G等荧光抗体血清。

2)操作程序

用0.1%伊文思蓝将链球菌A、B、C、D、G等荧光抗体血清作适当稀释,取适量已经稀释好的荧光抗体滴加到抗原片上(预先涂片及固定的载玻片),使其布满整个标本区。将涂片置于带盖的搪瓷盘内(底部垫以滤纸,纸上放玻片架,加适量水使滤纸浸湿),密盖,放37 ℃温箱作用45 min。将玻片取出,以0.01 M PBS冲去未作用的抗体液,然后置大量PBS中漂洗15 min,再用自来水冲洗1次,自然干燥后封载,镜检。

3)结果判定

将染好的样本片,放在荧光显微镜下检查,判定结果。

"#、+ + +"　发生耀眼的荧光;

"+ +"　有明亮的荧光;

"+"　有明确的荧光,但亮度差;

"±"　荧光不清,似有似无;

"-"　无特异荧光。

镜检发现有明确的荧光者判为阳性反应,若荧光不清则判为可疑,无特异荧光者判为阴性反应。

2. SPA协同凝集试验

1)材料准备

(1)器材:水浴箱、小型台式离心机、无菌处理的离心管,1 ml、5 ml、10 ml吸管,吸耳球、白金耳、载玻片(处理干净)、玻棒、pH7.4 PBS、SPA菌稳定液。

（2）SPA 菌诊断液制备：取 10% SPA 菌稳定液 1 ml，离心弃上清液，再用 PBS 洗菌体 1 ~2 次，最后用缓冲盐水恢复至 1 ml，悬浮菌体。然后加相应的免疫血清 0.1 ml（血清预先放 56 ℃水浴加热 30 min），将 SPA 菌和血清充分摇匀后放 37 ℃水浴中作用 30 min，其间应经常振摇以保持菌体呈悬浮状态，以利于相互结合。

将与抗体结合后的 SPA 菌液以 3 000 r/min 离心 15 min，弃上清液，并用 PBS 悬浮菌体，洗离 2 次，以洗去未结合的剩余血清。最终加 0.05% ~0.01% NaN_3 的 PBS 10 ml。这种菌悬液即为 1% 标记的 SPA 菌诊断液。

2）操作程序

将诊断试剂 1 滴和被检或已知菌苔或抗原置于玻片上，用铂耳或玻棒混匀，在数分钟内即可观察结果。

3）结果判定

液体透明，试剂凝集成粗大颗粒者为“#”；液体透明，试剂凝集成较大颗粒者为“+++”；液体稍透明，试剂凝集成小颗粒者为“+ +”；液体混浊，试剂成可见颗粒者为“+”；液体混浊，试剂可见无颗粒者为“-”。

SPA 菌诊断液与被检样品凝集成清晰可见的颗粒，即判为阳性反应。不发生凝集者为阴性反应。

3. 乳胶凝集试验

1）材料准备

（1）器材：吸管（1 ml、5 ml、10 ml）、加样器（50 rd、100 rd 单道加样器）、配套使用的塑料滴头、水浴箱、1 000 ml 容量瓶、高速离心机、相应离心管、载玻片、小玻棒、标准链球菌抗原、pH8.2 PBS。

（2）乳胶致敏前的处理：取 10% 乳胶原液 1 ml，加双蒸馏水 4 ml，稀释成 2%，pH8.2 的 PBS（硼酸盐缓冲盐水，由 $Na_2BO_3 \cdot 7H_2O$ 6.67 g、H_3BO_3 8.04 g、NaCl 18.5 g 溶于1 000 ml 双蒸馏水中配制成）12 ml，1% 胰蛋白酶溶液（用 pH 8.2 PBS 配制）2 ml，充分摇匀，置 45 ℃水浴槽中作用 13 h，以 10 000 r/min 离心 30 min，弃上清液，往沉积的乳胶中加入 pH8.2 的 PBS 10 ml，轻轻摇匀，即为 1% 乳胶混悬液，待用。

（3）致敏乳胶血清的制备：以 pH8.2 PBS 将链球菌高免血清稀释成 1∶20 后，在 56 ℃水浴槽中作用 30 min，取 0.2 ml，缓慢滴入上述 1% 乳胶混悬液 1 ml 中，滴加血清时，要边加边振摇，以促进吸附，然后将其置于 56 ℃水浴槽中致敏 2 h，中间振摇 2 ~3 次，再置室温下稳定 4 h 即成。

按上法用正常健康猪血清处理乳胶混悬液制成供对照用的正常乳胶血清。

注意：以上两种乳胶血清，肉眼观察都呈均匀乳状，在显微镜下检查，见混悬液中有许多均匀散在球形颗粒，绝无自凝现象，与 0.2% NaCl 溶液混合时，也不发生凝集。

2）操作程序

用 1 ml 吸管吸取被检标本液，往玻璃板上分别滴加 2 滴，每滴 0.1 ml，再用另一支吸管吸取标准链球菌抗原，也往同一玻璃板上的另一侧分别滴加 2 滴，每滴也为 0.1 ml，再用吸管分别往被检标本及链球菌标准抗原中滴加链球菌乳胶血清和正常乳胶血清各 0.05 ml 后，用小木棒把上述 4 个液滴混合均匀，静置室温下，于 5 min 内按以下标准判定反应强度。

3）结果判定

将反应板放在黑纸上，于光线明亮处，观察反应强度。

"#"　乳胶全部凝集，呈絮状团块，漂浮于清亮的液滴中；

"+ + +"　大部分乳胶凝集成小颗粒，液滴微见混浊；

"+ +"　约半量乳胶凝集成细小颗粒，液滴混浊；

"+"　仅少量乳胶凝集成肉眼微见的小颗粒，液滴混浊；

"-"　全部乳胶呈均匀的乳状。

以凝集达到"+ +"作为判定反应的终点。对结果的终判，应首先观察3个对照滴。且应出现以下反应：链球菌乳胶血清+链球菌标准抗原"#"；正常乳胶血清+被检标本"-"；正常乳胶血清+链球菌标准抗原　"-"。

只有出现上述反应，说明实施反应的条件正常，方能对被检标本的结果进行判定。即链球菌乳胶血清与被检标本滴发生"+ +"或"+ +"以上者为阳性反应，不发生凝集者为阴性反应。

六、猪传染性萎缩性鼻炎

猪传染性萎缩性鼻炎（Porcine Infectious Atrophic Rhinitis）是由支气管败血波氏杆菌或和产毒素性多杀性巴氏杆菌感染而引起的猪的一种慢性呼吸道传染病，以鼻甲骨萎缩、颜面变形和生长迟滞为主要病理特征。本病广泛存在于全世界所有养猪国家，是对现代集约化养猪危害最大的疾病之一。

猪传染性萎缩性鼻炎的病原菌有两个：支气管败血波氏杆菌和产毒素性多杀性巴氏杆菌。二者均为革兰氏阴性小杆菌，其致病变特点有所不同，支气管败血波氏杆菌仅对幼龄猪感染有致病变作用，产毒素的多杀性巴氏杆菌感染各种年龄猪，都能引起鼻甲骨萎缩病变。在发病猪群中，许多成年猪不表现临床症状，病猪和带菌猪是本病的传染源，其他带菌动物如猪场中的鼠类也可带菌成为本病的传染病源。病源传播方式主要是飞沫传播，通过接触经呼吸道感染。往往是没有表现临床症状的外表健康母猪，从呼吸道排菌感染其全窝仔猪。被污染的用具、工作人员衣服和鞋子在本病的传播和扩散中，起到一些重要作用。感染了猪群支气管败血波氏杆菌的猪群，很难净化，因此在建群引种时应特别注意。

发病猪首先发生喷嚏、吸气困难，有鼻息声。喷嚏呈连续性或断续性的，特别是在喂饲干粉料和运动时喷嚏更明显。在喷嚏症状之后，鼻中流出清液或黏液脓性鼻汁，重症病例流鼻血。病猪由于鼻部发痒表现烦躁不安，摩擦鼻部。在此同时，由于病猪结膜发炎，出现流泪症状，并在眼角处由于尘土黏附形成泪斑。如果是由于支气管败血波氏杆菌感染引起的，猪龄越小，发生的鼻甲骨萎缩病变就越严重，1周龄以内仔猪感染几乎全部产生严重病变，较大猪感染病变较轻，成年猪感染病变轻微或不产生病变。产毒素的多杀性巴氏杆菌感染，各种年龄猪都能产生鼻甲骨萎缩病变。无论是哪种病原菌感染，在临床上出现明显颜面变形症状猪约在15%，严重的猪群有临床症状猪可达25%。感染日龄越小，临床颜面变形的病例越多。表现为面部变形或歪斜。较大猪或成年猪感染，由于骨骼的生长发育已经成熟,只发生不同程度的鼻甲骨萎缩病变。

本病的临床诊断并不困难,通过对群体的观察就会发现具有证病性的症状,如有一定数量猪只发生面部变形,群体中大部分猪生长迟滞即可确诊。必要时可通过病原的分离鉴定等作出确切的病原学诊断。

(一)病料的采取及处理

1. 活体采样

将猪保定,用酒精棉球将鼻孔周围消毒,最后用较干燥的酒精棉消毒,避免鼻孔周围有多余的残留酒精而影响病原分离。用比较柔软的棉头拭子,轻轻捻动插入鼻腔采取鼻汁样,拭子深入鼻腔的深度相当于鼻孔至眼角的长度。如果不能立即接种培养基,应将鼻汁拭子放在试管中,装于冰瓶送检,或者放于冰箱中冷藏待检,最好于当日涂抹接种培养基。应该于两侧鼻腔分别采取鼻拭子样。

2. 尸体采样

可在剖检观察鼻甲骨萎缩病变时,用灭菌棉拭子采样。所有病料拭子分别接种在已干燥的分离培养基上。分离支气管败血波氏杆菌,使用含血红素呋喃唑酮的改良麦康凯琼脂平板;分离多杀性巴氏杆菌,使用含新霉素洁霉素的马丁琼脂平板。接种时应尽量将拭子上的分泌物浓厚涂抹于培养基上,重要检疫,如对种猪检疫或进出口检疫用每份鼻腔病料接种两个同种培养基。环境污染严重的猪群,每份鼻腔拭子病料分别做浓涂接种和稀涂接种。

(二)病原分离鉴定

1. 细菌分离培养

1)支气管败血波氏杆菌分离

取病料,在改良麦康凯琼脂平板上划线分离,于37 ℃培养40~72 h。支气管败血波氏杆菌菌落不变红,直径1~2 mm,光滑、圆整、隆起、透明,略呈茶色;较大的菌落其中心较厚且凹陷,有的菌落在凹陷处有皱褶呈茶褐色,对光观察呈浅蓝色。用支气管败血波氏杆菌O或K抗血清做活菌平板凝集反应,呈迅速的典型凝集。但有的病料菌落较黏稠,需要用生理盐水做成均匀的菌悬液,或移植一代再做活菌平板凝集检查。

2)多杀性巴氏杆菌分离

取病料,在马丁琼脂平板划线分离,于37 ℃培养18~24 h。根据菌落形态和荧光结构,挑拨可疑菌落进一步移植鉴定。多杀性巴氏杆菌菌落直径一般1~2 mm,圆整、光滑、隆起、透明,菌落单个或呈黏液状融合成菌苔。对光观察有明显荧光;在暗室内,以45°折射光用实体显微镜扩大10倍观察,菌落呈特征性的橘红色或灰红色光泽,结构均质,即FO虹光型或FO类似菌落。间有变异型菌落,光泽变浅或无光泽,有粗纹或结构粗糙,或夹有浅色分化扇状区等。

2. 特性鉴定

1)支气管败血波氏杆菌的鉴定

将分离平板上的典型单个菌落,划线接种于绵羊血改良鲍姜氏琼脂平板,在37 ℃潮湿温箱中培养40~45 h进行纯培养,再做进一步鉴定。支气管败血波氏杆菌为革兰氏阴性小杆菌或球杆菌,氧化和发酵(O/F)试验为阴性,即非氧化非发酵型严格需氧菌。接种糖管在37 ℃培养3～5 d，观察记录结果。对包括乳糖、葡萄糖、蔗糖在内的所有糖类都不氧化不发酵，不产酸不产气，能迅速分解蛋白胨明显产碱，在糖管的液面上有菌膜形成。靛基质试验阴性，硫化氢试验阴性或弱阳性，MR及VP试验均阴性，能还原硝酸盐，尿素酶试验和枸橼酸试验明显阳性，不能液化明胶，石蕊牛乳产碱不消化。有运动性，在半固体平板表面呈明显的膜状扩散生长，扩散膜边缘比较光滑；但在0.05%～0.1%琼脂半固体高层穿刺，仅在表面或表层生长，不呈扩散生长。

菌相鉴定：支气管败血波氏杆菌在上述绵羊血改良鲍姜氏琼脂平板上，Ⅰ相菌菌落小，光滑，乳白色，不透明，边缘整齐，隆起呈半圆形或球状，用铂金圈钩取时质地致密柔软，易制成均匀菌悬液。菌落周围有明显的β溶血环。做活菌玻片凝集定相试验，对K抗血清呈迅速的典型絮状凝集，对O抗血清完全不凝集。Ⅲ相菌菌落扁平，光滑，透明度大，呈灰白色，比Ⅰ相菌菌落大数倍，质地较稀软，不溶血。做活菌玻片凝集定相试验，对O血清呈明显的凝集，凝集块为颗粒状，对K抗血清完全不凝集。中间相（Ⅱ）菌菌落形态在Ⅰ相和Ⅲ相菌之间，对K和O抗血清都凝集。在形态上，中间相和Ⅲ相菌以杆状为主。

2）产毒素多杀性巴氏杆菌的鉴定

多杀性巴氏杆菌为革兰氏阴性小杆菌，呈两极染色不溶血，无运动性。对分离平板上的可疑菌落，可先根据三糖铁脲半固体高层小管穿刺培养的生长特点，进行筛检后再做其他鉴定。将单个菌落以接种针由斜面中心插入管底，后由原位轻轻抽出，再在斜面上轻轻涂抹，于37 ℃培养18 h。多杀性巴氏杆菌具有以下特点：沿穿刺线生长不扩散，高层变成橘黄色；斜面呈薄苔生长，呈橘红或橘红黄色；凝结水变橘红色，轻度混浊，无菌膜；不产气，不变黑。对蔗糖、葡萄糖、木糖、甘露醇及果糖产酸，对乳糖、麦芽糖、阿拉伯糖及杨苷不产酸。VP试验、MR试验、尿素酶试验、枸橼酸盐利用试验、明胶液化试验和石蕊牛乳试验均为阴性，硫化氢试验阴性，硝酸盐还原和靛基质试验阳性。

3）皮肤坏死毒素产生能力检查

用体重350～400 g健康豚鼠，在其背部两侧注射部位剪毛，但须注意不要损伤皮肤。使用1 ml注射器及4～6号针头，皮内注射分离株马丁肉汤37 ℃ 36 h或72 h的培养物0.1 ml，注射点距背中线1.5 cm，各注射点相距2.0 cm以上，同时设阳性和阴性参考株及同批马丁肉汤注射点作对照。并在大腿内侧肌肉注射硫酸庆大霉素4万IU（1 ml）。注射后24 h、48 h及72 h观察，测量注射点皮肤红肿和坏死区大小。坏死区直径1.0 cm左右为皮肤坏死毒素产生（DNT）阳性，小于0.5 cm为可疑，无反应或仅红肿为阴性。

4）多杀性巴氏杆菌荚膜型鉴定

A型和D型菌株鉴定可采用透明质酸产生试验和吖啶黄试验。透明质酸产生试验，在0.2%脱纤牛血的马丁琼脂平板上于中线以直径2.0 mm铂金圈均匀划一条能产生透明质酸酶的金黄色葡萄球菌或等效的链球菌新鲜血斜培养物，在该线的两侧取垂直方向，将待检的多杀性巴氏杆菌血斜过夜培养物划线接种。并设荚膜A型和D型多杀性巴氏杆菌参考株作对照。37 ℃培养20 h观察，A型株生长线在接近葡萄球菌线区，产生明显的生长抑制，抑制区的菌苔荧光消失并明显薄于未抑制区，未抑制区菌苔丰厚特征性FO虹光结构不变。

多杀性巴氏杆菌分离株在0.2%脱纤牛血马丁琼脂培养18～24 h,刮取菌苔均匀悬浮于pH7.0的0.01 mol/L磷酸盐缓冲生理盐水中。取0.5 ml细菌悬液至小试管中,与等量的0.1%中性吖啶黄蒸馏水溶液振摇混均,室温静置。D型多杀性巴氏杆菌可在5 min后自凝,出现大块絮状物,30 min后絮状物下沉,上液透明。其他型菌不出现或仅有细小的颗粒沉淀,上液混浊。

3. 血清学检验

猪传染性萎缩性鼻炎的血清学诊断,目前只有针对支气管败血波氏杆菌感染诊断的方法。

1)试管凝集试验

(1)材料准备:抗原、标准阳性和阳性对照血清,可由研究部门或生物制品厂购买,按说明书使用。被检血清可由猪的前腔静脉或耳静脉采取鲜血制备,无溶血现象和无腐败。稀释液:pH7.0磷酸盐缓冲溶液。

(2)操作程序:

①被检血清和阴性、阳性对照血清,同时于56 ℃ 水浴箱中灭能30 min。每份血清用一列口径为8～10 mm的小试管,根据需要数量不定。

②加入缓冲盐溶液。于第1管加0.8 ml,以下各管均加入0.5 ml。血清稀释用刻度为1 ml的移液管,于第一管中加入血清0.2 ml,另换1支移液管将第1管中血清充分稀释混匀,然后向第2管移入0.5 ml;再换1支移液管稀释混匀第2管的血清并向下1管移入0.5 ml,以此类推,直至最后1管,并弃去0.5 ml,保证每管有稀释血清0.5 ml。一般被检血清稀释到1:80,大批检疫可稀释到1:40。阴性、阳性对照血清可根据使用说明稀释。

③加抗原。向上述各管中加工作抗原0.5 ml,振荡使血清和抗原充分混匀。同时设抗原缓冲盐溶液对照管,即0.5 ml缓冲盐溶液加入0.5 ml工作抗原。置37 ℃ 温箱中感作18～20 h,然后取出在室温下静置2 h,观察并记录结果。

(3)结果判定:

①液体完全透明,管底覆盖明显的伞状凝集沉淀物,表明菌体100%被凝集,记录为"++++";

②液体略显混浊,管底伞状凝集物沉淀明显,表示约有75%的菌体被凝集,记录为"+++";

③液体呈中等程度混浊,管底有中等程度的伞状凝集沉淀物,表示约有50%的菌体被凝集,可记录为"++";

④液体不透明或透明度不明显,管底有不太显著的伞状凝集沉淀物,表示约有25%的菌体被凝集,记录为"+";

⑤液体不透明,无任何凝集沉淀物,表示无菌体凝集,细菌可能沉于管底,呈光滑的圆点状,振荡后呈均匀混浊,记录为"-";

⑥当抗原缓冲盐溶液对照管、阴性血清对照管均呈阴性反应,阳性血清对照管反应达到原有滴度时,被检血清稀释度≥10出现"++"以上,判定为支气管败血波氏杆菌阴性反应血清。

2)平板凝集试验

(1)操作方法:被检血清和阴性、阳性对照血清均不稀释,可不加热灭能。在洁净的玻璃板或玻璃平皿上,用玻璃笔画成2 cm^2 的小格。用1 ml移液管在小格内加一小滴血清(约0.03 ml),再充分混合一铂金圈(直径8 mm)抗原原液,轻轻摇动玻璃板或玻璃平皿,以使抗血清和抗原混均匀,于室温(20~25 ℃)放置2 min,如室温低于20 ℃,可适当延长至5 min。每次平板凝集试验均应设阴性、阳性血清对照和抗原缓冲盐水对照。

(2)结果判定:

①在规定时间内液滴中出现大凝集块或颗粒状凝集物,液体完全清亮,表明100%菌体被凝集,记录为"++++";

②在规定的时间内,液滴有明显凝集块,液体几乎完全透明,表明有约75%菌体被凝集,记录为"+++";

③液滴中有少量可见的颗粒状凝集块,出现较迟缓,液体不透明,表明约有50%菌体被凝集,记录为"++";

④液滴中有很少量的仅仅可以看出的粒状物,出现迟缓,液体混浊,表明有25%以下菌体被凝集,记录为"+";

⑤液滴呈现均匀混浊,无凝集颗粒,表明菌体无任何凝集,记录为"-";

⑥当阳性血清对照呈"++++"反应,阴性血清和抗原缓冲盐水对照呈"-"反应时,被检血清加抗原呈"+++"到"++++"反应,判定为支气管败血波氏杆菌阳性反应血清,"++"反应判为疑似,"+"至"-"反应判定为阴性。

3)乳胶凝集试验

猪传染性萎缩性鼻炎乳胶凝集试验是用支气管败血波氏杆菌致敏乳胶抗原来检测动物血清中的抗体,具有简便、快速、特异、敏感的特点。

(1)试验材料:

猪传染性萎缩性鼻炎乳胶凝集试验抗体检测试剂盒:包括猪传染性萎缩性鼻炎致敏乳胶抗原、阳性血清、阴性血清、稀释液、玻片、吸头。由华中农业大学畜牧兽医学院研制。

(2)操作方法:

①定性试验:取检测样品(血清)、阳性血清、阴性血清、稀释液各1滴,分置于玻片上,各加乳胶抗原1滴,用牙签混匀,搅拌并摇动1~2 min,于3~5 min内观察结果。

②定量试验:先将血清作连续稀释,各取1滴依次滴加于乳胶凝集反应板上,另设对照同上,随后再各加乳胶抗原1滴,如上搅拌并摇动,判定。

(3)结果判定:

①判定标准:

"++++"　全部乳胶凝集,颗粒聚于液滴边缘,液体完全透明;

"+++"　大部分乳胶凝集,颗粒明显,液体稍混浊状;

"++"　约有50%乳胶凝集,但颗粒较细,液体较混浊;

"+"　有少许凝集,液体呈混浊状;

"-"　呈原有的均匀乳状。

②结果判定:对照试验出现如下结果试验方可成立,否则应重试。阳性血清加抗原呈

“+ + + +”,阴性血清加抗原呈“ - ”,抗原加稀释液呈“ - ”。以出现“ + +”以上凝集者判为阳性凝集。

(4)注意事项:

①试剂应在 2 ~8 ℃冷暗处保存,暂定 1 年。

②乳胶抗原在使用前应轻轻摇匀。

七、猪梭菌性肠炎

猪梭菌性肠炎(Clostridial Enterits of Piglets)又称仔猪传染性坏死性肠炎,俗称仔猪红痢,是由 C 型产气荚膜梭菌引起的 1 周龄仔猪高度致死性的肠毒血症。特征是出血性下痢、小肠后段的弥漫性出血或坏死性变化,病程短,病死率高。

本病由英国 Field 和 Gibson 首先报道,随后美国、匈牙利、丹麦、德国、荷兰和日本等国均有发生。目前,世界上大多数养猪地区都有本病的报道,我国也有本病的存在。

(一)病料的采集、处理

猪梭菌性肠炎直至肠毒血症是由魏氏梭状芽胞杆菌在感染猪肠道繁殖产生毒素而引起的,虽然有些病例可在脏器中分离到病原菌,但多数病例分离不到。因此,分离细菌及检查肠道内容物中的毒素,采集肠内容物是必需的。采取的肠内容物放在冰瓶中,尽快送至实验室。

(二)病原的分离鉴定

1. 直接镜检

无菌采取心血、肺、胸水、腹水、肝、十二指肠和空肠内容物,脾、肾等脏器抹片,经革兰氏染色呈蓝色,两端钝圆的单个或双个杆菌(见图 12-10)。

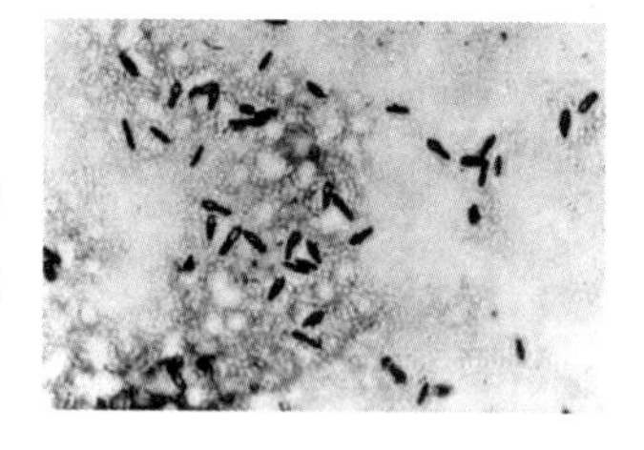

图 12-10　魏氏梭状芽胞杆菌

2. 细菌的分离培养

用肠内容物分离魏氏梭状芽胞杆菌时,可在培养基中加入新霉素或卡那霉素 0.1 ~0.2 mg/ml 以抑制杂菌,或将肠内容物先加热 80 ℃维持 15 ~20 min 以杀死一些无芽胞菌,或用液体基每 4 h 传代一次后再分离,能获得本菌的纯培养。分离本菌可用肉肝汤培养液体培养基、鲜血琼脂和含葡萄糖的鲜血琼脂培养基。

3. 细菌鉴定

1)培养特性

在厌气肉肝汤中培养,生长迅速,37 ℃培养 3 ~4 h 即生长旺盛,并产生大量气体。用普通肉汤在厌氧条件下也能生长,但不如肉肝汤。接种含抗生素的鲜血琼脂培养基,厌气培养 18 ~24 h,可形成凸起、半透明、灰白、表面光滑、边缘整齐、1 ~3 mm 大小的圆形菌落,菌落周围有 β 溶血环,其外套有一圈不完全的溶血环,形成所谓双溶血环。再长时间培养,菌落直径增大,中心凸起,可看到自中心辐射出几条放射状条纹。在含葡萄糖的鲜血琼脂表面厌气培养的菌落,在 25 ℃以上与空气接触时,出现特征性附近红细胞变成绿色。

2)生化特性

C 型产气荚膜梭菌对糖的分解能力极强,能发酵葡萄糖、乳糖、蔗糖、麦芽糖、果糖产酸产气,不发酵杨苷、卫矛醇、甘露醇、鼠李糖。不形成靛基质,产生硫化氢,MR 和 VP 试验阳性。牛乳反应呈暴烈发酵,有可能将试管棉塞冲掉,明胶液化,不消化肉块、凝固的血清或蛋白。

3)肠毒素检测

采取刚死亡的急性病猪的空肠内容物或腹腔积液,根据其稀稠可加适量或等量的生理盐水搅拌均匀,3 000 r/min 离心 30 ~60 min,上清液经细菌滤器过滤。将 0. 2 ~0. 5 ml 滤液静脉注射小白鼠,如小白鼠在 12 h 内死亡,用已知的抗毒素和滤液等量混合后注射小白鼠做毒素中和试验,定毒素型别。

4)菌型鉴定

取 24 h 的肉肝汤培养物滤过除菌,将 0. 2 ml 滤液与等量的已知抗毒素混合,37 ℃放置 30 min,同时取 0. 2 ml 滤液与等量的生理盐水混合作对照,根据抗毒素中和表定菌型(见表 12-6)。

表 12-6 抗毒素中和表

抗毒素	菌型(被检毒素)				
	A	B	C	D	E
A 型抗毒素	+	-	-	-	-
B 型抗毒素	+	+	+	+	-
C 型抗毒素	+	-	+	-	-
D 型抗毒素	+	-	-	+	-
E 型抗毒素	+	-	-	-	+

八、猪沙门氏菌病

猪沙门氏菌病(Salmonellosis of Pigs)又称猪副伤寒(Paratyphoid of Pigs),是由沙门氏菌属细菌感染引起的仔猪的一种传染病。急性经过为败血症,慢性者为坏死性肠炎,有时可发生卡他性或干酪性肺炎。

在猪副伤寒的病例中,各国分离的沙门氏菌的血清型也十分复杂,其中主要致病菌为猪霍乱沙门氏菌(S. Choleraesuis)、猪伤寒沙门氏菌(S. tynhi-suis)。另外,鼠伤寒沙门氏菌(S. typhimurium)、都柏林沙门氏菌(S. dublin)和肠炎沙门氏菌(S. enteritidis)等也常引起本病。

由于沙门氏菌属中的许多血清型对人、各种家畜和家禽以及其他动物有致病性,而猪也可感染多个血清型,除猪霍乱沙门氏菌和鼠伤寒沙门氏菌外,很少有其他血清型能引起临床发病,但这些对猪非致病性的血清型可造成猪肉产品的感染。因此,它在公共卫生上具有重要意义。

（一）病料采集、处理

最好将死亡后 12 h 以内的猪整体送检，如整体送检有困难，可以无菌采取心血、肝、脾、淋巴结、管状骨等，放置于 30% 甘油盐水中送至实验室。

（二）病原分离与鉴定

1. 细菌培养

如果病料新鲜未被污染，可用接种环蘸取材料直接在普通琼脂或鲜血琼脂平板上划线接种，经 37 ℃培养 24 h，可以一次获得纯培养。在普通琼脂上，形成圆形、半透明、光滑、湿润、边缘整齐的灰白色菌落。

如果病料污染严重，可用增菌培养基进行增菌培养，常用的增菌培养基为四硫磺酸钠煌绿培养液和亚硒酸盐亮绿培养液。增菌培养，如用四硫磺酸钠煌绿培养液 37 ℃培养 18 ~ 24 h，用亚硒酸盐亮绿培养液 37 ℃培养 12 ~ 16 h，用接种环取培养物于鉴别培养基上划线接种，37 ℃培养 24 h，如未出现可疑菌落，从已培养 48 h 的增菌培养液中取样重新鉴别培养。鉴别培养基为 SS 琼脂、去氧胆脂酸钠枸橼酸琼脂、亚硫酸铋琼脂、HE 琼脂、伊红美蓝琼脂、远藤氏琼脂、亮绿中性红琼脂等。在培养菌的同时，也可以直接在鉴别培养基上作浓厚涂布及划线接种，也可能有一次获得纯培养的机会。在 SS 琼脂上，沙门氏菌的菌落呈灰色，菌落中心为黑色；在去氧胆脂酸盐枸橼酸琼脂，沙门氏菌的菌落为蓝绿色，中心为棕色或黑色；在亚硫酸铋琼脂，沙门氏菌菌落呈黑色；在 HE 琼脂上，沙门氏菌的菌落为蓝绿色或蓝色，中心呈黑色。在麦康凯琼脂、远藤氏琼脂、伊红美蓝琼脂上，与大肠杆菌比，菌落为无色。

2. 纯培养及生化特性检查

钩取鉴别培养基上的菌落进行纯培养，同时在三糖铁斜面上做划线接种并向基底部穿刺接种。37 ℃培养 24 h，如为沙门氏菌则在穿刺线上呈黄色，斜面呈红色，产生硫化氢的菌株可使穿刺线变黑。大肠杆菌全部为黄色，基底部不变黑。将上述检查符合的培养物用革兰氏染色，镜检，其镜检形态见图 12-11。并接种生化管以鉴定生化特性，作出判断。

本属细菌为革兰氏阴性直杆菌，周生鞭毛，能运动。能还原硝酸盐，能利用葡萄糖产气，在三糖铁琼脂培养基上能产生硫化氢。赖氨酸和鸟氨酸脱羧酶反应阳性，尿素酶试验阴性。不发酵蔗糖、水杨苷、肌醇和苦杏仁苷。猪霍乱沙门氏菌不发酵阿拉伯糖和海藻糖，对卫矛醇缓慢发酵且无规律性；猪伤寒沙门氏菌不发酵甘露醇，偶然也有发酵蔗糖和产生吲哚的菌株。

3. 血清学诊断

可用沙门氏菌 A ~ F 多价血清与被检菌做玻片凝集试验，鉴定其抗原型组别。然后用单因子血清做玻片凝集（见图 12-12），鉴定出特定菌型。玻片凝集试验具体操作见第六章第一节。

九、猪喘气病

本病又称猪地方流行性肺炎（Swine Enzootic Pneumonia），俗称猪喘气病，是由猪肺炎

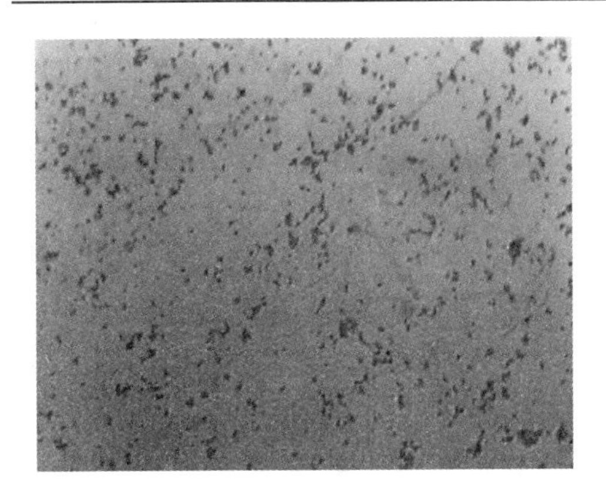

图 12-11　沙门氏菌形态(革兰氏染色)

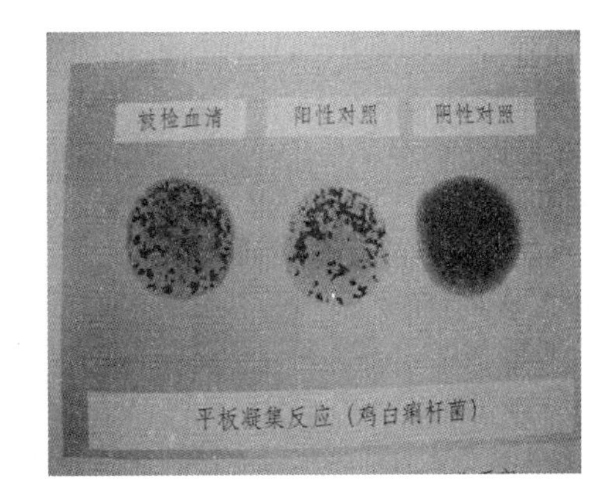

图 12-12　沙门氏杆菌平板凝集

支原体引起猪的一种慢性呼吸道传染病。主要症状为咳嗽和气喘,病变的特征是肺的尖叶、心叶、中间叶和膈叶前缘呈肉样或虾肉样实变。

本病广泛分布于世界各地,患猪长期生长发育不良,饲料转化率低。一般情况下死亡率不高,但继发性感染也造成严重死亡,所致的经济损失很大,给养猪业发展带来严重危害。

症状明显的病猪,一般根据症状和病理学特征,结合流行病学调查,即可确诊。对慢性和隐性病猪,X 射线检查有重要的诊断价值。新疫区应进行病原的分离和鉴定。血清学的诊断方法有间接红细胞凝集试验、微量全血 - 酶联免疫吸附试验等。

本病在流行过程中,猪群中往往普遍存在隐性病例和带菌现象,因此在诊断本病时应以群为单位,如一群猪中只要发现一头阳性病猪,就可认为病猪群。

(一)病原体检查

1. 病猪肺脏触片检查

取病猪肺的肺炎病灶与健康肺组织交界处的切面,用清洁的玻片制成触片,自然干燥后,用甲醇固定 2 ~5 min,再用 pH7. 2 的磷酸盐缓冲液稀释 20 倍的姬姆萨氏染色液染色 3 h,然后冲洗,干燥后立即用丙酮浸洗 1 次,进行镜检。猪肺炎霉形体呈深紫色球状、环状、轮状、棒状、两极形、伞状等多形态微生物。在触片中一般于细支气管上皮细胞绒毛部位较易找到,病程较长的病例则靠近与支气管上皮连合处,易于找到。

2. 细菌培养

猪肺炎支原体能在无细胞的人工培养基上生长,但对生长的要求比已知其他支原体严格。目前,国内常用江苏Ⅱ号培养基进行分离培养。

江苏Ⅱ号培养基的制备:伊格尔(Eagles)液 50% ,1% 乳蛋白水解物 29% ,鲜酵母浸出汁 1% ,健康猪血清 20% ,青霉素 1 000 U/ml,醋酸铊 0. 125 g/kg,酚红水溶液 0. 002% 。上述溶液除血清外用灭菌的 6 号玻璃滤器过滤后,分装备用。健康猪血清经灭活后,用细菌滤器过滤,按 20% 的比例混合,然后用 1N 氢氧化钠溶液校正 pH 值至 7. 4 ~7. 6。

用江苏Ⅱ号培养基的分离方法是:剪取特征性病变边缘的肺组织 1 ~2 块(芝麻粒大小),用Hank′s液洗 1 次后即浸泡于培养基中,培养 48 h,待 pH 值由 7. 6 降至 6. 8 ~7. 0 时,以 1∶5接种量连续传 4 ~5 代后,再用 1∶10 接种时继代,通常传至 6 ~7 代后,进行直接涂片检查。

3. 分离物的鉴定

(1)直接涂片染色:按病猪肺脏触片检查所述方法进行染色,可以看到以两极形为主的菌体。

(2)猪回归试验:将连续传代培养物经菌体检查发现有多形态菌体时,可作猪的回归试验。即选择健康猪3头,每头经鼻滴入上述培养物5 ml,连续3次,每次间隔2～3 d,并设对照组。

接种猪一般经16～30 d发病,呈现典型的猪喘气病临床症状,剖检时在肺的尖叶、心叶、中间叶可见有猪喘气特征性病变,据此即可确认从病猪肺内分离到的培养物为猪肺炎支原体。

(二)微量间接红细胞凝集试验

据中国兽药监察所研究报道,本试验方法适用于猪喘气病的群体检测和个体诊断。其操作方法如下。

1. 试验准备

(1)抗原:冻干的10%抗原敏化红细胞,适用时用1/15 M pH7.2的磷酸盐缓冲液(PBS)稀释成2%抗原敏化红细胞。

(2)冻干的标准阳性、阴性猪血清:使用时先用PBS液将其作2.5倍稀释。

(3)冻干的健康兔血清。

(4)10%戊醛化红细胞:使用时经轻度低速离心,取红细胞沉淀,用PBS液稀释成2%悬液。

(5)被检血清的处理:将分离的被检血清进行56 ℃ 30 min灭活,每0.2 ml被检血清加0.3 ml 2%戊二醛化红细胞,置37 ℃吸收30 min,经低速离心或自然沉淀后,取上清液即为2.5倍稀释的血清。

(6)器械:V型72孔微量滴定板,载量为25 μl的微量稀释棒1～2套(每套12支),微量移液器等。

(7)稀释液:含1%健康兔血清的1/15 M pH7.2 PBS液。

1/15 M pH7.2 PBS液配制:磷酸氢二钠($Na_2HPO_4 \cdot 12H_2O$)17.19 g,磷酸二氢钾(KH_2PO_4)2.54 g,氯化钠(NaCl)8.5 g,蒸馏水加至1 000 ml。

2. 操作方法

(1)用微量滴管吸取稀释液,滴加在有机玻璃反应板1～6孔,每孔0.025 ml,每份被检血清占一排孔。

(2)用载量0.025 ml微量稀释棒,蘸取被检血清于第1孔中(可同时稀释几个被检血清),然后转动60次,从第1孔蘸取0.025 ml于第2孔,如此对倍稀释至第5孔,从第5孔中蘸取0.025 ml弃去。第6孔为血清对照。

(3)滴加红细胞,第1～5孔,每孔滴加0.025 ml 2%致敏红细胞,第6孔滴加0.025 ml鞣化红细胞(用稀释剂配制)。

(4)各设一排孔阳性、阴性猪血清作为对照。

(5)置微型振荡器上振荡30 s后,置室温(最适温度18～25 ℃)2 h,观察记录结果,

18 h 复查一次。

(6)结果判定:

"+ + + +"　红细胞在孔底凝集皱缩成团,面积较大;

"+ + +"　红细胞在孔底成较厚层凝集,面积较大,卷起或呈锯齿状;

"+ +"　红细胞在孔底成薄层凝集,面积较大者大;

"+"　红细胞不完全沉于孔底,周围有散在少量的凝集;

"-"　红细胞呈点状沉于孔底、周围光滑。

"+ +"以上的凝集为红细胞凝集阳性。

在抗原、红细胞、血清对照孔正常,无凝集现象,阳性对照猪血清抗体价≥1∶20(+ +),阴性对照猪血清抗体价<1∶5时,被检血清抗体价≥1∶10(+ +)者,判为阳性。被检血清抗体价<1∶5者,判为阴性。被检血清抗体介于二者之间,判为可疑。

(7)注意事项:为了提高阳性检出率和准确性,凡第一次阳性、可疑和具有临诊症状而血清学反应阴性的猪,间隔 4 周后重检一次,根据重检结果进行最后判定。检验时操作方法要认真。

(三)微量全血-酶联免疫吸附试验

1. 试验准备

(1)抗原,酶标记抗体,标准阴性、阳性血清:抗原工作稀释度为 1∶250,酶标记抗体工作浓度为 1∶500。

(2)器材:聚苯乙烯微量反应板(40 孔、55 孔均可)、微量移液器(50 μl、100 μl、200 μl)、移液器管头、新华滤纸、恒温水浴箱、酶测定仪等。

(3)试验溶液:

①抗原包被液(0.1 M pH9.6 碳酸钠溶液):无水碳酸钠(Na_2CO_3)10.6 g,叠氮钠(NaN_3)0.2 g,无离子水 800 ml,用 2N 盐酸溶液调整 pH 至 9.6 后,加无离子水至 1 000 ml。

②洗涤液 0.02 M pH7.4 PBS-吐温缓冲液:氯化钠(NaCl)8.0 g,磷酸二氢钠(NaH_2PO_4)0.2 g,磷酸氢二钠($Na_2HPO_4 \cdot 12H_2O$)2.9 g,氯化钾(KCl)0.2 g,吐温-20(Tween-20)0.5 ml,加无离子水至 1 000 ml。

③血样稀释液:0.02 M pH7.4 PBS-吐温缓冲液 1 000 ml,叠氮钠(NaN_3)0.2 g,明胶 1.0 g 加热溶解(适当搅拌)。

④0.02 M pH7.1 PBS-吐温缓冲液 1 000 ml,明胶 1.0 g 加热溶解适当搅拌。

⑤底物溶液:

甲液:柠檬酸($C_6H_5O_7H_2O$)1.92 g,无离子水 100 ml;

乙液:磷酸氢二钠($Na_2HPO_4 \cdot 12H_2O$)7.17 g,无离子水 100 ml。

使用液配制方法:甲液 12.2 ml,乙液 12.8 ml,邻苯二胺 20 mg,无离子水 25 ml,30%过氧化氢(H_2O_2)75 μl。

加入过氧化氢后立即使用,每次使用的底物溶液须现用现配。

⑥反应终止液(2 M H_2SO_4):浓硫酸(纯度 95%~98%)2 ml;蒸馏水 98 ml。

(4)被检血样的采取及稀释法:

①被检血样的采取：用消毒针头或三棱针点刺猪耳背侧静脉，用定量移液器吸取0.1 ml血液，滴于新华滤纸上，注明猪耳号。自然风干，制成全血干纸片，置4 ℃冰箱保存或送检。

②全血干纸片稀释法：将干血纸片按血滴大小剪下，放入试管中，加入血样稀释液2.5 ml为1∶25倍稀释，置于4 ℃中浸泡过夜。

③被检血清稀释法：采取被检血清0.1 ml加入血清稀释液（为1∶50倍稀释）至5 ml。

④标准阴性、阳性对照血清均为1∶50倍稀释。

2. 操作方法

取聚苯乙烯微量反应板每孔加入稀释抗原200 μl（最后一孔不加抗原，为底物对照孔），37 ℃水浴感作3 h后，置4 ℃过夜。甩去抗原液，用洗涤液冲洗3次，甩干后每孔加被检血样200 μl（最后两列孔各加标准阴性、阳性对照血清200 μl），然后置37 ℃水浴中感作2 h。甩去酶标记抗体，洗涤3次，甩干，各孔分别加入已稀释的酶标记抗体200 μl，置37 ℃水浴中感作2 h。甩去酶标记抗体，洗涤3次，甩干，加入底物溶液200 μl，置37 ℃水浴中感作20 min后，取出每孔加2 M硫酸液50 μl中止反应。

3. 结果判定

光密度值测定，用酶联免疫测定各孔OD_{490}值，或将测定仪的空白底物对照孔调为O点，然后再测定各孔OD值，将被检血样标本孔OD值与阴性标本对照OD值相比，即可得P/N比值。P/N≥2可判为阳性，P/N<2为阴性。或用肉眼观察判定，被检样品孔颜色显著深于阴性对照孔者，可判为阳性。

4. 注意事项

冻干的抗原与酶标记抗体，应于-10 ℃条件下保存，有效期为1年。稀释后的抗原和酶标记抗体应一次用完，防止反复冻融。

十、猪炭疽病（Swine Anthtax）

炭疽病是由需氧芽孢杆菌属的炭疽芽孢杆菌（Bacillus Anthracis）引起的家畜、野生动物和人的一种急性、热性、败血型传染病。其特征呈败血性变化，脾脏呈急性肿大，皮下及浆膜下结缔组织有浆液性出血性浸润，血液凝固不良，呈焦油样。猪对炭疽病有相当强的抵抗力，发病率很低，多呈散发，猪和其他家畜一样可遭受感染，并可以成为重要的传染源。

猪炭疽病表现三种类型，即咽型、肠型和败血型。感染途径通常是由口腔，经扁桃体或咽黏膜和呼吸道感染。表现为精神沉郁、厌食和呕吐，体温可升达41.7 ℃。多数猪在颈部出现水肿后24 h内死亡。肠型炭疽病的临床症状不如咽型明显，严重时引起急性消化功能紊乱。表现呕吐、停食及血痢。最严重的感染猪可死亡。炭疽杆菌进入血液而导致的败血型炭疽病是最急性的，受感染的猪通常表现为死亡而无其他症状。

急性咽型炭疽病剖检可见患猪咽喉部皮下呈出血性胶样浸润，头颈部淋巴结，特别是颌下淋巴结呈急剧肿大，切面呈砖红色，并有灰或灰白色凹陷坏死灶。在口腔、软腭、会厌、舌根及咽部黏膜也呈脓肿和出血，黏膜下与肌间结缔组织呈出血性胶样浸润。扁桃体常充血、出血或坏死，有时表面覆有纤维素性假膜。在黏膜下深部组织内，也常有边缘不整的砖红色或黑紫色的病灶。

炭疽是人畜共患传染病，对临床初诊病例和疑似病例应进行实验室检验。

（一）病料的采集、处理

未污染的新鲜病料如血液、渗出液或器官可直接作为分离培养用，如为毛发、骨粉等污染材料，需切碎或磨细，加生理盐水，加热 65 ℃ 10 min，用纱布过滤、离心，沉淀物作接种用。

（二）病原分离与鉴定

1. 显微镜检查

（1）镜检病料采集：生前可采取静脉血、水肿液或血便。死后病料，可立即采取耳尖血和四肢末梢血，或采取新鲜尸体的脾脏、淋巴结及肾脏。

（2）涂片：根据不同的病料按常规方法涂片。

（3）固定：用 Zenker's 液（能杀死芽孢）或低热进行固定。

（4）染色：亚甲基蓝（polychrome methyleneblue）染液染色 2 min，再用水冲洗。发现菌体呈蓝色，荚膜呈粉色，单个或短链（2～4 菌体）排列的大杆菌（见图 12-13），即可确诊为炭疽菌。

（5）革兰氏染色：革兰氏染色阳性，呈蓝紫色（见图 12-14）。

图 12-13　炭疽杆菌荚膜形态（亚甲基蓝染色）

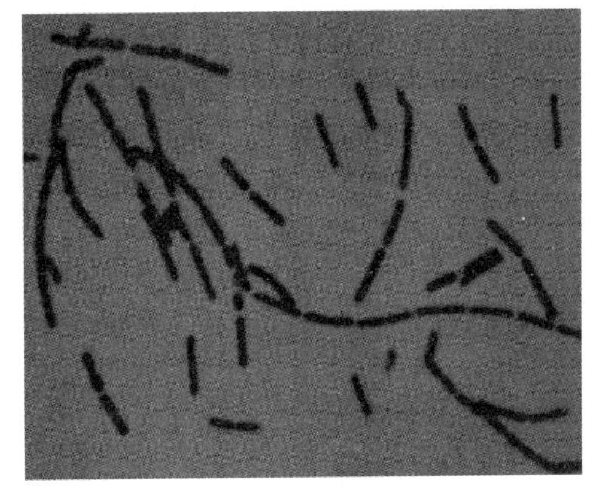

图 12-14　炭疽杆菌镜下形态（革兰氏染色）

2. 培养试验

将处理好的病料接种于普通琼脂或肉汤中进行培养。为了抑制杂菌生长，可采用戊烷脒琼脂，溶菌酶－正铁血红素琼脂或 kinsely 氏培养基（培养基中加入苯乙醇和水合氯醛）等炭疽选择性培养基。划线分离，置 37 ℃培养箱培养 12～18 h 观察。强毒株炭疽芽孢杆菌形成扁平、灰白色、不透明、表面干燥、边缘不整的粗糙型（R）较大的菌落，用低倍镜观察呈卷发状，黏着性强，不易解离和乳化。无毒菌株却形成稍透明、较隆起、表面湿润和光滑、边缘较整齐的光滑型（S）菌落。

3. 动物接种试验

一般常用小鼠、豚鼠和家兔。将病料或培养物用生理盐水制成 5～10 倍乳剂，给小鼠腹部皮下注射 0.2 ml，豚鼠皮下注射 0.5 ml，家兔皮下注射 1.0 ml。如于 12 h 后注射局部发生水肿，经 36 ~ 72 h 死亡，并可由血液或脏器中检出炭疽菌，即可确诊。

4. 串珠试验

将检查的肉汤培养物或病料乳剂接种于每毫升含青霉素 0.5 IU 的薄琼脂平板上（琼脂厚度为 2 mm），然后用灭菌曲玻璃棒均匀涂布后，37 ℃培养 3 ~ 4 h，覆以盖玻片，镜检，如菌体膨大呈球状，均匀排列，形成串珠状，则为炭疽杆菌。

5. γ 噬菌体裂解试验

γ 噬菌体特异性裂解炭疽杆菌。方法是将待检的培养物或病料乳剂涂于普通琼脂平板上使之成圆形，干燥后用白金耳取一滴 γ 噬菌体，滴于琼脂面上，放 37 ℃恒温箱中培养 3 ~ 4 h 后，对光观察。如滴加噬菌体部位无细菌生长，周围由于细菌的生长而呈轻微的灰白色时，即可确定为炭疽杆菌。

6. 血清学检验

1）环状沉淀反应（Ascoli′s test）

（1）特点：当病料已经腐败，用细菌学诊断得不到可靠结果，以及检查大量畜产品时，可用阿斯科利沉淀反应。炭疽沉淀原具有很高的耐热性和耐腐败性，死后甚至一年半以上的腐败炭疽尸体，仍可出现阳性反应。

（2）病料采集与处理：炭疽尸体以脾脏含沉淀原量为最高，其次为血液，再次为肝、肺、肾等，皮肤和肌肉的含量很低。因此，采取病料以肝、脾、肾以及血液为适宜。方法是将被检样品研磨后，用生理盐水稀释 5 ~ 10 倍，煮沸 15 ~ 20 min，取浸出液用中性石棉滤过，保留滤过液待检。

（3）试验方法：先将标准炭疽沉淀阳性血清用毛细管加到小试管内，再取 1 支干净毛细管吸取透明滤液，缓慢地加到小试管内炭疽沉淀阳性血清上。两液不能混合。置室温反应 1 ~ 5 min。

（4）结果判定：待检抗原与炭疽沉淀阳性血清接触面出现清晰的白色沉淀环（白轮），则为阳性。

2）炭凝集试验

（1）试验材料：玻璃板、吸管、稀释液（0.2% 氯化钠溶液）、炭疽炭粉血清。

（2）试验方法：在玻璃板上滴加被检标本 0.1 ml（用 0.2% 氯化钠溶液稀释），加入炭疽炭粉血清 0.05 ml，混匀，静置 1 ~ 5 min。观察结果。

（3）结果判定：出现“ + + ”以上凝集，即使炭粉一半凝集，且液体较透明者为阳性，该反应可检出每毫升含 78 000 个以上的炭疽杆菌芽孢标本。

3）荚膜膨胀试验

（1）试验材料：炭疽杆菌纯培养物、炭疽荚膜血清。

（2）试验方法：将炭疽杆菌纯培养物适当稀释涂片（每个视野约 10 个菌体）或感染 7 ~ 8 h处死的小鼠腹腔液涂片。滴加一环抗炭疽荚膜血清，混匀，制成涂片。镜下观察。

（3）结果判定：视野见链状大杆菌，周围可见边缘清晰、肥厚不等的荚膜，即为阳性。（也可用荧光抗体荚膜染色法，方法是将病料涂片、干燥，固定后用异硫氰酸荧光黄标记的抗炭疽荚膜血清抗体染色后，荧光显微镜观察，炭疽杆菌菌体高度膨大，荚膜呈明亮黄绿色荧光。）

4）乳胶凝集试验

（1）试验材料：被检材料、标准炭疽抗原、炭疽乳胶血清、玻璃板、吸管等。

（2）试验方法：同一玻璃板上，分别滴加被检材料2滴，每滴0.1 ml，另一侧分别滴加标准炭疽抗原2滴，每滴0.1 ml，分别向二者滴加炭疽乳胶血清及正常乳胶血清0.05 ml，分别混匀，室温下静置反应5 min，观察结果。

（3）结果判定：当两个对照滴即炭疽乳胶血清加标准炭疽抗原呈"＋＋＋＋"，而正常乳胶血清加标准炭疽抗原呈"－"时，说明反应条件正常，这时炭疽乳胶血清与被检标本滴发生反应者为阳性，不发生反应者为阴性。

近年来，一些血清学方法，如竞争酶联免疫吸附试验（ELISA）检测抗炭疽保护性抗原（PA）IgG抗体、应用夹心ELISA检测死亡猪血清中的PA抗原等，也逐步用于炭疽的诊断。

十一、破伤风

破伤风是由破伤风杆菌经伤口感染引起的急性、中毒性传染病。临诊主要表现为骨骼肌持续性痉挛性和对刺激反射兴奋性增高。猪破伤风常由于阉割、产道较大创伤而感染，一般从头部肌肉开始痉挛，细声尖叫，瞬膜外露，牙关紧闭，流涎。应激性增高，四肢僵硬，逐渐全身痉挛，角弓反张，卧地不起呈强直状，呼吸困难，窒息死亡。破伤风临诊症状比较典型，临床诊断并不困难，偶尔为了证实临床诊断的正确，需对破伤风杆菌进行分离和鉴定。为了解周围环境被破伤风杆菌污染的情况，进行细菌学检查也是必要的。

破伤风实验室检验方法如下。

（一）病料采集与处理

对产道、手术及有较大创伤感染病灶的病例，只需在病灶处取样。取自病灶或周围环境的土壤、粪便及皮毛等材料，应与适量生理盐水混合，用灭菌玻璃砂磨碎，用吸管吸取0.1～0.5 ml接种于液体培养基。在水浴中或用流通蒸汽加热80 ℃ 15～20 min，以杀死其他不产芽胞的细菌，再于恒温中增菌培养待检。

（二）病原分离与鉴定

1. 直接镜检

取病料涂片，进行革兰氏染色置10×100下镜检，18～24 h培养物中的细菌呈革兰氏阳性，48 h后培养物中的细菌常呈革兰氏阴性。芽胞在菌体一端，似鼓槌状（见图12-15）。经镜检有破伤风杆菌存在时，再进行纯培养分离。

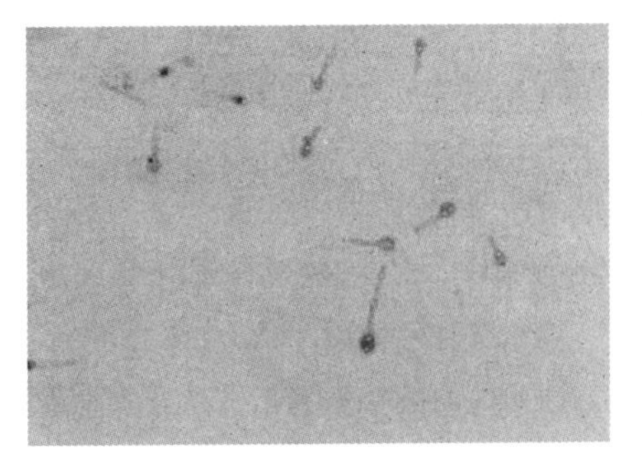

图12-15　破伤风杆菌镜下形态（革兰氏染色）

2. 培养

破伤风杆菌为专性厌氧菌，培养中必须保证厌氧条件，既要排出溶于培养基中的氧气，又要尽量不与空气接触。表面培养及分离单个菌落的方法很多，现仅介绍以下两种简单易行的方法。

1）试管培养法

使用直径0.6～0.8 cm、长20～30 cm的试管，一端用橡皮塞作底，接种时将待检材料用玻璃砂磨碎，顺次稀释于已溶化的琼脂培养基中，分别装满上述的试管中，加以棉塞，待凝固后，放恒温室培养，长出单个菌落后，用玻璃棒将培养基推出，便可选取单个菌落。

2）表面培养法

可采用化学药品吸收氧气的简便方法，获取表面培养的必需的厌氧条件，即用带有抽气孔的干燥罐或其他带盖的玻璃瓶、罐等，将要培养的平皿或试管置于其中，每千克容量加焦性没食子酸10 g，5% NaOH 30 ml，密封，如结合抽气，使气压降至1 mm水银柱，效果更佳。密封可用等量凡士林与白蜡混合，加热熔化后使用。产毒应于34～35 ℃恒温中培养，在37 ℃或室温中培养则易于产生芽胞。

3. 鉴定

鉴定破伤风杆菌时，能符合形态、血清学及培养特性三个条件中的两条才能判定。能产生特异毒素且具有大多数菌株所共有的培养特性或形态特性，则可被认为是破伤风杆菌。虽不产生特异毒素，但有球形端极芽胞，不发酵糖类，产生吲哚，缓慢消化凝固血清或鸡蛋培养基，并有特异抗原（鞭毛抗原及耐热性菌体抗原），也可被认为是破伤风杆菌。但此不产毒株在临床上无甚意义，故对破伤风杆菌的分离鉴定，以产生特异破伤风毒素最为重要。

1）生化鉴定

破伤风杆菌能液化明胶，但较缓慢。多数菌株能使含铁牛乳发生沉淀或结成软凝块，能使凝固血清或凝固鸡蛋软化并消化，但对蛋白质的分解作用极为缓慢，有时需培养数星期之久。除极少数变种外，一般不发酵糖类。能产生吲哚。产生H_2S使醋酸铅培养基变黑，不能使硝酸盐还原为亚硝酸盐。有些培养基中破伤风杆菌不易繁殖，可适当添加肝水、肝块等，以利生长。糖发酵可用半固体培养基。用滤纸浸于10%醋酸铅溶液中，干燥后夹于培养管上部，观察是否产生H_2S，其方法简便易行。

2）血清学检定

（1）毒素测定：

①最小致死量测定：将毒素用生理盐水稀释成10×，100×，1 000×……，每稀释度各按0.5 ml注射于2只15～18 g小白鼠后腿皮下，每日观察动物，破伤风症状逐日加重，动物恰于第四日死亡1/2以上者，该稀释度的2倍即为待检毒素每毫升内含有的小白鼠最小致死量。

②絮状单位测定：用生理盐水将絮状标准血清稀释至每毫升100单位，加不同量于粗细、厚薄均匀的一列小试管中，每管加待检毒素1 ml，摇匀后立即放入45～50 ℃水浴中，按时观察，以首先出现微细絮状的小管判定毒素的絮状单位，如加有0.1 ml抗毒素管首先出现絮状，则该毒素每毫升有10个絮状单位。

（2）抗毒素测定：

①小鼠法：可用标准毒素的不同L+量，测定不同单位含量的抗毒素，如含1单位左右的抗毒血清，可用标准毒素的L+/200测定。将被检血清用硼酸盐盐水（pH 7.0～7.4）或生理盐水稀释不同倍数，各取1 ml放入1列小管中，每管再加入L+/200标准毒

素 1 ml(由每毫升含有 0.05 单位标准抗毒素标定),加胶塞,混匀,放 37 ℃恒温箱中反应 45 min,每个稀释度注射 15 ~17 g 小白鼠 3 只,每只后腿皮下注射 0.4 ml。对照:取每毫升含 0.05 单位的标准抗毒素 1 ml,加入 L+/200 的标准毒素 1 ml,放 37 ℃反应 45 min,注射 15 ~17 g 小白鼠 3 只,每只后腿皮下 0.4 ml。每日观察动物,以 80 ~110 h 动物全部死亡为判定标准。按注射被检血清组与对照组动物死亡数相同者判定结果。例如,20 倍稀释的血清与对照动物死亡数相同,则为 0.05 单位 ×20 =1 国际单位。

②絮状单位测定:用标准类毒素测定被检血清,方法同毒素絮状单位测定。

十二、猪附红细胞体病

猪附红细胞体病是由立克次氏体目无浆体科附红细胞体属的附红细胞体寄生于猪的红细胞表面及血浆中而引起的一种传染病。本病以高热稽留(39.5 ~41.5 ℃)、贫血、溶血性黄疸、呼吸困难、皮肤发红等为特征。怀孕母猪表现为持续性高热(42 ℃)、厌食、流产、死胎、产奶量下降,乳房、外阴水肿等。

剖检可见血液稀薄,凝固不良;黏膜、浆膜、腹腔内的脂肪、肝脏等呈不同程度的黄染;肝脏肿大,表面有灰白色坏死斑或坏死点,胆囊肿大,胆汁充盈;脾脏及全身淋巴结肿大;肺脏间质水肿;心肌变性似熟肉样,心外膜出血,心包积液;肾脏肿胀,有出血点。

目前,本病在 30 多个国家与地区均有发生和流行,我国各地均有报道发生,对养猪业的危害很大。

本病多发于每年的 5 ~9 月,但冬季也可发病。主要经由吸血昆虫叮咬以及器械机械性传播。因此,在每年的夏秋季节,应做好圈舍卫生和节肢动物的扑灭工作;另外,在断尾、阉割、打耳号、注射药物或疫苗时,应做好器械的消毒,防止交叉传播。

(一)病料的采集、处理

采发热期病猪的耳静脉血。

(二)诊断方法

根据临床症状、发病季节,结合实验室检查,发现发热期病猪血液中存在大量附红细胞体,即可确诊。此外,还可采用血清学方法进行诊断,如间接血凝试验、荧光抗体试验、补体结合试验、酶联免疫吸附试验等。

由于多数感染附红细胞体的猪并不表现任何临床症状,因此在诊断时要将流行病学特点、临床症状、病理变化和病原检查结合起来综合考虑,不能仅仅由于从血液中查到虫体就认为是病猪。通常感染猪只有在发生应激反应(如长途运输、气候突变、圈舍内过度拥挤、换料、转群等)或免疫抑制的情况下才会发病。

1. 悬滴法

采处于发热期的病猪耳静脉血液 1 滴,滴于载玻片上,加等量生理盐水混合,加盖玻片,用油镜头在暗视野下观察,可见到红细胞表面及血浆中有大量折光性强的明亮虫体,大小为 0.2 ~2.5 μm,呈多形性,如圆形、卵圆形、月牙形、逗点形、短杆形等。1 个红细胞表面可有 1 到 10 多个虫体附着,通常以 6 ~7 个居多。被虫体附着的红细胞变形为齿轮状、菠萝状、星芒状或不规则形。由于虫体附着在红细胞表面有张力作用,红细胞在视野内上下震动或左右运动。血浆中的虫体闪亮,并常作抖动、转动、摇摆、翻滚等运动,即可诊断为阳性。如果在涂片上加 1 滴 0.1% 的稀盐酸，将红细胞溶解掉，则虫体运动加强，如再加 1 滴 1% 碘液，则虫体停止运动。

2. 直接涂片法

取新鲜血液或抗凝血少许置于载玻片上，推成薄层，然后在显微镜下直接观察。可看到附红细胞体呈现球形、逗点形、杆状或颗粒状。被附红细胞体寄生的红细胞呈菠萝状、齿轮状、星状等不规则形状。该方法简便、快速，但对推片的技术有一定要求，红细胞需推成薄层；而且易和其他导致红细胞变形的情况相混淆。

3. 涂片染色镜检法

采发热期病猪耳静脉血液 1 滴，滴于载玻片上，制作推片，用姬姆萨氏染色法染色，镜检，可见被染成淡蓝色的红细胞边缘不整齐，呈齿轮状、菜花状、星芒状，红细胞表面有许多紫红色、折光性很强的虫体。

4. 血清学诊断方法

有间接血凝试验、酶联免疫吸附试验、补体结合试验等，但抗体的产生与病原数量的增多（而不是与感染发生的时间）有暂时的相关性，因此抗体的产生具有波动性，即使数次急性发作后，抗体滴度也只能在 2 ~3 个月内维持较高水平，之后便会下降到阈值以下，因此常见到假阴性，故血清学方法只适合于群体诊断。

第三节　霉菌毒素中毒

霉菌在自然界中广泛存在，在微生物分类学上属真菌。霉菌毒素是指霉菌在谷物或饲料上生长繁殖过程中产生的有毒二次代谢产物，是偶尔产生的，具有季节性和地区性。在我国一直以为南方才是霉菌的多发地区，但是在北方尤其是在东北地区，霉菌毒素中毒的病例发生率越来越高，主要是由于季节的反常变化导致玉米秸秆上发生霉变，再有就是使用陈化粮食及来路不明的玉米，都导致了近年来在东北霉菌及霉菌毒素问题的多发。目前，在我国对养猪业危害最大的霉菌毒素有黄曲霉毒素、玉米赤霉烯酮（F－2 毒素）、赭曲霉毒素等。

一、病原学诊断

（一）病料的采集和处理

采样时必须特别注意样品的代表性和避免采样时的污染。首先准备好灭菌容器和采样工具，如灭菌牛皮纸袋或广口瓶、金属勺和刀。样品采集后应尽快检验，否则应将样品放在低温干燥处。

根据饲料仓库、饲料垛的大小和类型，分层定点采样，一般可分三层五点或分层随机采样，不同点的样品，充分混合后，取 500 g 左右送检，小量贮存的饲料可使用金属小勺采取上、中、下各部位的样品混合。

海运进口饲料采样：每一船仓采取表层、上层、中层及下层四个样品，每层从五点取样混合，如船仓盛饲料超过 10 000 t，则应加采一个样品。必要时采取有疑问的样品送检。

（二）病原的分离

以无菌操作称取样品25 g（或25 ml），放入含有225 ml灭菌稀释液的玻塞三角瓶中，置振荡器上，振荡30 min，即为1∶10稀释液。用灭菌吸管吸取1∶10稀释液10 ml，注入带玻璃珠的试管中，另用带橡皮乳头的1 ml灭菌吸管反复吹吸50次，使霉菌孢子分散开。取1 ml 1∶10稀释液，注入含有9 ml灭菌稀释管中，另换一支吸管吹吸5次，此液为1∶100稀释液。按上述操作顺序作10倍递增稀释液，每稀释一次，换用一支1 ml灭菌吸管，根据对样品污染情况的估计，选择3个合适稀释度，分别在作10倍稀释的同时，吸取1 ml稀释液于灭菌平皿中，每个稀释度做两个平皿，然后将凉至45 ℃左右的高盐察氏培养基注入平皿中，充分混合，待琼脂凝固后，倒置于（25～28）℃ ±1 ℃ 温箱中，培养3 d后开始观察，应培养观察1周。

（三）计算方法

通常选择菌落在30～100个的平皿进行计数，同稀释度的2个平皿的菌落平均数乘以稀释倍数，即为每克（或每毫升）检样中所含霉菌数。通常以每克（或每毫升）饲料中含霉菌个数以个/g（个/ml）表示。

二、霉菌毒素的检测

黄曲霉毒素是对畜禽危害最大、毒性最强的毒素，其检测方法可分为萃取、净化和测定。萃取试剂一般为氯仿－水或乙腈－水等；净化方法有薄层法、反相分配柱法、免疫亲和柱法等；样品净化过程中，硅镁吸附柱、C_{18} Seppak柱采用比较普遍，净化效果较好；测定方法有酶联免疫法（ELISA）、薄层色谱法（TLC）、高效液相色谱法（HPLC）和放射免疫法（KIA）等。其中，高效液相色谱法（HPLC）可以采用柱前或柱后衍生，提高方法的灵敏度，该法回收率为80%～100%。

（一）酶联免疫法

酶联免疫吸附测定方法（ELISA）主要用于检测饲料中的黄曲霉毒素B_1（AFB_1），其基本原理是将AFB_1特异性抗体包被于聚苯乙烯微量反应板的孔穴中，再加入样品提取液（未知抗原）及酶标AFB_1抗原（已知抗原），使两者与抗体之间进行免疫竞争反应，加酶底物显色，然后用目测法或仪器与AFB_1标样比较来判断样品中AFB_1的含量。酶联免疫法检验快速，一般可用于AFB_1的快速定性或定量分析。但酶联免疫法检测结果有时受其他物质影响会出现假阳性，需用薄层色谱法展开进行确认。

（二）黄曲霉毒素测定仪

由江苏省微生物研究所与上海市嘉定纤检仪器厂联合研制的黄曲霉毒素测定仪，是采用固相酶联免疫吸附ELISA原理，通过抗黄曲霉毒素B_1抗体与酶标抗原，待测抗原的竞争免疫反应以及酶的催化显色反应相结合来检测$AFTB_1$。全过程可在1 h内完成，并配有试剂盒，操作简便、安全、可靠，精度高。

（三）薄层色谱法

本法适用于多种霉菌毒素（黄曲霉毒素、赤霉烯酮类、赫曲霉毒素、杂色曲霉毒素、红青霉毒素等）的定性和定量测定。样品经提取、浓缩和用单向展开法在薄层上分离后，依据这些霉菌毒素在资料表上所列出的Rf值和荧光颜色进行观察分辨，再根据薄层上显示荧光的最低检出量定量。测定灵敏度达 5 μg/kg。薄层色谱法检验结果准确，方法重现性好，回收率达 85% ~100%。但该方法检验步骤多，检验时间长，一般用于特殊情况下的仲裁检验。

（四）气相色谱法

本法主要用于脱氧雪腐镰刀菌烯醇（DON）的定量检测。先用三氯甲烷甲醇进行萃取，再用 Quick Sep 小柱净化，加入 DMAP 和 HF－BAA 试剂进行衍生。色谱条件为甲烷－氩（5∶9），流速 60 ml/min，起始温度 170 ℃，最终温度 250 ℃，程序升温速度 10 ℃/min。在上述条件下，DON 衍生物的保留时间大约为 6.5 min。

（五）微柱法

将样品提取液通过氧化铝－硅镁型吸附剂填充的微柱，样品中的杂质被氧化铝吸附，霉菌毒素则被硅镁型吸附剂吸附。在紫外分析灯下观察荧光环与标准比较定量。本法简便快速，灵敏度为 10 μg/kg。主要用于饲料中黄曲霉毒素的筛选，测得结果为黄曲霉毒素的总量。

（六）快速检验法

1. 皮肤反应

本法检验单端孢霉烯族化合物具有特异性，其毒素涂抹兔、豚鼠、大白鼠等动物的脊背部皮肤，可出现发红、水泡、坏死等强烈炎性反应。其基本步骤是：将提取的粗制毒素和对照提取物，分别用玻璃棒多次蘸取，涂抹于试验动物的皮肤上，每天涂抹 2 次，共涂抹 3 d，然后观察结果。一般轻度充血者可视为可疑（＋），局部出现严重充血者视为弱阳性（＋＋），局部出现红肿者视为中度阳性（＋＋＋），局部发生坏死至后期结痂者视为强阳性（＋＋＋＋）。

2. 皮下注射法

本法用于一般产毒霉菌的初筛，试验动物一般为小白鼠。其基本步骤是：将培养好的菌种接种在葡萄糖胨水中，25 ℃培养 4 周，取其滤液进行毒性试验。取 5 只小白鼠进行试验，每只小白鼠皮下注射滤液 0.5 ml，每天测体重，观察 2 周。5 只中有 2 ~3 只以上死亡，为强毒性（＋＋）；体重减少或停止生长，无死亡，为弱毒性（＋）；与对照组无差异，为无毒性（－）。

3. 抑菌试验

本法主要用于黄曲霉毒素 B_1 的快速检测。其基本原理是利用一系列不同含量的标准黄曲霉毒素 B_1 进行抑菌试验，测得各不同含量抑菌圈的大小，制成标准黄曲霉毒素 B_1 的抑菌曲线，在同样条件下进行样品抑菌试验，测得样品抑菌圈的大小，经过校正，与标准曲线进行比较，计算出样品的含量。本法的最低检测限为 1 μg。

第十三章　其他动物疫病实验室诊断技术

第一节　牛疫病实验室诊断技术

一、牛病毒性腹泻

牛病毒性腹泻是由牛病毒性腹泻病毒(BVDV)引起的牛的一种接触性传染病,也称黏膜病(Mucosal Disease, MD)。该病以黏膜发炎、糜烂、坏死和腹泻为特征。

BVDV 属于黄病毒科瘟病毒属成员,是一种有囊膜的单股 RNA 病毒。新鲜病料在电镜下观察到的病毒呈球形,直径为 24 ~ 30 nm。病毒在牛肾细胞培养时,其大小差别很大。根据 BVDV 在细胞培养中是否产生细胞病变(CPE),可将 BVDV 分成两种生物型,即致细胞病变(CPE)BVDV 和非致细胞病变(N - CPE)BVDV。本病呈世界性分布,在各养牛发达国家均有流行,如美国、澳大利亚、英国、新西兰、匈牙利、加拿大、阿根廷、日本、印度以及非洲的一些国家。

(一)病料的采集和处理

急性黏膜病具有持续的病毒血症,所以血液是最好的病毒分离材料。采取凝固血块,经冻融几次后作为接种物。也可采取病畜的骨髓、脾、淋巴结及呼吸道、眼鼻分泌物等用于病毒分离。采集外分泌物要用高浓度的抗生素处理,不能及时接种的病料,应冰冻保存。

(二)病原的分离与鉴定

上述病料接种各种牛源细胞,包括牛肾和胎牛肺原代细胞或继代细胞以及犊牛睾丸细胞,病毒在原代睾丸细胞上常可显示较好的细胞病变。

可用电镜观察法对细胞培养物进行 BVDV 检测,用免疫荧光和双抗体夹心 ELISA 对分离病毒进行进一步的鉴定。

(三)诊断方法

常用细胞中和试验和琼脂扩散试验检测抗体。虽然在不同毒株之间存在较高程度的交叉反应,但在细胞培养物中的病毒中和试验确实可以反映不同毒株的某些特征。而琼脂扩散试验则完全是群特异性的,不能鉴别毒株。

1. 中和试验

1)材料准备

病毒:采用 Oregon C24 毒株,按常规方法在犊牛肾、睾丸或鼻甲骨细胞上繁殖,待75%细胞出现典型病变收毒,冻融 3 次,测定毒价,分装于小瓶内低温保存。

细胞:采用犊牛原代肾细胞、睾丸细胞、鼻甲骨细胞或 MDBK 细胞。

培养液:采用 MEM,生长液中加 10%犊牛血清,维持液中加 2% ~5%犊牛血清,培养基 pH 值为 7.0～7.2，可加 100 IU/ml 青霉素、100 μg/ml 链霉素。

被检血清：无菌静脉采血，分离血清，并于 56 ℃灭活 30 min。

微量细胞培养板：进口的 96 孔板可直接使用，国产板必须按常规洗涤、紫外线消毒 2～3 h后使用。

加样器：单头或多头的 50～200 μl 可调加样器。

2）操作程序

（1）定量试验：

首先用多头加样器于 96 孔板每孔中加稀释液 50 μl，再取灭能的被检血清加入微量板的第一排孔中，每份样品点 4 个孔，每孔 50 μl。用多头加样器（调至 50 μl）从第一排孔连续稀释到最后一排孔，从最后一排孔中弃去 50 μl。然后用稀释液将病毒稀释成含 100 $TCID_{50}$/50 μl 的工作液，用多头加样器于第二排以下各孔中加病毒工作液 50 μl，第一排孔中 50 μl 稀释液作为血清对照。之后加盖于 37 ℃ 5% CO_2 培养箱中中和 1 h，于各孔中加 100 μl 细胞悬液（将生长良好的单层细胞用 EDTA－胰酶消化液消化分散后用含 20% 犊牛血清的培养液配制成含 40 万/ml 的细胞悬液），置 37 ℃ 5% CO_2 培养 6 d，从第四天开始观察结果，于第六天最终判定。试验均需做病毒回归、阴性血清、阳性血清和正常细胞对照。病毒回归对照是以含有 100 $TCID_{50}$/50 μl 的病毒为原液，用稀释液做 3 次 10 倍递进稀释。取病毒工作液和 3 个稀释度的病毒做滴定，每个滴度加 4 个孔，每孔再加 50 μl 稀释液和 100 μl 细胞悬液。

（2）定性试验：

除将血清做一个稀释度即 1∶5稀释外，其他步骤同定量试验方法。

（3）结果判定：

试验后第四天开始观察判定，并于第六天终判，对照细胞孔内细胞单层良好，病毒用量为 100 $TCID_{50}$/50 μl（50～500 $TCID_{50}$/50 μl 范围内均可认定为试验成立），阳性血清对照孔不出现细胞病变，阴性细胞孔出现细胞病变方可进行结果判定。

（4）判定标准：

定量试验中，根据所得结果按 Karber 计算 50% 保护量（PD_{50}）即为该血清的中和效价。其中 $PD_{50}=L+d(S-0.5)$，L 为病毒最低稀释度的对数，d 为稀释系数，S 为死亡（感染）比值的和。

定性试验中，每份被检血清在 1∶5稀释度时有两个或两个以上孔的细胞完全被保护，该血清为阳性。

2. 琼脂扩散试验

琼脂扩散试验只能粗略测定被检血清中的抗体，其敏感性不如血清中和试验。

1）材料准备

标准抗原：通常用大瓶培养的犊牛睾丸或肾单层细胞制备，当细胞长成单层时，按每个细胞感染 1 个 $TCID_{50}$的 OregonC24 毒株的覆盖率进行接毒，之后于 35 ℃培养 4 d，倒去维持液，加入标准的胰蛋白酶－EDTA 细胞分散剂使细胞分散。离心沉淀，取沉淀病毒细胞，再用少量盐水（约为原培养液的 1%）将细胞做成病毒悬液，－80 ℃或－20 ℃保存备用。临时用时，制成一定的稀释度后与标准血清进行反应，检验其特异性，并标定其在本试验中的最合适的确实效价。

标准血清：标准血清通常由试验感染的康复猪采取，选取其中含有高效价抗体者应用。这种血清经严格的特异性检查，并于不同稀释度下与标准抗原进行反应，确定本试验合适的稀释度。

琼脂板：用 pH7.4 0.01 M PBS 制备 1% 琼脂板。

2）操作程序

先在平皿内琼脂板上打孔，孔径 6 mm，孔间距 2 mm，将周围孔中央最靠近平边缘的一孔标记为 1，并按顺时针方向将其他各孔标记为 2～6。标准抗原滴入中央孔，标准血清滴入 1、3、5 孔，将被检血清分别滴入 2、4、6 孔。加完样后将琼脂板置湿盒内于室温下感作 24 h 判定。阴性反应及可疑反应孔延长至 28 h，再作一次终判。

3）结果判定

在正常情况下，标准阳性血清与标准抗原之间出现明显的沉淀线，而标准阴性血清与标准抗原间不出现沉淀线。被检血清与标准抗原间出现沉淀线时结果为阳性，而被检血清与标准抗原间不出现沉淀线时结果为阴性。

3. 酶联免疫吸附试验（ELISA）

采用单克隆抗体的 ELISA，可将 BVDV 或其抗体与其他病毒或抗体区别开来。可作为常规方法检测或监测牛群中 BVDV 抗体水平及潜伏感染情况的一种技术，对鉴定和清除牛群中 BVDV 感染是很有价值的。

二、牛结核病

结核病是由分支杆菌属的多种分支杆菌所引起的人畜和禽类共患的一种慢性传染病。病原为结核分支杆菌。该菌分为三个种，即结核分支杆菌（人型）、牛分支杆菌和禽分支杆菌。牛结核病主要是由牛分支杆菌造成的，但结核分支杆菌、禽分支杆菌也可引起牛结核病。本病一年四季均可发生，饲养不善、使役过重可促进本病的发生。其主要特征为畜体消瘦、贫血、咳嗽及体表淋巴结肿大，在多种器官形成结核结节性肉芽肿和干酪样、钙化结节病变。

本病仅根据临床症状很难确诊，活畜用结核菌素作变态反应，是诊断本病的主要方法。但在不同情况下，须结合流行病学、临床症状、病理变化和细菌学等方法，进行综合诊断。

（一）病料的采取与处理

痰：牛咯痰极少，宜在清晨采集，可用硬橡皮管自口腔伸入至气管内，外端用注射器吸取痰液。

乳：有乳房结核可疑时，可无菌采集乳汁，一般以挤出的最后乳汁含菌量较多，早晨第一次挤出的四个乳头混合乳含菌量最高。

尿：有肾结核可疑时，可采取尿液，一般采取中段尿液，以早晨第一次尿为宜。

粪便：有肠结核可疑时，可采取粪便。患肺结核的牛，有时在粪便中也可检出结核杆菌。因牛不常咯痰，而将痰液吞咽入消化道内，随粪便排出，尽量采取混有黏液脓血的粪便。

死亡家畜的组织器官：如肺、肝、肾、卵巢、子宫、睾丸、脾、淋巴结等有结节病灶者，可采取其病灶组织。

由于痰液、乳汁或其他病灶组织含菌量较少，如果直接涂片镜检往往呈阴性结果，因此常须浓缩消化，然后再作涂片，分离培养等。病料浓缩消化的方法很多，常见的有以下两种：

(1)硫酸消化法：用4%～6%硫酸水溶液将痰、尿、粪或病灶组织，按1∶5比例混合，置37 ℃温箱中放置1～2 h，经3 000～4 000 r/min离心30 min，去上清液，再加生理盐水混匀，离心20 min后去上清液，吸取沉淀物，涂片，镜检或进行细菌培养。

(2)氢氧化钠消化法：在病料中加入等量的4%氢氧化钠溶液，用力摇振5～10 min，液化后以3 000 r/min离心15～20 min，去上清液，加酚红指示剂1滴于沉渣中，用2 N盐酸中和至变淡红色为止，取沉渣涂片镜检或细菌培养。

(二)诊断方法

1. 直接镜检

涂片最好用新载玻片，先在玻片上涂布一薄层甘油蛋白(鸡蛋白20 ml，甘油20 ml，水杨酸钠0.4 g，混匀)，然后吸取标本滴加其上，涂布均匀。如用乳汁或其他含脂肪组织，在制作涂片染色前，用二甲苯或乙醚滴加于涂片上，经摆动1～2 min后倾去。先行脱脂，之后再滴加95%酒精除去二甲苯，待酒精挥发后，再行染色。用萋－尼氏法染色，镜检结核菌呈红色纤细平直或微弯曲杆菌，其他细菌呈蓝色(见图13-1)。

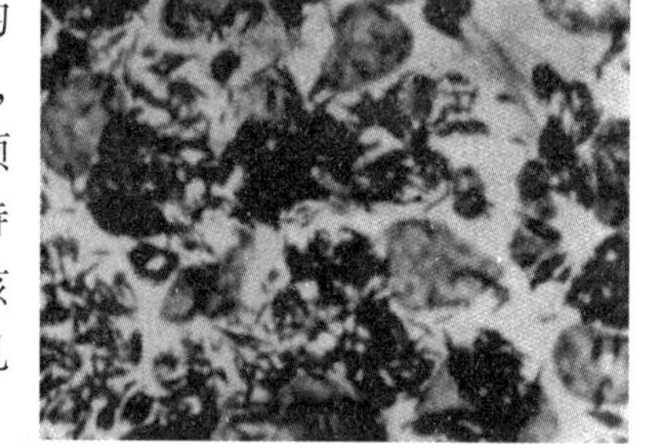

图13-1　牛结核分支杆菌

若病料中菌数较少，镜检达不到目的时，可用细菌分离培养，但培养时间较长，并须将材料用上述浓缩法处理后才能供作培养用，所以除非特殊需要，一般不作细菌分离培养。

2. 核菌素变态反应试验

1)结核菌素皮内注射法

a. 试验准备

牛结核菌素、卡尺、注射器、针头、酒精棉、工作服、帽、口罩、胶靴、记录表等。

b. 操作方法

(1)注射部位及术前处理：将牛编号后在颈侧中部上1/3处剪毛，3个月以内的犊牛，可在肩胛部，直径约10 cm，用卡尺测量术部中央皮皱厚度并作好记录(见图13-2)，如不能在规定的术部试验时，应另选其他部位或在对侧进行。

(2)注射剂量：用结核菌素原液，3个月以内的小牛0.1 ml，3个月至1岁牛0.15 ml，12个月以上的牛0.2 ml。

(3)注射方法：先以酒精棉消毒术部，然后皮内注入定量的牛结核菌素，注射后局部应出现小泡，如注射有疑问，另选15 cm以外的部位或对侧重做(见图13-3)。

(4)观察反应：注射后，应分别在第72 h、120 h进行两次观察反应，注意局部有无热、痛、肿胀等炎性反应，并以卡尺测量术部肿胀面积的大小及皮皱厚度，作好记录。在第72

h 观察呈阴性及可疑反应的,须在第一次注射的同一部位,以同一剂量进行第二次注射,间隔 48 h 再观察 1 次,并均应详细记录。

c. 结果判定

(1)阳性反应(见图 13-4):注射局部发热,有疼感并呈现界限不明显的弥漫性水肿,软硬度如面团或硬块,其肿胀面积在 35 mm×45 mm 以上,皮差肿胀高度超过 8 mm 者,为阳性反应,其记录符号为"+"。

(2)疑似反应:炎性肿胀面积在 35 mm×45 mm 以下,皮差在 5~8 mm 之间者,为疑似反应,其记录符号为"±"。

(3)阴性反应:无炎性水肿,皮差不超过 5 mm 者或仅有坚实冷硬、界限明显的硬结者,为阴性反应,其记录符号为"-"。

图 13-2　用标尺测量皮肤厚度

图 13-3　用牛型结核菌素作皮内注射

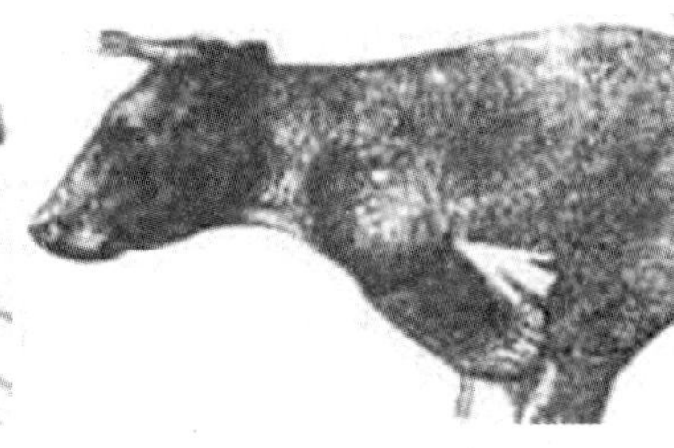

图 13-4　注射后阳性反应,皮肤肿胀

2)结核菌素点眼法

a. 试验材料

牛结核菌素、硼酸棉球、点眼器、工作衣帽。

b. 操作方法

点眼前对两眼作详细检查,注意眼结膜有无变化,正常时方可点眼,有眼病或结膜不正常者,不能作点眼检查。

结核菌素点眼,每次进行两回,间隔为 3~5 d。一般点左眼,左眼有病时可点右眼,但须在记录上注明。第二次点眼必须点于第一次同一眼中,用量为 3~5 滴,一般 0.2~0.3 ml。

在点眼时,助手固定牛,术者用 1% 硼酸棉球擦净眼部周围的污物,以左手食指与拇指使瞬膜与下眼睑形成凹窝,右手持点眼器滴入 3~5 滴结核菌素,如点眼器接触结膜或污染时,必须再次消毒使用。

点眼后注意将牛拴好,防止风沙侵入眼内,避免阳光直射及牛自己摩擦。于 3 h、6 h、9 h 各观察 1 次,必要时可观察至 24 h,并及时作好记录。

在观察反应时,应注意结膜与眼睑有无肿胀、流泪及分泌物的性质与量的多少,出于结核素而引起的饮食减少以及全身战栗、呻吟、不安等其他异常反应,均应详细记录。

c. 结果判定

(1)阳性反应:有两个大米粒大或 2 mm×10 mm 以上的黄白色脓性分泌物自眼角流出,或散布在眼的周围,或积聚在膜囊及眼角内,或上述反应较轻,但有明显的结膜充血、水肿、流泪等其他全身反应者,为阳性反应,其记录符号为"+"。

(2)疑似反应:有两个大米粒大或 2 mm×10 mm 以上灰白色、半透明的黏液性分泌物积聚在结膜囊内或眼角处,并无明显的眼睑水肿及其他全身症状者,为疑似反应,其记录符号为“±”。

(3)阴性反应:无反应或结膜仅有轻微充血、流出透明浆液性分泌物者,为阴性反应,其记录符号为“-”。

3)综合判定

凡用以上两种方法进行检疫时,其中有一种呈阳性反应者,即可判为结核菌素阳性反应;用上述两种方法其中有一种为疑似反应者,则判为疑似反应。

4)复检

凡判定为疑似反应的牛,在第一次注射后 25~30 d 再进行复检,其结果仍为疑似反应时,经 25~30 d 再进行复检,如仍为疑似反应时再酌情处理。

如在健康牛群中检出阳性反应牛时,应于 30~45 d 后进行复检,连续 3 次检疫不再发生阳性反应牛时,可仍判定为健康牛群。

三、牛布氏杆菌病

布氏杆菌病是由布氏杆菌属的细菌引起的人畜共患传染病。牛、猪、山羊、绵羊和犬对本病最为易感。动物感染后呈急性或慢性经过,其主要特征为母畜流产、乳腺炎,公畜睾丸炎和副性腺炎。

布氏杆菌病广泛分布于世界各地。我国各地也广泛存在。

目前所分离到的布氏杆菌有 6 个种,即牛流产布氏杆菌、猪布氏杆菌、羊布氏杆菌、沙林鼠布氏杆菌、绵羊布氏杆菌、犬布氏杆菌。牛、羊、猪、犬分别对相应同种的布氏杆菌敏感,但它们之间能发生交叉感染。牛、羊、猪型布氏杆菌均能感染人。

本病的流行情况、临床症状和病理解剖变化均无明显特征,并多呈隐性感染。因此,根据流行病学、临床症状、病理变化只能作出初步诊断,确诊必须进行实验室检查。

(一)病料的采取及处理

1.流产胎儿

取流产胎儿,体表用3%来苏儿或1%石炭酸溶液洗刷消毒后,再用消毒的脱脂棉或纱布擦净余液,自腹腔剪破,用消毒的注射器刺入胃(牛、羊第四胃),吸取胃液作细菌培养或动物试验。脏器可用无菌乳钵研磨成悬液,作细菌培养或接种试验动物。

2.胎盘

取绒毛膜加生理盐水研磨成悬液,接种豚鼠,或直接接种于选择培养基。

3.羊水

吸取分娩或流产胎儿的羊水,进行细菌培养或接种豚鼠。

4.子宫分泌物

在正产或流产 6 周内,常可从子宫分泌物中分离出布氏杆菌,因此也可用阴道拭子采取病料。

5.乳汁

先洗净和擦干整个乳房,从距离操作者远侧开始用酒精棉消毒各乳头,取乳样则从距离操作者最近的乳头开始，最初的一、二滴奶应弃去，每个乳头的奶样用一支灭菌试管采集，乳汁应冷藏，并尽快送检。

每个乳头都要收集乳汁各 20 ml，用离心沉淀法或放 4 ℃冰箱中使其自然沉淀，使乳脂析出，用吸管、毛细滴管或灭菌棉球取 0.1 ~ 0.2 ml 乳脂接种培养，同时弃去乳样大部分上清液，取管底沉淀物用同样方法接种培养。

6. 精液

以无菌操作采取公畜的精液，可作细菌分离培养和豚鼠接种。

7. 脓汁和关节液

在脓肿和关节肿胀部位，经消毒后以无菌器吸取脓汁和关节液。

8. 血液

由于家畜的布鲁氏苗病菌血期较短，一般很难从血中分离到细菌，但对感染初期，血清学反应明显和有临床症状的家畜，可考虑做血液培养和接种试验动物，其方法是无菌采取静脉血液，经抗凝处理后进行细菌培养或接种豚鼠。

（二）病原分离与鉴定

1. 直接镜检

将采集的流产胎儿消化道的内容物病料涂于载玻片上自然干燥，经火焰固定后用姬姆萨染色，镜下观察，可见数量不等的球杆状或短杆状的小杆菌，革兰氏染色呈阴性。

2. 分离培养

常用胰蛋白胨琼脂培养基、马铃薯琼脂培养基、血清胰蛋白胨琼脂培养基、血清马铃薯琼脂培养基等。

（1）直接分离培养：将病料直接种在胰蛋白胨琼培养基上，每份病料应作 2 份培养，一份在普通环境中 37 ℃培养，另一份在含有 5% ~10% 二氧化碳环境中 37 ℃培养，培养 4 ~5 d 进行观察，如没有细菌生长，应继续培养 10 ~20 d。布氏杆菌菌落在固体培养基表面呈湿润、透明而略带微蓝色的隆起小菌落，若置于 45°角斜光在显微镜下放大 10 ~20 倍观察，具有特殊的微蓝色荧光（见图 13-5）。

（2）增菌培养：在直接分离培养的同时，应进行增菌培养，即将病料接种于胰蛋白胨液培养基中（可提高检出率）。当发现有轻度混浊时，再接种于胰蛋白胨琼脂培养基，继续进行培养，如未见生长，每隔 4 d 接种 1 次，直到 4 周后仍不生长，则可判为阴性。

（3）选择性培养：如对送检的材料怀疑被污染时，可采用选择性培养基进行培养，即在上述基础培养基中，每 100 ml 基础培养基加入放线铜（抑制霉菌）10 mg，杆菌肽（抗革兰氏阳性菌）2 500 单位，多黏菌素 B（抗革兰氏阴性菌）600 单位，还可加入浓度为 1∶200 000结晶紫染料抑制杂菌。

3. 分离培养物的鉴定

1）细菌学检查

将分离培养的菌落涂于载玻片，自然干燥火焰固定，用柯兹罗夫斯基染色，布氏杆菌被染成橘红色的球状小杆菌（见图 13-6）。

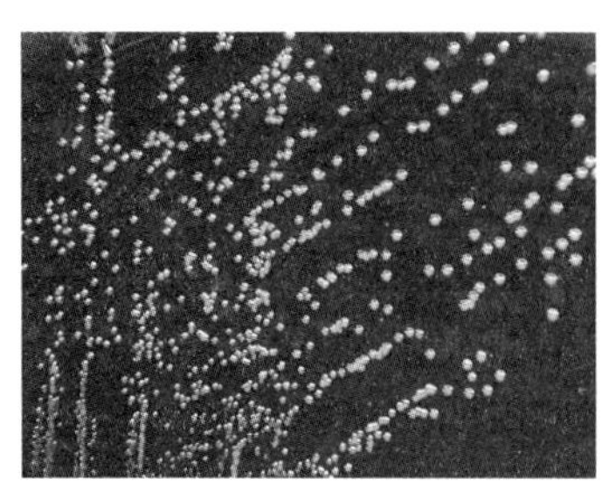
图 13-5 布氏杆菌菌落

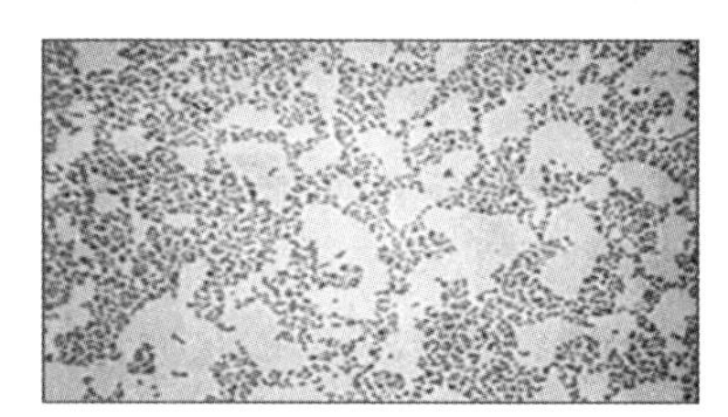
图 13-6 布氏杆菌形态
（柯兹罗夫斯基染色）

2）玻板凝集试验

用铂耳环钩取典型的菌落，移植接种于斜面培养基，可获得纯培养物作为被检材料。

在洁净玻片上滴生理盐水 3 滴，以铂耳环取少许纯培养物混于第 1 滴生理盐水中，取布鲁氏杆菌阳性血清（滴度不低于 1∶800）、菌阴性血清分别加入另两滴悬液中混匀，在室温作用 10 min，如与布鲁氏阳性血清出现凝集反应，而与阴性血清和生理盐水不发生反应，可初步判定为布氏杆菌，本试验应设已知布氏菌培养物作对照。

3）生化特性鉴定

牛布氏杆菌发酵葡萄糖、鼠李糖，不分解甘露醇、麦芽糖、蔗糖。不产生靛基质，不液化明胶，不凝固牛乳。氧化酶及过氧化酶阳性。VP 试验及 MR 试验阴性。能将硝酸盐还原为亚硝酸盐。

4）血清学诊断方法

a. 全乳环状试验

（1）试验材料：全乳环状抗原和受检乳样。

全乳环状抗原有红色和蓝色两种。红色抗原系用布氏杆菌培养物经四氯唑作活菌染色后，加热杀死，悬浮于石炭酸生理盐水中制成。蓝色抗原是将培养物加热杀菌后，用苏木素染色，悬浮于石炭酸生理盐水中制成，两种抗原的效力相同。受检乳样应是新鲜的全脂乳。采乳样时应将母畜的乳房用温水洗净、擦干，然后将乳液挤入洁净的器皿中。夏季采集的乳样应当日内检查。保存于 2 ℃时，7 d 内可使用。

（2）操作方法：取被检乳样 1 ml，加入灭菌凝集试管中，再加入充分振荡混匀的全乳环状抗原 1 滴（约 0.05 ml），充分混匀，置 37 ~ 38 ℃水浴中 60 min，取出试管静置，立即进行判定。

（3）结果判定：

强阳性反应“+ + +” 上层的乳脂形成明显红色或蓝色的环带，乳柱呈白色，分界清楚。

阳性反应“+ +” 乳脂层的环带虽呈红色或蓝色，但不显著，乳柱微带红色或蓝色。

弱阳性反应“+” 乳脂层的环带颜色较浅，但比乳柱颜色略深。

可疑反应“±” 乳脂层环带颜色不明显，仅形成非常薄弱的环，与乳柱分界不清，乳柱不褪色，仍呈均匀混浊的红色或蓝色。

阴性反应"－"　乳脂上层无任何变化，乳柱呈均匀混浊的红色或蓝色，脂肪较少或无脂肪的牛乳呈阳性反应时，抗原被凝集沉于管底，判断时以乳柱的反应为标准。

此法通常可用来检查盛有十多头份牛奶的奶桶中奶样，在取奶样作试验时，奶桶内的奶必须充分混合。

(4)注意事项：被检的乳样必须新鲜，酸败和变质及冻结的样不适于本试验。凝固乳、初乳或接近泌乳后期的乳和患有乳房炎的病牛奶，也不能用作本试验。

b. 虎红平板凝集试验

本试验适用于各种家畜布鲁氏菌病、田间筛选试验，出现阳性反应的样品应根据情况进行试管凝集试验、补体结合试验或其他诊断试验。

(1)材料准备：试验用抗原、标准阳性血清、阴性血清由兽医生物药厂供应，按说明书使用；受检血清必须新鲜，无明显蛋白凝块，无溶血，无腐败气味；清洁的玻璃板，在其上面划分成4 cm^2 的方格；吸管或分装器，适于滴加0.03 ml；牙签或火柴棒，供搅拌用。

(2)操作方法：将玻璃板上各方格标记受检血清号码，然后滴加相应血清0.03 ml，再在受检血清旁滴加抗原0.03 ml。然后用牙签或火柴棒搅动血清和抗原，使之均匀混合；每次试验应设阴性、阳性血清对照。

(3)结果判定：在阴性、阳性血清对照成立的条件下，方可对被检血清进行判定。在4 min内受检血清出现肉眼可见凝集现象者判为阳性"＋"，否则判为阴性"－"。

c. 试管凝集试验

(1)材料准备：

抗原：由兽医生物药厂生产供应，是光滑型布氏杆菌死菌悬液，经国际标准阳性血清标定。静置上层为清亮无色或略带灰白色的液体，瓶底有菌体沉淀。使用前充分振摇，用稀释液按1:10倍稀释。遇有霉菌生长、过期或出现凝块的抗原不能使用。

阳性血清：阴性血清由兽医生物药厂供应，按说明书使用。

稀释液：采用0.5%石炭酸生理盐水。检验羊血清时用含有0.5%石炭酸的10%盐溶液稀释。抗原的稀释亦用含0.5%石炭酸的10%盐溶液。

受检血清：按常规方法采血，分离血清。血清防止冻结和受热，以免影响效价。若不能及时(3 d内)送到检验室，可按9 ml血清缓缓加入1 ml 5%石炭酸生理盐水防腐，也可用冷藏方法运送血清。

(2)操作方法：

受检血清稀释度的确定：牛、鹿、骆驼的血清稀释成1:50、1:100、1:200、1:400四个稀释度，猪、山羊、绵羊和犬为1:25、1:50、1:100、1:200四个稀释度。大批量检疫时，牛、鹿、骆驼用1:50和1:100两个稀释度，猪、山羊、绵羊、犬用1:25和1:50。

受检血清稀释法：以牛为例，每份血清用4支凝集试验管，第1管标记检验号码后加1.2 ml稀释液，第2～4管各加入0.5 ml稀释液。然后用1 ml吸管取受检血清0.5 ml，加入第一管中，并用吸管反复吹打3～4次混合均匀。以该吸管吸出混合液0.25 ml弃去，取0.5 ml混合液加入第2管，再以该吸管如前述方法混合，吸取第2管混合液0.5 ml至第3管，如此倍比稀释至第4管，从第4管弃去混合液0.5 ml，稀释完毕。则第1管至第4管的血清稀释度分别为1:25、1:50、1:100和1:200。

羊和猪的血清稀释法与上述方法基本一致，不同的是第 1 管的稀释液加 1.15 ml 和受检血清为 0.1 ml。

加抗原：将 20 倍稀释的抗原 0.5 ml 加入已稀释好的各血清管中，并振摇均匀，牛、鹿和骆驼的血清稀释度则依次为 1∶50、1∶100、1∶200、1∶400，羊和猪的血清稀释度则依次为 1∶25、1∶50、1∶100 和 1∶200。

将振摇均匀的抗原、血清混合液置 37 ~ 40 ℃温箱作用 22 ~ 24 h，取出检查并记录结果。

每次试验必须设阴性、阳性血清和抗原对照。

阴性血清对照、阴性血清的稀释和加抗原的方法与受检血清相同。

阳性血清应稀释到原有滴度，加抗原的方法与受检血清相同。

抗原对照，1∶20 稀释的抗原液 0.5 ml 再加稀释液 0.5 ml，观察抗原有否自凝现象。

（3）结果判定：

凝集反应程度的标准，参照比浊管，按各试管上层液体清亮度判读。

"+ + + +" 完全凝集，菌体 100% 下沉，上层液体 100% 清亮；

"+ + +" 几乎完全凝集，上层液体 75% 清亮；

"+ +" 凝集很显著，液体 50% 清亮；

"+" 有沉淀，液体 25% 清亮；

"-" 无沉淀，液体不清亮。

四、牛放线菌病

放线杆菌病又称大颌病，是由放线杆菌病中多种放线杆菌引起的牛、马、猪的慢性或急性的非接触性传染病。牛放线菌病是由放线杆菌属中的李尼尔放线杆菌（Actinobacllus Ligniersii）引起的，以头部和颈、颌下和舌的软组织内形成硬的结节状肿胀和慢性化脓灶为特征，脓汁中含有特殊的菌块或称"硫磺样颗粒"。

根据临床症状和流行病学可作初步诊断，确诊需结合病原分离鉴定及实验室诊断。

（一）病料采集、处理

取病灶的新鲜脓汁置放于容器内待检。

（二）病原分离与鉴定

1. 直接镜检

将待检脓汁取 1 滴，加水稀释，找出"硫磺样颗粒"，在水内洗净，置于载玻片上加 1 滴 15% 苛性钠或苛性钾溶液，覆以盖玻片用力挤压，置显微镜下检查，可检出菊花形、玫瑰花形菌块，周围有折光性较强的放射状棒状体（见图 13-7）。如欲辨认何种菌，则可用革兰氏法染色后镜检鉴定。

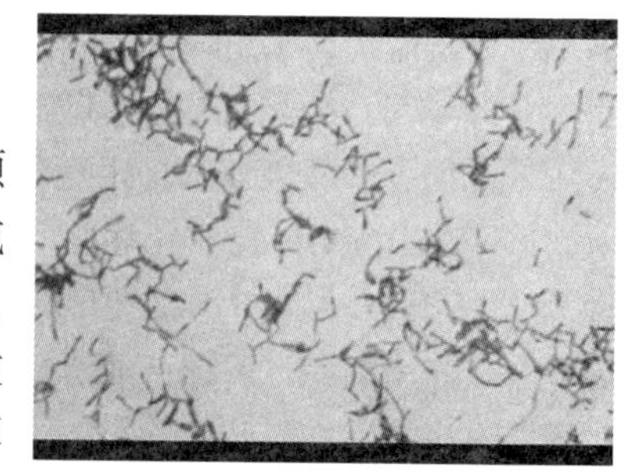

图 13-7　放线菌病硫磺颗粒涂片（革兰氏染色）

2. 病原分离培养

可将待检脓汁取少许放于灭菌生理盐水中进行洗涤，收集砂粒状沉淀的"硫磺样颗粒"，接种固体培养基和增菌的液体培养基中，或脓汁制成乳剂进行培养。所有的培养基均为血液琼脂,增菌用脑心浸液液体培养基培养,然后取培养物染色镜检。可见到的菌为革兰氏阴性菌,呈杆状,但易变形。在血液或血清琼脂中则为球杆状;在含葡萄糖或麦芽糖的琼脂中,可见长杆状或丝状;在肉汤中常呈链状或菌丝状。无运动性,不产生芽孢和荚膜。石炭酸复红染色最好,无抗酸性,常有两极染色倾向。本菌为需氧和兼性厌氧菌。含有颗粒的脓汁,先在无菌乳钵中研碎,然后接种于血清琼脂上,经 24 h 后,长成细小、圆形、蓝灰色、半透明、黏稠、直径 1.5 mm 的菌落。培养 24 h 以上菌落可增至 4 mm。肉汤培养层呈一致混浊,老培养物可生成少量沉淀。

3. 生化鉴定

本菌能发酵麦芽糖、葡萄糖、果糖、半乳糖、木糖、蔗糖、甘露糖和糊精,产酸不产气。对乳糖多数菌株发酵,美蓝还原试验呈阳性反应。产生硫化氢,MR 试验阴性,吲哚试验阳性,尿素酶阳性。

4. 血清学诊断

用凝集试验和补体结合试验检查不仅在病牛中可查出抗体,而且在健康牛中也常出现抗体。因此,血清学在本病的诊断中意义不大。

五、牛疯牛病

疯牛病(Mad Cow Disease)是牛海绵状脑病(Bovine Spongiform Encephalopathy,BSE)的俗称,以中枢神经系统退化为主要特征,是发生于牛的一种慢性、致死性、传染性、食源性、进行性、非炎症性、高致死性的变性性神经系统疾病的人畜共患病。其主要临床特征是病牛步态不稳、共济失调、全身麻痹、行为反常、对触觉和声音过分敏感。病牛常由于恐怖甚至狂躁而表现攻击性,即精神状态异常、感觉异常。病理组织学变化以脑干灰质特定神经元核周体或神经纤维网出现海绵状空泡变性、脑神经元数目减少及大脑淀粉样变为特征。该病被 OIE 规定为 A 类传染病。

BSE 于 1985 年首先在英国发现,于 1986 年 11 月定名为 BSE,1987 年 Wells 等正式报告。随后波及欧洲许多国家和地区,给英国和欧洲的养牛业造成了巨大损失。BSE 的病源为痒病相关纤维(Scrapie - Assoiateol Fibrils,SAF),这种纤维源自非常规变异蛋白(PrP^{sc}),它的存在是 BSE 的一大特征。特殊的致病因子 Prpc 不仅能在动物之间相互传染,而且有可能通过食品、化妆品、药品、血液等传染给人(引起人类的疾病主要有库鲁病(Kuru)、新型 g - 雅氏病(vCJD)、格氏综合征(GSS)等)。严重地威胁到人类的身体健康和生命安全,给社会也造成巨大的经济损失。

生前根据特征的临床症状和流行病学资料可建立初步诊断。死后进一步作组织病理学检查通常不难确诊。必要时以动物试验进一步证实。

由于 BSE 的病原朊病毒是一种蛋白感染子,目前还没有供检测朊病毒的细胞培养系统。但 Prusiner 等建立了由仓鼠脑部纯化病原因子感染性的有效方法,对病原因子的纯化和生化特性的研究发挥了重要作用。朊病毒感染滴度的测定还必须使用动物做生物学测定。小鼠和仓鼠是最重要的试验动物。

(一)病料的采集、处理

临床采集供组织病理学检查的标本应力求包括所有具有代表性的解剖部位。

疯牛病的致病因子 PrP^{sc} 主要存在于中枢神经系统中，所以病料常采取脑组织特别是各病变的多发部位，如延髓、脑桥、中脑、丘脑、基底神经节作为检测材料，将福尔马林固定的组织块再浸于96%的蚁酸中 60 min，使之丧失感染性，然后处理。不同检测病料处理方法不同，如做免疫组织化学检测就将病料用 10% 的福尔马林生理盐水固定；其他免疫检测就将病料用匀浆机制备脑组织匀浆，然后根据不同的试验进行不同的处理，具体处理见下列各检测方法。

（二）血清学检查

对疯牛病的诊断可先根据其流行病学特点、特征性临床症状作出初步诊断，确诊必须采用脑组织进行病理学检查、PrP^{sc} 检测。而 PrP^{sc} 是 BSE 的致病因子，是机体内普遍存在的一种不含核酸的蛋白质病毒，宿主对其无免疫反应，感染动物的血清中无抗体产生，因而，用常规的血清学方法无法检测，也不能用像鉴定病毒和细菌等常用的微生物分离培养的方法及基于核酸杂交的方法进行检测，而最初用于 BSE 检测的病理学方法也只能用于发病后期及死后的检测。近几年，人们采用其他对朊病毒有敏感免疫反应的动物来制备特异性抗体，从而实现活体的 PrP^{sc} 蛋白质分子的检测。目前，较为有效的 PrP^{sc} 检测方法是基于抗原－抗体反应的免疫学方法。

1. 免疫印迹法

免疫印迹法采用 Western－blot 法检测朊病毒蛋白，需要 6 h 就能出检测结果。试验中用来识别 PrP BES 的单克隆抗体是瑞士 PrionicsAG 公司生产的6H4 单克隆抗体。其方法是：以冷的裂解缓冲液（100 mM NaCl/10 mM EDTA/0.5% NP－40/0.5% 去氧胆酸钠/10 mM Tris－HCl，pH7.4）制备 10% 脑匀浆，500 r/min 离心 5 min 以除去碎片，上清液分装小瓶，－70 ℃保存备用。将未纯化或纯化的组织匀浆的 PrP 抽提物用蛋白酶 K（PK）消化，作 SDS－PAGE（含 0.1% SDS 的 15% PAGE），用抗 PrP 标记，进行转印及抗原抗体反应。PrP 产生 3 条主带，分别在 27～31 kD、23～25 kD 和 19～21 kD 处。未用 PK 消化的样本则位于 34～36 kD、29～33 kD 和 24～27 kD 处。以稀释的组织匀浆作电泳，可对 PrP^{sc} 作半定量印迹分析。各种组织内 PrP^{sc} 含量以脑为最多，脊髓次之。

2. ELISA 法

该方法用一种新的抽取技术，使用一种多细胞抗 PrP 抗体应用化学荧光法进行检测，约 24 h 出结果。其具体操作为：将经过蛋白酶 K 消化的牛脑组织悬液加入到包被有多克隆抗体的反应板上，牛脑组织悬液中含有的 PrP^{sc} 就会与多克隆抗体结合，并与随后加入的第一抗体结合。后者又与之后加入的酶标记二抗结合。最后加入的底物在酶的作用下就会发光，结果就可判为阳性。如果牛脑组织悬液中没有 PrP^{sc}，加入的底物就不会发光。

1）一步法 ELISA 试验

将牛脑组织制备成匀浆悬液后，先用 DNAseI 和胶原酶（Collagense）处理，再用蛋白酶消化。之后依次经过蛋白沉淀，耐受蛋白酶蛋白水解折叠，水浴超声悬浮，将悬浮物加到包被有特异单克隆抗体的微孔板中，再加入辣根过氧化物酶（HRP）标记的检测抗体，TMB 显色等试验步骤后，用酶标仪读取结果。

2）夹心 ELISA 试验

在一个有陶瓷珠的匀浆机中制备脑组织匀浆，经过蛋白变性、沉淀、再溶解、蛋白分子的离散作用，加入到包被能识别牛 PrP^{sc}“鉴别单克隆抗体”（Differentiatingmonoclonal antibody）的微孔板中，加入辣根过氧化物酶标记的检测抗体，用 TMB 显色，酶标仪读取结果。

3. 夹心免疫法

夹心免疫法检测 BSE 约 4 h 出结果，该方法是使用两个单克隆抗体（是两个不同的抗原决定簇）的一种夹心免疫法，第一个抗体在固相中被免疫，而第二个抗体则是用共价酶做标记，PrP 通过测量这种酶的活性来检测。该方法尤其适用于有大量样本的情况。可用于检测处于潜伏期的标本。其基本方法：将牛脑组织在 Ribolyser 的仪器里进行匀浆，并用去垢剂裂解。经过蛋白酶 K（PK）处理、蛋白沉淀、离散剂处理（使存在的 PrP^{sc} 的抗原位点更加暴露）等过程，最后用常规夹心免疫试验检测（用 TMB 溶液显色）。

4. 化学发光免疫试验

在组织匀浆器中制备牛脑组织悬液，将牛脑组织悬液加入到“深孔”收集板上，用蛋白酶 K 消化，加热终止蛋白酶消化，在包被有 PrP^{sc} 的单克隆抗体的 ELISA 检测板上，用过氧化物酶标记的 PrP 特异性单抗的缓冲液来稀释样品、孵育、冲洗，加入发光酶底物，读取发光值。

5. 免疫组织化学检测法

该方法高度敏感，且具有高度的解剖学分辨率，免疫组化是利用标记的特异性抗体来显示组织切片上的 PrP^{sc}。可以在福尔马林固定和石蜡包埋的材料上进行。该方法检测灵敏度、特异性都很高，已成为传染性海绵状脑病的标准检测法。其基本步骤是：

将固定好的脑组织样品，按常规方法制备石蜡切片、脱蜡、去二甲苯直至入水。将切片在 PBS 中洗 3 次，每次 5 min，然后放入蛋白酶 K 缓冲液中，37 ℃消化 15 min。在 121 ℃ 高压 20 min，自然冷却。将切片在 PBS 中洗 3 次，然后将切片放入甲醇－双氧水中，室温作用 5 min。经 PBS 洗涤后，用 5% 猪血清封闭非特异结合位点。将切片放入工作浓度的兔抗牛 PrP 血清中，37 ℃作用 4 h，经洗涤后再与工作浓度的酶标抗体室温作用 10 min，此后根据 DAKO 公司的说明书进行显色反应，最后进行封片。在光学显微镜下观察，凡在脑闩灰质区出现成片暗红色染色颗粒且呈对称分布的判为阳性，无着色颗粒或仅偶见个别着色颗粒的判为阴性。每次试验均应设阳性对照。

第二节　羊、兔、犬疫病实验室诊断技术

一、羊梭菌性痢疾

羊梭菌性痢疾是由梭菌属（Clostridium）中的致病菌株所引起的一类传染病，包括羊快疫、羊肠毒血症、羊猝狙、羔羊痢疾等病。这一类传染病在临床上有不少相似之处，容易混淆。梭菌病多呈急性经过，常迅速致死，对养羊业危害很大，必须积极防治，予以控制和消灭。

（一）羊快疫（Brsxy，Bradsot）

羊快疫是主要发生于绵羊的一种急性传染病。发病突然，病程极短，几乎看不到症状而突然死亡。其特征为真胃呈出血性、炎性损害。病原为腐败梭菌（Cl. septicum），是革兰氏染色阳性的厌氧大杆菌，在动物体内外能产生芽胞，不形成荚膜。

1. 病料的采集和处理

由于发病突然，死亡极快，因此本病的生前诊断比较困难，确诊需进行微生物学检验。由于死亡羊只均有菌血症，因此从心血、肝和脾脏等脏器中易分离出病原菌。从新鲜尸体上采心血、肝脏和脾脏进行病原的分离与鉴定。

2. 病原分离与鉴定

1）直接镜检

本菌在肝脏的检出率较其他脏器高。由肝肌被膜作触片染色镜检，除可发现大小为（2～10）μm×（0.8～1.1）μm、两端钝圆、单个散在或短链的细菌外，还有呈无关节的长丝状。在其他脏器组织涂片，有时也可发现。这一特征在诊断上很有价值。

2）分离培养

腐败梭菌的分离培养并不十分困难，将新鲜的病料（心血等）接种于葡萄糖鲜血琼脂上，在37 ℃ pH7.6时生长良好。本菌在鲜血平皿上长成薄沙状是其特点。在肉肝汤培养基中培养16～24 h，呈均匀混浊状，产生气体，以后培养基变清，管底形成多量絮片状灰白色沉淀，带有脂肪腐败性气味。但本菌可经常存在于正常草食动物的肠道内，很容易在死后侵入体内组织。试验证明，从死于其他原因的动物尸体，也常能分离出腐败梭菌。因此，由检验材料中分得此菌，并不能肯定它就是病原。应当一方面参考疾病的流行特点、症状和病变，另一方面尽可能测定其毒力的强弱。

3）生化试验

分离到病原菌后应做生化试验，进行菌种鉴定。本菌能发酵单奶糖、葡萄糖、果糖、麦芽糖、乳糖和杨苷，产酸产气，不发酵甘露醇、卫矛醇、甘油和蔗糖，能缓慢液化明胶（5～7 d），使牛奶产酸。还原硝酸盐，不产生靛基质。

4）血清学诊断

荧光抗体技术（组织抹片或冰冻切片）可用于本病的快速诊断。

（二）羊肠毒血症（Enterotoxaemia）

羊肠毒血症主要是绵羊的一种急性传染病。由D型魏氏梭菌在羊肠道中大量繁殖、产生毒素所引起。死后肾组织易于软化，因此又常称此病为“软肾病”。本病在临诊症状上类似羊快疫，故又称为“类快疫”。

魏氏梭菌（Cl. wechii）又称产气荚膜梭菌（Cl. perfringens），为厌气性粗大杆菌，革兰氏阳性，无鞭毛，不能运动。在动物体内能形成荚膜。芽胞位于菌体中央或略偏于一侧。一般消毒药均易杀死本菌繁殖体，但芽胞抵抗力较强，在95 ℃下需2.5 h方可杀死。

本菌根据毒素—抗毒素中和试验分为A、B、C、D、E、F六型。羊肠毒血症是由其中的D型菌引起的。

1. 病料的采集和处理

主要采取病死羊的回肠及其内容物。将一段6～10 cm长的回肠两端结扎后，剪断送实验室进行毒素测定。采取病死羊的肝、脾及肠系膜淋巴结等进行病原学检查意义不大。

2.病原分离与鉴定

1)直接镜检

病羊死后立即取肠内容物或肠壁病灶抹片,染色镜检,见大量魏氏梭菌,具有一定的诊断意义。本菌是一种革兰氏阳性、两端钝圆的大杆菌(见图13-8)。大小(4~8)μm×(1~1.5)μm,无鞭毛,不能运动。

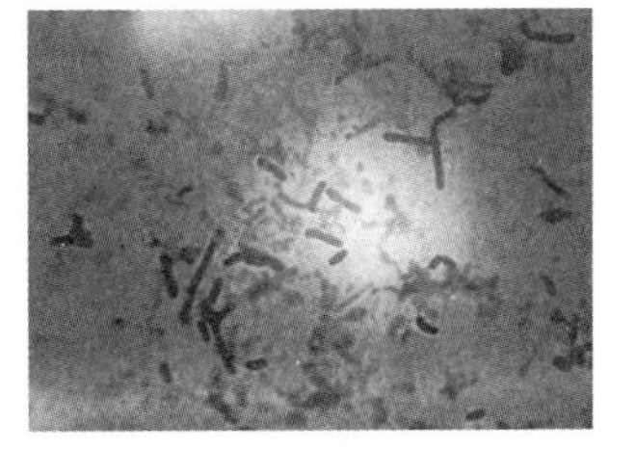

图13-8　魏氏梭菌形态（革兰氏染色）

2)分离培养

本菌在厌气肉肝汤内较其他的细菌生长迅速,故培养3~4 h,一发现细菌生长就再接种于鲜血琼脂上,厌气培养18~24 h,形成凸起、半透明、灰白、表面光滑、边缘整齐、1~3 mm大小的圆形菌落,菌落周围有β溶血环,其外还有一圈不完整的溶血环,形成所谓双环溶血。为了获得纯培养物,可在接种病料后将厌气肉肝汤在65 ℃加热15 min再进行培养。

3)血清学诊断

为了确定菌型,可用标准魏氏梭菌抗毒素与肠内容物滤液作中和试验。方法是:取灭菌试管4支,每支装入上述对兔(鼠)2倍致死量的滤液,再在每管中分别加入等量的B、C、D型抗毒素,第4管只加生理盐水作为对照。加后全部置于37 ℃温箱中作用40 min,然后注射兔(小鼠)。观察死亡情况,作出判断。兔(小鼠)存活判为阳性,兔(小鼠)死亡判为阴性。

(三)羊猝狙(Struck)

羊猝狙是由C型魏氏梭菌所引起的一种毒血症,以急性死亡、腹膜炎和溃疡性肠炎为特征。

本病的实验室诊断可参照羊肠毒血症。常从体腔渗出液、脾脏采取病料作细菌的分离和鉴定。

(四)羔羊痢疾(Lalnbdysentery)

羔羊痢疾是初生羔羊的一种急性毒血症,以剧烈腹泻和小肠发生溃疡为其特征。本病常可使羔羊大批死亡,给养羊业带来重大损失。

本病病原为B型魏氏梭菌。

可参照羊肠毒血症。病死羔羊肠内容物中B型魏氏梭菌的分离和β毒素的查证有着决定性的诊断意义。

二、兔出血症

兔出血症(Rabbit Haemorrhagic Disease)又称兔瘟,是由兔出血症病毒(Rabbit Haemorrhagic Disease Virus, RHDV)引起的一种急性、烈性、致死性传染病。病原为兔出血症病毒,属于杯状病毒科(Calici Viri dae)杯状病毒属(Calicivirus)。兔出血症病毒自然感染只发生于家兔,品种、性别差异不大,毛用兔比毛肉兼用兔易感。2月龄以下仔兔在自然感染下一般不发病,以3月龄以上的兔最易感。兔出血症以传染性极强,实质脏器淤血、出血,发病率和死亡率极高为特征。

根据本病的临床表现,可分为最急性型、急性型和亚急性型。兔出血症的典型病理变化是各脏器组织的广泛性淤血、出血、水肿病变。表现为皮肤、黏膜出血,水肿,心内外膜出血。

(一)病料的采集和处理

无菌采集病死兔肝、脾、肾等实质脏器,放置于灭菌容器中,冰冻保存。

将采集的病料放入无菌的玻璃研磨器中,一边研磨,一边按10% ~20%(W/V)比例加入无菌生理盐水制成匀浆。冻融1次后,加入青霉素、链霉素各1 000 IU,37 ℃温育1 h。3 000 r/min离心20 min,吸取上清液,分装小瓶或小管, -20 ℃保存备用。

(二)病原分离与鉴定

1. 病料处理

将无菌采集的死亡兔的肝脏或脾脏,用生理盐水制成10%的组织匀浆液,3 000 r/min离心20 min;弃沉淀,将上清液40 000 r/min离心90 min;弃去上清液,用生理盐水重悬沉淀,即为电镜观察样品。

2. 电镜观察

将1滴(约20 μl)样品悬液滴于蜡盘上。取被覆Formvar膜的铜网,膜面向下放到液滴上,吸附2 ~3 min,取下铜网,用滤纸吸去多余的液体。稍干后,将该铜网放到2%磷钨酸染色液上染色1 ~2 min。用滤纸吸去染液,晾干,立即进行电镜检查。

兔出血症病毒(RHDV)粒子呈球形,直径32 ~36 nm,为20面体对称,无囊膜。病毒粒子的衣壳由32个高5 ~6 nm的圆柱状壳粒组成。但嵌杯状的结构不典型,核心直径为17 ~23 nm。电镜下还可见少数没有核心的病毒空衣壳。

(三)诊断方法

1. 血凝和血凝抑制试验

该试验是兔出血症病毒鉴定最简单易行的方法。

1)血凝试验(HA)

a. 玻片法(定性试验)

(1)稀释液:生理盐水或PBS(pH7.2)。

(2)被检材料:采集病兔的肝脏或脾脏,用生理盐水或PBS制成20%的组织匀浆液,冻融1次,经3 000 r/min离心20 min,收集上清液作为被检材料。

(3)2%人"O"型红细胞,加3 ~5倍量稀释液,1 500 r/min离心10 min,洗涤3次,最后用稀释液将红细胞配成2%悬液。

(4)试验方法:用滴管吸取被检材料和生理盐水各1滴,滴于玻片两端,再用另一滴管吸取2%红细胞各1滴与被检材料和生理盐水混合,轻轻转动玻片,于室温下3 ~5 min内观察结果。

(5)结果判定:如生理盐水中红细胞均匀混浊,而被检材料中红细胞呈块状或颗粒状凝集者判为阳性;否则判为阴性。该方法可用于兔出血症的快速鉴别诊断。

b. 血凝板法

(1)试验材料:稀释液、被检材料以及2%红细胞同玻片法(定性试验)。

(2)试验方法:用微量加样器吸取稀释液100 μl于血凝板各孔中。在每排的第1孔中分别加入等量被检材料，并作2倍系列稀释，直至第11孔，弃去100 μl，第12孔为生理盐水红细胞对照。稀释完毕后，吸取2%红细胞悬液100 μl加入各孔中，轻轻摇动血凝板使各孔中的液体混合均匀。37 ℃作用30 min，观察试验结果。

(3)结果判定与结果解释：红细胞完全凝集(#)的最高样品稀释倍数为病毒的血凝价或1个血凝单位。多数病兔肝组织悬液的病毒血凝价在10×(8～16)之间，在兔出血症流行初期，病兔肝血凝价可达10×(128～256)，个别血凝价较高者可达10×512以上。一般血凝滴度在10以上，才可判为RHDV阳性。

注意事项：影响试验的因素比较多，如红细胞的浓度、微量的类型、反应的环境、进行HI时血清是否灭活等，所以在做HA及HI试验时一定要固定反应条件，并要设立标准对照，以增加反应的准确性。采用新鲜的红细胞，现用现配。

2)血凝抑制试验(HI)

a. 试验材料(用已知抗体测定未知病毒)

(1)兔出血症的诊断：稀释液、被检材料以及2%红细胞同玻片法(定性试验)，96孔U型微量板、移液器等。

(2)阳性血清：取自兔瘟(兔出血症)疫苗免疫或人工感染康复兔，-20 ℃保存，血凝价要求在10倍稀释。

(3)阴性血清：取自疫区、未经免疫的正常健康兔，-20 ℃保存。血凝抑制价应在5倍以下，用前作10倍稀释。

b. 试验方法

(1)用微量移液器吸取100 μl作10倍稀释的阳性和阴性血清，分别加入血凝板的孔中，阳性及阴性血清各1列(11孔，每列的第12孔为10倍稀释病毒对照)；

(2)取被检材料100 μl加入阳性及阴性血清列的第1孔中，并作2倍系列稀释，直至第10孔，弃去100 μl，第11孔为阳(阴)性血清对照，第12孔为10倍稀释病毒对照；

(3)用微量加样器吸取2%红细胞100 μl加入各孔中，轻轻摇动混匀；

(4)37 ℃作用30 min后观察结果；

(5)结果判定：当10倍稀释病毒对照及阴性血清对照表现红细胞凝集，而阳性血清表现抑制红细胞凝集者判为阳性。

2. 兔出血症抗体检测

1)试验材料

被检血清：取自兔出血症病毒接种或欲检测抗体效价的兔。

含4个血凝单位病毒抗原：用人工感染典型发病死的家兔肝组织液进行血凝试验，根据血凝价对肝组织进行稀释(如：当血凝价为1∶160时，则将肝组织作40倍稀释)，即得含4个血凝单位抗原。

2)试验方法

用微量液器吸取50 μl(第11孔为阴性血清对照，第12孔为病毒对照)；另取含4个血凝单位病毒抗原50 μl加到各孔中；混匀，37 ℃作用30 min，观察试验结果。

3)结果判定

以出现完全抑制的血清最高稀释倍数为该被检血清的血凝抑制效价。

3. 琼脂扩散试验

此法简便易行，特异性强，很适合于现场使用。

琼脂扩散抗原：人工感染 RHDV 72 h 内死亡兔的肝脏，经无菌检验后，按 1∶5比例加入灭菌 PBS(pH7.2)研磨，制成混悬液，-20 ℃冻融 3 次，以 1 150*g* 低速离心 30 min，收集上清液即为抗原。

阳性血清：用接种兔出血症病毒死亡的兔的肝脏乳剂 1 ml，经肌肉注射健康兔，分别于耐过后 13 d 和 21 d 接种一次，于最后一次接种后 12 d，自颈动脉放血，分离高免血清。

阴性血清：用健康兔肝脏乳剂 5 ml，肌肉接种兔，方法与阳性血清相同。

琼脂(糖)板的准备：取琼脂糖 1 g，加入 0.01 mol/L Tris 缓冲液(pH 8.6)100 ml，再加入 10 ml 甲基橙液，溶化后制成 2 mm 厚的橘红色琼脂板。

试验方法：按六角形打孔，孔距为 4 mm；中间孔径为 5 mm，加抗原；周围孔径为 4 mm，加被检血清。室温下放置 24～72 h 判定结果。

判定方法：当出现乳白色沉淀线，并与阳性对照血清的沉淀线相融合者为阳性。

三、犬病毒性肠炎

犬病毒性肠炎(Canine Virus enteritis)又名犬传染性肝炎，是由犬细小病毒引起的犬的一种急性高度接触传染性败血性传染病。犬病毒肠炎在临床上以急性败血性坏死性肠炎为特征。有些病例呈现心肌炎症状，病犬主要临床症状表现为呕吐、腹泻，排黄色或灰色带有大量黏液和黏膜的粪便，并带有血液，有腥臭味。常因严重脱水、心力衰竭而死亡。剖检病犬可见血样腹水，肝肿大，小肠充血、出血，肠黏膜脱落坏死，肠系膜淋巴肿大、出血、变性坏死。本病呈地方性流行，幼犬最易感，死亡率可高达 60%～100%。根据以上典型临诊特征，可作出初步诊断，要确诊需要进行实验室诊断。

(一)病料的采集和处理

采集发病早期的病犬粪便或者肝、脾、回肠、肠系膜淋巴结等。采取粪便离心去残渣，或者采取肠、肝、肾、脾等制成悬液，以 10 000 r/min 离心 30 min，取上清液加入高浓度抗生素。

(二)病原分离与鉴定

1. 病毒分离

1)细胞培养

取制成的病料悬液接种原代或次代犬胎肾或猫胎肾细胞培养。病毒能在细胞内生长良好，但无明显 CPE。有时出现细胞皱缩，常形成核内包涵体。病毒必须在细胞旺盛时接种。可用荧光抗体着染培养 3～5 d 的细胞单层鉴定细胞或测定细胞培养液的血凝性。

2)动物接种试验

取犬粪便，加适量的 PBS 稀释后与等体积氯仿一起振荡 10 min，3 000 r/min 离心 25 min，取上层水相液或小肠乳剂给 2 月龄幼犬口服或肌肉注射，可复制出本病。

2. 电镜检查

采取粪便，用氯仿处理后再进行低速离心，取上清液滴于铜网上，用磷钨酸负染后在电镜下观察。初期可见大小不一、散在的病毒粒子，直径为 20 nm 圆形和六角形，病末期可见犬小病毒呈聚集状态。这是一种快速而特异的方法。

(三)诊断方法

血清中和试验:

(1)试验方法:将灭活的被检血清用PBS倍比稀释成不同浓度,然后每个稀释度均与等量病毒液(100~10 000 EID_{50}0.1 ml)37 ℃培养,观察细胞的变化。

(2)结果判定:如果培养的细胞无病变,说明被检病犬血清中有犬病毒性肠炎抗体,为阳性;如果培养细胞出现病变,则不是本病,为阴性。在试验对照正确的条件下,按Reed和Muench法计算细胞的半数保护量(PD_{50})即为中和价。

犬细小病毒血清学检验,也可应用血凝和血凝抑制试验;中国军事医学科学院实验动物中心研制的犬病毒性肠性肠炎酶标诊断试剂盒也可用于实验室快速诊断。

四、犬瘟热

犬瘟热(Canine distemper)是由犬瘟热病毒引起犬科和鼬科动物的一种高度接触性败血症。犬瘟热病毒为副黏科麻疹病毒属中的成员。临床的主要特征为双相体温升高、急性鼻卡他、支气管炎、卡他性肺炎、胃肠炎和神经症状。

本病在养犬集中的地方发病较多。4~12月龄的幼犬多发,人工感染的发病率为70%以上,死亡率50%以上。2月龄以内的幼犬,由于受母源抗体的影响大多数不感染本病。该病的传染源为病犬。病犬的鼻汁、唾液、血液、脑脊髓液、淋巴结、肝、脾、心包液、胸水和腹水中均含有病毒。健康犬通过消化道和呼吸道感染。病毒在膀胱、胆管、胆囊、肾的黏膜细胞形成包涵体。

(一)病料采集及处理

取病死犬的胸腺、脾、淋巴结和有神经症状的脑等病料,用Earle氏液制成10%乳剂。

(二)血清学检测

1. 免疫荧光试验(直接法)

用幼犬或雪貂制成高免血清,提取免疫球蛋白IgG,以异硫氰酸荧光素与IgG结合,经层析柱洗脱,兔肝粉处理制成犬瘟热荧光抗体。生前可用有明显症状的犬采血分离白细胞涂片。死后可取肝、脾、肾、淋巴结等组织抹片。将涂片用冷丙酮固定,自然干燥,按RFA的使用效价,然后用0.02%伊文斯蓝溶液稀释后滴于涂片上,放于37 ℃湿润条件下染色30 min。水洗、吹干、封固后在荧光显微镜下观察。

结果判定:在细胞内见有苹果绿色荧光,细胞清晰可见呈暗黑色,可判为阳性;如细胞浆为紫红色或暗黄色无荧光,细胞核不清,可判为阴性。

2. 酶联免疫吸附试验(ELISA)

(1)试验方法:用金黄色葡萄球菌A蛋白(SPA)与辣根过氧化物酶结合,作为抗体制成PPA,用Vero细胞培养抗原。用病犬或迫杀的病犬血清或全血作为检样,也可用干燥滤纸血样代替。将血清或滤纸血样(印剪后0.025 ml)浸于微量反应板内,从10×开始2倍递升到80×4个滴度。分别滴加已包被的Vero细胞抗原的微量反应载玻片上,于37 ℃湿润条件下作用30 min,使SPA同抗原抗体复合物中的抗体充分结合(如被检血清为阴性,因无可结合的抗体蛋白,则不能与SPA结合),取出后用PBS连续换液冲洗。吸干后在底物显色液中染色，作用 20 min。标准对照阳性血清孔呈现褐色，立即用水充分冲洗，吹干后在显微镜下观察。

（2）结果判定：如平均在每个视野内见有 1 ~ 5 个淡褐色或褐色的核浆分明、轮廓清晰的细胞可判为阳性；如细胞无任何褐色着染，可判为阴性；细胞轮廓不清，仅有褐色着染，可判为疑似，应重检。该法特异性强，敏感、快速、简便。

3. 中和试验（固定病毒稀释血清）

1）鸡胚培养法

将灭活的被检血清用 PBS 倍比稀释成不同的稀释度，每个稀释度均与等量已知病毒液（100 ~ 1 000 EID_{50}/0. 1 ml）混合，37 ℃作用 1 h 后，以 0. 2 ml 接种 7 ~ 10 日龄鸡胚绒毛尿膜，每一稀释度接种 4 ~ 5 枚鸡胚，于 37 ℃孵育 7 d，每日照蛋及时检出死胚，记录检查鸡胚绒毛尿膜上有无灰白色痘斑及水肿。试验需设待检血清不加病毒、阴性血清和阳性血清对照。

2）细胞培养法

（1）试验方法：中和试验也可用 Vero 细胞培养进行。通常在微量培养板上进行测定，即先在培养板上每孔各加入 0. 05 ml 营养液（同含 10% 犊牛血清的 199 营养液），将被检血清连续倍比稀释至 8 个稀释度，随后各孔加入 0. 05 ml 病毒液（含 100 $TCID_{50}$）。将血清、病毒混合液放于 37 ℃下感作 2 h，再在各孔中加入 0. 05 ml 细胞悬液（约含 20 000 个 Vero 细胞），加塑料盖，于 5% CO_2 37 ℃培养箱中进行培养，每日记录观察。试验对照与用鸡胚试验相同。

（2）结果判定：在试验对照正确的条件下，按 Reed 和 Muench 法计算鸡胚或细胞的半数保护量（PD_{50}）即为中和价。一般恢复期血清的中和价是急性期血清的 4 倍，即可判为阳性。

参 考 文 献

[1] 陆承平. 兽医微生物学[M]. 3 版. 北京:中国农业出版社,2001.
[2] 杨汉春. 动物免疫学[M]. 北京:中国农业出版社,1995.
[3] 殷震,刘景华. 动物病毒学[M]. 2 版. 北京:科学出版社,1997.
[4] R. E. 布坎南. 伯杰鉴定细菌学手册[M]. 中国科学院微生物研究所译. 8 版. 北京:科学出版社,1984.
[5] 周庭银,赵虎. 临床微生物学诊断与图解[M]. 上海:上海科学技术出版社,2001.
[6] 刘金禄,孙锦宏,李进春. 临床微生物学检验技术[M]. 石家庄:河北科学技术出版社,2007.
[7] 刘翠青. 微生物学检验技术[M]. 北京:高等教育出版社,2005.
[8] 倪宏波,何宏轩,乔军. 预防兽医学检验技术[M]. 吉林:吉林人民出版社,2002.
[9] 唐建民. 医学微生物及免疫学实验指导[M]. 北京:人民军医出版社,2003.
[10] 唐珊熙. 微生物及微生物学检验[M]. 北京:人民卫生出版社,1998.
[11] 戴华生. 新实验病毒学[M]. 北京:中国学术出版社,1983.
[12] 范秀容. 微生物学实验[M]. 2 版. 北京:高等教育出版社,1989.
[13] 安丽英. 兽医实验诊断[M]. 北京:中国农业大学出版社,1998.
[14] 曹澍泽. 兽医微生物学及免疫学技术[M]. 北京:北京农业大学出版社,1992.